中国畜禽遗传资源志

马驴驼志

国家畜禽遗传资源委员会　组编

中国农业出版社

图书在版编目（CIP）数据

中国畜禽遗传资源志·马驴驼志 / 国家畜禽遗传资源委员会组编. —北京：中国农业出版社，2010.12
ISBN 978-7-109-15350-9

Ⅰ. ①中… Ⅱ. ①国… Ⅲ. ①家畜—品种资源—中国②马—品种资源—中国③驴—品种资源—中国④骆驼—品种资源—中国 Ⅳ. ①S813.9

中国版本图书馆CIP数据核字（2010）第265331号

中国农业出版社出版
（北京市朝阳区农展馆北路2号）
（邮政编码 100125）
责任编辑 郭永立

中国农业出版社印刷厂印刷 新华书店北京发行所发行
2011年5月第1版 2011年5月北京第1次印刷

开本：889mm×1194mm 1/16 印张：25.75
字数：743千字
定价：308.00 元
（凡本版图书出现印刷、装订错误，请向出版社发行部调换）

《中国畜禽遗传资源志》编委会

主　任：张宝文

副主任：陈伟生　谷继承　吴常信

委　员：（按姓名笔画排序）

马　宁　王志刚　王林云　王俊勋　杜立新
杨红杰　杨福合　吴常信　谷继承　张　沅
张宝文　陈伟生　陈宽维　郑友民　盛志廉
常　洪　葛凤晨　谢双红　熊远著

《中国畜禽遗传资源志·马驴驼志》编写组

组　长：常　洪

副组长：韩国才

成　员：（按姓名笔画排序）

毛永江　白德庆　芒　来　孙　伟　杨章平
姚新奎　敖日布

序

生物多样性是人类社会生存和发展的基础，畜禽遗传资源是生物多样性的重要组成部分。我国是世界上畜禽遗传资源最为丰富的国家之一，历史遗存下来的大量畜禽品种是巨大的基因宝藏，是中华民族的宝贵财富。我国大部分畜禽地方品种一直广泛应用于畜牧业生产，是培育新品种不可或缺的原始素材，在畜牧业可持续发展中发挥着重要作用，还对一些世界著名畜禽品种的形成产生过重要影响。我国政府高度重视畜禽遗传资源的保护与管理工作，制定和完善相关法规制度，成立国家畜禽遗传资源委员会，切实加强畜禽遗传资源鉴定、评估等工作。同时，通过实施畜禽良种工程、畜禽种质资源保护等项目，不断加大投入力度，建设了一批重点畜禽保种场、保护区和基因库，我国的畜禽遗传资源保护体系逐步完善。

在畜牧业生产中，畜禽遗传资源的数量、分布及种质特性等始终处于变化和更新之中。忠实记录我国畜禽品种的培育和形成过程，客观描述并科学分析畜禽遗传资源的种质特性及其与自然、生态、市场需求的关系，对于加强畜禽遗传资源保护和管理，促进我国畜牧业可持续发展，满足人类社会对畜产品的多元化需求，具有重大的战略意义。30多年前，我国曾系统地开展了一次家畜家禽品种资源调查。随着我国畜牧生产方式的转变和大量外来品种的引进，我国畜禽遗传资源的状况发生了巨大变化。为查清和掌握畜禽遗传资源状况，2006年农业部组织全国各省（自治区、直辖市）畜牧兽医部门、技术推广机构、科研院校及有关专家，启动了“全国畜禽遗传资源调查”。经过两年多的艰苦努力，基本摸清了我国畜禽遗传资源的家底，掌握了大量基础数据和资料。在此基础上，国家畜禽遗传资源委员会组织数百名专家，历时两年编纂完成了《中国畜禽遗传资源志》。

《中国畜禽遗传资源志》系统论述了我国畜禽遗传资源的演变和发展，详实记载了我国畜禽遗传资源的最新状况，是一部体现当代学术水平、兼具科学价值和时代特色的专著。志书的出版将为国家制定相关规划、合理开发利用资源、培育畜禽新品种提供科学依据，为科研教学单位和畜牧相关企业提供有益参考。

《中国畜禽遗传资源志》凝结了国内畜牧业知名专家、学者的大量心血和汗水。值此出版之际，谨向参与畜禽遗传资源调查和志书编纂工作的全体同志表示衷心感谢和热烈祝贺！同时，诚挚希望社会各界继续关心和支持我国的畜禽遗传资源保护与利用事业。希望全国畜牧科技工作者再接再厉、开拓进取，为推动我国畜牧业可持续发展做出新的更大的贡献。

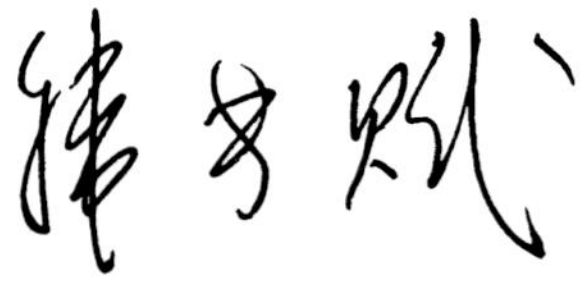

2011年3月

前言

（一）

保护生物多样性是当今世界最为关注的课题之一。生物多样性包括遗传多样性、物种多样性和生态系统多样性。广义上，遗传多样性是指地球上所有生物携带的遗传信息的总和；狭义上，是指种内个体之间或一个群体内不同个体的遗传变异。畜禽遗传多样性是生物多样性中与人类关系最为密切的部分，保护畜禽遗传资源对于促进畜牧业可持续发展、满足人类多样化需求具有重要意义。

在人类生活中，畜禽以肉、奶、蛋、毛、皮、畜力和有机肥等形式提供了人类30%~40%的需求，这些都来源于40多个畜禽种类的约4 500个畜禽品种，它们是人类社会现在和未来不可缺少的重要资源。尽管畜禽只限于为数不多的几个物种，但在长期人工选择和自然选择下，产生了众多体型外貌各异、经济性状各具特色的畜禽品种。不同品种间和品种内丰富的遗传变异，构成了畜禽遗传多样性的主要方面。

我国畜禽饲养历史悠久，不仅是世界上家畜驯化的中心地区之一，也是世界上家养动物资源极其丰富的国家之一。我国畜禽遗传资源不仅数量丰富，而且具有很多优良的特性，诸如繁殖力高、肉质优良、产毛绒性能好，以及抗逆性和抗病性强等特点。

近半个世纪以来，随着畜禽工厂化、规模化养殖的快速发展和现代家畜育种理论和方法的应用，畜禽生产性能得到较大幅度的提升。例如，成年母牛单产水平几乎是25年前的2倍，近十多年来商品猪的背膘厚减少了30%多，肉鸡上市日龄缩短了近两周。

在取得这种辉煌成就的同时，畜禽遗传资源多样性也受到严重的威胁。1万余年来人类对动物的驯化、饲养和培育，演变为近代丰富的家畜家禽品种、类群等资源，也遭到了前所未有的破坏，相当一部分地方品种或类群濒临灭绝，甚至消失。据联合国粮食与农业组织（FAO）1993年统计，大约30%的畜禽品种资源处于灭亡状态。

我国畜禽遗传资源的状况也较严峻，根据全国第二次畜禽遗传资源调查，15个地方畜禽品种未发现，55个处于濒危状态，22个品种濒临灭绝。濒危和濒临灭绝品种约占地方畜禽品种总数的14%。即便是群体数量尚未达到濒危程度的一些地方品种，由于公畜数量下降，导致品种内的遗传丰富度也在降低。

（二）

我国政府高度重视畜禽遗传资源的保护和管理工作，国家先后出台了一系列管理法规和政策性文件，使畜禽遗传资源保护与管理逐步走上法制化轨道。1994年国务院颁布的《种畜禽管理条例》，2006年颁布施行的《中华人民共和国畜牧法》，对畜禽遗传资源的保护和利用作出了全面规定，明确了资源保护和利用工作的责任，为新时期开展畜禽遗传资源保护和利用工作提供了法律保障。为贯彻落实《中华人民共和国畜牧法》，各地积极将资源工作纳入国民经济和社会发展规划中予以支持，鼓励有条件的企业和个人共同参与保护与科学开发，形成了以国家为主体、多元化保护与开发的局面。

1996年，农业部批准成立了国家家畜禽遗传资源管理委员会，2007年更名为国家畜禽遗传资源委员会，其主要任务是协助行政管理部门总体负责畜禽遗传资源管理工作，负责畜禽遗传资源鉴定、评估，新品种配套系的审定和进出口及对外合作研究的技术评审，承担畜禽遗传资源保护和利用的规划论证以及畜禽遗传资源保护的技术咨询工作。

按照“分级管理、重点保护”的原则，农业部于2000年公布了《国家畜禽品种保护名录》，对78个珍贵、稀有、濒危的品种实施重点保护。2006年对名录进行了修订，更名为《国家畜禽遗传资源保护名录》，国家级保护品种扩大到138个。2008年、2011年分两批验收并公布了137个国家级畜禽保种场、保护区和基因库。各省（自治区、直辖市）也制定和公布了省级畜禽遗传资源保护名录，明确了地方品种保护的重点。

“八五”期间，国家启动了畜禽种质资源保护项目。根据“重点、濒危、特定性状”的保护原则和急需保护品种资源的分布情况，国家财政安排专项经费支持畜禽遗传资源的保护工作。从1998年开始，通过实施畜禽良种工程、畜禽种质资源保护等项目，国家先后投入5亿多元资金，建设了一批重点畜禽保种场、保护区和基因库，通过原产地保种与异地保种及细胞保存相结合的方式，大部分保种场的基础设施得到了改善，具备了开展保护工作的必要条件，保护体系进一步完善。

（三）

畜禽遗传资源的保护日益受到国际社会和世界各国的普遍关注与高度重视。在1992年6月的联合国环境与发展大会上，包括中国在内的167个国家共同签署了《生物多样性公约》，畜禽遗传资源被纳入其中。FAO于1993年正式启动了动物遗传资源保护与管理全球战略。1995年粮农组织遗传资源委员会（CGRFA）成立了动物遗传资源政府间技术工作组（ITWG-AnGR）永久性政府间论坛，负责处理全球畜禽遗传资源方面的有关问题，包括编制技术准则、制定标准、开展交流与合作等。2001年在FAO倡导下，第一份世界粮食与农业动物遗传资源状况编制工作正式启动。2007年在瑞士因特拉肯召开的第一届国际动物遗传资源技术会议上，正式发布世界动物遗传资源状况，同时还发布了关于动物遗传资源保护与管理的《因特拉肯宣言》以及《动物遗传资源保护与管理全球行动计划》。

国际组织所做的工作旨在各国政府高度重视畜禽遗传资源的保护工作，采取有效措施保护畜禽遗传资源多样性。“如果因为不作为而使资源丢失，将是对先人的不敬、对子孙后代的不顾”。

然而，当今全球畜牧业生产越来越依靠少数专门化“高产”品种，畜禽遗传资源的多样性面临威胁，品种灭绝的速度之快令人担忧。加强世界畜禽遗传资源的有效管理也已成为国际社会的一项重大任务。落实动物遗传资源全球行动计划，建立合理的动物遗传资源管理的国际框架和公正的利益分享机制，需要各国政府和民众的广泛参与和共同努力。

我国是世界畜禽遗传资源大国，在国际上占有重要地位。改革开放以来，我国在全球畜禽遗传资源管理国际事务中发挥的作用日益显著。自联合国粮农组织动物遗传资源政府间技术工作组成立以来，中国作为工作组成员国之一，连续担任了三届工作组副主席，全面参与了《世界动物遗传资源状况》、《因特拉肯宣言》、《动物遗传资源保护与管理全球行动计划》和《资源调查技术手册》的起草工作，主持了亚洲地区区域磋商，承办了亚洲地区动物遗传资源技术研讨会等。我国政府在畜禽遗传资源保护方面做出的努力、取得的成绩，以及在国际事务中发挥的作用受到了国际社会的赞扬，得到了认可。

（四）

为了摸清我国的畜禽品种资源状况，国家从20世纪50年代开始，就着手畜禽品种资源调查。1976年初畜禽品种资源调查被列为全国重点研究项目，由中国农业科学院牵头组织开展全国性调查。畜禽品种资源调查，历时九载，于20世纪80年代中期陆续出版了《中国猪品种志》、《中国家禽品种志》、《中国牛品种志》、《中国羊品种志》和《中国马品种志》5卷志书。这是我国首次出版的系统记载家畜家禽品种的志书，具有较高的学术价值，在畜牧界享有较高声望。

畜禽遗传资源一直处于动态变化之中。改革开放30多年来，我国国民经济和社会发展发生了翻天覆地的变化，畜牧业发展方式和生产水平经历了质的飞跃。随着人民生活水平的提高，畜产品市场需求不断变化，我国畜禽遗传资源状况发生了重大变化。此外，随着科学技术的发展，对畜禽遗传资源的认识不断深化，畜禽品种资源研究领域不断出现新发现和新成果，亟需收集、整理、归纳和总结。

2003年原国家家畜禽遗传资源管理委员会组织制定了《畜禽遗传资源调查技术手册》。2004年选择辽宁、福建、四川和贵州四个省开展了调查试点工作，2006年农业部印发《全国畜禽遗传资源调查实施方案》，资源调查工作全面展开。

这次畜禽遗传资源调查是新中国成立以来的第二次全国性畜禽遗传资源调查，各地重视程度之高、财力物力投入之大、覆盖面之广、参与人员之多，前所未有。据不完全统计，全国30个省、自治区、直辖市共计6 900多人参与了调查工作，中央及地方财政投入资金4 500多万元用于调查及《中国畜禽遗传资源志》编写工作，共调查了1 200多个畜禽品种（资源），撰写调查报告2 150份，拍摄畜禽品种照片约21 300幅。与以往相比，此次资源调查的内容更加详细、深入，调查报告更加充实、规范。经过四年多的艰苦努力，基本查清了我国畜禽遗传资源的现状，摸清了家底，掌握了大量第一手资料，为编撰《中国畜禽遗传资源志》奠定了坚实基础。

（五）

《中国畜禽遗传资源志》是在全国畜禽遗传资源调查的基础上编纂完成的，共分七卷，分别为《猪志》、《家禽志》、《牛志》、《羊志》、《马驴驼志》、《蜜蜂志》和《特种畜禽志》。其中，《蜜蜂志》和《特种畜禽志》为国内首次出版。各卷志书按照统一体例编写，分总论和各论两部分。总论系统地论述了畜种的起源、演变，品种形成的历史，保护与开发利用的状况等。各论部分共收录畜禽品种700余个，详细介绍了每个品种的产区与分布，特征和特性，保护与研究以及开发利用前景。每个品种均附有彩色照片。

志书的主体部分源自各地提供的畜禽遗传资源调查报告。在编写过程中又经历了多次整理、修改，凝聚了许多参与资源调查和资源志撰写的基层科技工作者和专家学者的集体智慧和劳动成果，故不再署执笔者姓名。在此，谨向为资源调查和志书编写提供大力支持和无私帮助的单位和个人表示衷心感谢。

张劳、钱林、尹长安等老专家参与了全国畜禽遗传资源调查资料汇总、整理工作，农业部畜牧业司、国家畜禽遗传资源委员会办公室和全国畜牧总站畜禽牧草种质资源保存利用中心的工作人员邓荣臻、王健、邓兴照、徐桂芳、刘长春、于福清、张桂香、薛明、关龙、杨君、顾英等同志参与了资源调查和志书编写的组织、协调和保障工作，一并致谢。

所有参与资源调查和志书编写的人员，胸怀责任感和使命感，以对前辈敬重、对后代负责的态度，求真务实，兢兢业业，力求尽善尽美，力争编纂出一部无愧于伟大时代的志书。但限于专业水平和资料条件，疏漏之处在所难免，敬请读者不吝指正和赐教。

《中国畜禽遗传资源志》编委会

本志前言

在人类漫漫历史长河中，马占有重要地位。人类自从利用了马，历史发展进入了快速路。马在解决社会发展动力、开拓疆土、促进经济和市场繁荣、加速社会变革和民族交融等方面发挥了重大作用。我国自古就是养马大国，西周、汉、唐代表了我国养马的巅峰时期，元朝把马的作用利用到极致。近年来，尽管全国马匹总数逐年下降，但部分省区，如四川、贵州等马匹数量仍在上升。2007年底全国存栏702.8万匹马，居世界第一位。马在我国少数民族地区不仅是生产生活资料，也是民族文化的重要组成部分。同时，我国还是养驴最多的国家，其与百姓生产生活息息相关。我国也是双峰驼数量最多的国家之一。马、驴、驼遗传资源的丰富，反映了我国生态环境的复杂多样和民族文化的悠久灿烂。《中国畜禽遗传资源志·马驴驼志》是在系统调查、搜集、整理的基础上，记述和评价我国马、驴、驼遗传资源的形成、发展和现状的科学著作，是《中国畜禽遗传资源志》的一个重要组成部分，且随着经济发展和社会进步，其资源利用功能也在转变并显示出巨大价值潜势。

《中国畜禽遗传资源志·马驴驼志》编写工作于2008年4月正式启动，并在北京召开了第一次编写工作会议，正式成立了编写组，讨论了编写提纲，进行了任务分工，各专家在各省区市提交的调查报告的基础上编写了第一稿，并进行了编写专家互审。2008年11月在北京召开编写组第二次会议，讨论了第一稿中存在的问题和编写样稿，会后由各编写专家修改形成第二稿。2009年6月在内蒙古阿巴嘎旗召开第三次编写组会议，总结交流了志书编写情况和存在的问题，提出解决办法，讨论修改第二稿，并部署了开展新品种和遗传资源清理的工作，以及资源照片补拍工作，之后形成了第三稿。2010年5月在北京召开编写组全体编写专家和审稿专家会议，决定了志书目录、内容、篇幅、格式和照片等。之后完成了第四稿并于2010年7—9月送审稿专家审阅，2010年11月形成终稿。编写期间，国家畜禽遗传资源委员会牛马驼专业委员会还分小组远赴云南、青海、内蒙古等地对新增加、有疑点的品种和遗传资源进行了必要的核查清理工作，补拍了大部分照片。本书共收录马品种资源51个，其中固有品种29个，近、现代培育品种13个，引进品种9个（温血马合为一个类型）；驴地方品种24个；双峰驼5个及羊驼1个。

本志书编写依据来源于各省、自治区、直辖市上报的遗传资源调查报告，主要参考对照材料是1986年出版的《中国马驴品种志》，还参考了以往发表的相关调查研究报告与文献。品种或遗传资源收录的主要依据是《中国马驴品种志》中出现过的、2004年《中国畜禽遗传资源状况》收录的和通过国家畜禽遗传资源委员会批准认定的。本志书增加了驼资源，首次将我国骆驼资源收录于志书。根据实际情况对收录的马驴遗传资源做了必要的调整。收录于1986年《中国马驴品种志》中的较大的地方品种，如藏马、云南马、华北驴、西南驴等，在群体规模衰减过程中演变为分散的、非连续分布的点状、小区域片状分布群落，在经过调查核实、征求意见与讨论后，分别拆分成不同品种或遗传资源列入本志书中。如藏马分为西藏马、玉树马、中甸马和甘孜马；云南马分为乌蒙马、大理马、腾冲马；华北驴分为太行驴、阳原驴、库伦驴、陕北毛驴、淮北灰驴和苏北毛驴；西南驴分为云南驴、川驴和西藏驴。有些品种的数量和质量已难以称之为品种，如金州马、铁岭挽马是我国20世纪中后期育成的品种，但考虑其演变历史久且已采取保种措施，仍列入本志书中。黑龙江马与黑河马至今已难觅踪迹，故未列入本志书中。我国西藏及周边地区的马、驴资源相当丰富，由于交通等因素的影响，本次调查中未能进行详细的全面普查，相关资料缺乏，只能以西藏马和西藏驴的形式统称，留待今后深入研究。自1949年以来，我国先后从苏联、澳大利亚等国引进大批种马，这些品种对我国马的育种工作起到了促进作用，丰富了我国马的遗传资源，本志择其目前尚存的分别作了简要介绍。改革开放后随着马术运动的兴起，我国陆续引入多个温血马品种，其中重点介绍了5个，由于温血马多是血统兼容、性能和育种目标相似，故归为一个类别作为一种资源录入。20世纪90年代我国从澳大利亚小批量地引进了原产于南美洲的羊驼，也作为引进资源列入本志书中。因调查时取样等因素的影响，本志书中公布的少部分品种或遗传资源的体尺、体重与生产性能等指标数据可能不够精确，还需留待以后查证。

1987—2007年我国马匹存栏数由1 069.1万匹下降为702.8万匹，减少了34.3%；驴存栏由1 084.6万头下降为689.1万头，减少了36.5%；双峰驼由47.5万峰减少为24.2万峰，减少了49.1%，反映了我国马、驴、驼遗传资源的变动趋势和严峻状况。在当今动物遗传资源日趋匮乏、品种逐步单一化的情况下，我国现有的马、驴、驼遗传资源将对今后马、驴、驼的育种工作和养马、养驴、养驼业持续发展产生难以估量的作用。因此，本志书的编纂对分析和评价我国马、驴、驼遗传资源的历史和现状，为今后制定马、驴、驼遗传资源保护规划，转变传统役用功能、拓宽利用渠道和开展育种工作提供了可靠、翔实的科学资料。

本志书是在国家畜禽遗传资源委员会的领导下，在各省、自治区、直辖市主管部门及相关单位的大力支持下，在国内科研、教学、生产单位的资深专家的指导下，经过编写组全体成员两年多的辛勤劳动编撰完成的。在此，谨向给编写工作提供支持与帮助的各级领导、单位和个人，特别向在基层进行调查的广大干部、职工和养马、养驴、养驼工作者，表示衷心感谢。

本志书是在《中国畜禽遗传资源志》编委会的统一部署和指导下，并与其他畜禽遗传资源志编写组不断交流经验完成的。在编写过程中，虽几经修撰，但限于水平，缺点和不妥之处在所难免，衷心希望广大读者、同仁不吝指正，以供再版时修订。

《中国畜禽遗传资源志·马驴驼志》编写组

目　录

总论

一、中国马、驴、驼遗传资源概况

中国自古以来是马、驴、双峰驼的主要分布区域之一。联合国粮食及农业组织（FAO）2007年公布的“世界粮食与农业动物遗传资源状况”报告，根据21世纪初的统计资料，说“世界上广泛分布着5 400万匹马，数量最多的国家是中国”；“中国是世界上驴最多的国家”；“双峰驼分布仅限于亚洲的中部和东部，以蒙古和中国的数量最多”。各国各种家畜的头数和在世界上占的比例在不同时期会有变化，但21世纪初期中国无疑是世界上马、驴、双峰驼数量最多的国家之一，我国广袤的疆域、复杂的自然环境条件、悠久的养畜历史和灿烂多彩的民族文化造就了丰富的马、驴、双峰驼遗传资源。

20世纪80年代以后，我国经由不同途径陆续引进了少量原产于南美洲的羊驼，目前规模正在扩大。

（一）遗传资源的地域分布

1.马　至2007年底全国共有702.8万匹马，已知的固有品种29个，近、现代培育品种13个，引进品种10余个。遗传资源和经济利用种群共10个。

马匹数量较多的省、自治区见表1，其他各省、自治区马匹数量占全国的比例都不足1%。

表1　马匹数量较多省、自治区的排序

地　区	数量（万匹）	占全国比例（%）	顺　序
四　川	95.6	13.6	1
贵　州	95.1	13.5	2
新　疆	89.9	12.8	3
云　南	75.5	10.7	4
内蒙古	69.7	9.9	5
吉　林	47.8	6.8	6
西　藏	41.3	5.9	7
广　西	40.3	5.7	8
黑龙江	29.9	4.3	9
辽　宁	26.1	3.7	10
河　北	24.9	3.5	11
青　海	16.6	2.4	12
河　南	15.9	2.3	13
甘　肃	13.7	1.9	14
山　东	7.3	1.0	15

注：数据引自《2007中国统计年鉴》。

按每百人拥有马匹数量、养马较多的省、自治区顺次为：西藏（6.93匹）、新疆（4.29匹）、青海（3.01匹）、内蒙古（2.90匹）、贵州（2.53匹）、吉林（1.75匹）、云南（1.67匹）、四川（1.18匹）、广西（0.85匹）、黑龙江（0.78匹）、辽宁（0.61匹）、甘肃（0.52匹）、河北（0.36匹）、河南（0.17匹）。其他各省、自治区每百人拥有马匹数量均不足0.1匹。

各省、自治区拥有地方品种的数量如下：云南7个，新疆4个，青海4个，内蒙古4个，四川3个，甘肃、广西各2个；黑龙江、贵州、陕西、湖北、福建、西藏各1个。其中，河曲马、鄂伦春马跨省区分布；其他各省、自治区21世纪初期没有地方马品种。全国共有29个地方品种。

各省、自治区拥有的近、现代培育马品种如下：内蒙古3个；新疆、辽宁各2个；云南、甘肃、吉林、山东、陕西、河北各1个。全国共有13个近、现代培育马品种。

21世纪初期，在我国纯血马是群体规模能自群繁殖的唯一引进品种，主要分布在香港特别行政区、北京市和天津市。

以上情况说明，西南（包括广西壮族自治区河池、百色两地区）、西北和内蒙古是我国马遗传资源的主要分布区域。历史上的良马产区东北三省在21世纪初仅残存蒙古马、鄂伦春马两个地方品种的稀少群体和金州马等3个濒危的培育品种，其余绝大部分马是从20世纪50年代后进行“杂交改良”形成的杂种马。在地方品种中，晋江马是唯一的东南沿海区域品种。分布在湖北省西南边陲恩施土家族苗族自治州利川市一带的利川马，产区紧靠重庆市石柱、彭水、酉阳三个土家族、苗族人民聚居的县份，也是西南附近的地方品种。

2. 驴 2007年底全国有驴689.1万头，其中地方品种24个。各省、自治区养驴头数见表2。浙江、上海、江西、福建、广东、海南岛和台湾没有原产的驴。按每百人拥有驴数，各省、自治区排序如下：新疆（5.68头）、甘肃（3.89头）、内蒙古（3.63头）、西藏（3.13头）、辽宁（2.42头）、宁夏（1.62头）、河北（1.15头）、青海（1.10头）、云南（0.75头）、吉林（0.60头）、山西（0.60头）、陕西（0.50头）、河南（0.29头）、山东（0.29头）、黑龙江（0.21头）、四川（0.13头）。其他各省、自治区均在0.1头以下。各省、自治区拥有驴的品种数见表3。

我国驴遗传资源的主要分布区域是新疆、内蒙古、甘肃—宁夏以及黄淮海流域农业区。

3. 双峰驼 2007年底全国有双峰驼24.2万峰，分布在新疆、内蒙古、甘肃和青海，四省、自治区双峰驼峰数占全国的比例顺次为：57.0%、35.1%、6.2%、2.1%。全国已知的品种有5个，其中内蒙古2个，主要分布在阿拉善盟和锡林郭勒盟；新疆2个，分布在北疆和塔里木盆地周围；青海1个（产区仅限柴达木盆地）；甘肃省的骆驼分布在河西走廊，与内蒙古阿拉善盟的骆驼产区相连，形态、生态特征基本相同，属于同一个品种。

表2 2007年各省、自治区、直辖市驴的数量

地　区	数量（万头）	占全国比例（%）	顺　序
新　疆	119.0	17.3	1
辽　宁	104.0	15.1	2
甘　肃	101.8	14.8	3
内蒙古	87.3	12.7	4
河　北	80.7	11.7	5
云　南	34.0	4.9	6
河　南	27.1	3.9	7
山　东	26.9	3.9	8
山　西	20.4	3.0	9
陕　西	18.7	2.7	10

（续）

地 区	数量（万头）	占全国比例（%）	顺 序
吉 林	16.5	2.3	11
四 川	10.3	1.5	12
宁 夏	9.9	1.4	13
西 藏	8.9	1.3	14
黑龙江	8.1	1.2	15
青 海	6.1	0.9	16
江 苏	5.4	0.8	17
北 京	1.2	0.2	18
天 津	1.0	0.1	19
安 徽	0.6	0.1	20
湖 北	0.4	0.1	21
湖 南	0.4	0.1	22
重 庆	0.2	0.03	23
贵 州	0.2	0.03	24
广 西	0.1	0.01	25

注：数据引自《中国畜牧业年鉴2008》。

表3　2007年各省、自治区、直辖市驴的品种数

地 区	品种数（个）	备 注
新 疆	3	主要分布在天山以南
陕 西	3	主要分布在秦岭山脉以北
山 西	3	
河 北	3	主要分布在太行山、燕山山区和津冀鲁交界的沿渤海地区
甘 肃	2	
河 南	2	
四 川	1	主要分布在川西北高原与大凉山、鲁南山区
云 南	1	
宁 夏	1	
青 海	1	
山 东	1	
江 苏	1	分布在苏北徐州地区
安 徽	1	分布在淮北
内蒙古	1	
西 藏	1	

（二）近30年间马、驴、驼遗传资源的变迁

1.资源份数和数量　我国在20世纪70年代中期首次对全国家畜（禽）品种资源进行了比较系统的调查，在这次调查的基础上，1986—1989年陆续出版了猪、羊、禽、牛、马和驴五册志书，包括14个家畜（禽）种。其中马、驴品种共43个。1996—1998年在西南五省（自治区、直辖市）进行了补充调查，新发现、确认了马、驴品种6个。在全国第一次品种资源调查的基础上内蒙古自治区于1983年编印的全区品种资源志书和新疆维吾尔自治区、青海省、甘肃省于1983—1986年出版的省（区）品种资源志书中共收录双峰驼品种5个。2005—2009年第二次全国畜禽遗传资源调查，确认了

马遗传资源（含品种，下同）46个、驴遗传资源24个和双峰驼遗传资源5个。30年间马、驴、双峰驼品种（与遗传资源群体）数量和规模变化情况如表4。

表4 近30年全国马、驴、双峰驼遗传资源份数与规模的变化

年份	马		驴		双峰驼	
	份数（个）	规模（万匹）	份数（个）	规模（万头）	份数（个）	规模（万峰）
1977		1 144.7		763.0		56.4
1987	33	1 069.1	10	1 084.6	5	47.5
1997	36	891.2	13	955.8	5	35.0
2007	47	702.8	24	689.1	5	24.2

资料来源：中国农业年鉴，1981、1989、1999、2009。

30年间马、驴、双峰驼遗传资源数的增加，主要由以下两种原因引起：①自第一次全国性的畜禽遗传资源调查以来，农业部和地方各级农牧业行政机关又组织进行了多次规模不等的畜禽遗传资源调查，新发现了一些原有遗传资源；②30年前具有连续地理分布的较大地方品种，在群体规模衰减过程中演变为分散的、非连续分布的点状、小区域片状分布群落，凸显、加深了地域分化。三个畜种的数量规模总体上处在下降过程中，驴的头数在20世纪70年代末至80年代后期一度增加。

羊驼饲养规模约350只，集中在山西太谷。

2.品质与类型的变化

（1）马　东北、内蒙古、甘肃、新疆的固有品种和近代培育品种群体规模持续下降，分布在这些区域的大多数引进品种由于不适应新的经济需求，以及20世纪50年代以后一度特设的饲养环境的丧失，已濒临灭绝。我国北方的马群目前有些血统已混杂、遗传性能不稳定。西南地区的固有品种近30年间虽然也受到外来马种血统的侵袭，但多数维持原有的品种结构和品种特性。由于马在社会经济生活中的作用下降，各地的固有品种和培育品种都疏于选育，品质多不如前。

20世纪90年代以来一些大、中城市开展了国际标准赛马运动的酝酿和探讨，成批纯血马经由不同渠道输入，促进了该品种马群规模的发展，是我国目前能自群繁殖而不至于近交衰退的唯一引进品种，但尚未在我国进一步风土驯化、选育提高。

（2）驴　20世纪70年代后期农村经济体制改革，促使其群体规模一度突破历史最高水平。在数量变化的同时，70年代后期至80年代后期的大约10年间，黄河中下游流域山东、河南、陕西、山西农业区大型驴的选育进入品种标准化阶段；甘肃东部、陕西北部、河南北部、河北南部的中型驴的体量、外形、役力普遍有所改进。但80年代末至21世纪初数量逐渐下降，90年代中期，由于农村生产生活方式的变化，大型驴、中型驴的市场价格下降，一部分优秀个体已从原产地流散。30年来南北各地的毛驴，一般都保持着固有品种特性。川西北、陕北、雁北地区的毛驴，由于一部分大、中型驴的流入，体重略有增加。

（3）双峰驼　20世纪80年代后期以来，我国骆驼分布区内统一的、有计划的选育工作逐渐停滞，市场形势的变化和部分产区禁牧，导致骆驼群体规模下降，保留下来的种群一般是畜主珍惜的部分，因而总体品质有一定的改进。但在现存规模最大的品种阿拉善双峰驼产区和新疆塔里木双峰驼分布区交通相对方便的地带，部分牧民针对旅游市场的需求，刻意选留白骆驼，这些白骆驼包含非白化与白化两类个体，后者生活力、生殖力都低于正常水平。这种选育趋向有悖牧民传统的选择标准，至21世纪初所占的比例还很小。

（4）羊驼　20世纪90年代我国从澳大利亚小批量地引进了同一系统的羊驼，适应情况良好，但血统来源狭窄且该畜种固有的繁殖率低下的问题尚未解决。

（三）21世纪初中国马、驴、驼遗传资源形势

1.大趋势 马、驴、双峰驼作为役畜的利用范围日渐缩小，已对相应遗传资源的保护产生不利影响。但在局部区域，马、驴、双峰驼仍然是居民生产、生活中不可缺少的役用工具。其中，西南山区（与桂西）的地方马，新疆南部和东部、甘肃张掖和酒泉、陕北沟壑地区和西藏农区的驴，以及内蒙古阿拉善盟额济纳旗干旱区域的双峰驼属于这种情况。马、驴、驼养殖业的萎缩使相关产业衰落，21世纪初马、驴、驼产区鞍具和挽具制作、蹄铁打造、修蹄挂掌、人工授精、去势、驯驼等传统技艺从业者稀少，后继乏人，对遗传资源保护的消极影响胜于畜群规模的衰减。

但从宏观上来看，畜群规模的衰减还不会发展到危及中国马、驴、双峰驼畜种资源的程度。这是因为中国马、驴、双峰驼在生态、经济、文化背景类型方面的多样化程度足以应对一时性市场需求的变化，而且马、驴、双峰驼作为漫长自然进化与人类数千年选育至今的畜种，和其他物种资源一样是构成地球和谐生态系统的环节，在人类社会长期发展中，为人类的生存和繁荣提供了物质基础，其消亡导致的生态、经济、文化需求供应源的缺失可能造成的灾难性后果会减缓数量下降的过程。除了役畜的种质特性之外，数千年的驯养还赋予了三个畜种许多不能取代的独特禀赋。例如，马是最能与畜主进行心理交流、最聪明的有蹄类家畜；驴具有丰富的非特异性免疫生理机能，是耐苦抗病的温带农区家畜；双峰驼的采食习性是维持半荒漠、荒漠草原植被生态平衡的因素，其无与伦比的耐饥渴生理特性，增进了人类在干旱地域和沙漠中的活动能力等。这些禀性决定了马、驴、双峰驼在新世纪的资源价值和开创新的经济利用方式与产业的可能性。

羊驼具备适应高海拔地域与高纤维秸秆饲养的优势，在其原产地的许多种群被毛纤维细度、强度、长度优于一般美利奴羊，该畜种在我国许多区域有发展潜力。

2.展望 在21世纪，中国马、驴、驼遗传资源将在人类社会生活新形势下出现一些新内容，物种内各种类型的比例、品种结构将在人们的利用中发生变化，遗传资源会更丰富，但种群的数量规模将进一步下降。

在现有基因库的基础上，随着不同需求、技术背景下的选种，21世纪中国马、驴、驼遗传资源将在以下利用途径上和社会生活相随发展。

第一，在我国一些特殊生态环境中马、驴、双峰驼仍然是交通、运载的役用动物。

第二，以马的速度、力量、灵敏性与近人禀性为基础的体育竞技、游乐、迎宾礼仪等利用方式进一步发展。

实际上在我国许多民族中体育竞技已有悠久的传统。目前流行于全世界的以纯血马等骑乘型品种进行的竞赛方式，是人类以马为体育竞技动物的较成功事例，但不是唯一的方式。中国马与西欧起源的乘用马体型结构不同，后者更适合短距离跑步、跳跃障碍，而我国蒙古马、藏马更适合长距离骑乘、拾哈达、矮桩劈刺等民族体育竞技。这种不同体型之别是长期自然进化和人类文化差异造成的，并无优劣之分，是生物多样性的具体体现之一。中国矮马和西欧的设德兰等矮种同样适用于儿童游乐。随着我国经济的发展，各种利用方式的开发将形成中国马遗传资源更丰富的基因组合体系。

第三，以20世纪的研究成绩和产业实践为基础，马、驴、双峰驼奶用、肉用以及奶酒等相关产品的发展已初露端倪。

第四，驼绒、驼革及马革、阿胶的利用将成为马、驴、双峰驼养殖业的下游产业部门。

第五，作为生产生物制品的“反应器”，早在20世纪60年代，我国已成功开发了孕马血清促性腺激素（Pregnant Mare Serum Gonadotropin，PMSG）的利用技术，并已建立了成熟的生产技术体系，马、驴其他生物制品的开发技术体系也正在形成。

这些事业的必要基础一是政府的遗传资源保护政策，二是经济实力的支撑。

羊驼作为近年新引进的家畜物种资源，当前主要面临提高繁殖率、扩大种群规模的问题。在较大种群规模的基础上，才有可能通过系统选育，形成规模化生产。

二、中国马的起源、固有品种的形成和系统

（一）在生态种层次上，中国马的起源

就世界范围而言，涉及家马起源的野马有三种生态型，有的学者认为，这三种生态型的分化达到了亚种的层次。

1.草原型（steppe form） 即蒙古野马，体高130cm左右，黄骝毛。鬣短而立，无（门）鬃，这一点和驴相似而异于家马。多有背线和鬐甲两侧的黑斑（鹰膀）。有些个体鼻端毛淡。染色体二倍体2n=66。近代以前广泛分布在里海以东的亚洲中部草原，包括我国新疆维吾尔自治区、甘肃省、内蒙古自治区以及现在的蒙古国和中亚诸国的干草原与荒漠草原地带，我国古称"騨騱"。《史记·匈奴列传》、《汉书·匈奴传》中均有记载。东汉许慎（58—147年）在《说文解字》中称"騨騱，野马属"；南朝（宋）裴骃（约397年—？）在《史记集解》、唐代颜师古（581—645年）在《汉书》注中皆称之为"駏驉类也"。说明它的形态介于马、骡之间。1879年俄国人N. W. Przewalsky（1839—1883）在我国西北发现这种野马并首次向世界公布，目前学术界习称"普氏野马（Przewalski's horse）"，学名是*Equus calallus przewalskii*。20世纪中期原分布区域普氏野马已绝迹。自20世纪末开始，我国和蒙古国以动物园繁衍的部分小群体分别在新疆和蒙古国科布多等地放归自然。据监测，适应状态良好。

2.高原型（plateau form） 即太盘马（Tarpan），亦称"欧洲野马"、鞑靼野马。学名*Equus calallus gmelinie*，体高120～140cm，毛色深灰、灰或白（青毛在不同年龄的变化色调）。鬃鬣尾黑色，长毛光滑。染色体二倍体2n=64，核型与家马相同。20世纪以前的分布地域以黑海北岸现今乌克兰与南俄罗斯草原为中心，北延至中东欧、南抵北非、东至中亚；我国第四纪多处旧石器时代人类文化遗址中也出土过其遗骨，因此东亚北部也曾经是其生息地。它和草原型野马曾经有广阔的重合分布地带。西汉刘秀（歆）（？—23年）整理先史时代记事所编成的《山海经》、战国至西汉时代成书的《尔雅》以及《史记》、《汉书》与其注疏中关于騊駼产地、形态特点的记载和近代西方学者关于太盘马的描述相当吻合。《山海经·海外北经》说，"北海内有兽，其状如马，名曰騊駼"，北海就是今天的贝加尔湖。晋人郭璞（276—324年）注释《尔雅》騊駼条说："騊駼马，青色；野马，似马而小。"唐代司马贞（生平不详）在《史记》集解中也解释说它"似马而青"，唐代颜师古（581—645年）在《汉书》注中说："騊駼，马类也，生北海。"所以，直到西汉时期仍然驰骋在我国北方草原上并为匈奴等部族人民熟知的騊駼应当就是太盘马。乌克兰公元前4200—前3800年的Dereivka、哈萨克斯坦北部公元前3700—前3100年的Botai铜器文化遗址发现过太盘马驯化的证据。从第聂伯河沿岸草原到阿尔泰山东麓的广阔地区的史前人类，是后来（公元前900—前200年）的古代斯基泰人（Scythin，我国史称"塞种"）的先祖，是最先驯化太盘马的人群。20世纪初太盘马已灭绝。德国慕尼黑动物园曾用有太盘马血统的家马以选择育种方法培育出外形与太盘马相似的后裔，这种后裔在欧美一些国家的动物园中多有展出。

3.森林型（forest form） 习称"森林野马（Wildhorse in forest）"，学名*Equus rehringi*。体高达180cm，毛色淡褐，体型粗重，腹下、鼻端色浅。头短而广，鼻梁隆起，颈粗短，背短凹，复尻，肢

短蹄广。无染色体组型资料。第四纪冰川后期生息在北欧、法国、西班牙未被冰川覆盖的森林区。法国、西班牙几处史前人类洞穴的原始壁画表现过它的形象。著名的法国Lascaux史前文化洞穴（距今约15 000年）中的彩绘反映森林野马是古人的狩猎对象。直到1814年森林野马还生息在德国西南部林区，现已灭绝。由于森林型野马和草原型野马在第四纪冰川后期大致同时发展起来，形态有些相似，近代欧洲学者认为它是草原型野马适应森林生态环境的变种。

三种野马中，太盘马是全世界家马的共同祖先。近代欧洲某些自然学家推测西欧家马、特别是重型马可能是森林型野马的后裔，这种观点和现在所知的育种史相悖，而且西欧起源的马种在形态上和森林野马区别显著而与太盘马一致，从动物考古学的角度也缺乏驯化森林野马的证据。因此，20世纪中期以后不再有人赞同这一观点。蒙古野马和家马杂种一代的两个性别都有正常生殖力，二倍染色体2n=65。在混有蒙古野马杂交后代的家马群体中，由于负超显性选择机制，2n=65的个体频率逐代衰减，几代之内就被2n=64的高频率型取代。蒙古马有门鬃，核型与蒙古野马不同，因此不是蒙古野马的直系后裔。但是我国家马群体历史上吸收过、并且持有蒙古野马的一些血统成分是可能的。20世纪90年代以来对蒙古马与东西方家马线粒体DNA 16 428bp碱基序列、特别是高度差异的D-Loop环编码区1200bp碱基序列的多项比较研究，证明蒙古野马与东方马种（如蒙古马、韩国济洲岛马）存在较近的血缘关系。

我国西南地区更新世初期地层出土的化石马云南马（*Equus yuinanensis* Colbert）、山西平陆县三门峡黄河北岸更新世地层出土的化石马黄河马（*Equus huanghoensis*）不是当地现代马的始祖。因为这两种野马已在全新世纪灭绝，与其同时期生存的猿人、能人或早期智人没有驯化动物的能力。

（二）中国马的历史演变

图1　新疆昆仑山的“放牧”岩刻，画面中有几只弯角羚羊和两位骑马的牧人　（多鲁坤摄）

1.中国马的驯化时代　在我国，马的家养晚于羊、犬、猪、牛。从现知的考古学证据和相关历史传说与记载来看，马的家养先于我国有文字记录的历史，大致在公元前21—前16世纪，传说中的夏王朝中期以前，我国南北史前居民留下来的许多岩画、岩刻，反映了先民利用马的事实。新疆阿勒泰山、库鲁克山区，内蒙古阴山、乌兰察布草原、克什克腾旗百岔河地区，宁夏贺兰山，甘肃嘉峪关黑山，云南沧源，广西宁明县花山，贵州开阳县画马岩等地有很多涉及马的岩画，根据腐蚀程度、刻画风格、画中的其他动物、画面的叠加现象以及文化人类学的考证，判断其为6 000 ~ 4 000年前我国大部分区域先后进入养畜时代初期的作品。其中，如新疆昆仑山的“放牧”岩刻，画面中有几只弯角羚羊和两位骑马的牧人（图1），青海刚察县舍不齐沟中的史前岩刻表现一位骑士正在张弓射野牛（图2），宁夏贺兰县贺兰山口的单马岩画，表现了一匹修剪过鬣毛的马（图3），贵州开阳县画马岩大岩口的“太阳和马”岩画，描绘了两匹在太阳下安详伫立的马（图4）。

《史记》根据当时皇家持有的大量古籍和先民世代口口相传的叙述，记载说：“帝尧者，放勋。……富而不骄，贵而不舒。黄收纯衣，彤车乘白马。”说明中原地区在唐尧时代马已家养，这是关于我国家马最早的记述。但是自此至夏代，没有涉及家马的记述；大概是因为当时家马尚未广泛应用。从唐尧后期经虞舜到夏禹，黄河、长江中下游流域经历了大约一个半世纪的洪水期，马的利用、推广受到限制。夏禹时代以后的文献中，涉及家马的记载较多。三国时代蜀汉谯周编写的《古史考》说："黄帝作车……禹时奚仲为车正，加马。""车正"是夏朝管理车务的官员。《尚书·甘誓》记录了夏朝第二代帝王夏启讨伐有扈氏的临战誓词，其中有"御非其马之正，汝不恭命"的话；意思是战事中"驾车的士兵如果不能使车马进退得当，就是你不奉从命令。"《史记·夏本记》中有相同记载。记录夏朝第三代国君太康因荒废政事，被其五个弟弟谴责的《尚书·五子之歌》中有"予临兆民，懔乎若朽索之驭六马"的文字，意思是"我面对千万民众，内心的畏惧有如以朽绳驾驭六马"。这些文献反映，在夏代马已被普遍利用。

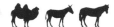

图2　青海刚察县舍不齐沟中的史前岩刻，表现一位骑士正在张弓射野牛（陈明摄）

关于家马的远古岩画，北方多于南方，西南多于东南沿海，且岩画反映的时代和文献记载大体吻合。反映了发祥于斯基泰（"塞种"）人先祖的马文化自西北和正北进入黄河流域并渐及云贵高原的主要播迁路线。那个时代，在一部分斯基泰人融入我国古代西北、西南部族的同时，中国疆土上的太盘马也进一步被先民驯化。就世界范围而言，马的驯化是一个渐进和漫长的过程；史前的中国古人是参与驯化的人群。

图3　宁夏贺兰县贺兰山口的单马岩画，表现了一匹修剪过鬣毛的马

图4　贵州开阳县画马岩大岩口的"太阳和马"岩画，描绘了两匹在太阳下安详伫立的马

2.影响中国马品质特性的历史因素 近代以前，除了受各地自然条件的影响外，我国马品质特性的发展受到几个主要因素的影响。

（1）以相马术为中心的选种活动 我国古代对马的外形早有关注，据谢成侠引证郭沫若《卜辞通纂考释》，殷墟辞骨片中有何日期、取何种体格和毛色的双马匹配为吉利，反映先民在公元前1300年之前已有选择毛色的意识。公元前600多年以前已出现以相畜为中心的家畜选种技术，其中相马术尤盛。在夏代以后1 400多年积淀的马文化深厚基础上，涌现出孙阳（伯乐）、九方皋、寒风、管青等众多的相马家。据《淮南子·道应训》、《通志·氏族略》、《韩非子·说林》和后世许多民间传说的记述，孙阳是春秋时代秦穆公的大臣，著有《相马经》（早已毁于战乱），主张评价马外貌应“得其精而忘其粗，在其内而忘其外”。意思是，应该观察马的神态、悍威，不必在意微小瑕疵，应该注重整体结构以推知骨骼、肌肉发育和五脏六腑，不必在意膘情与皮毛是否光洁。同时代有“伯乐过、马遂空，非无马也，无良马也”之说，反映其相术之精。

东汉光武时代马援（公元前14年至公元49年）在长期事马的基础上，继承西汉四代名师的经验，铜铸了当时中国马的标准体型，作为相马依据。晚唐宰相李石（785—846年），838年前后任行军司马期间收集民间疗马文献编成的兽医宏著《司牧安骥集》中专辟一卷“相马良论”，系统阐明马的外貌鉴定方法。明代俞本元、俞本亨兄弟1608年编成的《元亨疗马集》全面引述了“相马良论”，并改写了一篇名为“宝金篇”的相马文。同时代兽医进一步将“宝金篇”改写成一首通俗易记的“宝金歌”。这些有关马匹外形鉴定的著述，系统、深刻地阐明了对马匹整体和各部位评鉴的一般原理与方法，基本不涉及类型分化的特殊要求，适用于各地辨别马匹良驽的实际需要。《司牧安骥集》发展了先代学者重视马血统的思想，体现于“宝金歌”中有“相马不看先代本，亦似盲人信步行”。从殷商的卜辞到《司牧安骥集》都包含选毛色、忌白章的见解，后者还有不少关于（头、颈、躯干）旋毛位置评价的内容。这种选择内容对中国马以骝、栗毛色为主，少白章，笼、鞍、鞯、缰摩擦体部罕有逆旋的特征的形成有明显影响。公元前3—前2世纪北方草原上的匈奴（秦代以前历称淳维、猃狁、荤粥）有以白马作骑军监护坐骑的习惯。《汉书·李将军列传》记载，汉景帝时代，将军李广在出军匈奴的一次战役中，匈奴军中“有白马将出护其兵。……李广上马……射杀胡白马将”。元代乌思藏学者蔡巴司徒·贡噶多杰（即司徒格微洛追，1309—1364年亦即藏历第五饶迥土鸡年至第六饶迥木猴年），根据藏区寺庙保存的大量藏汉文典籍编成的《红史》，记载了西藏和内地佛门崇尚白马的历史因缘。东汉明帝时期，竺法兰和玛当格两位“班智达”（“班智达”是佛门修行阶次的名称），用一匹白马将小乘经典驮到内地，在河南洛阳府修建了藏经寺宇，因名“白马寺”。乌思藏是元代对昌都以西的西藏（前后藏的）正式行政区域名称，是藏语Dubs-Gtsang的音译词。西藏在14世纪以后的佛教艺术品，多有白马题材，也有不少歌颂白马的古老歌谣。例如，在江孜县广为流传的一首情歌“美俊的骑士”唱道：“在那绿色的草坝上，飞跑着一位英俊的骑士，看那骏马的奔跑样子，好像是达杰家的玉乌马”（相传“玉乌马”是一匹纯白色的马）；又如，一首古老的中国夏尔巴族民歌，“到他乡去”唱道“白马配上银鞍，多么晶莹洁白”。内地各地兴建了许多座“白马寺”。这种心理影响到马的毛色选择，使青毛和白毛在中国马群体中保持了一定的比例。明清时代《司牧安骥集》先后多次被译成蒙、藏文，清初又译成日文。《红史》在清代以后被译成蒙、汉、满文。这些著作中关于相马的原理是影响中国马种群特征形成的文化因素。

（2）种群迁移和交流 在几千年养马历史中，由于部族迁徙、融合，部族间的商贸、征战和官统征纳与交易，在我国广袤的疆土内，马群大规模或零散的流动十分频繁，影响到各区域马选育的血统基础。我国历史上北方牧区各部族间以及各部族与黄河中、下游流域的民间马群流动较为频繁。以见于正史的事件为例。

公元前649年（周襄王三年），襄王后母（周惠王后）、异母弟子带勾结山戎部族（当时居住在现今太原一带从事农牧业）进攻周都，“戎狄以故得入，破逐周襄王，而立子带为天子。于是戎狄或居于陆浑（位于现在河南嵩县东北），东至于卫；侵盗暴虐中国。”（《史记·匈奴列传》）这里“中国”一词，是指祖国缔造历史过程中，居于文化中心的政权直接管辖的地域。

战国后期与秦统一七国后，秦地、巴蜀与西戎之间的民间家畜贸易十分发达。“乌氏倮，畜牧，及众，求奇绘物，闲献遣戎王，戎王十倍其偿，与之畜，畜至以谷量牛马。”“乌氏”是地名，在现在的宁夏回族自治区固原县东南，“倮”是人名（《史记·货殖列传》）。这里所指的戎王应是一支古羌人的领袖。“及汉兴，皆弃此国而开蜀故徼，巴蜀民或窃出商贾，取其筰马，僰僮，牦牛，以此巴蜀殷富。”（《史记·西南夷列传》），“皆弃此国”意为不再经过秦设道卡。

公元前128年（汉武帝元朔元年）西汉车骑将军卫青出征匈奴，“执讯获醜，驱马牛羊百有余万，全甲兵而还”（《史记·卫将军骠骑列传》）。

公元前114—前109年（汉武帝元鼎、元封年间），乌孙两次“使使献马，愿得尚汉女翁主为昆弟”，“以千匹马聘汉女”，那时“乌孙多马，其富人至有四、五千匹马”。其先，汉武帝以《易书》占卜，得到“神马自西北来”的喻示，结果“得乌孙好马”（《史记·大宛列传》）。乌孙是形成现代哈萨克民族的血源、文化主体。

386—395年（北魏道武帝登国年间），西燕大将军卫辰之子直力鞮率朔方（今内蒙古杭锦旗以北的广阔草原）八九万军南下，围魏太祖军五六千人。但魏军以车为营，且战且进，终于在铁岐山东败直力鞮军，虏获马牛羊四百余万头（《魏书·铁弗刘虎》）。北魏是鲜卑族（拓跋氏部族）建立的政权，其辖地在今雁北和内蒙古乌兰察布市（盟）南部。

4世纪初（西晋末年）鲜卑人慕容部的一支吐谷浑从匈奴故地草原和现在的西拉木伦河、兆儿河一带举族西迁至现在的甘肃省、青海省海东一带。672年（唐高宗咸亨三年）吐谷浑王诺曷钵（当时有唐封“青海王”号）率族迁至灵州（现今宁夏回族自治区灵武市附近），任安乐州刺史，辖地相当于现在的中卫、中宁以北地区。8世纪中期，部族大部复北徙朔方。鲜卑人吐谷浑部作为一个游牧部族自东北乃至广漠的黑龙江流域西迁至黄河上游流域，又北徙蒙古高原，对中国马文化的发展与北方马群血统交流有重要影响。

701年（武周大足元年）吐蕃“遣使献马千匹……以求婚”，713—755年（唐玄宗开元至天宝末年），吐蕃数次攻略唐临兆军、玉门军、兰、渭、甘等州，先后虏掠唐朝陇右监牧30余万马匹。陇右监牧一度汇集了中原地区、北方与西北牧区的70余万匹良马（《旧唐书·吐蕃》）。“军”是唐代驻军设防的区域单位；临兆、玉门两军防守区域相当于现在临兆县、玉门市附近。

916年（辽太祖神册初年）前后契丹攻下代北（今山西省雁北一带），掠走马、驼诸畜10余万；征伐女贞，虏获马20余万匹（《辽史·食货志》）。

1075年（北宋神宗熙宁八年），北宋王朝在以茶易马传统的基础上，设置管理茶马交易的“提举茶马司”；1105年（北宋徽宗崇宁四年）徽宗下诏，称神宗时“经营熙河路茶马司，以致国马法制大备”，“令茶马司总运茶博易之职”（《宋史·兵志》）。这种专业行政机构的建立，使中原地区和北方草原、西南、西北蕃、羌诸部的茶马交易正规化，边地良马更大规模地流入宋境腹地。

从1373年（明太祖洪武六年）起“太祖设茶马司于秦、河、洮、雅诸州，自碉门、黎、雅、朵甘、乌思藏，行茶之地五千里，山后归德诸州，西方诸部落，无不以马来售”（《明史·食货志》）。秦、河、洮、雅四州的地理位置顺序相当于今天的甘肃省天水市、临夏市、临潭县和四川省雅安市，碉门在现在四川荥经、天全县一带。“朵甘”是藏语Mdo-Khams的音译，前者指甘青藏区和现在的四川省阿坝藏族羌族自治州北部，也就是安多藏语区域；后者指现在的西藏昌都地区与四川省甘孜藏族自治州。其后，明政府又在永宁（今四川叙永）、乌撤（今云南省永善县一带）、乌蒙（今云南省昭通市）、东川（今四川省东川、古蔺一带）诸州设置茶马司，在广西路（今云南省沪西、师宗、弥勒县一带）设置“庆远裕民司”，致使西南“诸番”、南方“八番溪峒”部落的良马不断进入内地。明朝茶马司制度促进了后世民间的茶马交易，对我国西北、西南地区马群血统的影响持续到近代。

（3）中亚、西亚地区良马的输入　从西汉时代丝绸之路开通之后到清朝康雍乾年间，我国从外域引进过各种良马，其中以来自中亚、西亚地区的种马对中国马品质的影响最大。

公元前102年（汉武帝太初三年），位于中亚费尔干纳盆地的大宛国降汉，“献马三千匹”；“宛王蝉封与汉约，岁献天马二匹，汉使采葡萄，苜蓿种归”。“天子以天马多，又外国使来众，益种葡萄、苜蓿离宫（别）馆旁，极望焉”（《汉书·西域传》）。大宛国地跨今土库曼斯坦和乌兹别克斯坦，大宛天马当时也称“汗血马”。我国南北朝时代，大宛改称洛那国，479年（北魏孝文帝太和三年）“遣使献汗血马，自此每使朝贡”（《魏书·西域》）。直到隋唐时代，费尔干纳盆地周边的良马通过西突厥、康居等国，仍然不断进入中原地区。608年（隋炀帝大业四年）“遣司朝谒者崔毅出使突厥处罗，致汗血马”（《隋书·炀帝纪》）；618—626年（唐高祖武德年间）“康居国献马四千匹，今时官马犹其种也”，“康居马，……是大宛马种，形容极大”（《唐会要》），“大宛天马”对我国马的品质、国人马文化心理的影响反映在西汉武帝以后许多民间传说和艺术品中。汉武帝时代赞颂天马的“天马歌”被列为朝廷郊祀的乐曲。1981年出土于汉武帝茂陵东侧一号无名冢一号从葬坑的西汉鎏金铜马（据考是武帝胞姊阳信公主家的器物），1969年出土于甘肃武威雷台东汉墓的铜奔马（现以“马踏飞燕”之名作为国旅徽志，据考该墓是镇守张掖的将军张某与妻子合葬墓），再现了天马的雄姿。20世纪后期出土于四川省彭山县的西汉陶马、出土于贵州省兴义县的汉代铜马，展现了在西汉之前的文物中从未出现过的乘用快马的俊美神态，应是大宛马的写真艺术品。南阳市东汉画像砖驿马、轻驾马、马戏用马的轻秀优美形态，说明天马血统的广泛播迁和对我国马文化的深远影响。

图5　南阳东汉马画像砖

701—704年（武周长安年间），大食国（阿拉伯帝国）“遣使献良马。……开元初遣使来朝，进马及宝钿带等方物”。唐玄宗开元初（713），这是直接从原产地输入中国的第一批阿拉伯马（《旧唐书·西戎》）。隋代，移牧青甘地区的吐谷浑部成批从波斯输入过良种马，《旧唐书》记载：“吐谷浑……有青海，周迴八百里，中有小山，至冬，放牧马于其上，言得龙种。尝得波斯马，放入海，因生骢驹，能日行千里，故也称‘青海骢’马”（《旧唐书·西戎》）。唐太宗李世民平定天下之初的六匹功勋战马之一的“什伐赤”也来自波斯。清初爱乌罕（即阿富汗）良马也曾输入我国，乾隆时期以后，在伊犁、塔尔巴哈台、巴里坤、甘、凉、肃州及陕西等地的官立牧场用作种马。爱乌罕赠送清朝宫廷良马之事也见于正史记载：乾隆“二十七年，入贡良马四，马高七尺，长八尺”（《清史稿·属国·浩罕》）。乾隆皇帝的一匹名为“凌霄白”的御马就是爱乌罕国王爱哈摩特沙所赠。

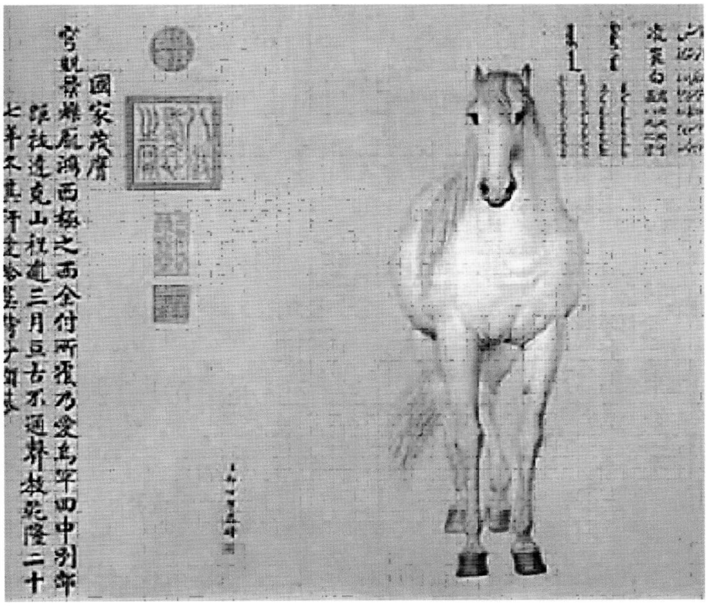

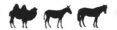

图6　郎世宁所绘爱乌罕国王爱哈摩特沙赠给乾隆皇帝的良马“凌霄白”

3. 中国马地域分化的历史线索　除受种源和一般选种观念影响外，各地区自然生态环境所形成的自然选择、社会经济生活需求与居民文化背景下的人为选育也是我国马地域分化的决定性因素。

（1）中原与阿尼玛卿山脉以东的黄河上游流域　从考古学证据、历史传说与记载、居民的文化背景来看，中原与阿尼玛卿山脉以东的黄河上游流域的固有马群属于同一类型。

早在新石器时代晚期，起源于黄河中游流域的汉藏语系已经分布到阿尼玛卿山脉以东的黄河上游流域、四川西北和云南北部即青藏高原东缘，在公元前21世纪以后，我国马文化兴起之初，原始汉语和原始藏缅语族尚未明显分化，居民交往频繁、血缘关系密切。远古华夏部落集团的炎帝族本来分布在渭水上游姜水流域一带，黄帝族原居于黄土高原西侧，皆与原始藏缅语族先民羌、戎部落杂居。夏王朝第一代君主夏禹之母脩已可能出自西羌；唐代张守节（生平不详）在《史记》正义中引述《帝王纪》的记述：禹“名文命，字密，身九尺二寸长，本西夷人也”。西汉杨雄（前53—18年）在《蜀王本纪》中说“禹本汶山郡广柔县人也，生于石纽”。北魏郦道元（472—527年）在《水经注》中说：“沫水出广柔徼外，县有石纽乡，禹所生也。”（《水经注・沫水》）。西汉和北魏时代的广柔县就是现在的汶川县，北魏时代的石纽乡距离汶川县所在的威州镇20km多，在绵篪镇附近，有“石纽山摩岩石刻”、“禹王宫”遗址；公元前统治中原500多年的周王朝、公元前271年统一中国的秦国，部族皆兴起于泾、渭流域，紧邻戎、氐、羌部落，承袭着中原相邻各部族血缘与文化上的密切关系。周人自始祖后稷起，世为中原王朝稷官，到不窋为首领，逢“夏后氏政衰，去稷不务。不窋以失其官而奔戎狄间”（《史记・周本纪》），两代之后才回归农务。秦人始祖大业的“玄孙曰费昌，子孙或在中国，或在夷狄”（《史记・秦本纪》），其七代玄孙中潏，为郦山戎女所生“在西戎，保西垂”（《史记・秦本纪》）。后裔大骆，复娶于郦戎，为此“西戎皆服”（《史记・秦本纪》），这些历史事例反映，我国马文化的兴起和早期发展阶段，从夏朝中期到秦代，分布在中原和阿尼玛卿山脉以东的汉语和藏缅语族先民，有着相同的人文背景。

反映这一区域在先秦时代和秦代马的利用方式的古代文献，以《诗经》最为翔实。《诗经》有40多首涉及马的诗歌，有关使役的，多描写驷马驾车，如“齐风，载驱”中“四骊济济，垂辔沵沵”，“小雅，鹿鸣之什，采薇”中“戎车即驾，四牡业业。”“郑风，大叔于田”中“执辔如组，两骖如舞”。也有关于骑乘的，如“大雅，文王之什，绵”中“古公亶父，来朝走马。”“周颂，有客”中“有客有客，亦白其马”。西汉刘向（约前77—前6年）编著的《战国策》中“苏秦始将连横”一文中有苏秦“说秦惠王曰：‘大王之国……战车万乘，奋击百万’”之辞；同书“苏秦为赵合从说楚威王”一文中有“楚，天下之强国也……带甲百万，车千乘，骑万匹”的话，也反映当时中原地区的马主要用于轻驾，也用于骑乘。值得注意的是，轻驾不仅用于出行，也用于田猎和战事。秦兵马俑坑出土的马俑，反映了这种马的形态，这是迄今所知的中原马最早的形态。据考古学界研究，秦兵马俑坑出土的人、马俑都和当时人、马等大。在一号坑发掘之初，王仁波、赵学谦实测了马俑体尺，与我国几种现代地方马品种比较之后，发现马俑的体尺、体尺指数，除管围外，非常接近现代河曲马母马的平均水平，体型也相似。

秦马俑：♂，1，133–142（106.8%）–158（118.9%）–29（21.8%）。河曲马：♀，313，133.63–142.64（106.7%）–158.2（118.4%）–17.2（12.9%）。据考，唐代陇右监牧的马群是河曲马的重要血统来源，河曲马较好地保持了古代中原马的特征，饲、牧兼宜，对中原与青藏高原东缘的自然环境均能良好适应，长于轻驾重乘。

目前中原地区的固有马已不存在，河曲马是该型的代表。由于适应海拔3 500m上下的沼泽草原放牧生活环境，河曲马不像秦马俑那样骏美。

图7 阿巴嘎旗牧民正在挤马奶

（2）蒙古高原　蒙古高原四周自古以来是东北亚游牧民族文化荟萃之地，是史前家马和马文化传播到我国各地的主要通道。公元前16世纪以后，使用汉藏语系语言的北羌、林湖（澹林），使用阿尔泰语系蒙古语族语言的匈奴（淳维、猃狁、荤粥、薰育）、斡亦拉（瓦剌、额鲁特、厄鲁特）、蒙古（萌古斯），使用阿尔泰语系突厥语族语言的突厥、柔然、回纥（回鹘）、铁勒（丁零、刺勒、高车）、鞑靼（达怛、达旦、达达、塔塔尔），使用阿尔泰语系满洲—通古斯语族语言的鲜卑等20多个部族都曾在这片辽阔的草原上游牧、建政、进出迁徙、兴衰演替，各族人民在血统上、文化上水乳交融，创造了灿烂的游牧文明，数千年来在干草原生态背景和深厚文化底蕴的基础上形成了蒙古马系统的许多优秀品种。历经千百年间出现的严寒、酷暑、“黑灾”、“白灾”、暴风雪等恶劣自然环境，这些品种高度适应了蒙古高原的风土条件。其中，以乌珠穆沁马、百岔铁蹄马（已濒临灭绝）为代表的主体类型，体格粗壮结实，头深额广，眼中等大，鼻直，颈深厚，鬐甲低，背腰平直，四肢粗短，肌腱发达，蹄质坚硬，体高135cm左右，富持久力。一部分体格轻秀的个体（如阿巴嘎黑马），是元代用于长途奔袭的战马的后裔，速力卓越、持久耐苦，具备乳用潜力，至今当地仍习用于挤奶。

蒙古马系统中有一部分体高140cm以上的优秀个体。清代蒙古穌拖辉特贝勒成衮扎布（元太祖成吉思汗的21代玄孙）献给乾隆皇帝的一匹名为“英骥子”的青马体高143cm。

（3）新疆　史前阿尔泰山区也是太盘马生息的区域。公元前8世纪前后斯基泰人（塞种）大规模西迁之前，当地早已驯化了马，与斯基泰人邻近的乌孙、月氏等游牧部族当时已具备了高度的马文化。斯基泰人大部西迁以后，乌孙据其故地并兼并了滞留的斯基泰余部。《汉书·西域传》记载，“乌孙国……本塞地也，大月氏西破走塞王，塞王南越县度，大月氏居其地。后乌孙昆莫击破大月氏，大月氏徙西臣大夏，而乌孙昆莫居之，故乌孙民有塞种、大月氏种云。”斯基泰人西迁后，也有一些滞留部落融入当时属西域都护府的损毒（在今克孜勒苏柯尔克孜自治州乌恰县内）、休循（在今吉尔吉斯斯坦）诸部族政权国。斯基泰人属印欧语系伊朗语族，部民融入乌孙、损毒、休循等阿尔泰语系突厥语族社会的同时，其卓越的马文化获得了更大的发展空间，多民族的良马在阿尔泰、天山南北山地草原生态背景下血统交融，拓宽了古人的选种思路，创造了我国最古老的草原马种。从历史记载来看，乌孙马、黠戛斯马体型较大、体质结实、骏美，运步轻快具有山地草原生态特征。

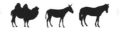

图8　郎世宁1743年所绘英骥子图

天山南北草原在公元前2世纪及公元6世纪、7世纪先后从蒙古草原徙入了匈奴、铁勒、突厥、回纥等游牧部落，原居帕米尔高原东、北的柯尔克孜先民一度东据阿尔泰山东北麓广阔草原，使马群和蒙古马类型有一定程度的血统交流，但并未改变新疆马的分化格局。现代哈萨克马以乌孙马血统为基础，柯尔克孜马是公元前8世纪损毒、休循部民马群的后裔。

（4）东北区域　现今内蒙古自治区兴安盟、通辽市、赤峰市、大兴安岭以东地区、呼伦贝尔市以及东北三省的史前居民肃慎（挹娄）原无养马习俗。公元前4世纪本来在兴安岭西南麓至现今滦河上游流域草原上游牧的“东胡”人迁徙到西剌木伦河、老哈河流域从事游牧和狩猎业以后，当地土著才逐渐发展了养马业。因此，东北是北方养马较晚的区域。肃慎（挹娄）和后来以夫余、沃沮为族称的东北土著居民和“东胡”人一样，均属阿尔泰语系满洲—通古斯语族部族，自古擅长渔猎。后来他们在当地生态条件下造就了许多非常适合林中狩猎的良马，如东汉时代的“夫余名马”（《后汉书·东夷列传》）、隋唐时期的“室韦马”等，其类型特征一直保持到现代。今天的鄂伦春马较为典型，分布于呼伦贝尔市鄂温克族自治旗的锡尼河马也含有较高的该类型血统成分，其形态在培育品种三河马中亦依稀可见。

（5）青藏高原腹地　青藏高原腹地在史前由于远古人民的交往、迁徙，经高原东缘、东南缘已有驯化马。在高寒地域生境下，经过吐蕃先民的数千年选育和高原东部边缘的种群发生了显著分化。从古格王朝庙宇壁画、吐蕃时代的雕塑和唐卡表现的数不胜数的马形象来看，其体格矮小，体型粗短，耳长、耳壳厚，鼻孔大、鼻翼似乎有弹性，被毛长，鬃鬣尾距毛浓密，肢蹄健固。可能至晚在7世纪青藏高原的马已具备现代藏马的基本体型特征。最初进入高原腹地的家马可能驯化水平很低。据《松赞干布遗训》（作者迭名，发现于大昭寺廊柱间，亦名《柱间史》，公元8世纪作品）记述，吐蕃在松赞干布之父南日松赞王时代“于北方拉措湖得盐，又将公母野牦牛驯化为公母牦牛，将公母鹿育成黄牛，将公母野山羊驯养为绵羊，将公母獐驯化为山羊，将公母野驴驯化成马，将公母狼驯化成犬。此时开垦土地而有农业、牧养牲畜之牧者亦产生于此时”。这则记事关于西藏农牧业产生的时代与《红史》、《新红史》、《青史》等多部藏籍不符。据《红史》记载，第一代藏王聂赤赞普时代西藏雅隆索卡一带已经有发达的牧业，并且以“六牦牛部”为基础建立了“雅隆悉补野蕃”城邦。第九代赞普布代贡杰时代雅隆河谷吐蕃先民已以“颓”为家畜单位，布代贡杰之母也一度被罚牧马。聂赤赞普约为公元前350年至公元前200年左右的藏王，早松赞干布约801年。因此，青藏高原至晚在秦汉时代已普遍养马。《松赞干布遗训》关于家畜野祖的错讹，可能是由于古人观察粗疏、缺乏分类学观念所致。但却足以说明直到8世纪，青藏高原尚有不少家畜野生原种群生息，种群间的混杂足以使当时居民联想到家畜起源过程；而且，高原上当时可能有种独特的野生驹骒马（太盘马）群体存在，以至误以为“野骡”。青藏高原上马的类型分化，可能体现了野生原种驹骒的地理差异。

（6）西南山地　青藏高原东南边缘以东的四川、云南、贵州、重庆与广西壮族自治区河池、百色一带是我国另一个固有马类型的分布区域，以往将该区域内分布的马习称为西南山地马。在云南、四川境内的马分别称为滇马、川马。但从史料来看，四川西南部、云南西部一带前2世纪前后的莋都马，是随古羌人南徙的中型马，应属前述第一类型，不属于西南山地马类型。西南山地马体高110cm左右，以矮小骏健著称。宋范成大（1126—1193年）在南宋淳熙二年（1175）编著的《桂海虞衡志》在“志兽”一章记载：“蛮马，出西南诸蕃。多自毗那、自杞等国来。自杞取马于大理，古南诏也。”“大理马为西南蕃马之最”，毗那、自杞均为古代云南“乌蛮”建立的部族政权国，位于今天曲靖地区南部、红河州东北部一带。宋周去非（约1143年—？）在《岭外代答》卷九中记载大理马体小肌健、头大颈高、鬃长毛冗、耐力颇强，适应西南山地陡险路滑的小道，人乘骑之，“往返万里，跬步必骑，驼负且重，未尝困乏。”当时大理马中尚有“越赕骏”、“滇池驹”等名贵品种，皆可“日驰数百里”山路。《桂海虞衡志》还记载：“果下马，土产小驷也。以出德庆之泷水者为最。高不逾三尺。骏者有两脊骨，故又号双脊马。健而善行。”德庆位于现在广东德庆端溪，泷水在其南。“双脊骨”之说可能是对脊骨两侧发达的肌肉之误解。

西南山地矮马类型的形成，远在有史时代之前。贵州省开阳县画马岩小岩口（距今6 000 ~ 4 000年）的“人与马”岩画就出现了这种小型马形象。20世纪中期森为三、林田重幸等根据亚洲多处马的体量资料提出，中国西南山地是东亚地区矮马的发祥地，“中国四川、云南以至华南一带自古以来就饲养了成为今天川马基础的小型马（果下马）。这种类型在绳文时代后、晚期至弥生时代，从华南沿南，顺着（北太平洋西部的）黑潮进入九州和南朝鲜”。日本的吐噶剌马、宫古马，就是以之为血缘形成的（2009年日本在来家畜研究会编*Native Livestock in Asia* Ⅱ -3），日本绳文时代相当于公元前七八千年之后的数千年，弥生时代约为公元前3世纪之后的600年期间。目前，朝鲜半岛只有少量中型马。但从公元前2世纪至公元前6世纪，半岛上确有和中型马并存的“果下马”。《后汉书·东夷列传》记载：“濊，北与高句丽、沃沮，南与辰韩接，东穷大海，西至乐浪。……本皆朝鲜之地也。……又多文豹，出果下马。”而《汉书·西南夷两粤朝鲜传》记载，汉初卫氏朝鲜王右渠曾向西汉“献马五千匹”，无疑是可资战事的中型马。《魏书·列传》“高句丽”条记载：“高句丽者，出于夫余，自言先祖朱蒙。……出三尺马，云本朱蒙所乘，马种即果下也。”这些历史资料足以说明，我国西南山地是东亚矮马的起源地，随史前居民迁徙，顺着黑潮播迁到朝鲜半岛、日本列岛。马的体量虽因饲养环境不同而有变异，但不同地理区域的大群体间一般水平的差异，以及同一区域内群体间的差异，种源之别无疑是基本原因，难于完全归因于饲养环境。朝鲜半岛与我国西南山地之间不仅因“果下马”、小型马而关联，而且居民之间存在许多相同的早期文化特征，如：腌制泡菜、穿草鞋、嗜食辣椒。播迁证据说明，西南山地小型马的出现早在殷商以前。

六个类型分化的历史线索，反映了中国现代固有马基本类型的沿革。除历史上曾有过的中原马之外，这六个基本类别存在至今。

（三）固有品种的亲缘系统

1.对固有马群体的聚类分析　以35个形态、生态指标对25个典型的固有马群体进行了聚类分析，这些群体包括：阿巴嘎黑马（ABGH）、乌珠穆沁马（WZMQ）、焉耆马（盆地型）（YQP）、焉耆马（山地型）（YQS）、巴里坤马（BLK）、大通马（DT）、鄂伦春马（ELC）、锡尼河马（XNH）、三河马（SH）、哈萨克马（HAK）、柴达木马（CDM）、岔口驿马（CKY）、河曲马（HQ）、麦洼马（MW）、藏马（ZANG）、玉树马（YS）、云南马（YUNN）、百色马（BS）、德保矮马（DB）、利川马（LC）、建昌马（JC）、文山马（WS）、宁强马（NQ）、中甸马（ZD）、永宁马（YN）、贵州马（GZ）。这26个群体中除三河马是包含我国清代索伦旗良马大比例血统并在固有良马产地生态环境中形成的“培育品种”之外，均为固有遗传资源。35个形态、生态指标中既有体重、产区海拔等计量标志，又有毛色、白章、肢蹄特征等计数标志。取累计贡献率达86.56％的前8位主成分的聚类分析结果见图9。

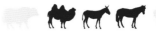

从图9可见，数量化分析结果与前述综合分析结果基本平行。

2.马固有遗传资源的类属　由于历史原因，29个马固有遗传资源中的一部分分布在属类地域之外。①中原与阿尼玛沁山脉以东的黄河上游流域有河曲马、甘孜马、岔口驿马、大通马。②蒙古高原有阿巴嘎黑马、蒙古马、巴里坤马、焉耆马。③新疆有哈萨克马、柯尔克孜马、柴达木马。④东北区域有鄂伦春马、锡尼河马。⑤青藏高原腹地有西藏马、永宁马、玉树马。⑥西南山地有建昌马、利川马、宁强马、文山马、乌蒙马、云南矮马、大理马、腾冲马、百色马、德保矮马、贵州马、中甸马。

晋江马不属于上述任何类型。

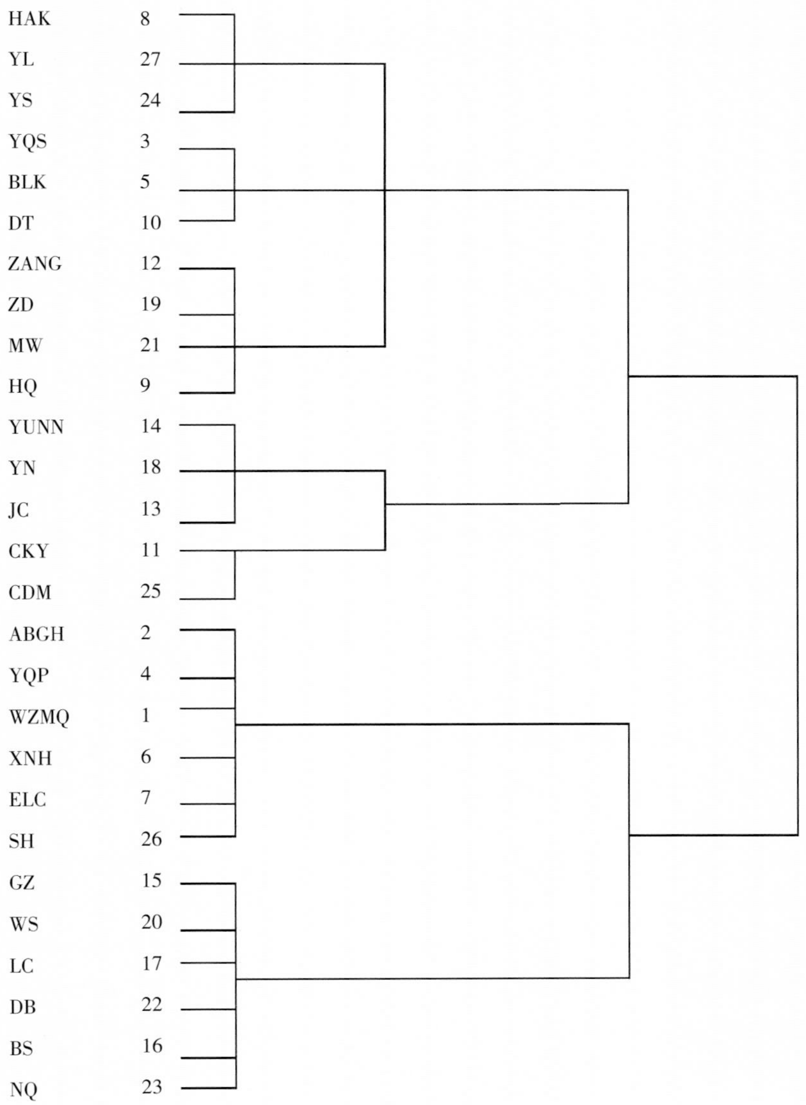

图9　26个马群体的生态形态指标聚类

三、中国驴的起源和类别

（一）种源

联合国粮食与农业组织2007年发布的《世界粮食与农业动物遗传资源状况》报告，根据家驴与非洲野驴两个亚种即索马里野驴（*E. asimus somaliensis*）、利比亚野驴（*E. asimus africanus*）线粒体DNA研究结果，肯定非洲野驴是家驴始祖，相关考古学研究也证实，非洲东北部在6000～6500年之前已驯化了驴，该地域可能是家驴的起源中心。上述线粒体DNA检测试验缺乏东亚家驴资料。2005年雷初朝、陈宏等报告，根据我国关中驴、（阜康市）新疆驴、云南驴（楚雄州）、凉州驴、佳米驴五个种群，以及起源于非洲野驴的克罗地亚三个家驴种群，属于亚洲野驴的康驴、骞驴、库兰驴线粒体D-loop环的比对检测结果，也肯定我国家驴和欧洲克罗地亚种群同源，也就是说也是非洲野驴的后裔。亚洲野驴亚种互相聚类，与家驴关系疏远，这一研究结果与我国畜牧界长期科学观察结果是吻合的。20世纪60年代，中国人民解放军总后勤部前军马部所属（青海）贵南、（甘肃）山丹军马场以关中驴和康驴进行的杂交尝试，均无果而终。

（二）引入家驴的时代与途径

家驴由东北非洲渐次传播到我国北部、西北部的确切时代已难详考。中原地区有关驴的最早文献是在商汤时代。《逸周书》有当时正北、空同、莎车诸国向商王朝赠送駃騠的记载。其后《吕氏春秋·仲秋纪节八》“慎穷”篇记载：“赵荀子有两白骡而甚爱之”，其家臣曾拒绝杀骡治疗一位小吏重疾以救命的求请，赵荀子（?—前475年）为春秋时代晋国正卿。这两则记事反映，商周时期中原地区已有家驴，驴、骡至为珍奇。直到汉通西域之后，驴和我国北部、西北部的其他“奇畜”才大规模进入黄河中下游流域。《史记·李斯列传》有“骏良駃騠，不实外厩”之语，可见直到秦代，駃騠依然被皇家视为珍宝。

唐代司马贞在《史记》索引中对“駃騠”的旁注也肯定“駃騠来自正北”。说明至公元7世纪（唐代）中原地区的駃騠主要还是来自西北，和《汉书》、《后汉书》中駃騠来源的记载相同。

（三）初入中原的家驴类别

东汉许慎（约58—147年）在《说文解字》中解释说“駃騠生七日而超其母”。晋代郭璞（276—324年）为《上林赋》中“駃騠”一称作注释说“生三日而超其母也”。说明汉代至南北朝时期中原地区的家驴大多数是小型驴，否则不可能如是形容駃騠生长速度。对我国大、中、小型家驴线粒体DNA D-loop环多型性分析提供的证据展示，DNA核苷酸单倍体的分布和大、中、小型的类别无关（雷初朝、陈宏等，2005）。家驴体量的分化是在其进入我国以后在不同生态环境、社会经济生活背景下选种的结果。

中国大型驴的出现可能在“五代十国”时期（10世纪中期）以后。之前，从考古学发现与古代文物中均未见其踪。宋代以后有许多名画表现了黄河中下游流域的大型驴，如北宋张择端的“清明上河图”、明代“关山行旅图轴”（作者佚名）中均画有驴。

（四）现代家驴类别

我国家驴分布在北温带干燥、温暖地域，东起渤海湾、西至塔里木盆地周围，北起辽西、冀北、雁北、河套，南至滇南。大型驴品种主要分布在黄河中下游流域，天山南麓和塔里木盆地南缘也有集中产地。小型驴遍布分布区内南北各地。中型驴产区都在大型驴产区邻近。这种分布格局受制于各地生态条件与经济、生活背景。

1.大型驴 分布在（晋冀鲁豫陕）黄河中下游流域与周边平原地区、（新疆）天山南麓和塔里木盆地南部边缘。中原产区内年干燥指数20以下，夏季干燥指数5以下，为干旱夏雨地带。无霜期150～240天，冬无严寒，夏季炎热。新疆产区全年干燥指数10左右，夏季干燥指数5以下，大部分在干旱冬雨地带，局部在塔里木盆地的沙漠化冬雨区内。无霜期120～240天，冬季寒冷、夏季酷热，日温差大。大型驴产区素有发达的农业和悠久的养驴史，农民多有选择、培育种驴的经验。大型驴体高130cm以上，毛色以“黑三白”为主（“三白”指眼圈、鼻嘴、腹下毛色淡化）；也有少数“青（灰）三白”、“铜色三白”和全黑个体。“青（灰）三白”在塔里木盆地南缘的和田青驴中有很高比例；全黑个体在泌阳驴产区俗称“一根炭”，是当地农民喜爱的毛色之一。近年来在中原产区除“黑三白”之外的毛色已绝迹。大型驴头的比例相对较小，颈丰厚而较长，颈向45°以上；胸宽，背腰平宽而较长，尻长而丰满；四肢长，筋腱明显；鬣、尾毛稀少，被毛紧贴体表而有光泽，无绒毛。大型驴多不耐寒，喜洁净，不饮冰水，役中遇渠堑多畏步，以往多用以长途挽曳、驮运、耕地，公驴多用作繁殖骡驹。

关中驴、晋南驴、泌阳驴、广灵驴、阳原驴、德州驴、和田青驴、吐鲁番驴属于大型驴。大型驴各种群地理分布区相距遥远，这些共同特征说明，它们可能有更近的共同起源。关中平原可能是我国大型驴的主要发祥地。

2.小型驴 散布在西南、西北、华北、中原以及苏皖淮河以北海拔3 000m以下的山岳、丘陵、沟壑地区，包括南疆以及青藏高原东部边缘的农区、半农半牧区，产区皆属暖温带大陆性气候区。全年干燥少雨，温差大，冬季严寒、夏季干热。小型驴体高110cm以下，灰毛、灰褐毛色为主，“三白”特征不明显，多有背线、“鹰膀”，前肢偶有“虎斑”。头的比例相对较大，颈较短、水平颈；背腰短狭，尻短、多为尖尻；四肢膝关节较小，全身绒毛较长。小型驴耐寒抗暑，抗病耐苦。以往农村多用以推磨、拉碾，上山驮肥、下山负稼，妇孺短途骑乘。

川驴、淮北灰驴、苏北毛驴、青海毛驴、陕北毛驴、太行驴、新疆驴、云南驴、凉州驴等属于小型驴。西藏自治区目前约有8.5万头驴，但资源情况不详。

四、中国骆驼的起源和类别分化

（一）当代的一般相关研究成果

现存的骆驼科（Camelidae）动物分两个属，共6个物种，其分类系统如下：

- 骆驼科（Camelidae）
  - 骆驼属（*Camelus*）
    - 双峰驼 *Camelus bactrianus*
    - 单峰驼 *Camelus dromedarius*
  - 美洲驼属（*Lama*）
    - 羊驼 *Lama pacos*
    - 美洲驼 *Lama glama*
    - 栗色羊驼 *Lama guanacoe*
    - 骆马 *Lama*（或 *Vicugna*)*vicugne*

其中，双峰驼包括家养种，即指名亚种（*Camelus bactrianus* Linnaeus）和野生亚种（*Camelus bactrianus* Ferus）。美洲驼属中的羊驼和美洲驼是家畜，栗色羊驼和骆马是野生种。

由于骆马的切齿和美洲驼属其他三个物种不同，有的动物分类学者认为应把它独立为另一属，即骆马属（Vicugna）。双峰驼是我国固有物种，近年我国引进了少量羊驼。历史上单峰驼也曾经分布于现在我国新疆南部，近代种群数量衰减直至完全消失。

骆驼科动物的始祖在距今5 500万～3 800万年前的始新世起源于北美洲，大约200万年以前，其中一部分经白令海峡大陆桥进入亚欧大桥，进化为现在的骆驼属；另一部分穿越中美洲到达南美，形成美洲驼属的4个物种。

骆驼科动物现存的两个属虽然体量差异很大，骆驼属物种有驼峰，美洲驼属物种没有驼峰，但是仍有许多共同的生物学特征，第三胃、盲肠很小，没有胆囊；胆管与胰管汇合成一条，开口于十二指肠，主要靠胰腺分泌物参与消化；蹄冠边缘的肉垫代替了蹄；卧式交配；公驼无精囊腺，母驼输卵管独特的构造可容精子存活90h左右；对侧步；愤怒时喷唾沫，高度适应干燥、多纤维的稀疏植被，染色体二倍体均为2n=74。

骆驼属物种的较大体格和驼峰的形成可能是其先祖在北美洲已开始的变异。在新世至更新世末（350万～1万年前）曾经生活在北美洲西部从阿拉斯加到墨西哥，现已灭绝的骆驼科长颈驼属（*Camelops*）已确认的6个物种，体格略小于现代单峰驼，腿和颈长而较粗，体型结构近似于单峰驼，脊椎前部椎骨棘突很长（可能和支持1个驼峰相关）。这一属动物曾经在更新世中期（170万年前）以后与渡白令海峡而来的人类祖先在北美大陆共栖，是原始人的狩猎对象，大规模灭绝原因至今不明。

1. 双峰驼 F. E. Zeuner（1963）提出，在伊朗和现在的土库曼斯坦南部出土的公元前3000年前后的骆驼遗骨可能是驯化双峰驼的线索。联合国粮食与农业组织（FAO）2007年的报告，确认在伊朗中部沙赫尔苏库塔（Sahri Sokta）文化遗址（前2600）发现的双峰驼骨骼、毛纤维和粪便是当地已家养双峰驼的证据。在现今伊朗设拉子附近的公元前2000年前波斯帝国波斯波利斯宫殿的殿壁浮雕，展现了当时伊朗东部巴克特里亚地方家养双峰驼的形象。

I. L. Mason（1984）认定在土库曼斯坦南部和伊朗，公元前2500年前双峰驼已初步驯化；家养双峰驼及相关文化从这个驯化中心向北播迁到现今哈萨克斯坦和乌拉尔地区南部（前1700—前1200年前后），向东扩散到阿富汗、中国西部、蒙古和西伯利亚（公元前1000年左右），大约在公元前300年前到达中国黄河流域。中国中原地区在西汉时代张骞（？—前114年）出使西域之后人们才知道骆驼，丝绸之路开通后，骆驼、騊駼等西域家畜才大规模“御尾入塞”。但是古代中国北部的匈奴等部族、西部（汉唐时代“西域”的东部）的乌孙（今哈萨克民族的先祖）、月氏（其一部分已在长期历史演变中融入我国西北诸民族）、楼兰（已融入现今的维吾尔族）等部族很早就家养骆驼，历史可能早于Mason认定的公元前1000年前后，甚至可能是就地驯化双峰驼的居民。双峰驼的驯化发源于中亚，驯化中心可能不限于目前考古学已证明的中亚西南部（土库曼斯坦南部、伊朗北部）一带。家养双峰驼的野生始祖现已灭绝，目前活动在中蒙边境一带的野骆驼不是家养双峰驼的始祖群体。

2. 单峰驼 单峰驼在驯化前已与双峰驼分化。单峰驼的野生祖先在公元纪年之初在阿拉伯半岛最后消失。单峰驼的驯化在公元前3000年前后始于阿拉伯半岛东南部，阿拉伯半岛中部也可能是早期驯化中心地域的一部分。

3. 羊驼和美洲驼 秘鲁普诺省与玻利维亚拉伯斯省之间的的的喀喀湖（Titicaca）沿岸是羊驼和美洲驼的早期驯化中心。秘鲁胡利亚卡地区（Juliaca）的塔尔马查依洞穴（前5200—前4000）新石器时代文化遗址提供了至少在那时印第安人的先祖已开始驯养美洲驼的考古学证据。羊驼的成功驯化在公元前4—前3世纪。公元前1世纪，现今的秘鲁—智利边境西海岸就已经有毛用羊驼群。

美洲驼属4个物种间不存在生殖隔离，正反杂交种一代两性生殖机能正常。关于羊驼和美洲驼的野生始祖，曾有不同的推测。根据形态学和头骨分析结果，有的学者提出两者皆起源于栗色羊驼的观点。也有从行为学角度判断羊驼可能是栗色羊驼与家养美洲驼混血后裔的论述。据Mason（1984）报告，G. Steinbacher在1953年首先提出羊驼起源于骆马的推测。20世纪90年代以后，H. F. Stanley（1994）、M. Kadweli（2001）等以线粒体DNA和微卫星DNA检测结果证明了美洲驼和栗色羊驼、羊驼跟骆马之间的密切亲缘关系。Y. Kawamoto（2005）用南美洲骆驼科4个物种和羊驼与美洲驼的杂种共12个群体203只的样本，以血细胞酯酶（ESD），6-磷酸葡萄糖脱氢酶（PGD）和心肌黄酶（Dia）三个基因座上的频率分布为基础，采用主成分分析和邻接法（Neighbor-joining，NJ法）较系统地研究了物种间和种内地域群体间的亲缘关系，构建了无节系统树，该研究展示，除2003年来自秘鲁Puno地方的羊驼样本似乎较为游离之外，所有羊驼样本都在骆马分支上，所有美洲驼样本均在栗色羊驼分支上；两个家养种间的混血群相对游离。进一步证实了羊驼、美洲驼可能分别起源于骆马和栗色羊驼的学说，FAO（2007）的报告确认了这一研究成果。

（二）我国固有骆驼的起源

发源于伊朗和土库曼斯坦南部的家养双峰驼和养驼文化至晚在公元前1000年已扩散到中国北方和西北部。由于山川阻隔、人居离散，其播迁可能有3条主要途径，并在途径两侧以弥散方式东来。其一，是从伊朗经过现今的阿富汗翻越帕米尔高原进入南疆，东抵河西走廊；其二，由土库曼斯坦北上咸海南岸，经过今天的哈萨克斯坦、吉尔吉斯斯坦，沿天山南北两路进入北疆，并在进一步东扩过程中与第一条途径汇合；第三条途径是经过哈萨克斯坦北上西西伯利亚进入蒙古高原，并从蒙古高原向南、向东进一步扩散。到公元前300年前后，西汉王朝开通西域通道时，双峰驼已广泛地分布在我国河西走廊两侧以北、西北的农牧区。

《汉书》记载：“匈奴……居于北边，随草畜牧而转移。其畜之所多则马、牛、羊，其奇畜则橐驼、驴、骡、駃騠……。”西汉前期匈奴游牧在今天的蒙古高原，“橐驼”就是骆驼。汉昭帝始元五年（前82年），汉将常惠与乌孙兵夹击匈奴“虏马牛羊驴骡橐驼七十万余”。可见所谓“奇畜”之“奇”，明显是对中原人而言，西汉时代我国北方的匈奴人已经十分熟悉骆驼。当时西北地区骆驼也已十分普遍，《汉书·西域传》记载，敦煌、酒泉等地的官吏常常苦于为康居国（位于现在巴尔喀什湖西南）来往于国都长安的使者供应食宿草料，称“敦煌、酒泉小郡及南道八国，给使者往来人马驴橐驼食，皆苦之”。南道八国指当时西域都护府所辖婼羌、鄯善、且末、精绝、于阗、皮山、疏勒、莎车八个部族政权；敦煌、酒泉两郡也属西域都护府统辖。还记载“鄯善国，本名楼兰……民随畜牧逐水草，有驴马，多橐驼。”

公元前1000年以前从中亚西部播迁到我国北方和西北部的骆驼可能是一些驯化水平很低的种群，其中还包括在阿拉伯半岛西部初步驯化，经由中亚南部进入中国的单峰驼。这些种群可能对家养条件的依赖不大。盖山林（1999）在一本关于内蒙古岩画的著作中提到，在内蒙古自治区巴彦淖尔盟乌拉特中旗南部阴山山脉中称作“几公海勒斯太”的山沟中发现的青铜时代岩画，有围猎白山羊、梅花鹿、单峰驼等动物的图画，在阿拉善盟阿拉善右旗境内“布勒古图”山地不同时代的岩画中有许多单峰驼形象。说明自公元前1000年以来，起源于阿拉伯南部的家养单峰驼陆续进入中国。被当作野生动物射猎的，应当是驯化水平较低的家驼在我国当时当地生态环境下从拘禁中逃逸再野生化的种类。

内蒙古自治区阿拉善盟阿拉善左旗南部毕其格图山青铜时代的岩画中，有狩猎野山羊、野双峰驼、野兔的图画，证明此地当时存在野骆驼。虽然这些野骆驼和现在的家驼及附近的野骆驼是否有血统关系，目前尚无证据，但是这些图画提供了了解中国骆驼起源的线索。如果它是当地固有的，在被猎野生群体和放牧的家养群体在同一区域并存的条件下，血统交流不可避免；如果它是来自中亚西南部再野生化的群体，则说明公元前进入中国的双峰驼是初步驯化的种群，无论是哪一种情况，都说明公元前我国西北部、北部先民参与了双峰驼的驯化。

（三）我国固有骆驼的生态型分化

我国骆驼分布在内蒙古文化区、新疆文化区、甘宁过渡文化区的酒泉、张掖、武威三个地区和青藏高原文化区的柴达木盆地以内。地跨北纬37°（柴达木盆地）至50°（呼伦贝尔市“三河道”）、东经76°（克孜勒苏柯尔克孜自治州）至124°（通辽市科尔沁沙地），除天山、阿尔泰山、昆仑山、阴山、祁连山、贺兰山、大兴安岭等山地和呼伦贝尔草原之外，分布区域均属于荒漠、半荒漠地带；放牧地多为沙漠、戈壁、湖盆、盐碱滩。大部分地段海拔1 000 ~ 2 000m，干旱少雨，日照强烈，多沙尘暴，温差大。年降水量少于蒸发量，除呼伦贝尔草原和零星分布的绿洲之外，年干燥指数都低于12，年平均气温一般在7 ~ 10℃。

2004年公布的《中国畜禽遗传资源状况》中，阿拉善双峰驼、苏尼特双峰驼、青海骆驼、新疆双峰驼列入了品种名录。包括这4个品种在内，全国骆驼可大致划分为两大生态型：蒙古骆驼和（南疆的）塔里木骆驼。

1. 蒙古骆驼　分布在从阿拉善盟到呼伦贝尔市的整个内蒙古文化区［包括甘肃省肃北蒙古族自治县，陕西省府谷、神木、榆林、靖边、定边六市（县），山西省朔州市、大同市，河北省张家口、承德两市］，甘肃省酒泉、张掖、武威三市，新疆天山以北和青海柴达木盆地。包括阿拉善双峰驼、苏尼特双峰驼、新疆准噶尔双峰驼、青海骆驼和上述区域内未定名的各双峰驼群体。进入21世纪以后，群体规模衰减，呼伦贝尔、兴安、赤峰以及河北、山西、陕西三省北部原来的分布区域内骆驼已呈零星散在状态。

蒙古骆驼是我国骆驼的主要生态型，分布区域辽阔，产区自然环境和气候条件比较复杂。年平均气温7 ~ 9℃，年温差55 ~ 66℃，日温差平均24 ~ 26℃；年降水量30 ~ 200mm，年蒸发量2 000mm；日照强烈，年平均日照时数约3 300h。以荒漠、半荒漠草原为主，沙漠和戈壁滩地占一定面积。西南部柴达木盆地海拔2 600 ~ 3 400m，属于旱大陆性气候，年平均气温2.3 ~ 4.4℃，年温差60 ~ 70℃，日温差12 ~ 17℃，年降水量25 ~ 201mm，年蒸发量2 500mm以上；年平均日照时数2 971 ~ 3 310h。放牧地多为荒漠草地和干旱滩地。其北部，新疆天山以北准噶尔盆地周围，海拔

200 ~ 1 500m，属温带干旱大陆性气候，1月份平均气温 -16 ~ -22℃及以下，青河县极值 -50℃；年降水量150mm左右；年平均日照时数2 600 ~ 3 000h。放牧地为干旱、半荒漠草原。中部锡林郭勒盟和乌兰察布市，海拔1 000 ~ 1 500m，属于温带干旱大陆性气候，年平均气温2.6 ~ 2.8℃，年温差40℃左右，日温差10 ~ 17℃；年降水量140 ~ 200mm，年蒸发量2 200 ~ 2 500mm；年平均日照时数2 650 ~ 3 100h。北部呼伦贝尔市海拔1 000 ~ 1 500m，是温带—寒温带大陆性季风气候交汇地带，年平均气温0.4 ~ 3℃，年温差39 ~ 48℃，日温差12 ~ 17℃；年降水量240 ~ 340mm，年蒸发量953 ~ 1 466mm；年平均日照时数2 168 ~ 3 107h。牧地属于干草原。总体上，从东到西气温越高、温差越大、日照越强烈，草原荒漠化程度越明显。产区风高沙多，春夏之交沙尘暴频繁。蒙古骆驼生态型形成的经济文化背景是蒙古—哈萨克族游牧生活以及我国北方、西北近代以前商旅长途驮运需要。这一类型相对粗重，体格粗壮结实、偏粗糙，肌肉发达，体幅长宽而深，四肢粗壮。被毛长，脑毛往往着生至两眼内角连线中点，鬣毛、嗉毛、肘毛发达，峰毛丰厚，其中苏尼特骆驼中部分峰距稍小的个体，峰毛似已填平峰间。头重额宽，耳小而厚，部分个体（北疆骆驼和苏尼特骆驼）眼上眶眉毛长达20cm左右，下垂至遮住眼睛。成年公驼体长率82.7% ~ 89.7%，胸围率123.1% ~ 142.5%，管围率12.7% ~ 13.7%；成年母驼体长率84.4% ~ 88.7%，胸围率126.3% ~ 137.0%，管围率11.1% ~ 11.8%。毛色以杏黄色、深黄色、紫红色居多，有少量黑褐色、灰白色和白色个体。

2.塔里木骆驼 分布范围仅限于南疆和东疆南部、天山南麓、博格达山东南，暖温带干旱大陆气候，产区以塔里木盆地（塔克拉玛干沙漠）、库姆塔格沙漠、吐鲁番盆地为中心，四周环抱海拔4 000 ~ 6 000m的高山。盆地中一般海拔600 ~ 1 300m，吐鲁番盆地内最低的艾丁湖四周牧地海拔 -155m；气温垂直分布显著，年平均气温 -4.7 ~ 11℃，冬季寒冷、夏季酷热，7月份平均气温24℃，吐鲁番极值达49.6℃；大部分区域年降水量25 ~ 50mm，小部分地带（和田、巴音布鲁克）可达150mm，年蒸发量2 000 ~ 3 400mm；年平均日照时数2 600 ~ 3 000h。以荒漠—半荒漠草原、盐化草甸、沙漠为主要牧地。新疆南部农牧区中短途货物贸易所需的驼队运输和维吾尔族农民细致的牧养管理是形成塔里木骆驼的主要经济文化背景。

塔里木骆驼体质细致紧凑，躯干短，四肢干燥而长，被毛短、紧贴体表。脑毛不发达，鬣毛、嗉毛、峰毛、肘毛相对稀短，后躯稍蜷，肷部较小、肷窝浅。头小、清秀，额部与鼻梁衔接处多有小凹陷，鼻梁平直端正，唇长而灵敏；蹄基较小，运步轻快。成年公驼体长率84.1%，胸围率119.8%，管围率11.6%；母驼体长率84.8%，胸围率120.6%，管围率11.0%。毛色灰白色与白色的比例约为10%，浅色比例高于蒙古骆驼。属于塔里木生态型的遗传资源目前只有新疆塔里木双峰驼。

各论

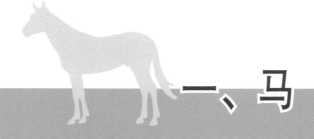

一、马

（一）地方品种

阿巴嘎黑马

阿巴嘎黑马（Abaga Dark horse）又名僧僧黑马，属乘挽兼用型地方品种。

一、一般情况

（一）中心产区及分布

主产于内蒙古自治区锡林郭勒盟阿巴嘎旗北部，中心产区在阿巴嘎旗的那仁宝力格苏木及其周边苏木。

（二）产区自然生态条件

阿巴嘎旗位于北纬43° 05′ ~ 45° 26′、东经113° 28′ ~ 116° 11′，地处锡林郭勒盟中北部，北与蒙古国接壤，属蒙古高原低山丘陵区，地势由东北向西南倾斜，海拔960 ~ 1 500m。可划分为低山丘陵、高平原、熔岩台地、沙地四个类型，总面积27 495km^2。属中温带干旱、半干旱大陆性气候，多大风和寒潮，冷暖多变。年平均气温1.3℃，最高气温38.6℃，最低气温-42.2℃；无霜期130天。年降水量250mm，年蒸发量1 957mm，相对湿度59%。年平均日照时数2 930 ~ 3 350h。自然灾害有干旱、暴风雪、沙尘暴、洪水、鼠害、火灾等。

高格斯台河、灰腾河、巴彦河汇成巴彦河水系，由南向北注入呼尔查干淖尔，流域面积3 425km^2，年径流量4 320万m^3。达锣图如高勒、伊和高勒系两条季节性河流，遇旱断流，其上游有多处泉水注入河槽补给，流域面积1 145km^2。境内湿地分布广，约316km^2。地下深层水较为丰富，地下水资源总量3.9亿m^3。土壤以栗钙土为主，有机质2% ~ 4%，pH一般在8以上。可利用草场面积为24 813km^2，主要牧草有大针茅、克氏针茅、碱草、冰草、隐子草、冷蒿、葱属类和小禾草、杂类草、沙地小叶锦鸡儿、苔草等。现有次生林等林地面积9 066.7km²，主要分布在南部的浑善达克沙地，多为乔灌树种，有柳树、榆树、杨树、桦树等。

20世纪80年代家畜和草场承包到户以来，牧区人口增多、家畜头数猛增、传统的甚至掠夺式的经营方式以及草原建设力度不大加之连续多年的干旱等主客观原因，导致草场严重退化和沙化。经过近十多年来实行的"人口转移"、"围封转移"、"草畜平衡"政策以及草原建设的大力加强，草原植被恢复程度较好，生态环境条件明显改善。

（三）品种畜牧学特性

阿巴嘎旗草场属高平原典型草原，夏季多风少雨，冬季严寒漫长，由于受该地区气候、草原和全天放牧的饲养条件以及长期人工与自然选育的影响，阿巴嘎黑马具有耐粗饲、易牧、抗严寒、抓膘快、抗病力强、恋膘性和合群性好等特点。素以体大、毛色乌黑、有悍威、产奶量高、抗逆性强而著称。

二、品种来源与变化

（一）品种形成

阿巴嘎旗养马历史悠久，在境内发现岩画230余幅，创作年代最早可追溯到旧石器时代，其中与马有关的岩画就有60多幅。阿巴嘎草原深处那仁宝力格苏木有一处自然形成的马蹄印岩石，当地牧民称之为成吉思汗马蹄石。成吉思汗同父异母的兄弟别力古台驻守阿巴嘎部落（阿巴嘎旗所在地别力古台镇因此而得名），为建立蒙古汗国立下了卓越的功勋。他非常喜爱体格健壮、四肢发达、背腰长、奔跑速度快、耐力强的纯黑色马，影响至今，故历史上阿巴嘎部落饲养的马群中黑色马居多。黑马世代在这里繁衍生息，广大牧民群众在选留种马时，将毛色乌黑发亮、体躯发育良好、奔跑速度快的马匹留作种用，在长期自然选择和人工选择的影响下，逐步形成了现在的地方良种。

当地有闻名遐迩的一泓清泉—僧僧宝力格（蒙古语"最好的泉水"），因而民间又称该马种为"僧僧黑马"。

1958年4月阿巴嘎旗原宝格都乌拉苏木赛汗图门嘎查（现在别力古台镇）建立了草原民兵连，当时民兵连战士所骑的马均为黑马，民兵连正式命名为"黑马连"，以政治、军事作风过硬而闻名全国。

2006年内蒙古自治区家畜改良工作站组织有关单位对阿巴嘎黑马（当时称僧僧黑马）进行调查，初步认定其是一个地方良种，并开始对其进行选育与保护。

（二）群体数量与变化情况

阿巴嘎黑马1990年12月末存栏量2 367匹，2008年12月末存栏量3 758匹。其中基础母马1 460匹、种用公马93匹。那仁宝力格苏木有2 433匹，吉日嘎朗图苏木有925匹。阿巴嘎黑马处于维持状态。

三、品种特征和性能

（一）体型外貌特征

1.外貌特征 阿巴嘎黑马体型略偏大，体质较清秀结实，结构协调匀称，肌肉发达有力。头略显清秀，为直头或微半兔头，额部宽广，眼大而有神，嘴筒粗，鼻孔大，耳小直立。颈略长，颈础低，多数呈直颈，颈肌发育良好，头颈、颈肩背结合良好，鬐甲低而厚。前胸丰满且多为宽胸，母马腹大而充实，公马多为良腹，背腰平直而略长，结合良好，尻短而斜。四肢端正、干燥，关节、肌腱明显且发达，系部较长，蹄质坚实，蹄小而圆。鬃毛、距毛发达，尾毛长短、浓稀适中。

全身被毛乌黑发亮。在调查的19匹成年公马和173匹成年母马中，纯黑的183匹，占95.31%；铁锈黑的4匹，占2.08%；黑骝毛的5匹，占2.6%。

阿巴嘎黑马公马

阿巴嘎黑马母马

2. 体重和体尺　2008年9月在那仁宝力格苏木对成年阿巴嘎黑马的体重和体尺进行了测量，结果见表1。

表1　阿巴嘎黑马成年马体重、体尺和体尺指数

性别	匹数	体重（kg）	体高（cm）	体长（cm）	体长指数（%）	胸围（cm）	胸围指数（%）	管围（cm）	管围指数（%）
公	19	382.02 ± 46.42	140.00 ± 6.35	140.78 ± 6.32	100.56	168.67 ± 7.58	120.48	19.30 ± 0.84	13.79
母	173	359.90 ± 42.30	136.27 ± 5.52	139.33 ± 4.54	102.25	164.44 ± 7.78	120.67	19.00 ± 1.55	13.94

（二）生产性能

1. 运动性能　2009年6月20日测定了成年阿巴嘎黑马（骟马）的速度，骑手体重77 kg，鞍具重16 kg，1 600m用时1min 31.47s；3 200m用时3min 20.16s。2009年6月22日测定了其20km速度，骑手体重59 kg，鞍具重13.5 kg，用时31min 1s。

2. 产奶性能　2007年6—9月，阿巴嘎旗畜牧工作站在别力古台镇对20匹阿巴嘎黑马的产奶性能进行了测定，结果见表2。

表2　阿巴嘎黑马产奶性能

项　目	产奶天数（天）	产奶量（kg）	日均产奶量（kg）
最小值	75.00	401.00	5.16
最大值	102.00	526.00	5.35
平均数	88.50 ± 7.50	463.50 ± 38.54	5.26

2004年12月10日内蒙古铁河蒙古马综合研究中心，在阿巴嘎旗随机抽取2匹阿巴嘎黑马的鲜马奶和酸马奶进行了成分检验，结果见表3。

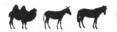

表3　阿巴嘎黑马鲜马奶和酸马奶成分

类别	蛋白质（%）	乳糖（%）	钙 (mg/100g)	铁 (mg/100g)	锌 (mg/100g)	维生素 B_1 (mg/100g)	维生素 B_2 (mg/100g)	维生素E（IU）	氨基酸总和（IU）	维生素A（IU）	脂肪（%）
鲜马奶	2.658	6.239	103.5	0.09	0.41	0.013 5	0.02	6.856	1.85×10^{-2}	26.05	0.35
酸马奶	1.922	0.310 2	113.6	0.28	0.53	0.004 97	0.030 2	5.747	3.97×10^{-2}	19.24	0.902

3. 繁殖性能　2007年7月至2008年9月，阿巴嘎旗畜牧工作站在那仁宝力格苏木测定和观察了5匹公马和16匹母马的繁殖性能，同时在该苏木阿日宝拉格嘎查青林牧户和朝鲁牧户对公、母驹各16匹的初生重和断奶重进行了统计。阿巴嘎黑马性成熟年龄公马19～20月龄，母马15～18月龄；初配年龄公马4岁，母马3岁。母马发情多在4～7月份，发情周期约22.31天，妊娠期330～344天；平均受胎率90%，产驹率55%～92%。在一般饲养管理条件下，母马可以繁殖至18～23岁，个别可达30岁，繁殖盛期为5～15岁。每匹公马年配种母马20～25匹。幼驹初生重公驹42～55 kg，母驹34～43 kg；幼驹断奶重公驹108～120 kg，母驹100～110 kg。

四、饲养管理

阿巴嘎黑马长年放牧，管理粗放，在积雪深40cm以下均能刨雪采食干草维持营养平衡。春季对牧场上的毒草有鉴别能力，很少中毒。长年放牧的阿巴嘎黑马性情悍烈、好斗、不易驯服（尤其是公马）。春季给老弱和带驹母马适当补饲。早春产驹母马准备配种前不让其跑青。夏季自由放牧采食，多饮水，恢复体况、提高膘情快。挤奶母马每日挤奶4～8次，每日产奶量5.22 kg左右。秋季为了保膘，需要保证马有充足的自由采食时间，满足饮水，不快速驱赶，不让马出汗，不断变换草场。冬季放牧管理，充分利用地形、牧草、饮水等有利条件，防止掉膘或减缓掉膘速度。在草场上有积雪存在时，常靠吃雪来补充水分。

阿巴嘎黑马群体

阿巴嘎黑马是2006年品种资源调查中新发现，2009年10月通过国家畜禽遗传资源委员会鉴定。

五、品种保护和研究利用

采取保护区和保种场保护。阿巴嘎旗在那仁宝力格苏木境内已建立了阿巴嘎黑马保护区，并已建立了阿巴嘎黑马养殖专业户和核心群及其选育群。2008年阿巴嘎旗人民政府着手制定阿巴嘎黑马保护和利用计划及其中长期发展规划。2010年1月经内蒙古自治区农牧业厅批准，在阿巴嘎旗那仁宝力格苏木建立了阿巴嘎黑马保种场。

阿巴嘎黑马采用本品种选育提高的方法，开展群众性的选优去劣、留纯去杂。阿巴嘎旗政府组织专业技术人员着手制定选育标准，同时对个别优秀个体采取人工授精及人工牵引交配等手段，扩大优良种公马的利用率，建立核心群。

阿巴嘎黑马的主要用途是旅游、休闲娱乐、挤马奶、提供肉食，每当夏季，阿巴嘎牧民群众有挤马奶的习俗，每匹母马平均挤奶天数90天左右，平均产奶量470 kg左右，阿巴嘎旗以策格（蒙语“马奶”）之乡而闻名，全旗每年产马奶84 t。

六、品种评价

阿巴嘎黑马蕴藏着大量的具有重要利用价值的基因，如它的耐力基因、抗病基因、抗寒基因、产奶基因、适应性等。今后应制定阿巴嘎黑马品种标准、完善登记规则，加强本品种选育，除注意对毛色的选择外，还要重视对优良生产性状的选择，可采用现代生物技术手段加强保护与开发利用。

鄂伦春马

鄂伦春马（Erlunchun horse）俗名鄂伦春猎马，属乘驮兼用型地方品种。

一、一般情况

（一）中心产区及分布

鄂伦春马产于大、小兴安岭山区，内蒙古自治区鄂伦春自治旗托扎敏镇希日特奇猎民村和黑龙江省黑河市爱辉区新生鄂伦春族乡为中心产区，其他地区分布很少。

（二）产区自然生态条件

主产区位于北纬48° 50′ ~ 51° 25′、东经121° 55′ ~ 126° 47′，地处内蒙古自治区和黑龙江省交界地带的大小兴安岭山区，山峦起伏，地形地势复杂，海拔265 ~ 1 530m。属亚寒带大陆性气候。四季变化明显，日夜温差15 ~ 20℃，冬夏气温相差悬殊，年平均气温-2 ~ 0.4℃，极端最高气温36.8℃，极端最低气温-50℃；无霜期95 天。年降水量500mm，雨季集中在7 ~ 8月份，相对湿度68%。年平均日照时数2 550h左右。西北风较多，平均风速1.8 ~ 3.9m/s。冬季严寒、干燥，寒潮频繁，大地冻结期近6个月，冻土层深达2.3 ~ 3m，山区有终年冻土层。春季多晴天，风多雨少；夏季多雨，日照时间长；秋季多阵雨，易形成霜冻。

水资源较为丰富，河流较多，主要河流皆属嫩江、黑龙江水系。土质肥沃，土壤类型多为黑钙土、暗色草甸土和黏沙壤土，黑土层深达50 cm左右。产区农业较发达，主要农作物有大豆、小麦及少量玉米、马铃薯、油菜等。山区水草丰茂，岗地多灌木丛和杂草，河谷地带多沼泽植物，以莎草和苔草为主。深山多乔木林，素有林海之称，主要有落叶松、樟子松、杨树、白桦、柞树等，森林覆盖率72% ~ 85.7%。

（三）品种畜牧学特性

鄂伦春马由于长期生活在严寒的林区，对当地自然条件适应性很强。冬季-40 ~ -50℃气温下，可以在露天过夜。登山能力很强，能迅速攀登陡坡，穿林越沟、横跨倒木，均很灵敏；特别是在冬季深雪陡坡下山时，背负骑手，采取犬坐姿势，可一滑而下。夏季遇沼泽地，可跳踏塔头（在沼泽地生长的草墩子）而过，并能走独木桥。常能忍饥耐渴，有的马随猎人狩猎一天，无饲草料时，夜间拴在树下，次日可照常骑乘狩猎。有时投喂狍子肉、野猪肉等充饥。冬季在深雪山地放养，能扒雪采草，吃雪解渴。合群性好，公马护群、母马护驹能力都很强。

二、品种来源与变化

（一）品种形成

鄂伦春马是在黑龙江北岸地方马和索伦马的基础上，掺入大量蒙古马血液形成的。鄂伦春族原来不养马而养驯鹿（亦称四不像）。《黑龙江外纪》指出，四不像亦鹿类，鄂伦春人役之如牛、马，有事哨之则来，舔以盐则去。后因鹿群患疫病，驯鹿大量死亡，才改用马匹。据《摩凝鄂伦春》记载，鄂伦春族养马始于17世纪中期，距今已有350多年历史。

黑龙江南岸大部分地区当时为索伦人领地，索伦人素来养马，索伦马不仅数量多且质量好。这在《龙沙纪略》一书中就有记载："索伦产马，身长足健，毛短而泽。"鄂伦春人与索伦人均为游猎民族，两族杂居，鄂伦春人当时马少，曾用鹿茸和貂皮等换取索伦马。

为了巩固东北边疆，清朝规定，鄂伦春常备军为500骑，后增至1 000骑，马匹自备。《爱辉县志》记载："排枪每发辄中，乘马挥戈远迈于蒙汉，俄人亦颇畏之。"由此可见，鄂伦春马在森林作战时具有相当的威力。由于征调频繁，马匹伤亡量大，曾调入大量蒙古马给鄂伦春人，同时鄂伦春人又以猎品换得一些蒙古马。这些蒙古马与原有的马匹长期混血，因而鄂伦春马受蒙古马影响较大。

鄂伦春马是在寒冷和深山密林的条件下，经过长期的登山涉水、越野穿林、吃雪啃枯、时饱时饥的培育，形成体躯较小、灵活敏捷、持久力强的小型优良乘驮兼用型品种。

在1930年以前，鄂伦春人和苏联人交易频繁，曾购入少数苏联马。在1932—1945年的伪满时期，还用日本产的杂种公马与鄂伦春马杂交。到20世纪50年代曾引入少数三河马、黑河马和卡巴金马品种对部分鄂伦春马进行杂交改良，但影响不大。

（二）群体数量

2006年末鄂伦春马存栏312匹，其中基础母马120匹、种用公马25匹。内蒙古自治区鄂伦春自治旗托扎敏镇希日特奇猎民村存栏鄂伦春马98匹，黑龙江省黑河市爱辉区新生鄂伦春族乡存栏鄂伦春马204匹。鄂伦春马已处于濒危状态。

（三）变化情况

1.数量变化 1982年鄂伦春马共存栏1 000多匹，20世纪90年代初开始，为改善鄂伦春猎民的生活条件并保护生态环境，产区实行收缴猎枪、无偿提供住宅，引导猎民下山定居、进行务农等一系列政策，鄂伦春马狩猎骑乘及运输的价值基本丧失，因此品种数量急剧下降，至2006年仅存栏312匹。马匹功能的日渐非农业化是导致鄂伦春马数量下降的主要原因。

2.品质变化 鄂伦春马在2006年测定时与1982年的体重和体尺对比，公马的各项指标增加较多，母马的变化不大，结果见表1。由于当地猎民已弃枪务农，鄂伦春马的用途发生了根本性的改变，当地猎民已引进其他品种公马，与当地鄂伦春母马进行杂交，血统纯度受到一定影响。

表1　1982、2006年鄂伦春马体重和体尺变化

年份	性别	匹数	体重（kg）	体高（cm）	体长（cm）	胸围（cm）	管围（cm）
1982	公	8	314.47	129.60 ± 1.41	133.00 ± 3.80	159.80 ± 10.90	18.20 ± 1.40
2006		2	398.07 ± 50.24	137.25 ± 3.77	142.25 ± 7.04	173.50 ± 7.05	20.05 ± 1.29
1982	母	79	323.79	129.80 ± 5.20	137.80 ± 4.70	159.30 ± 7.30	17.70 ± 0.70
2006		10	323.22 ± 27.67	129.60 ± 4.01	134.00 ± 4.03	161.40 ± 4.28	18.10 ± 0.47

三、品种特征和性能

（一）体型外貌特征

1.外貌特征 鄂伦春马体质粗糙结实，体格不大，多数头中等大小、呈直头，额宽，眼较大，鼻翼开张，耳小。颈长中等，颈础较低，呈水平颈，头颈、颈肩结合良好。鬐甲不明显。胸深而宽、假肋较长，腹大而充实，背腰平直、长短适中，腰部坚实，尻稍斜。四肢较短、多呈曲飞，关节结实，蹄质坚硬。尾础高低适中，尾长毛浓。

毛色以青毛最多，骝毛次之，其他毛色较少。猎民选择毛色与出猎季节密切相关，冬季落雪后为出猎旺季，青毛马的毛色与雪地相似，不易被猎物发现。

鄂伦春马公马

鄂伦春马母马

2.体重和体尺 2006年8月内蒙古自治区家畜改良工作站、呼伦贝尔市畜牧工作站及鄂伦春旗畜牧工作站在托扎敏镇希日特奇猎民村测量了成年鄂伦春马体重和体尺，结果见表2。

表2　成年鄂伦春马体重和体尺

性别	匹数	体重（kg）	体高（cm）	体长（cm）	体长指数（%）	胸围（cm）	胸围指数（%）	管围（cm）	管围指数（%）
公	2	398.07 ± 50.24	137.25 ± 3.77	142.25 ± 7.04	103.64	173.50 ± 7.05	126.41	20.05 ± 1.29	14.61
母	10	323.22 ± 27.67	129.60 ± 4.01	134.00 ± 4.03	103.40	161.40 ± 4.28	124.54	18.10 ± 0.47	13.97

（二）生产性能

1.役用性能 鄂伦春马性情温驯，步伐稳健，行动敏捷，在山地乘驮能力较好，持久力强。据1982年调查，平时出猎骑乘，每小时可行走7 ~ 7.5km，快步行走每小时可达20km。狩猎一场需要3 ~ 5h，一天可狩猎2 ~ 3场；冬季猎野猪，一天能跑75km，可持续3 ~ 5 天。归猎时连同猎物能负重175 ~ 220kg；日常出猎驮载粮食、用具等可达150 ~ 160kg，日行35 ~ 40km，可持续1 ~ 2个月。

2.繁殖性能 2006年8月至2007年6月，鄂伦春旗畜牧工作站在托扎敏镇希日特奇猎民村对5匹公马和10匹母马的繁殖性能进行了统计，公马17 ~ 20月龄性成熟，3.5 ~ 4.4岁初配。母马15 ~

18月龄性成熟，2.5 ~ 3.5岁初配；发情季节为4 ~ 7月份，发情周期平均19.10 天，妊娠期338 ~ 348 天；年平均受胎率80%，年产驹率64%。幼驹初生重公驹36.61 ~ 40.04kg，母驹34.65 ~ 36.05kg；幼驹断奶重公驹137.32 kg，母驹125.85 kg。鄂伦春马生长缓慢，6 ~ 7岁时才能结束生长发育期。

四、饲养管理

鄂伦春族曾以养驯鹿的方法饲养鄂伦春马，主要采取放牧和露天饲养的方式，终年将马群放于山上，用时现抓，只对使用的马匹补饲。冬、春季出猎时因走路时间长、休息少、猎物较多，多用野兽生肉喂马。对病马、瘦弱马和主人喜爱的好猎马，平时也加喂狍肉等精饲料。平时不出猎时，将多数马散放野外，无专人看管，每过3 ~ 5天主人给马喂盐使其多喝水、不易患病。经常喂盐使马不会离住处太远，使役时以木击大树或木击铜盆，马闻声而来。夏天蚊虻多，马匹夜间在山里吃草，白天自动返回让主人驱蚊。鄂伦春马除定期由主人补盐外，几乎呈半野生状态，往往受到风雪、严寒、野兽的严重威胁。

1912—1949年，开始习农的鄂伦春人常用木杆或用柳条围成棚圈，棚顶用草盖好，搭成简易马圈，以防雨雪对经常使役马匹的影响。出猎时，常用的猎马不散放，多集中喂养。不使用的驮运马则散放在草原上自由采食。目前，鄂伦春族由于生产和生活方式的改变，冬季马匹进行舍饲，使用土木结构的马圈，其余季节在野外自由放牧。

鄂伦春马群体

五、品种保护和研究利用

尚未建立鄂伦春马保护区和保种场，未进行系统选育。鄂伦春马1987年收录于《中国马驴品种志》，2006年列入《国家畜禽遗传资源保护名录》。我国2010年6月发布了《鄂伦春马》国家标准（GB/T 24878—2010）。

从1953年鄂伦春人定居开始农业生产后，狩猎用马逐年减少，马匹外流，到1962年每户平均只有2匹马。1978年以后恢复了猎业生产，养马数量又有所增加，1982年每户平均养马3.6匹。20世纪90年代初，鄂伦春人由猎业转为农业，至2006年时只有个别农户饲养2 ~ 5匹马，用于农挽、驮用和出售。

六、品种评价

鄂伦春马对于高寒山区条件适应性很强、持久力好，适于山地乘驮，曾是鄂伦春人狩猎、驮运、护林和边境巡逻的重要交通工具。近年来受社会发展、生态变化的影响，品种数量一直呈下降趋势；此外还受到外来品种的杂交威胁。杂种马体尺虽有提高，但体型变轻、适应性减弱，公马护群、母马护驹的能力下降。今后应建立保种场和保护区，加强本品种选育，加快扩繁，保持品种的优良特性。重新选择符合品种标准的鄂伦春种公马，对现有的杂种母马可用优秀本品种公马适当回交，并应进一步改善饲养管理条件。

蒙古马

蒙古马（Mongolian horse）是我国乃至世界最著名的地方品种之一。属乘挽兼用型品种。

一、一般情况

（一）中心产区及分布

蒙古马主产于内蒙古自治区，中心产区在锡林郭勒盟，主要分布于呼伦贝尔市、乌兰察布市、鄂尔多斯市、通辽市、兴安盟、赤峰市。东北三省也是蒙古马的产区。我国华北和西北的部分农村、牧区也有分布。

（二）产区自然生态条件

内蒙古自治区位于北纬37° 20′ ~ 53° 20′、东经97° 10′ ~ 126° 29′，地处蒙古高原东南部及其周沿地带，北部与蒙古国为邻，东北部与俄罗斯交界，总面积118.3万km^2。地势由西南向东北缓缓倾斜，海拔1 800 ~ 2 000m。地貌大致呈带状分布，东西走向的阴山山脉横亘于中部，东端与东北—西南走向的大兴安岭相连，西端与南北走向的贺兰山遥相呼应，形成一条山带。山带的北部为内蒙古高原，是内蒙古地貌的主体，山带的南部为嫩江西岸平原、西辽河平原、土默特—河套平原，在西南部被黄河所环绕的地方是鄂尔多斯高原，呈现出高原、山地、平原相间分布的带状结构。

中心产区锡林郭勒盟位于北纬41° 35′ ~ 46° 40′、东经111° 08′ ~ 120° 07′，地处内蒙古自治区中部，东西长700km、南北宽500km，总面积20.258万km^2。地势由西南向东北倾斜，海拔800 ~ 1 800m。南部多低山丘陵，盆地错落其间；北部多广阔平原盆地。为季风气候向大陆性气候过渡的地带。夏季的东南季风受境内大兴安岭和阴山山脉的阻挡不能深入，造成东、西部气候的极大差异，温差极大，年平均气温-4 ~ 8℃，由北向南、西南递增，北部地区最低气温达-50℃左右；无霜期80 ~ 150天。由东往西降水量逐渐下降，年降水量50 ~ 450mm；年蒸发量1 700 ~ 2 600mm。日照充足，年平均日照时数除大兴安岭山地少于2 700h外，其他地区都大于2 700h，且由东向西日照时数逐渐增加。冬春季多大风、沙尘，年平均风速在3m/s以上。

水资源较为缺乏，地表径流由黄河、海河、滦河、西辽河、嫩江、额尔古纳河等外流水系及乌拉盖河、艾不盖河、塔布河、锡林河、额济纳河、呼伦河、岱海、黄旗海等内流水系组成。湖泊在200km^{2}以上的有达赉湖（呼伦池）、贝尔湖、达里诺尔及乌梁素海等。锡林郭勒盟地下水资源量为30.25亿m^3，可开采量为7.44亿m^3；大小湖泊有1 363个，总蓄水量达35亿m^3；其中淡水湖泊672个，蓄水量达20亿m^3。土壤种类较多，由东北向西南排列，包括黑土地带、暗棕壤地带、黑钙土地带、栗钙土地带、棕壤地带、黑垆土地带、灰钙土地带、风沙土地带和灰棕漠土地带等。

2006年内蒙古自治区有草原总面积8 666.7万hm^2，其中可利用草场面积6 800万hm^2，占全国草场总面积的1/4，其中锡林郭勒盟草原面积19.2万km^2。生长有1 000多种饲用植物，饲用价值高、适口性好的有100多种，以羊草、羊茅、冰草、披碱草、野燕麦等禾本科和豆科牧草为主。高原牧区是蒙古马的原产地，海拔1 000m以上，从东到西有草甸草原、典型草原、荒漠草原及沙漠、沼泽等不同的草场类型，形成了东部地区蒙古马数量多、体格大，西部数量少、体格小的差异。实际可利用耕地面积超过800万hm^2。内蒙古农业区和半农半牧区主要分布在大兴安岭和阴山山脉以东和以南。森林面积约1 406.6万hm^2，占全国森林总面积的11%，森林覆盖率13.8%。

自20世纪60年代中后期以来，草原生境发生了很大变化，全盟约有近50%的草原发生了不同程度的退化。

（三）品种畜牧学特性

蒙古马适应性较强，抗严寒、耐粗饲，能适应恶劣的气候及粗放的饲养条件。恋膘性强，抓膘迅速、掉膘缓慢，营养状况随季节而变化，呈现“春危、夏复、秋肥、冬瘦”的现象。能够识别毒草而不中毒，抗病力强，除寄生虫病和外伤，很少发生内科病。大群放牧的蒙古马具有很好的合群性，一般不易失散，母马母性强，公马护群性强。长年放牧的蒙古马性情悍烈、好斗、不易驯服，听觉和嗅觉都很灵敏。

二、品种来源与变化

（一）品种形成

蒙古马是一个古老的品种。早在四五千年前，我国北方民族就已驯化马匹。据考古发现，在乌兰察布市西北、赤峰市林西县、喀喇沁旗及鄂尔多斯市乌审旗等地先后出土上新世三趾马和更新世蒙古野马（普氏野马）的骨骼和牙齿化石，说明内蒙古地区很早以前就有马的祖先三趾马及蒙古野马存在。《汉书·匈奴传》记载：唐虞（尧舜）以前“居乎北边，随水草畜牧而转移，其畜之所多，则马牛羊”。匈奴马曾显赫一时，公元前200年，汉高祖刘邦出击匈奴在白登被冒顿单于30余万骑兵围困7日。汉武帝在与匈奴的战争中曾多次带回大量马匹，并任用匈奴王子金日磾为汉朝的马监，民间养马事业空前发达。西晋以后，塞外各部落相继南下，带来马匹数以万计。盛唐时期，北方各族都曾以良马进贡，如《唐会要》记载：“突厥马技艺绝伦，筋骨适度，其能致远，田猎之用无比。”并指出延陀马、同罗马、仆固马为同种，多为骆毛（兔褐毛）和骢毛（青毛）。这些都与蒙古马相似，都是蒙古马的祖先。北宋时东北的契丹马也是蒙古马，说明东北三省早已分布有蒙古马。蒙古帝国被誉为“马之帝国”，成吉思汗的卫队就是由精良的骑兵队组成，历史上称他是以“弓马之利取天下”。根据《元史》记载，当时牧马地甚广，北至火里秃麻（今蒙古国以北）遍及塞外草原。明朝时北方东自大宁（今承德地区）、西至宁夏皆是牧马地，并在宣化、大同等地设马市。明万历三年（1575）规定每年互市定额3.4万匹。清朝在察哈尔设左右两翼牧厂和两处御马厂，全盛时期养马达10余万匹。数百年来，蒙古马多取道张家口输入内地，而有“口马”之称。由于各朝代对养马业的重视，使蒙古马早已分布到我国广大北方农村。1949年后内蒙古自治区的蒙古马继续发展，并不断被推广到内地。随着牧区经济体制改革，家畜归牧户所有，牧民们按照传统习惯，选留优良个体作种马，精心饲养管理。每年出售马匹时，进行人为选优去劣，进一步优化了马群质量、提高了生产性能。

产区拥有浓厚民族特色的蒙古民族马文化。每当有喜庆活动如那达慕、结婚、祭敖包、打马鬃、骟马、烙火印、驯马、套马等都离不开马文化。蒙古族爱马，赛马是男女老幼最喜爱的活动之一。每当有赛事，牧民都要驱车乘马赶来聚会，参加披红扎彩的长距离赛马。民族传统马术活动是蒙古族精神文化娱乐中必不可少的项目，同时促进了养马业的发展和马匹质量的提高。

新中国成立以来，对蒙古马进行了大量杂交改良，尤其是近30年来，随着机械化的发展，马的需求量明显减少，同时受外来马种杂交的影响，蒙古马数量逐年大幅减少。

（二）群体数量

内蒙古自治区家畜改良工作站，根据2005年12月末统计资料数据和2006年现场调查，内蒙古自治区共有蒙古马8.67万匹，其中种用公马0.35万匹、基础母马2.8万匹。锡林郭勒盟有蒙古马3.7万匹，呼伦贝尔市有蒙古马3.14万匹，乌兰察布市有蒙古马1.23万匹，鄂尔多斯市有蒙古马0.58万匹。蒙古马无濒危危险，但数量和质量呈逐年下降趋势。

（三）变化情况

1.数量变化 内蒙古自治区存栏蒙古马1982年170万匹，2005年末8.67万匹，20余年间平均每年下降4.75%，呈急剧下降趋势。下降的主要原因是农业机械化速度加快，交通运输网络迅猛发展，马匹由农业和运输的主要动力退居为辅助动力，蒙古马的综合利用与开发相对滞后。

2.品质变化 蒙古马在2006年测定时与1960年的体重和体尺对比，公、母马各项指标均有所增加（表1）。品质变化的主要原因是随着我国经济体制的不断完善，原有的国营或集体饲养管理模式改变为个人承包模式，牧民群众对马的饲养管理责任心增强；随着机械化的发展，马已不再作为主要役力和交通工具，常年处在休闲状态，且牧民群众不断选育，使蒙古马的各项性能指标有所提高。

表1 1960、2006年蒙古马体重和体尺变化

年份	性别	匹数	体重（kg）	体高（cm）	体长（cm）	胸围（cm）	管围（cm）
1960	公	63	295.45	130.30	132.30	155.30	17.50
2006		35	352.89	134.07 ± 5.63	142.03 ± 5.91	163.81 ± 7.60	18.63 ± 1.06
1960	母	648	286.82	126.70	132.50	152.90	16.80
2006		188	318.24	128.07 ± 4.35	137.02 ± 7.93	158.38 ± 9.56	17.48 ± 0.87

三、品种特征和性能

（一）体型外貌特征

1.外貌特征 蒙古马体质粗糙结实，体格中等大，体躯粗壮。头较粗重，为直头或微半兔头，额宽平，眼大耳小，鼻孔大，嘴筒粗。颈短厚，颈础低，肌肉发育丰满，多呈水平颈，头颈结合良好。鬐甲短而宽厚。前胸丰满、胸深，肋拱圆，多数腹大而充实，背腰平直而略长，尻短而斜。四肢短

蒙古马公马

蒙古马母马

粗，肌腱发育良好，关节不明显，蹄质坚硬。鬃、鬣、尾和距毛浓密。毛色复杂，青毛、骝毛、黑毛较多，白章极少。

东北农区的蒙古马体型较重，身低躯广，骨量充实，中躯发育良好，前胸和尻较宽。

2.体重和体尺 2006年8月至2007年6月内蒙古自治区家畜改良工作站、呼伦贝尔市畜牧工作站、锡林郭勒盟畜牧工作站、乌兰察布市家畜改良工作站在新巴尔虎右旗克尔伦苏木、阿巴嘎旗那仁宝力格苏木、东乌珠穆沁旗满都宝力格苏木、乌审旗嘎鲁图镇成年蒙古马的体重和体尺进行了测量，结果见表2。

表2 成年蒙古马体重、体尺和体尺指数

性别	匹数	体重（kg）	体高（cm）	体长（cm）	体长指数（%）	胸围（cm）	胸围指数（%）	管围（cm）	管围指数（%）
公	35	352.89	134.07 ± 5.63	142.03 ± 5.91	105.94	163.81 ± 7.60	122.18	18.63 ± 1.06	13.90
母	188	318.24	128.07 ± 4.35	137.02 ± 7.93	106.99	158.38 ± 9.56	123.67	17.48 ± 0.87	13.65

东部草甸草原和农区的蒙古马体格较大，西部荒漠、半荒漠草原和农区的蒙古马体格较小。

（二）生产性能

1.运动性能 蒙古马持久力强。据1903年在北京至天津间举行的120km长途骑乘赛记录：38匹蒙古马，冠军为7h 32min，前100km 用时仅5h 50min。据1957年内蒙古自治区成立十周年运动会赛马记录：1 000m 为 1min 21.3s，2 000m 为2min 52.9s，3 000m 为4min 6.6s，5 000m 为7min 10s，10km为14min 37.2s，15km 为23min 57.4s。2005年7月锡林郭勒盟西乌珠穆沁旗天堂草原206匹蒙古马创造参赛马最多的吉尼斯世界纪录，成年骟马30.5km耐力赛记录为41min。

2.产肉性能 2001年内蒙古农业大学闫晚姝、韩莉峰等人在锡林郭勒盟对7匹2～4岁的蒙古马进行了屠宰性能试验，宰前活重216.03 kg，屠宰率53.63%，净肉率42.35%，肉骨比4.38。马肉水分大（>70%），蛋白质含量高（>20%），脂肪酸含量低（<5%），不饱和脂肪酸含量高（60%～65%）。

3.繁殖性能 2006年8月至2007年6月，新巴尔虎右旗畜牧工作站在克鲁伦苏木测定统计了10匹公马和25匹母马的繁殖性能，繁殖性能受自然因素影响较大。由于种公马体质和配种能力强弱不同，每匹公马所配的母马数相差很大，一般公、母马比例为1 ∶ 20～25，每匹公马与相应数量的母马组成一个小群，数个小群形成一个大群。公马20月龄左右性成熟，4岁开始配种，6～10岁配种能力最强，一般利用年限12～15年。母马16月龄左右性成熟，3岁开始配种，一般利用年限15～20年；发情季节为4～7月份，发情周期23天，发情持续期4～7天，妊娠期337天左右；年平均受胎率90.0%，年产驹率50%～85%。幼驹初生重公驹（42.53 ± 6.79）kg，母驹（38.00 ± 6.24）kg；幼驹断奶重公驹（108.53 ± 6.43）kg，母驹（104.0 ± 5.27）kg。

四、饲养管理

蒙古马终年在草原上大群放牧，一年四季没有棚圈设施，无论刮风下雨、还是严冬大雪，昼夜都在野外自由放牧，不补饲，管理粗放；即使在大雪封盖草场时，蒙古马仍可用前蹄刨雪寻觅食物，此时在夜间补给少量的饲草。夏季每天饮水2～3次，在草场上有积雪存在时，吃雪补充水分。农区的蒙古马主要用于使役，除了向牧区购买马匹外，多采取自繁自养。长期生活在农区的蒙古马，因饲养环境改变，其体质外貌有一定的变化。

如今饲养规模较大的有500匹左右，一般饲养规模为10～50匹。每日挤奶4～8次，日产奶量5kg左右，挤奶母马的幼驹白天拴系，挤奶时由幼驹短时吸吮母乳以引导母马泌乳；不挤奶母马的幼驹昼夜跟随母马，随时吸吮母乳，11月份离乳。

蒙古马群体

五、典型类群

蒙古马数量多、分布广，因各地自然生态条件不同，逐渐形成了一些适应草原、山地、沙漠等条件的优良类群，比较著名的有乌珠穆沁马、百岔马、乌审马、巴尔虎马等。

（一）乌珠穆沁马

原产于内蒙古锡林郭勒盟东乌珠穆沁旗和西乌珠穆沁旗，目前主要分布于东乌珠穆沁旗、西乌珠穆沁旗和锡林浩特市。乌珠穆沁草原是我国最富饶的天然牧场之一，土壤肥沃，河流纵横，牧草种类繁多，主要牧草有碱草、冷蒿、大针茅、克氏针茅和葱草等。该地历来盛产良马，乌珠穆沁马早以其骑乘速度快、持久力强和体质结实驰名全国。乌珠穆沁马是经牧民群众长期选育形成的一个类群，是蒙古马的典型代表。2005年末共存栏24 587匹，比1982年减少近8万匹。

乌珠穆沁马体质粗糙结实，体型中等，有部分马体型偏于骑乘型，为直头或微半兔头，鼻孔大，眼大明亮，耳小直立，鬐甲低，胸部发达，四肢短，鬃、鬣、尾毛发达。毛色多样，青毛最多。据称清朝时每年要在其产区选千匹青马进贡。当地盛产走马，其外形特点是微弓腰，尻较宽而斜，前膊较长，管骨相对较短，后肢微呈刀状和外弧肢势。

成年乌珠穆沁马的体重和体尺见表3。

表3　成年乌珠穆沁马体重、体尺和体尺指数

性别	体重（kg）	体高（cm）	体长（cm）	体长指数（%）	胸围（cm）	胸围指数（%）	管围（cm）	管围指数（%）
公	376.23	134.20 ± 3.71	142.10 ± 4.63	105.89	169.10 ± 8.16	126.01	19.90 ± 0.99	14.83
母	348.03	128.20 ± 4.35	140.40 ± 3.09	109.52	163.62 ± 5.54	127.63	17.87 ± 0.42	13.94

（二）百岔马

主产于内蒙古赤峰市克什克腾旗百岔沟一带。该旗位于大兴安岭南麓支脉狼阴山区，海拔1 600～1 800m。中心产区百岔沟由无数深浅不等、纵横交错的山沟组成，是西拉木伦河的上游、水草丰美的好牧场。当地岩石坚硬、道路崎岖，百岔马经过多年锻炼，蹄质坚硬，不用装蹄可走山地石头路，故有“铁蹄马”之称。早在200多年前就有蒙古族在此从事畜牧业，饲养马、牛、羊。100多年前，蒙古族牧民思木吉亚从乌宝力问（锡林郭勒盟东乌珠穆沁旗）带来蒙古公马1匹、母马5匹，对百岔马的形成有一定影响。曾由于农业和交通的需要，促进了马匹的发展，在当地条件下形成了适应山地条件的蒙古马优良类群，1982年存栏4 000多匹。近30年来由于产区农业和交通条件迅速改善，对马的需求量减少，至2005年末百岔马存栏不足百匹，已濒临灭绝。

百岔马外形特点是结构紧凑、匀称，尻短而斜，系短而立，蹄小、呈圆墩形，蹄质坚硬，距毛不发达。由于数量少，2006年调查时未进行体尺测定。

（三）乌审马

主产于内蒙古自治区鄂尔多斯市南部毛乌素沙漠的乌审旗及其邻近地区。该地为典型大陆性气候，年降水量250～400mm，蒸发量大，为降水量的5.5倍。草原属干旱典型草原类型，主要牧草有沙蒿、柠条、芨芨草等。牧民有打草贮草的习惯，加上备有农作物秸秆，冬、春给予补饲，对乌审马的形成起了一定的作用。

鄂尔多斯市鄂尔多斯草原曾是水草丰美、畜牧业发达的地方，当地蒙古族牧民素有养马习惯，每年都要赛公马、赛走马，凡是在战争中立功和赛马中得奖的公马都被选为种用，这对于乌审马的形成起了很大的作用。但由于连年干旱、草场退化、沙丘遍布，对马匹品质造成一定影响，使其成为适应沙漠条件的类群。2005年末共存栏5 000多匹，处于维持状态。

乌审马体质干燥，体格较小。头稍重，多呈直头或半兔头。额宽适中，眼中等大。肩稍长，尻较宽。四肢较短，后肢多呈刀状或略呈外弧肢势。蹄广而薄，蹄质较为疏松。被毛较密，鬃、鬣、尾毛较多，距毛不发达。毛色以栗毛、骝毛为主。

成年乌审马的体重和体尺见表4。

表4　成年乌审马体重、体尺和体尺指数

性别	体重（kg）	体高（cm）	体长（cm）	体长指数（%）	胸围（cm）	胸围指数（%）	管围（cm）	管围指数（%）
公	324.73	127.70 ± 2.36	138.90 ± 6.17	108.77	158.90 ± 6.81	124.43	17.85 ± 0.53	13.98
母	261.10	123.65 ± 3.50	129.47 ± 11.40	104.71	147.58 ± 8.95	119.35	16.52 ± 0.65	13.36

（四）巴尔虎马

主产于内蒙古自治区呼伦贝尔市的陈巴尔虎旗、新巴尔虎左旗和新巴尔虎右旗。位于呼伦贝尔大草原腹地，是我国主要传统养马区之一。

巴尔虎马体质粗糙结实，由于牧场较好，体躯相对较大。头较粗重，为直头或微半兔头。额宽大，嘴筒粗，鼻翼开张良好。胸廓深宽，鬐甲明显，斜尻、肌肉丰满，蹄质坚实有力。

成年巴尔虎马的体重和体尺见表5。

表5　成年巴尔虎马体重、体尺和体尺指数

性别	体重（kg）	体高（cm）	体长（cm）	体长指数（%）	胸围（cm）	胸围指数（%）	管围（cm）	管围指数（%）
公	362.90	138.45 ± 2.89	145.10 ± 4.61	104.80	164.35 ± 5.54	118.71	18.30 ± 0.48	13.22
母	329.58	130.74 ± 2.80	139.60 ± 2.61	106.78	159.68 ± 5.60	122.14	18.10 ± 0.71	13.84

六、品种保护和研究利用

尚未建立蒙古马保护区和保种场，处于农牧民自繁自养状态。蒙古马1987年收录于《中国马驴品种志》，2000年列入《国家畜禽品种保护名录》，2006年列入《国家畜禽遗传资源保护名录》。我国2010年6月发布了《蒙古马》国家标准（GB/T 24880—2010）。

目前蒙古马的主要用途是旅游、休闲娱乐、耐力竞赛、挤马奶、提供肉食。酸马奶作为保健饮品和辅助治疗心血管、呼吸系统疾病的上等佳品，市场前景广阔。每匹马每日挤奶4 ~ 8次，日产奶量4 ~ 6 kg，挤奶90天左右，马奶一直呈供不应求的局面。

西北农林科技大学侯文通、孙超1995年对蒙古马中的乌审马和乌珠穆沁马血液蛋白位点Alb、Tf、Es基因频率进行了遗传学分析。内蒙古农业大学李金莲、芒来、石有斐等人，2005年利用微卫星标记对蒙古马遗传多样性进行研究，通过13个微卫星座位对蒙古马进行了遗传检测。中国农业大学杜丹、韩国才、吴常信等人，2009年通过8个微卫星座位对蒙古马进行了遗传多样性检测。内蒙古农业大学马科学研究课题组，完成了蒙古马的有关独特遗传特性的46个序列。

七、品种评价

蒙古马是世界上最古老的品种之一，长期繁育在我国北方的高寒地带，具有抗严寒、耐粗饲、持久力好和适应性强等优点。蒙古马中蕴藏着大量具有重要利用价值的基因，如耐力、抗病、抗寒、产奶等基因，但其繁殖性能略低。受社会经济条件的影响，近30年来蒙古马数量急剧下降。今后对于蒙古马中的优秀类群，应重点加以研究与保护，建立保种场和保护区，并利用生物技术辅助保种。应加强本品种选育，培育专门化品系，重点向骑乘、乳用等方向发展，拓宽利用途径，满足人民群众多方面的需要。

锡尼河马

锡尼河马（Xinihe horse）原名布里亚特马，属乘挽兼用型地方品种。

一、一般情况

（一）中心产区及分布

主产于内蒙古自治区呼伦贝尔市鄂温克族自治旗的锡尼河、伊敏河流域。

（二）产区自然生态条件

主产区鄂温克族自治旗位于北纬47° 32′ ~ 49° 15′、东经118° 48′ ~ 121° 09′，地处内蒙古自治区东北部、呼伦贝尔草原东南部、大兴安岭西侧，总面积19 111km^2。地势由东南向西北倾斜，波状高平原、丘陵、山脉及河谷滩地交错起伏。平均海拔800 ~ 1 000m，最高海拔1 706.60m，最低海拔602m。属中温带半干旱大陆性季风气候。冬季严寒漫长，夏季温和短暂，春秋两季干旱、多风、降水量少。年平均气温–2.4℃，极端最高气温37.7℃，极端最低气温–47℃；无霜期110 天。年降水量400mm，雨季集中在7 ~ 8月份，年蒸发量1 472mm。光照充足，年平均日照时数2 900h以上。夏季多东南风和西南风，冬季多西北风，春季风较大且常伴有暴风雪，对牲畜威胁较大，平均风速5m/s。积雪期平均为190 天，冬季积雪厚度一般在20 cm以上。自然灾害有暴风雪（白灾）、冷雨、洪水、干旱、火灾和虫灾等。

地表水源丰富，河流纵横，湖泊众多，河流主要集中在东部山区，呈树状水系，属黑龙江上游额尔古纳河水域、海拉尔河水系。河道水域面积约108.8km^2，主要河流有伊敏河、辉河、莫和尔图河、锡尼河等。地下水资源也较为丰富。受地形地貌、水文地质条件的影响，土壤类型较多，以栗钙土、黑钙土为主，还有灰色森林土、风沙土、草甸土、沼泽土等。全旗2008年耕地面积为2.93万hm^2，主要农作物有小麦、马铃薯、油菜等，饲料作物有青贮玉米、苜蓿、燕麦等。草场属草甸草原和干旱草原，草原面积119.40万hm^2，可利用草原面积118.07万hm^2，是我国最富饶的天然牧场之一。牧草以禾本科为最多，主要有碱草、贝加尔针茅、冰草、无芒雀麦、早熟禾等；豆科牧草次之，有黄花苜蓿、野豌豆等，还有部分有利用价值的杂草。林地面积较大，主要树种有落叶松、樟子松、白桦、山杨、柳树、榆树等。

（三）品种畜牧学特性

锡尼河马终年大群放牧，具有很好的合群性，母马护驹性好，公马护群性强，能控制马群。常年放牧的锡尼河马性情温驯，适应性强，能忍受饥饿、寒冷等恶劣条件，恋膘性好，抓膘迅速而掉膘缓慢。马匹冬天刨雪吃草，一般雪深40 cm以下均能刨雪采食，抗御自然灾害能力强，“春弱、夏壮、秋肥、冬瘦”的现象很明显。经过长期的自然选择，使锡尼河马具有体质结实、适应性强的优良特性。

二、品种来源与变化

（一）品种形成

锡尼河马在20世纪60年代以前称布里亚特马。苏联十月革命时期，居住在后贝加尔一带的布里亚特蒙古人来到我国索伦旗（现鄂温克族自治旗），在锡尼河、伊敏河流域定居。他们带来的马匹是后贝加尔马及其改良马，体型较大，同时又与三河马产区相邻，所以很早就与三河马有血缘关系。1932—1945年的伪满时期，海拉尔种马场在索伦旗设民马配种站，用盎格鲁诺尔曼种马进行改良，但所产杂种马不多。20世纪50年代后虽曾引用过三河马、顿河马、苏高血马和奥尔洛夫马等品种进行导入杂交，但数量不多、影响不大。锡尼河马经过素有养马经验的布里亚特蒙古族牧民精心培育和选择，在终年放牧的粗放饲养条件下形成的地方良种。1955年曾对锡尼河马（当时称布里亚特马）进行调查，确定其为一个地方良种，并开始进行选育。1972年又对锡尼河马作了全面调查，并制定了选育方案。

在近几十年的生产实践中，牧民自发选留体型大、适应性好、抗病力强、饲养管理条件要求不高的马匹。在每年出售马匹时，选择性地淘汰马群中不良个体，进一步优化了马群质量，提高了生产性能。

当地的鄂温克族在农历五月下旬择日举行欢庆丰收的“米调鲁节”，男人们要进行剪马鬃、马尾活动。产区群众还常年开展那达慕、结婚、祭敖包、打马鬃、骟马、烙火印、驯马、套马等马文化活动。赛马是最受群众喜爱的活动，有长距离耐力赛马、公马赛、走马赛、不同年龄赛等赛马活动，这些对锡尼河马的提高起了积极的促进作用。

（二）群体数量

2008年12月末存栏锡尼河马5 860匹，其中基础母马3 025匹、种用公马103匹。锡尼河马数量呈逐年下降趋势，处于维持状态。

（三）变化情况

1.数量变化 随着社会经济的发展，现代化交通工具逐渐取代了马的骑乘、挽驮功能，锡尼河马的饲养量逐年下降。锡尼河马1982年末存栏1万匹左右，2005年末存栏5 990匹，2008年末存栏5 860匹。

2.品质变化 锡尼河马在2006年测定时与1985年的体重和体尺对比情况见表1。锡尼河马除管围略减外，其他指标都有提高，主要原因是随着我国经济体制的不断完善和改进，原有的国营或集体饲养管理模式改变为承包到户、责任到人，牧民群众对马匹的饲养管理责任心增强，同时重视了选育工作。

表1　1985、2006年锡尼河马体重和体尺变化

年份	性别	匹数	体重（kg）	体高（cm）	体长（cm）	胸围（cm）	管围（cm）
1985	公	22	415.25	146.70	152.30	171.60	19.80
2006		10	454.28	148.60 ± 2.27	155.90 ± 2.18	177.40 ± 2.59	19.50 ± 0.53
1985	母	74	377.96	138.90	144.80	167.90	18.50
2006		50	426.07	142.87 ± 4.51	151.43 ± 3.87	174.32 ± 5.50	18.49 ± 0.74

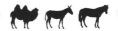

三、品种特征和性能

（一）体型外貌特征

1.外貌特征 锡尼河马体格较大，体质结实，结构匀称。头大小适中、多呈直头，眼大有神，耳小、直立、灵活，鼻翼开张良好，额宽窄适中。颈长短适中，多呈直颈，颈部肌肉发育良好，头颈结合良好。鬐甲明显。胸廓深广，背腰平直，肋拱腹圆，尻部肌肉丰满、略斜。四肢干燥，关节明显，肌腱发达，前肢肢势正直，后肢多略呈外向，蹄质致密坚实。鬃、鬣、尾毛中等长，距毛短而稀疏。

毛色以骝毛、栗毛、黑毛为主，杂毛较少。

锡尼河马公马

锡尼河马母马

2.体重和体尺 2006年8月内蒙古自治区家畜改良工作站、呼伦贝尔市畜牧工作站及鄂温克族自治旗畜牧工作站，在锡尼河镇对成年锡尼河马的体重和体尺进行了测量，结果见表2。

表2 锡尼河成年马体重、体尺和体尺指数

性别	匹数	体重（kg）	体高（cm）	体长（cm）	体长指数（%）	胸围（cm）	胸围指数（%）	管围（cm）	管围指数（%）
公	10	454.28	148.60 ± 2.27	155.90 ± 2.18	104.91	177.40 ± 2.59	119.38	19.50 ± 0.53	13.12
母	50	426.07	142.87 ± 4.51	151.43 ± 3.87	105.99	174.32 ± 5.50	122.01	18.49 ± 0.74	12.94

（二）生产性能

1.运动、载重性能 1978年在鄂温克族自治旗成立20周年大会上锡尼河马中距离骑乘测验记录为：10km用时12min 44.5s，15km用时21min 49.5s。1981年在原呼伦贝尔盟牧业四旗赛马大会上，锡尼河马的速力记录为1 000m用时1min 15.2s，2 000m用时2min 37s，3 000m用时4min 3s，5 000m用时6min 44.5s，10km用时15min 9.9s。1980年测验，单马拉胶轮大车，载重1 000 kg、行走10km，用时1h 20min；载重5 000 kg、行走20km，用时1h 49min。测后30 ~ 40min体温、脉搏、呼吸恢复正常。

2.产肉性能 1980年11月进行了屠宰性能试验，结果见表3。

表3　锡尼河马产肉性能

性别	匹数	宰前重（kg）	胴体重（kg）	屠宰率（%）	净肉重（kg）	净肉率（%）	眼肌面积（cm^2）
母	2	401.9	224.75	55.92	191.1	47.55	55.6

3. 繁殖性能　2006年6月至2007年6月鄂温克旗畜牧工作站在锡尼河镇对10匹公马和25匹母马的繁殖性能进行了测定和统计。公马性成熟为17～22月龄，初配年龄为4岁，一年可配种20～25匹母马，一般使用12～15年。母马性成熟年龄为14～18月龄，初配年龄为3岁；发情季节为4～7月份，发情周期23.12 天，妊娠期327～333 天；年受胎率为80%～85%，年产驹率75%～80%，使用年限一般15～18年。幼驹初生重公驹41～46 kg，母驹36～40 kg；幼驹断奶重公驹108～115 kg，母驹105～109 kg。

四、饲养管理

锡尼河马常年大群放牧，无棚圈，逐水草而居，夏季在靠近水源的草原放牧，秋末冬初降雪后利用无水草原放牧，形成了自然分季的轮牧方式。大雪封盖草场时刨雪吃草，仅在夜间补饲少量干草，通过吃雪来补充水分。当地有打草、贮草的习惯，以备急用。

锡尼河马群体

五、品种保护和研究利用

尚未建立锡尼河马保护区和保种场，未进行系统选育，处于农牧户自繁自养状态，主要用于旅游、休闲娱乐、产奶、产肉。马奶作为保健饮品和辅助治疗心血管、呼吸系统疾病的上等佳品，销路良好。锡尼河马1987年收录于《中国马驴品种志》。

六、品种评价

锡尼河马是乘挽兼用型的地方良种，体大力强、适应性强、耐粗饲、力速兼备、乘挽皆宜、富持久力，能在完全依靠天然牧场放牧的粗放条件下，表现出良好的性能。但因缺乏有计划的选育，马群整齐度较差、繁殖性能不高，少数马匹外形尚有缺点，须加以改进。今后应继续加强本品种选育，在保持原有优良特性的基础上可向骑乘型、乳肉兼用型方向进行分型选育。同时加强饲养和放牧管理，开发利用锡尼河马的优良特性。

晋江马

晋江马（Jinjiang horse）属乘挽兼用型地方品种。

一、一般情况

（一）中心产区及分布

晋江马中心产区位于福建省晋江市，主要集中于晋江市龙湖、深沪、金井、英林、东石等镇。莆田市的秀屿区、城厢区、荔城区、涵江区、仙游县，泉州市的石狮市、南安市，厦门市的翔安区、同安区等福建东南沿海县、区、市均有分布。

（二）产区自然生态条件

中心产区晋江市位于北纬24° 30′ ~ 24° 54′、东经118° 24′ ~ 118° 41′，地处闽东南沿海狭长地带的中部区域，东邻台湾海峡，西与南安市接壤，南与金门岛隔海相望，总面积721km^2。地势由西北向东南倾斜，以台地、平原为主，丘陵多为低丘。海拔多数在10 ~ 100m，西北部紫帽山为最高峰，海拔517.8m。属南亚热带海洋性气候，年平均气温20 ~ 21℃，极端最高气温38.7℃，极端最低气温0.1℃；无霜期365天。年降水量1 000 ~ 1 500mm，雨季在春夏季；相对湿度77% ~ 78%。年平均日照时数1 350 ~ 2 180h。年平均风速沿海为7.0m/s，内地为4.0m/s。主要河流为晋江，地下水源丰富。土壤类型有红壤、潮土、风沙土、水稻土、盐土等，2006年有耕地面积2.04万hm^2，农作物主要有稻谷、甘薯、花生、大豆、大麦、甘蔗、蔬菜等。草地主要是农田隙间草地、田边草地、疏林草地和滨海盐生草地。群众多以农作物副产品及茎秆藤蔓，如稻草、干花生蔓、甘薯蔓等喂马，并利用农田岸间草地、田边草地和海滩草地放牧。牧草种类有马唐、雀稗、狗牙根、早熟禾、狗尾草、牛筋草、千斤拔、铺地黍、短穗铁苋菜和决明等。

（三）品种畜牧学特性

晋江马由于长期生长繁衍在福建东南沿海，已完全适应春夏多雨、秋冬干旱、夏季酷暑的南亚热带季风气候区的环境和以青粗饲料为主的饲养管理方式，及以放牧为主、极少补充精料的粗放饲养条件。晋江马具有早熟、生长发育良好、繁殖力较好、耐粗饲、适应高温多湿的气候条件、抗病力强、适应性良好等优点。

二、品种来源与变化

（一）品种形成

福建养马的历史较久，最早可追溯至唐代。据明嘉靖《安溪县志》记载："周礼六援之一，是谓家畜。其色不一，其蹄圆，尾卯而散峦。其力健，八尺为駥。占人用以驾车，牡为隙牝为騇。列子口，马口中红白间色者寿，鼻中红色如朱点者寿，眼中赤色为象形者寿。上齿欲钩，下齿欲锯；上唇欲缓，下唇欲急。其善走者用以骑，战则驱驰冲突，其锐莫当，故国家之用以养马为急。"晋江县施世禄等人于康熙四十五年（1706）五月在龙湖宫立《龙湖祈雨颂电碑记》石碑上刻有"茸鞠诸茂草也爰涂圣两万新马……"诸语。清嘉庆十五年（1810）东石蔡永谦《西山杂志》载有："相传唐乾符（874）时，东石林灵仙为避黄巢入闽，率家族驱车北走至此，见绿茵铺地，松林苍郁，即搭茅棚憩息牧马，故有马棚之称"（此地现为晋江市永和镇马棚村）。从这些史料可知，晋江市及周边一带养马已有千年以上的历史。

从马的历史和流向调查分析，产区所养马匹最初由于战争和其他需要从外省或海外引入，可能主要来自我国的西南地区。

1979年福建省晋江县马匹普查，将当地及周边所产马称为"闽南沿海马"，后由福建省农业厅改称为"闽南马"。1985年《福建省家畜家禽品种志和图谱》编委会将其正式命名为"晋江马"。

晋江马的中心产区是华侨之乡，过去交通不发达、生产条件差，群众养马作为挽车运输、犁田耕作和访亲会友、游神拜佛等之用，十分重视养马。自20世纪90年代初以来，大多数农户养马主要用于群众雇请参加民俗活动，俗称"出阵"。在闽南沿海一带农村群众办迎神赛会或红白喜事时，通常要雇请各种"阵头"来热闹一番，"马阵"即马队，是近十多年来兴起的一种阵头。由于当地社会经济的需要，促进了晋江马的发展。

在长期的实践中，产区群众对马的选育，积累了丰富的经验。因此，在一定的自然生态、社会经济条件下，经劳动人民长期精心选育逐渐形成这一适应福建东南沿海高温高湿条件的独立地方品种。

（二）群体数量

2006年末晋江马共存栏486匹，其中晋江市194匹，莆田市秀屿区138匹、仙游县62匹，泉州市石狮市45匹，南安市22匹，厦门市翔安区25匹。共有基础能繁母马373匹，种用公马10匹。晋江马处于濒危—维持状态，近年来正在实施保种计划。

（三）变化情况

近年来晋江马饲养数量急剧下降，中心产区晋江市1995年存栏376匹，2005年存栏182匹，2006年晋江市采取了一定的保护措施，晋江马有所发展，年末存栏194匹。下降的主要原因是随着农业机械化水平提高和交通运输业日益发达，马匹的使役用途已基本被替代，饲养量减少。自20世纪90年代初以来，大多数养殖户养马主要用于群众雇请参加民俗活动，有的兼顾少量耕作和短途运输。

据群众反映，体型较20多年前有所增大，特别是母马的胸围和体重增幅较大；成年公马体型略有增大，但胸围和体重变化不明显。此外，因为其种群数量的减少和没有进行过系统的选种选配，晋江马的品质呈下降趋势，如役力和持久力已明显下降。

三、品种特征和性能

（一）体型外貌特征

1.外貌特征 晋江马体质细致结实，体型匀称。头中等长，为直头，眼较大，耳大小适中。颈长中等，肌肉发育良好，头颈、颈肩结合良好。鬐甲中等偏低，胸宽而深，肋拱圆，腹部充实，背腰平直。尻部稍斜、较丰满。肢势端正，四肢粗壮，关节明显，系较短，蹄质坚实。尾础高，尾毛长。

毛色以骝毛为主，青毛次之。2006年福建省家畜改良站调查84匹晋江马，其中骝毛占63.1%，青毛占22.6%，栗毛占3.6%，黑毛占8.3%，杂毛占2.4%。

晋江马公马

晋江马母马

2.体重和体尺 2006年福建省家畜改良站对成年晋江马母马的体重和体尺进行了测量，结果见表1。

表1 晋江马成年马体重、体尺和体尺指数

性别	匹数	体重（kg）	体高（cm）	体长（cm）	体长指数（%）	胸围（cm）	胸围指数（%）	管围（cm）	管围指数（%）
公	8	265.07	126.69 ± 1.94	129.38 ± 6.95	102.12	148.75 ± 3.61	117.41	16.38 ± 0.52	12.93
母	38	287.64	125.75 ± 3.30	129.12 ± 4.34	102.68	155.11 ± 5.92	123.35	16.50 ± 0.57	13.12

（二）生产性能

1.运动性能 1981年在碎石土沙混合新路面上对晋江马进行骑乘速力测定，1 000m用时1min 55s，1 600m用时3min 4s。2006年7月在水泥路面上对4匹晋江马进行骑乘速力测定，1 000m用时2min 33s，3 000m用时7min 51s。群众日常惯用慢步骑乘，有时配合快步，日行70～80km，时速8km。

2.役用性能 据原龙湖公社马车运输队介绍（1981年晋江县畜牧兽医站调查资料），成年马拉胶轮马车，运载1 000 kg货物，2 000m平均用时为20min 25s，平均时速5.7km，可日行70km。2006年5月梁学武等在晋江市龙湖镇测定晋江马的最大挽力为472 kg。晋江马平均每小时可耕地0.05hm^2，役后30min呼吸、脉搏、体温恢复正常。

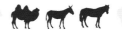

3.繁殖性能 晋江马母马初情期9～12月龄，初配年龄1.5～3岁，产驹平均年龄3.2岁；产驹的季节性不明显，在产后8～12天发情配种，较易受胎；发情周期17～24天、平均20天，发情持续期3～5天，妊娠期320～360天，平均340天。

四、饲养管理

当地农民饲养晋江马采取定时定量、少喂勤添、分槽的方法，主要饲料为农副产品及秸秆，如干花生蔓、甘薯蔓等，一般日喂青草30～40 kg。冬季青草不足时，每日饲喂花生藤4～5 kg或稻草3～4 kg、干红薯皮4～5 kg；使役期间，每日加喂麸皮1.5～2.5 kg，分3～4次饲喂。同时，加喂夜草，在饲喂上采取先饮后喂、饲后再饮的方法。在乘骑重役后，让马休息约半小时，给以小饮后再饲喂；在运输途中多采取饲前小饮、饲后不饮、适当控制食量的方法。在这种自然生态和饲养管理条件下，形成了晋江马耐粗饲而不草腹、适应性和抗病力强的特点。

晋江马群体

五、品种保护和研究利用

采取保护区和保种场保护，2008年8月农业部正式批准建立国家级晋江马保护区和保种场。晋江市峻富生态林牧有限公司种马场作为保种场承担部分晋江马保种任务。建立晋南（龙湖镇、深沪镇、金井镇）保种群和晋西南保种群（英林镇、东石镇）作为晋江马保护区。晋江马2006年列入《国家畜禽遗传资源保护名录》。我国2010年6月发布了《晋江马》国家标准（GB/T 24879—2010）。

20世纪90年代前，晋江马的主要用途是挽用运输和农田耕作。此后，晋江市及闽南沿海地区群众丰富的文化生活和民俗习惯，促进了晋江马主要用途的转化。晋江马的主要用途已转向民俗性活动和旅游、娱乐性活动，兼顾少量耕作和运输，形成了一些养马专业户和马匹集散地，产生了较好的经济效益。这种转化有利于晋江马的开发利用及保种工作的开展。

六、品种评价

晋江马是福建省优良的地方品种，具有早熟、繁殖力好、耐粗饲、抗病力强、耐高温和高湿、适应性好、乘挽皆宜等特性。近年来受社会发展、生态变化的影响，晋江马的数量急剧下降，且乘挽性能有所下降。

今后应在保种场的基础上加强本品种扩繁和保种选育，完善登记管理体系，尤其应重视种公马的选择和培育。在保护区内，以鼓励、扶持、指导农户、专业户饲养为重点，按系谱和血缘做好选种选配工作。扩大开发利用途径，加强饲养管理，提高饲养效益，进一步提高其品质。

利川马

利川马（Lichuan horse）属驮挽乘兼用型地方品种。

一、一般情况

（一）中心产区及分布

利川马主产于湖北省西南山区，中心产区在利川市的文斗、黄泥塘、小河、元堡、汪营、南坪、柏杨坝、谋道等地，分布于云贵高原延伸部分的湖北省西南山区其他市县，包括恩施、建始、巴东、宣恩、咸丰、来凤、鹤峰、五峰、长阳、宜昌、秭归等市县，以及重庆市、湖南省与产区交界一带。

（二）产区自然生态条件

中心产区利川市位于北纬29° 44′ ~ 30° 39′、东经108° 21′ ~ 109° 18′，地处湖北省西部，属云贵高原东北的延伸部分，总面积4 612km^2。境内地势高耸，群山重叠，山顶有较宽广的山原，山间有盆地或平坝错落其间，平均海拔1 000m以上。属亚热带大陆性季风气候。年平均气温12.8℃，最高气温35.4℃，最低气温-15.4℃；无霜期230天。水量充沛，年降水量1 300mm，雨季有110天，相对湿度70% ~ 80%。年平均日照时数1 325h。最大风力7级，平均风力3级。

产区属长江水系，有郁江、清江两大河流贯穿其间，30余条支流汇集，水资源丰富。土壤类型多为黄土，以成土母质的石灰岩为主，土质黏重，适于发展农林牧业生产。2005年利川市有耕地面积6.49万hm^2，其中水田2.43万hm^2、旱地面积4.06万hm^2，农作物主要有玉米、水稻、麦类、豆类、油菜、甘薯、马铃薯等，农副产品多。天然草场26.87万hm^2，可利用的宜牧草山草坡19.4万hm^2，放牧面积大，牧草资源丰富，主要的牧草种类有红三叶、白三叶、黑麦草、野燕麦、草木樨、鸭茅、胡枝子、百脉根、紫云英等，有利于利川马的生存和发展。林地面积15.3万hm^2，主要树种有水杉等。

（三）品种畜牧学特性

利川马产于高寒多雨山区，完全适应产区的自然生态环境，具有耐粗饲和抗病力强的特点。利川马在山区、丘陵、平原都能作驮、挽、乘用，具有良好的爬山和驮运能力。

二、品种来源与变化

（一）品种形成

产区养马历史悠久。据《利川县志·明史土司武备》记载，有“马兵、战马、守马等三种”，马兵即骑兵。可见，1369—1644年养马业在利川一带的生产、生活和军事方面均占重要地位。同时，也说明利川马在产区至少已有600多年的饲养历史，其来源与古代的“蜀马”有关。

利川马的形成与当地自然生态环境和社会经济因素有关。利川马长期生活在高寒多雨山区，这里地形复杂，多陡坡险路，草地起伏不平，野生牧草甚多，群众养马素有放牧的习惯。冬春牧草不足时，以稻草、豆秸等补充，辅以杂粮，饲养管理较粗放，形成了利川马个体小、四肢健壮、蹄质坚实、行动敏捷，适应山地生活和使役的体形结构及抗寒、耐湿、耐粗饲等特性。利川马在产区作为驮、挽、乘骑用，是山区人民重要的畜力和经济来源之一。养马投资少、商品价值高、销路好，利川历来是湖北商品马的繁殖基地。马的质量优劣不同，其价格悬殊大，因而刺激了群众注意马的选种选配，形成一套传统的选育方法，如对种马要求头大、额宽、鼻孔大、上下唇齐、蹄坚圆正等，促进了利川马品种的形成。1954年建立国营配种站，1961年有6个国营配种站，1964年成立国营种马场，1980年配种站发展到12个（其中民办公助有6个），对利川马的选育提高起到了一定作用。进入20世纪90年代随着产区机械化的发展，马匹数大幅减少，这些配种站、种马场陆续解散转产，选育工作几无进展。

（二）群体数量

2005年末利川马总存栏1 532匹，其中基础母马788匹、种用公马18匹。利川马已处于濒危状态。

（三）变化情况

1.数量变化 随着经济的快速发展、交通条件的改善，利川马在产区人民群众生产生活中的作用越来越小，群体数量逐渐减少。1973年存栏7 300匹，1985年存栏2 400匹，1995年存栏1 358匹，2000年存栏1 264匹。近年来，随着旅游业的发展，利川马开始用于产区的草地观光旅游业，群体数量又有所上升。

2.品质变化 利川马在2006年测定时与1980年的体重和体尺对比，各项指标均有提高，其中体长、胸围增大较多（表1）。提高的主要原因可能是产区经济条件改善，群众饲养管理水平提高所致。

表1 1980、2006年成年利川马体重和体尺变化

年份	性别	匹数	体重（kg）	体高（cm）	体长（cm）	胸围（cm）	管围（cm）
1980	公	20	231.05	125.10 ± 3.89	124.10 ± 3.93	141.80 ± 6.39	16.55 ± 0.76
2006		3	315.88	128.20 ± 1.20	142.00 ± 7.00	155.00 ± 12.50	17.00 ± 0.10
1980	母	145	202.16	118.87 ± 3.01	119.41 ± 4.21	135.22 ± 5.06	15.56 ± 0.72
2006		27	298.26	123.90 ± 8.50	136.00 ± 10.00	153.90 ± 8.90	17.01 ± 2.50

三、品种特征和性能

（一）体型外貌特征

1.外貌特征 利川马体型短小精悍，体质结实干燥，悍威中等，被毛不粗密。头方正，多直头，稍嫌重。眼与鼻孔较大，耳短小、直立。颈长适中，多斜颈。鬐甲略高于尻，胸部发育正常，肋拱圆适度，背腰短平，腹稍大。尻斜而短，尾础较低，臀肌不丰满。肩短而立，前肢正直，后肢肢势略呈外弧和刀状。关节强大，肌腱明显，系较短，蹄质坚实。鬃、鬣、尾毛较多而长。

毛色多为骝毛、栗毛、青毛、黑毛，其他毛色较少。

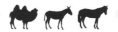

利川马公马

利川马母马

2.体重和体尺 2006年恩施土家族苗族自治州畜牧局和利川市畜牧局对利川市成年利川马进行了体重和体尺测量，见表2。

表2 成年利川马体重、体尺和体尺指数

性别	匹数	体重（kg）	体高（cm）	体长（cm）	体长指数（%）	胸围（cm）	胸围指数（%）	管围（cm）	管围指数（%）
公	3	315.88	128.20 ± 1.20	142.00 ± 7.00	110.76	155.00 ± 12.50	120.90	17.00 ± 0.10	13.26
母	27	298.26	123.90 ± 8.50	136.00 ± 10.00	109.77	153.90 ± 8.90	124.21	17.01 ± 2.50	13.73

（二）生产性能

利川马在山区主要用于驮、乘，亦可挽用。

1.役用性能 利川马的驮运量占其体重的14.85% ~ 27.27%，比一般马的驮载能力（为体重13% ~ 15%）略高。特殊情况下，短时间驮载力可达体重的50%。利川马的驮运量，随着地形、上下坡度及其长度、海拔高度、气压、气候变化、道路曲折崎岖等情况的不同而有差别。据利川马供销社驮运队反映，利川马在山路行走驮重一般为40 ~ 75 kg，日行30 ~ 50km。

2.运动性能 1981年据利川县种马场测定，配种公马1匹，骑手和鞍重65 kg，在有田埂的旱地上行程600m，用时1min 30s。2002年在利川市齐岳山跑马场测定一匹5岁母马，骑手和鞍重70 kg，在齐岳山草场行程1 000m，用时2min 7s。

3.繁殖性能 利川马一般1岁性成熟，营养较好的母马2岁便开始配种，公马一般3岁才作种用。母马发情周期21.5天（15 ~ 35天），发情持续期7 ~ 10天，以7天多见；牧民有母马产后第一次发情即配种的习惯，配种旺季在3 ~ 6月份；妊娠期334 ~ 337天，终生产驹8 ~ 12匹。

四、饲养管理

利川马以放牧为主，仅晚上补饲草料。一般割青草喂时，母马日喂青草15 kg，干草约5 kg，少数舍饲的马一昼夜喂干草7.5 kg。一般不喂或很少喂精料，只在母马产后或越冬时，每天饲喂玉米等精料1 kg。种公马一般以舍饲为主，在配种季节，每匹每天饲喂玉米1.25 kg、黄豆0.25 kg、干草6 ~ 9 kg、红三叶1.3 kg、青草25 kg、食盐25 g，配种后喂鸡蛋2 ~ 5个。非配种季节精料减少到1 kg。役用马饲喂较粗放，一般日喂玉米2 ~ 2.5 kg、粗料4 ~ 6 kg。

利川马群体

五、品种保护和研究利用

尚未建立利川马保护区和保种场，未进行系统选育，处于农户自繁自养状态。利川马1987年收录于《中国马驴品种志》。

由于近年来产区交通运输条件和小型农机具的飞速发展，作为山区主要畜力资源的利川马逐渐被淘汰，只在少数偏僻的地方还作畜力使用。近几年，随着草地旅游业的兴起，利川马开始用于旅游骑乘，受到欢迎。

六、品种评价

利川马能适应高寒山区的生态环境，体质结实、短小精悍、适应性强，具有良好的爬山和驮运能力，亦可用于挽、乘。历史上外销较多，为山区人民重要的役畜和经济来源之一。随着交通运输和农业机械化的迅速发展，马的作用逐渐被替代，利川马的数量逐年减少。今后应采取品种保护措施，在中心产区建立利川马保种场，划分保护区，进行本品种选育，提高种马的选种选配和培育水平，进一步提高其品质。扩大品种开发利用途径，满足周边市场需要。

百色马

百色马（Baise horse）因主产于广西百色地区而得名，属驮挽乘兼用型地方品种。

一、一般情况

（一）中心产区及分布

百色马主产于广西壮族自治区百色市的田林县、隆林县、西林县、靖西县、德保县、凌云县、乐业县和右江区等，约占马匹总数量的2/3左右。分布于百色市所属的全部12个县（区）及河池市的东兰县、巴马县、凤山县、天峨县、南丹县，崇左市的大新县、天等县，南宁、柳州市等。

（二）产区自然生态条件

产区百色市位于位于北纬22° 52′ ~ 24° 18′、东经104° 26′ ~ 107° 51′，地处广西壮族自治区西北部，属云贵高原东南面的伸延部分。地势自西北向东南逐渐倾斜，地形复杂，区内构成无数个弧山带，山多、平原少，东南部小丘陵和小盆地较多，海拔1 000 ~ 1 300m，高峰达2 000m以上。属亚热带季风气候。光、热、水资源较丰富。由于境内大气环流和地形、地貌复杂多样，立体气候显著。年平均气温16.3 ~ 22.1℃，最冷月平均气温10.1 ~ 16.0℃，最热月平均气温35.5 ~ 42.5℃；无霜期330 ~ 363 天。年降水量1 113 ~ 1 713mm，雨季在5 ~ 9月份，降水量可达年降水量的80%以上，冬春少雨，春旱明显；相对湿度80%（76% ~ 83%）。年平均日照时数1 405 ~ 1 890h。主要自然灾害有干旱、低温寒害、寒露风、冰雹和洪涝五大类。

中心产区水资源极为丰富，主要有右江和南盘江，此外还有驮娘江、西洋江、乐里河、布柳河、龙须河、灵渠河、百东（都）河等及人工建筑的澄碧湖、天生桥、巴蒙三座水库，山泉溪流，纵横交错。土壤以赤红壤、红壤、黄壤、山地灌丛草甸土、石灰（岩）土、紫色土、冲积土、沼泽土和水稻土为主；土壤质地主要是沙土、壤土和黏土。水稻土的熟化程度较好，耕作性能良好。2005年百色市土地总面积3.63万hm^2，其中山地面积占98.98%，石山占山地总面积约30%。耕地面积24.47万hm^2（包括水田10.4万hm^2、旱地14.07万hm^2），占土地总面积的6.7%。农作物有玉米、水稻、甘薯、豆类、小麦，经济作物有油菜、甘蔗、棉花。农业生产条件差，旱地多、水田少，粮食产量不稳定。草山面积大，达80万hm^2，植被茂盛，牧草种类繁多，主要有刚秀竹、五节芒、白茅、大小画眉草、石珍茅、水蔗草、马唐、野古草、金茅、斑茅、青香茅、雀稗、拟高粱、臭根子草、甜根子草、棕叶芦、竹节草等50多种，盖度60% ~ 80%，鲜草产量高。牧草丰富，有利于草食牲畜的发展。森林面积134.6万hm^2，森林覆盖率55%。2005年天然草地可利用面积61.33万hm^2，比1985年草地资源调查时减少43.2万hm^2，一些放牧地变为甘蔗地或低产果园，草地退化严重。有人工草地保留面积约1.71万hm^2。

（三）品种畜牧学特性

百色马适应山区的粗放饲养管理，在补饲精料很少的情况下，繁殖和驮用性能正常，无论是酷暑还是严寒，常年行走于崎岖山路。离开产地，也能表现出耗料少、拉货重、灵活、温驯、刻苦耐劳、适应性强等特点。

二、品种来源与变化

（一）品种形成

汉朝时巴蜀商人已在边界交易马及其畜产品，东汉安帝六年在西南设置马苑五处。北宋时代，蜀边已成为国家重要的马匹来源地。南宋时马源紧张，向西南征集马匹，先汇集于广西，经桂林转水路东进，称之为“广马东进”，促进了西南各地马业的发展。同时亦将云南省的马种传播至我国东部。如今，百色马仍有往桂林、梧州及广东方向销售的传统。

百色马的饲养历史已近2 000年，在文献和出土文物、房屋装饰和壁画中均有反映。据《田林县志》记载：宋代“迎娶时用轿马、鼓锣、灯笼火”。民间有饮酒及食牛、马、犬等肉的习惯。《凌云县志》记载：“行之一事，殊感两难，有余之家，常用轿马，畜马一匹。”1972年，百色市西林县普合村出土的西汉文物鎏金铜骑俑，清康熙时修建的粤东会馆，屋脊上的雕塑壁画绘制有许多马俑和骑士。以上史实和文物都说明百色地区养马历史悠久。

产区交通不便，历史上百色至南宁和贵州兴义货物往返运输均靠马匹。人民世世代代养马用马，在马的选育和饲养方面积累了丰富的经验。百色马是在产区自然条件、社会经济因素的影响下，经劳动人民精心培育形成的。

（二）群体数量

据百色市水产畜牧局统计，2005年末百色马存栏20.15万匹，其中基础母马6.64万匹。

（三）变化情况

1.数量变化 百色市是广西壮族自治区马匹的主要产区，马匹输往广西各地。1981年百色马存栏约18万余匹，近年来基本保持稳定，2002年末存栏18.91万匹，2005年末存栏20.15万匹。

2.品质变化 百色马在2005年测定时与1981年的体重和体尺对比，体尺普遍下降（表1）下降的主要原因是近20年来很少开展选育工作，品种保护与选育的重视程度较低。

表1 1981、2005年成年百色马体重和体尺变化

年份	性别	匹数	体重（kg）	体高（cm）	体长（cm）	胸围（cm）	管围（cm）
1981	公	79	187.40	114.00	113.90	133.30	15.50
2005		55	172.77	113.97 ± 9.31	114.21 ± 10.86	127.82 ± 11.64	15.08 ± 1.59
1981	母	287	185.29	113.00	115.90	131.40	14.70
2005		242	160.07	109.73 ± 5.40	107.88 ± 14.02	126.59 ± 8.08	13.95 ± 1.42

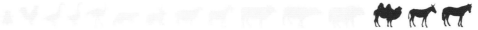

三、品种特征和性能

（一）体型外貌特征

1.外貌特征 百色马体质干燥结实，结构紧凑匀称，体格较小。头短而稍重，为直头，颌凹宽广，眼大，耳小、直立，头颈结合良好。颈短、厚而平。鬐甲较平，肩短而立。躯干较短厚，胸部发达，肋拱圆，腹较大而圆，背腰平直，尻稍斜。四肢肌腱、关节发育良好，骨量充实，前肢肢势正常，后肢多呈外弧和曲飞节。系长短适中，蹄小而圆，蹄质致密、坚实。鬃、鬣、距、尾毛均较多。

毛色以骝毛为主，其他有青毛、栗毛、黑毛、沙毛等。

由于土山地区和石山地区的饲养条件不同，长期以来，百色马逐渐形成了土山马（中型）和石山马（小型）两种类型。土山地区的马较为粗重，石山地区的马略清秀。

百色马公马

百色马母马

2.体重和体尺 2005年10—11月对田林县、靖西县的部分百色马进行了体重和体尺测量，结果见表2。

表2 成年百色马体重、体尺和体尺指数

性别	数量	体重（kg）	体高（cm）	体长（cm）	体长指数（%）	胸围（cm）	胸围指数（%）	管围（cm）	管围指数（%）
公	55	172.77	113.97 ± 9.31	114.21 ± 10.86	100.21	127.82 ± 11.64	112.15	15.08 ± 1.59	13.23
母	242	160.07	109.73 ± 5.40	107.88 ± 14.02	98.31	126.59 ± 8.08	115.36	13.95 ± 1.42	12.71

（二）生产性能

1.役用性能 百色马一般驮重50 ~ 80 kg，在坡度较大的山路上，每小时行3 ~ 4km，日行40 ~ 50km；平坦路面每小时行4 ~ 5km，日行50 ~ 60km。百色马挽力较强，7匹母马单马挽胶轮车载重500kg，行程20km，需时最快1h 11min 10s，最慢1h 25min 25s，平均1h 18min 12.3s。据测定最大挽力10匹公马平均为230（190 ~ 260）kg，占体重的92%。

2.运动性能 据百色马骑乘速力测定记录，1 000m用时1min 22.5s至1min 23.4s，3 200m用时5min 41s。1980年9月在西林县测定4匹马，50km最快用时5h 21min 5s，最慢用时5h 51min 31s。

3.繁殖性能 百色马母马性成熟年龄10月龄，2.5 ~ 3岁开始配种；发情季节2 ~ 6月份，多集中在3 ~ 5月份。发情周期19 ~ 32 天、平均22 天，妊娠期317 ~ 347 天、平均331 天；年平均受胎率84.04%，一年产一胎或三年产两胎，终生可产驹10匹左右；利用年限约至14岁，最长达25岁；幼驹初生重公驹11.32 kg，母驹11.31 kg；幼驹断奶重公驹39.27 kg，母驹38.86 kg。

四、饲养管理

百色山区牧地广阔，牧草丰富，马匹全年1/4的时间在无棚舍条件下放牧于高山峡谷之中，任其自由采食和繁殖，需要役用时将马牵回圈养。白天拴牧，晚上补充饲草5 ~ 10 kg，使役时补饲玉米2 ~ 3 kg或糠麸4 ~ 5 kg以及青草5 ~ 10 kg。

百色马群体

五、品种保护和研究利用

尚未建立百色马保护区和保种场。百色马主要用于驮用、拉车、骑乘，深受农户的喜爱，适于山区饲养；还作为旅游娱乐用马输送至内地旅游区、城郊等。百色马1987年收录于《中国马驴品种志》，2000年列入《国家畜禽品种保护名录》，我国2009年11月发布了《百色马》国家标准（GB/T 24701—2009）。

六、品种评价

百色马是我国古老的山地品种，具有短小精悍、体质结实、性情温驯、小巧灵活、适应性强、耐粗饲、负重力极强、能拉善驮、持久耐劳、步态稳健等特点，适宜山区交通运输，驮挽性能兼优，并具有一定的速力。今后应进行本品种选育，向驮挽、驮乘和乘用等方向进行分型选育，尤其要注意培育乘用型专门化品系，以满足儿童骑乘、旅游娱乐用马市场的需求。

德保矮马

德保矮马（Debao pony）原名百色石山矮马，属驮挽乘和观赏兼用型地方品种。

一、一般情况

（一）中心产区及分布

德保矮马主产于广西壮族自治区德保县的马隘镇、那甲乡、巴头乡、敬德镇、东凌乡。德保县其他乡镇及毗邻的靖西、田阳、那坡等县也有分布。

（二）产区自然生态条件

产区德保县位于北纬23° 10′ ~ 23° 46′、东经106° 37′ ~ 107° 10′，地处云贵高原东南边缘余脉，是广西壮族自治区西南岩熔石山区的一部分。境内地形地貌结构特殊复杂，喀斯特、半喀斯特地形纵横交错，成土母质以石灰岩、沙页岩为主。地势西北高、东南低，西北谷地海拔一般600 ~ 900m，山峰海拔为1 000 ~ 1 500m；东南谷地海拔只有240 ~ 300m，山峰海拔为800 ~ 1 000m。属于南亚热带季风气候，气候温凉，无严寒酷暑，春秋分明，夏长冬短，夏湿冬干，雨热同期。年平均气温19.5℃，最高气温37.2℃，最低气温-2.6℃；无霜期从1月下旬至12月下旬，平均332 天。年降水量1 463mm，其中降雪仅0.7mm，雨季一般为5 ~ 10月份；相对湿度77%。年静风占51%，平均风速1.1m/s。

德保县共有大小河流31条，其中以鉴河为最大。绝大部分河流分布在东南部，西北部冬春比较干旱。水资源总量为25.7亿t，可利用水5亿t。土壤以赤红壤、红壤、黄壤、石灰（岩）土等为主。全县土地总面积为2 559.52km^2，其中山地面积22.18万hm^2。2006年有耕地面积2.28万hm^2，主要农作物有玉米、水稻、豆类、小麦、荞麦、甘蔗、高粱等。草地面积6.74万hm^2，牧地广阔，牧草种类多，有利于马的发展。主要种植的牧草有黑麦草、桂牧1号象草等。

近10年来产区实行退耕还林政策，森林覆盖率有所提高，山区石漠化和水土流失状况得到缓解。但随着德保县工业建设的不断加快，在开发建设中可能会影响地貌形态、破坏植被，影响矮马生存，应引起重视。

（三）品种畜牧学特性

德保矮马是在石山地区的特殊地理环境下形成的遗传性能稳定的一个地方品种。体型结构紧凑结实，行动方便灵活，性情温驯而易于调教，对当地石山条件适应性良好，在粗放的饲养条件下，能正常用于驮物、乘骑、拉车等农活，生长、繁殖不受影响，抗逆性强。

二、品种来源与变化

（一）品种形成

产区养马历史悠久。据《德保县志》记载："明朝嘉靖元年（1522），议定各土司贡马，就彼地变价改布政司库，其降香、黄蜡、茶叶等物仍解京师。""国朝额定各土司三年一次贡马。"说明在此前德保人民已饲养马匹。我国古代称矮马为"果下马"，始于汉代，因体小可行于果树下而得名。"果下马"见于古书及出土文物，远在西汉时，在广西便有铜铸矮马造型："中间一人骑马，人大马小，周围多人作舞。"广西百色粤东会馆的雕梁中仍可见矮马造型。

1981年11月由中国农业科学院畜牧研究所王铁权研究员组织的西南马考察组在广西靖西与德保交界处第一次发现一匹7岁、体高92.5cm的成年母马，此后又多次考察德保地区矮马资源。1986—1990年以广西德保为基地，农业院校、研究所及中国科学院有关所介入，结合养马学、生态学、血型学、考古学、历史学多学科进行研究，大量数据证实了德保矮马的矮小性是能稳定遗传的，德保矮马是一个东方矮马品种，体高一般在106 cm以下，有别于体高110 ~ 114 cm的百色马。

（二）群体数量

2008年德保矮马共存栏1 578匹，其中种用公马390匹、基础母马983匹；中心产区德保县存栏德保矮马998匹，其中种用公马236匹、基础母马641匹。德保矮马已处于濒危—维持状态，近年正在实施保种计划。

（三）变化情况

1.数量变化　自1981年德保矮马被发现以来，至2008年的近30年间，存栏量呈逐年减少趋势（表1）。减少的主要原因是常年保种经费不足，保种机制不完善，马匹外流较多。

表1　德保矮马产区数量规模变化匹

年份	总数	公马	母马	其他	中心产区德保县			
					数量	公马	母马	其他
1983	3 266	987	1 576	703	2 200	684	1 034	482
1994	2 138	587	1 135	416	1 457	381	713	363
2001	1 447	384	824	239	856	243	492	121
2003	1 692	401	965	326	1 104	281	695	128
2008	1 578	390	983	205	998	236	641	121

2.品质变化　德保矮马2008年测定时与1986年的体重和体尺对比，体重和体尺都有所减少，品质有所提高，说明近30年来矮化选育工作取得了成效，见表2。

表2　1986、2008年德保矮马体重和体尺变化

年份	性 别	匹数	体重（kg）	体高（cm）	体长（cm）	胸围（cm）	管围（cm）
1986	公	368	127.94	101.85	101.63	116.60	13.85
2008		39	106.23	97.42 ± 3.76	98.42 ± 6.07	107.97 ± 7.67	11.94 ± 0.80
1986	母	292	127.37	101.75	101.88	116.20	13.65
2008		123	111.47	98.35 ± 4.55	100.02 ± 7.29	109.71 ± 8.31	11.76 ± 0.91

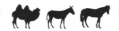

品质提高的主要原因是2003年制定并发布了《德保矮马》地方标准，此后加强了德保矮马的保种选育工作。

2000—2004年在中国农业科学院畜牧研究所王铁权研究员的指导下建立了两个三代以内没有血缘关系的家族品系——DB Ⅰ系、DB Ⅱ系，2008年已培育出成年体高75 ~ 80cm矮马2匹、体高81 ~ 90cm矮马16匹。

三、品种特征和性能

（一）体型外貌特征

1.外貌特征 德保矮马体型矮小、清秀，结构协调，体质紧凑结实，少部分马较为粗重。头长而清秀，额宽适中，鼻梁平直，鼻翼开张、灵活，眼大而圆，耳中等大，少数偏大或偏小，直立。颈长短适中，个别公马微呈鹤颈，头颈、颈肩结合良好。鬐甲低平，长短、宽窄适中。胸宽而深，腹部圆大，有部分草腹。背腰平直，腰尻结合良好，尻稍短、略斜。前肢肢势端正，后肢多呈刀状，部分马略呈后踏肢势。关节结实强大，部分马为卧系或立系，距毛较多，蹄质坚实。鬃、鬣、尾毛浓密。

据对德保县856匹矮马毛色的统计，骝毛470匹，占总数的54.91%；青毛135匹，占总数的15.77%；栗毛128匹，占总数的14.95%；黑毛58匹，占总数的6.78%；兔褐毛28匹，占总数的3.27%；沙毛21匹，占总数的2.45%；花毛16匹，占总数的1.87%。少量马的头部和四肢下部有白章。

德保矮马公马

德保矮马母马

2.体重和体尺 2004年10月在德保县马隘、古寿、巴头、东凌、朴圩、敬德、扶平等乡镇，对成年德保矮马的体重和体尺进行了测量，结果见表3。

表3 成年德保矮马体重、体尺和体尺指数

性别	匹数	体重（kg）	体高（cm）	体长（cm）	体长指数（%）	胸围（cm）	胸围指数（%）	管围（cm）	管围指数（%）
公	39	106.23	97.42 ± 3.76	98.42 ± 6.07	101.03	107.97 ± 7.67	110.83	11.94 ± 0.80	12.26
母	123	111.47	98.35 ± 4.55	100.02 ± 7.29	101.70	109.71 ± 8.31	111.55	11.76 ± 0.91	11.96

（二）生产性能

1.役用性能 德保矮马善于爬山涉水，动作轻便灵活，步伐稳健，在崎岖狭小的山路上载人或驮运货物可靠安全，常作为山路的骑乘、驮载工具，深受农户喜爱。德保县测定了德保矮马骑乘、驮载、驾车、骑乘速力等性能，见表4。

表4 德保矮马役用性能

项目	路途长度（m）	匹数	负重（kg）	最 快	最 慢	平 均
骑乘	1 000	3	62.5	9min 03s	9min 10s	9min 07s
驮载	1 000	3	107.5	9min 30s	10min 08s	10min 08s
驾车	1 000	3	448.0	10min 20s	12min 31s	11min 26s
速力	1 000	3	63.8	3min 10s	3min 49s	3min 30s

2.繁殖性能 德保矮马初配年龄2.5～3岁；10月龄开始发情，发情季节2～6月份，多集中在2～4月份，发情周期19～32天、平均22天，妊娠期331.74天左右，终生可产驹8～10匹，繁殖年限约14岁，最长达25岁。年平均受胎率84.04%，幼驹育成率94.76%。

四、饲养管理

德保矮马具有体小、食量少、耐粗饲的特点。当地群众乘马赶集，常常从家里带把稻草、麦秆之类喂马，不需补充任何精料。德保矮马历来都是以户养为主，管理粗放，一年中自9月份至次年2月份为全天放牧，当年3月份至8月份为半放牧，个别割草舍饲。有的与牛混放，有的用绳子系在田边、地头或拴在房前屋后、荒坡上，一天轮换一两个地方，任其采野草，给予饮水。

养母马主要是以繁殖为主，母马空怀或妊娠初期正常使役，妊娠后期母马一般减少或停止使役，以防造成流产，并每日补饲0.5kg玉米。产区没有专门饲养种公马配种的习惯。养公马的马主不愿让公马配种，怕其精力消耗，影响乘驮能力。故母马发情配种多属牧地“偷配”，生下的小马驹称为“偷驹”。由于当地群众对选种选配工作认识不足，有马驹就行，对种公马一般不进行选择。

德保矮马不使役时，很少补料，只白天放牧、晚上补些夜草。在劳役时一般一匹马每天补给1～1.5 kg玉米。

德保矮马群体

幼驹随母马哺乳，产后1周左右，因马驹体弱和抗病力不强，一般不远行，6月龄后人工强行隔离断奶，俗称“六马分槽”。德保当地有一个习惯，即马驹6月龄离乳，如延期断奶可能影响母马健康和影响下一胎马驹生长发育。马驹断乳前1个月要割“槽结”，即割掉颌腺。马驹养到1 ~ 1.5岁时开始装笼头调教。德保矮马有较强的模仿性和驯服性，在平时随母马使役过程中，可接受小孩骑乘，温驯近人。2.5岁以上可正式驮运、独立远行。

五、品种保护和研究利用

采取保护区和保种场保护。德保建有县级矮马保护区。1985年至今在德保矮马主产地巴头乡设立矮马保种基地，划片分群进行选种选配，经过多年努力，矮马外貌结构改善。在4岁以下年轻马中出现体高90cm以下矮小优秀个体，并出现优秀标准矮马模式，质量超过既往。

2001年德保县畜牧水产局承担农业部“百色马（德保矮马）保种选育”项目，建立了县级矮马保种场，马隘乡隆华村、古寿乡古寿村、那甲乡大章村、巴头乡荣纳村4个核心群保种基地和巴头等8个重点保护区。2000—2004年对932匹矮马登记造册。根据德保矮马地方标准要求选购种马，以“国有民养”方式，按照“一公多母”的比例放到300多个农户中饲养。2008年7月德保县被列入第一批国家级畜禽遗传资源保护区，进行矮马遗传资源保护。

德保矮马2009年10月通过国家畜禽遗传资源委员会鉴定。广西壮族自治区2003年5月发布了《德保矮马》地方标准（DB 45/T111—2003）。

1981—1986年中国农业科学院畜牧研究所王铁权研究员曾实地考察，研究德保矮马产地、生态条件、矮马体型、历史成因等。1986—1990年中国农业科学院畜牧研究所采用血清电泳法，对德保矮马白蛋白（Albumin）、运铁蛋白（Transferrin）和脂酶（Esterase）三基因位点进行检索。

德保矮马在产区多用于驮运、挽车、儿童骑乘，出售至外地多用于观赏、娱乐骑乘，销路良好。

六、品种评价

德保矮马是我国最矮的马种之一，短小精悍，体态匀称，体质强健，性情温驯、亲人，耐粗饲，饲养成本低，繁殖力强，动作灵活，步伐稳健，驮乘挽皆宜，适于山区饲养和使役。1980年后多远销外地，做观赏、游乐与儿童骑乘之用，适应性良好，深受欢迎。今后应加强品种保护，办好保种场和保护区。加强本品种选育，进一步改善体型外貌，提高其品质，向矮化、观赏、骑乘方向发展。

甘孜马

甘孜马（Ganzi horse）原为藏马的一个类群，因产区旧属西康，又称西康马或康马，藏语为“博打”，属乘驮挽兼用型地方品种。

一、一般情况

（一）中心产区及分布

甘孜马主产于四川省甘孜藏族自治州的石渠、色达、白玉、德格、理塘、甘孜等县，广泛分布于甘孜全州其他各县。历史上曾被引入邻近的阿坝藏族羌族自治州，现主要分布于阿坝藏族羌族自治州红原县，当地称为麦洼马。

（二）产区自然生态条件

甘孜藏族自治州位于北纬27° 58′ ~ 34° 00′、东经97° 22′ ~ 102° 29′，地处四川省西部，东与阿坝藏族羌族自治州和雅安地区接壤，西隔金沙江与西藏自治区相望，南接凉山彝族自治州和云南省，北连青海省，总面积约15.3万km^2。甘孜州地处青藏高原南缘，为较低一级的四川西部山地向我国地势最高的青藏高原过渡地带。地势西北高、东南低，平均海拔3 500m以上。地形、地貌类型复杂，有丘状高原区、海拔4 400 ~ 4 800m，山原区、海拔4 000 ~ 4 500m，高山峡谷区、海拔1 500 ~ 3 000m，最高海拔为7 556m的贡嘎山，为四川第一峰。

属高原季风型气候，主要特点是气温低，冬季长，无霜期短，降水较少，干雨季分明，光照强度大，日照时数多，气温随地势的升高而下降，呈明显的垂直分布。海拔2 600m以下地区，年平均气温12 ~ 16℃，无霜期190 天以上，年降水量594 ~ 637mm，大部分农作物一年两熟；海拔2 600 ~ 3 900m地区，年平均气温3 ~ 11℃，无霜期50 ~ 160 天，年降水量579 ~ 893mm，大部分农作物一年一熟；海拔3 900m以上地区，年平均气温0℃以下，无绝对无霜期，年降水量569 ~ 726mm，已超过林木生长上限，一般农作物不易成熟，属纯牧区。主要自然灾害有干旱、大雪、冰雹、霜冻、洪涝等。

州内河流属长江水系，主要有金沙江、雅砻江及其支流鲜水河、大渡河等。土壤以暗棕壤、山地草甸土和高山草甸土等为主。

2006年甘孜藏族自治州草场面积675万hm^2。植物种类繁多，组成的植物群落千变万化，既有高山峡谷区繁茂的森林、灌丛，又有适应于高原生态的灌丛、草甸。植被类型、群落组成、结构等呈现出规律性的变化，分为干热河谷灌丛、针叶林及针阔混交林、亚高山草甸与亚高山灌丛草甸、高山草甸与高山灌丛草甸、高寒沼泽草甸、高山流石滩植被。地形地貌及气候的垂直地带性变化，为藏区农牧民养马提供了较好的自然生态条件。甘孜藏族自治州是典型的半农半牧区，主产青稞、小麦、玉米，农作物秸秆丰富。

（三）品种畜牧学特性

甘孜马对高原、山地具有良好的适应能力，耐严寒、耐粗饲，在牧区大雪纷飞、大地封冻的情况下，仍全群放牧，并能刨雪觅食；耐劳苦，善行陡峭山路，持久力强。远销外地，适应性良好。

二、品种来源与变化

（一）品种形成

原来产地的民族主要为羌族，后来藏族由西藏东移，人口陆续增加，成了当地的主要民族，并带入西藏地区的藏马，这对甘孜马的形成与发展起了重要的作用。据1939年《西康概况》记载，元朝以来的商业往来中，藏族商人常骑骏马赶逐驮牛，驮运各种土特产，如羊毛、皮张、虫草、贝母等，来康定（原名打箭炉）交换大茶、布匹等物品。据《甘孜、炉霍、新龙概况》记载，甘孜家畜以牛为最多，羊次之，马多为西宁种。由此可知甘孜马为青海玉树马与当地马杂交培育形成。

甘孜藏族自治州的德格、炉霍、新龙等丘陵地区的甘孜马曾被引入到邻近的阿坝藏族羌族自治州，称为麦洼马。据资料记载，麦洼马的主产区麦洼部落原系西康北章古（现炉霍县）及色达附近的一个小游牧部落，游牧于麦柯河一带，故名“麦洼”，麦洼部落于1919年从西康地区迁移至麦洼地区进行游牧。经过长期的选育和风土驯化，形成了胸部发达、耐劳性强、四肢粗短、体长结实的麦洼马。

（二）群体数量

据甘孜藏族自治州畜牧局和阿坝藏族羌族自治州红原县畜牧局统计，2005年末共存栏甘孜马40.24万匹，其中基础母马11.60万匹，种用公马0.93万匹。各县中，理塘县存栏7.47万匹，甘孜县存栏4.69万匹，德格县存栏4.36万匹，其他各县存栏均在3万匹以下。

（三）变化情况

1.数量变化 甘孜马1985年存栏18.75万匹，1995年存栏约24.14万匹，2005年存栏约40.24万匹。20年来其存栏数量呈持续增长趋势，2005年比1985年增长114.6%，比1995年增长66.7%。

2.品质变化 甘孜马在2006年测定时与1982年的体尺体重对比，公、母马体高与公马胸围均有所增加，母马体长、体重有所减少，其他指标变化不大，见表1。变化的原因主要是未进行系统选育。

表1 1982、2006年甘孜马体重和体尺变化

年份	性别	匹数	体重（kg）	体高（cm）	体长（cm）	胸围（cm）	管围（cm）
1982	公	435	283.7	125.9 ± 0.3	132.1 ± 0.4	152.3 ± 0.4	17.3 ± 0.1
2006		10	305.8	128.9 ± 4.4	131.0 ± 6.1	158.8 ± 6.7	19.2 ± 1.3
1982	母	801	272.9	122.0 ± 0.2	131.0 ± 0.3	150.0 ± 0.3	16.6 ± 0.1
2006		50	253.0	125.6 ± 5.7	121.6 ± 9.3	149.9 ± 8.2	18.7 ± 1.5

三、品种特征和性能

（一）体型外貌特征

1.外貌特征 甘孜马体质结实、干燥，或略显粗糙，体格中等。头中等大小，多直头。颈较长，

多斜颈，头颈、颈肩结合良好。鬐甲高长中等，胸深广，腹稍大，背腰平直。尻部略短、微斜，后躯发育良好。四肢较长而粗壮，肌腱明显，关节强大，蹄质坚实。尾毛长而密，尾础高。

据统计，青毛占35%，栗毛占27%，黑毛占17%，骝毛占9%，其他毛占12%。

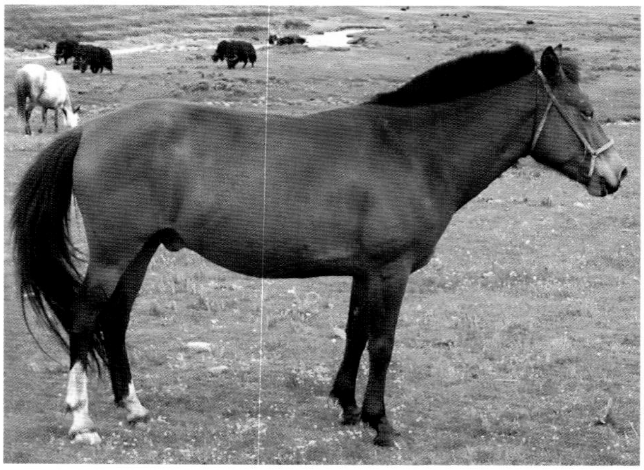

甘孜马公马

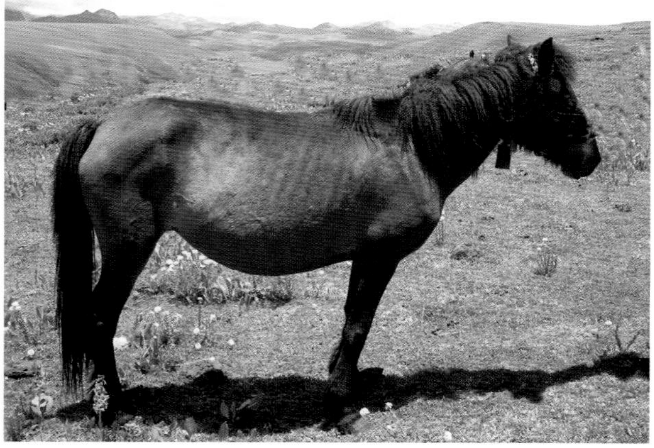

甘孜马母马

2.体重和体尺 2006年9月，色达县畜牧局对色达县塔子、洛若和色柯三乡牧户饲养的成年甘孜马的体重和体尺进行了测量，结果见表2。

表2 成年甘孜马体重、体尺和体尺指数

性别	匹数	体重（kg）	体高（cm）	体长（cm）	体长指数（%）	胸围（cm）	胸围指数（%）	管围（cm）	管围指数（%）
公	10	305.8	128.9 ± 4.4	131.0 ± 6.1	101.6	158.8 ± 6.7	123.2	19.2 ± 1.3	14.9
母	50	253.0	125.6 ± 5.7	121.6 ± 9.3	96.8	149.9 ± 8.2	119.4	18.7 ± 1.5	14.9

由于产区自然生态环境不同，饲养管理方式不一，甘孜马体格大小也不同。大型马产于石渠、甘孜、德格等县，公马体高132 cm，母马体高125.7 cm；中型马产于白玉、新龙、炉霍、道孚、康定、九龙、理塘、巴塘、乡城等县，公马体高125.7 cm，母马体高121.4 cm；小型马产于色达、丹巴等县，公马体高121 cm，母马体高115.2 cm。

（二）生产性能

1.役用性能 甘孜马较能负重，一匹成年公马拉胶轮大车，载重500kg，行3km需时40min。成年公马长途驮运负重80kg左右，短途驮运负重100kg左右。红原县测试1匹8岁公马，最大挽力420kg，占体重的116%；测试4匹公马，平均负重75kg，行走50km，平均需时6h 5min，中等疲劳，经1h 15min脉博、呼吸恢复正常。

2.运动性能 新龙成年骟马骑乘300m，需时32s；红原成年公马（4匹）在公路上骑乘1 600m平均需时3min 15s，最快需时2min 5s。石渠成年骟马骑乘46km，需时5h 30min（人和鞍重80 kg）；色达成年骟马骑乘100km，平均需时13h 51min（人和鞍重80 kg，翻越海拔4 500m左右的高山8座）。

3.繁殖性能 甘孜马公马2岁左右性成熟，4～5岁开始配种，6～10岁配种能力最强，利用年限10年。母马1.5岁左右性成熟，3～4岁开始配种，发情季节5～8月份，发情周期21天，发情持续期4～7天，妊娠期330天左右。一般三年产两胎或两年产一胎，终生产驹8～9匹。年平均受胎率

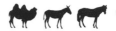

88.5%，年产驹率77.1%。幼驹初生重公驹（26.34 ± 0.7）kg，母驹（25.1 ± 0.4）kg；幼驹断奶重公驹（142.8 ± 39.8）kg，母驹（117.8 ± 13.7）kg。

四、饲养管理

甘孜马主要分布于牧区和半农半牧区，农区较少。饲养管理因马所处生态环境与生产利用方式的不同而有差异。耐粗饲，适应较粗放的群牧生活。在牧区终年放牧，露宿；在半农半牧区多有厩舍，除放牧外，一般夏、秋不饲喂精料，冬春补饲一些青干草或根据使役情况补饲一定的精料、盐、茶等。

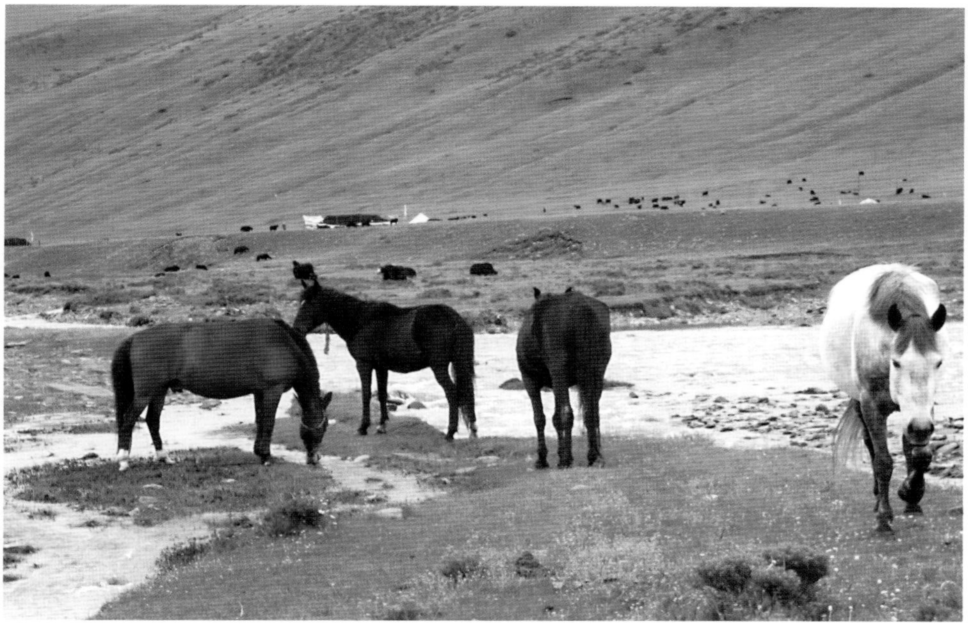

甘孜马群体

五、品种保护和研究利用

尚未建立甘孜马保护区和保种场，未进行系统选育，处于农牧户自繁自养状态。

1979—1984年由甘孜藏族自治州家畜改良站开展了全州18个县畜种资源调查，对甘孜马进行了生理指标的测定：每分钟呼吸次数15.4 ~ 42.5次、脉搏39.6 ~ 58.5次，体温36.8 ~ 37.9℃，每毫升血液中含红细胞7.344 $\times 10^6$个，每100ml血液中含血红蛋白5.5 g。

六、品种评价

甘孜马是在高海拔、气候垂直变化明显和封闭的自然生态条件下，经农牧民长期选育形成的地方品种，具有适应性强、耐粗饲、持久力好、遗传性能稳定等优点，是藏区农牧民生产、生活必不可少的畜种。甘孜马存在体格大小不一、有的结构不够匀称等不足。今后应加强选种选配，改善饲养管理，加强后备马的培育，保持其适应性强、吃苦耐劳的优良特性，不断提高其品质，并向体育、娱乐、乳用等方向作探索性研究与利用。

建昌马

建昌马（Jianchang horse）属乘驮兼用型地方品种。

一、一般情况

（一）中心产区及分布

建昌马主产于四川省凉山彝族自治州，其中盐源、木里、会东、昭觉、金阳、冕宁、普格、西昌、布拖、越西等县市为中心产区，州内其余各县以及雅安市汉源、石棉县，攀枝花市盐边、米易县等地也有分布。

（二）产区自然生态条件

主产区凉山彝族自治州位于北纬26° 03′ ~ 29° 27′、东经100° 15′ ~ 103° 53′，地处四川省西南部、横断山脉区，以山地为主，地势西北高、东南低，地表起伏大，高差悬殊，海拔1 500 ~ 5 958m。州内气候随着海拔高度的变化，从谷地到山顶呈现从亚热带到亚寒带的各种明显的垂直气候带，大部分地区冬暖夏凉，干季、雨季分明，年温差小，昼夜温差大。年平均气温10.1 ~ 19.3℃，无霜期201 ~ 321天。年降水量776 ~ 1 170mm，高山、高原地区降水量多于平坝、河谷地区。年平均日照时数1 227 ~ 2 431h。全年盛行偏南风。

主要水源有金沙江、雅砻江、安宁河，水资源丰富。土质肥沃，山地红壤土、黄壤土分布广泛，土壤多为酸性。全州土地面积60 423km^2，2005年耕地面积30.06万hm^2，主要农作物有水稻、小麦、马铃薯、大豆、豌豆、油菜、玉米、花生等。草地面积241.11万hm^2，可利用草地面积196.46万hm^2，牧草以禾本科为主，豆科、莎草科及其他杂类草也有一定的比例。饲料作物有光叶紫花苕、苜蓿、三叶草、黑麦草、芫根、牛皮菜及秸秆等农副产品。这些为建昌马的发展提供了良好的物质条件。

近十年来随着人口增长、经济发展、马匹数量增加、森林保护力度的加大，天然草地面积有所减少，草场逐年退化。

（三）品种畜牧学特性

建昌马分布以浅山暖温带（海拔1 500 ~ 1 800m，年平均气温14 ~ 17℃）、中山温带（海拔1 800 ~ 2 200m，年平均气温13 ~ 15℃）和高山寒温带（海拔2 200 ~ 2 500m，年平均气温8 ~ 11℃）较多，河谷亚热带（海拔1 500m以下，年平均气温17 ~ 20℃）和高山亚寒带（海拔2 600m以上，年平均气温8℃）分布较少。建昌马有极强的适应能力，在极为粗放的条件下，终年以放牧为主，冬季枯草期，适当补饲草料，均能很好地生长、繁殖，并且发病少、抗病力强。

二、品种来源与变化

（一）品种形成

建昌马以其产区曾名建昌、素以产良马著称而得名。唐宋时代所称的“蜀马”，即包括建昌马，俗称“川马”。建昌马因善于登山，故又有“山马”之称。据《史记·货殖列传》记载，西汉时有运往内地市场的“筰马”，“筰”是当时越嶲郡（今四川西昌）、犍为郡（今四川宜宾）置苑牧马。据《方舆胜览》记载，宋时市马于黎（今四川汉源）、叙（今四川宜宾）等州，号“川马”。据《西昌县志》载，建昌马曾作为贡马。这些史料与凉山彝族自治州出土的东汉时期陶马、铜马蹄、基砖上的车马出行图等文物，说明早在2 000多年前当地即盛产良马。

产区山多、交通不便，马常用作骑乘或驮运物资，后也用于挽车。除供本地需要外，还远销外地。今西昌等县市原属宁远府，据1939年《宁属调查报告汇编》记载，宁属之马约有15万匹，每年外销6 000 ~ 7 000匹，出入宁属均以马锅头（赶马帮的人）是赖，入市交易无不乘马，民家可无一牛，但必有一马，极贫之家，亦必养驴，以代人力。由于当地社会经济的需要，促进了建昌马的发展。

建昌马的形成除了产区自然生态环境和社会经济因素的影响以外，历史上当地常有赛马，据《西昌县志·夷族志》记载，“彝族以做白为重大事。丧家有于做白后，主客集议，各出其马，竞走比赛，以奔驰最速者，评为第一骏马。彝族多欲购得此马，其价骤增倍蓰。”清代考选武生时，即在西昌校场举行骑射比赛。新中国成立前，曾数度于西校场举办赛马会，参加马匹300 ~ 400匹，并有评选委员会，凡跑步平稳、姿态良好、速度卓越而不越轨者评为优秀，人马皆奖以红绿绫绸和金牌一枚。凡获奖之马，常被人争先购买。过去，成都“花会”赛马，亦有前往参加的。由于赛马的影响，训练乘马亦风行一时。西昌曾有专人训练调教马匹，叫做“漂马”，调教的人称为“骑师”。他们常选购外形优美、生长发育良好的断奶幼驹，精心培育和训练调教，然后出售。产区群众对马的选育、饲养管理比较重视，积累有丰富的经验。这些都对建昌马的形成起着一定的作用。

现在凉山彝族自治州各县市的赛马活动更为广见，如火把节等每年的重大节日上都能见到各种赛马活动。获奖的公马会成为种公马，这对保持建昌马的优良特性、扩大马群数量，都起到了积极的推动作用。

（二）群体数量

据凉山彝族自治州畜牧局统计，2005年全州存栏建昌马23.99万匹，其中种用公马3.29万匹、基础母马9.1万匹。建昌马尚无濒危危险，且群体数量呈逐年上升趋势。

（三）变化情况

1.数量变化 近30年来建昌马呈稳步发展的态势，存栏量逐年上升，1980年存栏约7万匹，1985年存栏113 410匹，1995年存栏186 386匹，2005年存栏239 970匹。主要原因是产区整体社会经济水平不高，且多为山区，机械化难以发展，马成为群众生产、生活的重要动力和交通工具。

2.品质变化 建昌马在2006年测定时与1980年的体重和体尺对比，除公马体长、母马体重略有减少外，其他指标均略有增加，总体保持平稳（表1）。主要原因是产区环境相对封闭，受外界干扰少；建昌马一直应用较多，群众比较重视繁育、饲养，品质基本未发生变化。

表1　1980、2006年成年建昌马体重和体尺变化

年份	性别	匹数	体重（kg）	体高（cm）	体长（cm）	胸围（cm）	管围（cm）
1980	公	99	189.25	116.0 ± 5.6	118.2 ± 7.2	131.5 ± 7.0	15.7 ± 1.2
2006		10	191.11	117.2 ± 3.7	118.1 ± 3.9	132.2 ± 5.2	16.1 ± 0.9
1980	母	195	179.35	114.1 ± 4.6	115.5 ± 6.5	129.5 ± 6.9	14.6 ± 0.9
2006		50	189.70	114.3 ± 3.6	119.2 ± 5.6	131.1 ± 5.0	14.8 ± 0.8

三、品种特征和性能

（一）体型外貌特征

1.外貌特征　建昌马体格较小，体质结实干燥。头稍重，多直头，眼大有神，耳小灵活，斜颈或略呈水平。鬐甲略低，胸稍窄，腹部适中，背平直，腰短有力，背腰结合良好。尻部结构紧凑，尻略短、微斜。四肢较细，肌腱明显，部分马前肢外向，后肢多有刀状。蹄小质坚。尾础低，全身被毛短密，鬃、鬣、尾毛密而长。

毛色以骝毛、栗毛为主，其次为黑毛等毛色。据2006年对60匹建昌马的调查统计，骝毛占46%，栗毛占21.7%，黑毛占13.3%，青毛占11.7%，其他毛色占7.3%。

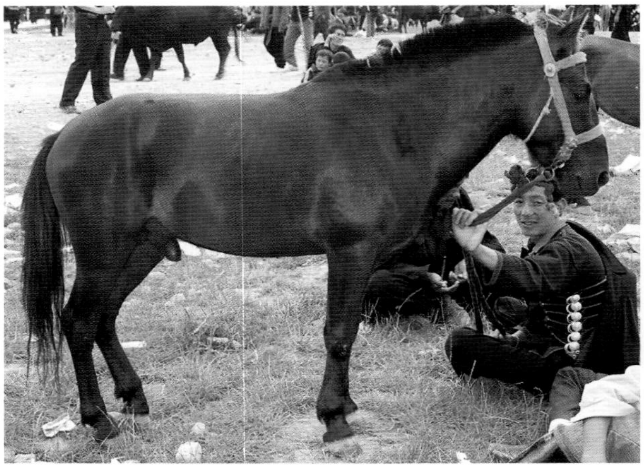

建昌马公马

建昌马母马

2.体重和体尺　2006年10月西昌市畜牧站、越西县畜牧局测量了西昌和越县农户饲养的成年建昌马的体重和体尺，结果见表2。

表2　成年建昌马体重、体尺和体尺指数

性别	匹数	体重（kg）	体高（cm）	体长（cm）	体长指数（%）	胸围（cm）	胸围指数（%）	管围（cm）	管围指数（%）
公	10	191.11	117.2 ± 3.7	118.1 ± 3.9	100.77	132.2 ± 5.2	112.8	16.1 ± 0.9	13.74
母	50	189.70	114.3 ± 3.6	119.2 ± 5.6	104.29	131.1 ± 5.0	114.7	14.8 ± 0.8	12.95

（二）生产性能

1.役用性能 1980年对建昌马役用性能测定如下：建昌马一般能驮重70～75 kg，体质较好的可驮重80～90 kg，速度4～5km/h，每天行程30～40km，长途驮运可达半月以上。一匹公马驾胶轮大车，载重730 kg，行走5km，需1.2h；成年公马的瞬间最大挽力235 kg，为其体重的120%。在西昌礼州（晴天，沙石机耕道路，骑手和马未经专门训练）速力测定，成年公马1 000m用时1min 47.6s，1 600m用时3min 24.4s，3 200m用时6min 37.2s；长途乘骑日行70～80km。

2.繁殖性能 建昌马性成熟较早，公马1岁左右达到性成熟，初配年龄为3～4岁，一般利用年限为12岁。母马8～9月龄达到性成熟，一般3岁开始配种；发情季节为2～11月份，配种旺季为3～5月份；发情周期22～25天，妊娠期338天左右；年平均受胎率75%，年产驹率70%，繁殖年限可达20岁。幼驹初生重公驹20～25 kg，母驹18～23.5 kg；幼驹断奶重公驹95～103 kg，母驹90～100 kg。

四、饲养管理

建昌马常年放牧饲养，冬季枯草期，根据体况膘情适当补饲草料。对乘马或驮马，早上约喂日粮的1/3，晚上喂2/3，冬天不饮冰水。妊娠后期母马每天补饲0.25～0.75kg精料，产后每天补饲0.25～0.5 kg豆粉；种公马在配种期每日补饲精料0.25～1.0 kg，并喂鸡蛋2个；幼驹多任其自行断奶。

五、品种保护和研究利用

尚未建立建昌马保护区和保种场，未进行系统选育。建昌马1987年收录于《中国马驴品种志》。

在一些交通不便的山区建昌马仍是重要的役畜，主要用于驮运、骑乘以及挽车，还参与产区举办的各类节日赛马活动。除供本地需求外，建昌马也远销外地，以其能吃苦耐劳、繁殖性能良好，深受各地欢迎。

六、品种评价

建昌马体型短小精悍，机敏灵活，性情温驯，善于登山涉水，适应性强，耐粗饲，耐劳苦，早熟，为山区的重要役畜。近年来，民族旅游文化活动日益兴盛，建昌马表现出较好的速力性能。今后应加强本品种选育，向驮乘、驮挽、乘用方向分型选育。加强选种选配和种马的饲养管理及幼驹培育工作，进一步提高建昌马的品质，以满足市场需求。

贵州马

贵州马（Guizhou horse）亦称黔马，属驮乘兼用型地方品种。

一、一般情况

（一）中心产区及分布

贵州马主产于贵州省的西部和中部，其中以毕节、六盘水等贵州西部地区为集中产地。广泛分布于贵州省其他地区，其中以边远山区为多。

（二）产区自然生态条件

贵州省位于北纬24° 40′ ~ 29° 20′、东经103° 40′ ~ 109° 50′，地处云贵高原东部，四川盆地和广西盆地之间。地势西高中低，自中部向东部以陡坡下降，岩石嶙峋，悬崖峭壁很多，是典型的喀斯特山区，海拔1 000 ~ 2 200m。分西部高原产马区、中部山地高原产马区和黔西南高原中山产马区等三个产马区。属亚热带湿润季风气候，气候温暖湿润，气温变化小。贵州省年平均气温14℃，黔西南略高，年平均气温15 ~ 20℃；极端最高气温35.1℃，极端最低气温–7.3℃；无霜期205 ~ 297 天。全省年降水量687.9 ~ 1 500mm，平均为1 300mm，黔西南略高，年降水量为1 400mm，雨季多集中在5 ~ 9月份；常年相对湿度在70%以上，年平均日照时数1 102 ~ 1 780h。

贵州省河流处在长江和珠江两大水系上游交错地带，全省水系顺地势由西部、中部向北、东、南三面分流。主要河流有乌江、清水江、赤水河、西江、可渡河、北盘江、马别河等。中部为湿润性常绿阔叶林带，以黄壤为主；西南部为偏干性常绿阔叶林带，以红壤为主；西北部为具北亚热带成分的常绿阔叶林带，多为黄棕壤。此外，还有受母岩制约的石灰土和紫色土、山地草甸土、棕壤等土壤类型。

全省土地资源以山地、丘陵为主，平坝地较少。有三个典型产马区。

1. 西部高原产马区 以毕节地区为代表。该区海拔457 ~ 2 900m，平均海拔1 491m，高原面相当破碎，地形复杂。赫章、威宁一带多梁状山脊，顶部平缓，西侧陡峭，俗称“梁子”。有草坡78.32万hm^2，牧地广阔、草地优良，农业欠发达，缺乏精饲料及农副产品，养马主要以放牧为主，役用时补饲玉米1 kg左右。该区马体格矮小，体型呈短躯长肢结构，行走于山区崎岖羊肠小道，灵敏而稳健。由于过去交通不发达，马匹以驮用为主，形成以驮用为主、驮乘兼用的经济类型。

2. 中部山区高原产马区 包括安顺市、贵阳市及黔南、黔东南的部分地区。该区地势东南低、西北高，多为丘陵山地，平均海拔1 200m。苗岭山地岭谷起伏，山峰海拔1 100 ~ 1 500m，是长江和珠江的分水岭。贵阳至黄果树、贵阳至遵义和贵阳至新寨等公路沿线，有许多小型山间盆地和河谷，俗称“坝子”，是人烟稠密的农业地带。南部为石灰岩地区，有广泛的岩熔地形分布，岭谷起伏，平原较少。自然条件优越，是贵州省的农业区。粮食以水稻、玉米、小麦为主，并有油菜、大豆、花生等作物，农副产品丰富。安顺市自古以来为滇黔交通要道和黔西部物资集散地，贵阳市为省城经济文化中心，是黔桂、滇黔、川黔和湘黔四大铁路和公路的中心。由于交通发达，用马以挽车为主，体型较大，挽车时擅长轻快步，形成挽乘兼用型的经济类型。

3.黔西南高原中山产马区 本区以黔西南苗族布依族自治州为主，地处云贵高原东南部向广西丘陵渡度的斜坡地带，地势由西北向东南呈梯级降低，平均海拔997m。农作物以水稻、玉米为主，豆类、薯类皆有生产。草场面积宽广，有宜放牧草场16.87万hm^2，牧草四季常青，养马以放牧为主、不补饲。境内地貌复杂，谷深峰叠，河谷纵横，山高路险，道路崎岖，交通不便，在历史上驮马是交通运输的主要动力。其中兴义、册亨、贞丰等县市产矮马，适于观赏之用。

（三）品种畜牧学特性

贵州马短小精悍，体质结实，行动敏捷，富于悍威，性情温驯，对产区具有良好的适应性，耐粗饲，役用能力强且持久，除适应贵州山区的条件外，在山东、河南、安徽等地其生长发育和繁殖性能仍正常。

二、品种来源与变化

（一）品种形成

贵州省从春秋时期起分属夜郎、牂牁和麇莫三国，秦代始在境东北部置黔中郡，已有一定规模的农业生产，在边远地区则以畜牧业为主，如《史记·西南夷列传》指出："随畜迁徙，毋常处"。《唐书·蛮传》说："两爨蛮土多骏马"。马之上者作骑乘，下者供驮运。到宋代以后，黔西马始见出名。如宋徽宗大观始年（1107）准播州（今贵州遵义市）夷界巡检杨荣之靖，每年买马五十匹于南平军（今贵州桐梓县），厚给马值，以示优恤。南宋时在罗殿（今贵州省南部）买马，更推行茶马制度到该地，规定每年买马750匹。元代在亦奚不薛（今黔西地区）养马，并定于每年寅日给马喂盐，与西南行省一并为全国十四道牧区之一。在明、清时代以贡马出名。另外，贵州省兴义市万屯和兴仁县交乐出土的东汉铜车马，造型优美，也证明贵州早已是我国良马的产区。

近世马市场交易在黔西部、南部已很繁盛，如安顺市、关岭县的花江、贵阳市的花溪、黔西县的钟山、黔南的独山县等均是牲畜集散市场，并以出售牛、马为主，这对贵州马的扩大分布起着促进作用。1939年以后，原南京句容种马牧场迁到贵州省，改为清镇种马牧场，曾在桐梓、惠水、罗甸、安顺等地，举办10处马匹配种站，采用阿拉伯马和蒙古马的杂种公马改良当地马种。到20世纪50年代末期，采用卡巴金马、古粗马作种公马，继续办配种站，但其时间不长，影响面不大，并分别于1960年前后结束。所以贵州马仍属本地品种。

贵州高原山峦起伏、道路崎岖、交通不便，自古以来人民生活、生产需要的物资均靠马帮驮载运输，随同公路建设马车运输还曾一度数量急增，近10多年机械化程度加快后，才明显减缓发展。

贵州苗、回、彝、布依、水族人民喜好养"耍马"，选购外貌优美、体格较大的马，配以精美的辔头、鞍具，平时用以赶集串寨，于一年一度的端阳节"耍花山"、九月重阳前后"过端"，均要举行赛马活动，有平地赛跑、冲坡、赛走马、比走法及比耐力等多种形式，以庆丰收，从而加强了马的心肺功能、肌腱的锻炼。因此，贵州特定的自然环境条件、社会经济的影响和民族习俗的选择，促进了贵州马这一山地古老品种的形成和发展。

（二）群体数量

据贵州省畜禽品种改良站调查，2005年末产区存栏贵州马82.5万余匹，其中种用公马7.18万匹、基础母马25.93万匹。

（三）变化情况

1.数量变化 贵州马1983年存栏50.24万匹，1995年存栏75.29万头，2005年末存栏82.50万匹，近20年来数量增加较多。近年来，由于道路修缮及交通工具的发展，马的数量增长速度缓慢，仅在交通不发达的山区留作驮用。

2.品质变化 贵州马在2005年测定时与1983年的体重和体尺对比，见表1。

表1 1983、2005年成年贵州马体重和体尺变化

年份	性别	匹数	体重（kg）	体高（cm）	体长（cm）	胸围（cm）	管围（cm）
1983	公	504	186.36 ± 13.52	116.1 ± 4.5	114.3 ± 6.0	132.7 ± 5.9	15.2 ± 0.9
2005		20	233.27 ± 11.14	115.50 ± 2.37	123.20 ± 6.69	143.00 ± 3.78	17.85 ± 0.81
1983	母	454	176.59 ± 24.72	113.2 ± 5.3	113.9 ± 6.2	129.4 ± 7.1	14.6 ± 1.4
2005		60	215.10 ± 33.77	111.98 ± 5.47	114.32 ± 6.39	142.55 ± 8.79	17.62 ± 1.26

三、品种特征和性能

（一）体型外貌特征

1.外貌特征 贵州马体质结实，富于悍威而温驯，个体小，躯体呈近高方形结构。头直而方，眼大明亮，鼻翼开张，耳小而立，颌凹宽。颈长适中，头颈结合良好，颈肩结合显弱。乘挽用马多斜颈，驮用马颈多呈水平。鬐甲高长中等。胸宽深中等，背腰平直、短而宽，肋拱圆，腹部紧凑，胸腹部呈圆桶形。尻短斜，尻肌丰满。四肢肌腱、关节发育良好，肩短而立，前肢肢势端正，后肢曲飞，驮用马后肢多外弧。蹄质坚实，山地短途使役可不装蹄铁。皮薄毛细，鬃、鬣、尾毛稠密。

毛色较复杂，以骝毛、栗毛为多，黑毛、青毛、兔褐毛次之。

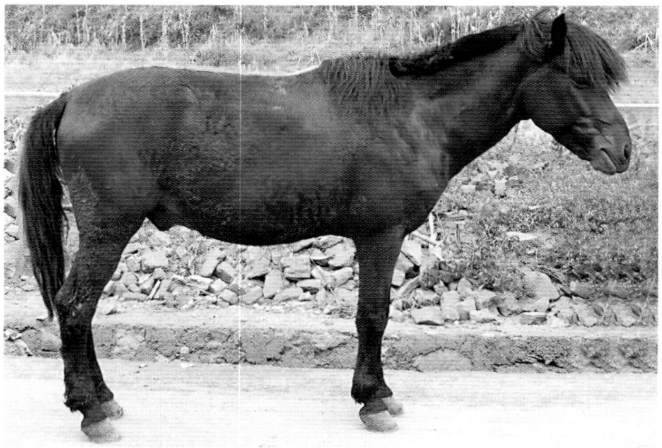

贵州马公马

贵州马母马

2.体重和体尺 2005年贵州省畜禽品种改良站对成年贵州马的体重和体尺进行了测量，结果见表2。

表2　成年贵州马体重、体尺和体尺指数

性别	匹数	体重（kg）	体高（cm）	体长（cm）	体长指数（%）	胸围（cm）	胸围指数（%）	管围（cm）	管围指数（%）
公	20	233.27 ± 11.14	115.50 ± 2.37	123.20 ± 6.69	106.67	143.00 ± 3.78	123.81	17.85 ± 0.81	15.45
母	60	215.10 ± 33.77	111.98 ± 5.47	114.32 ± 6.39	102.09	142.55 ± 8.79	127.30	17.62 ± 1.26	15.73

（二）生产性能

1.役用性能　贵州马主要用于山区驮载运输，驮载能力强，驮重为体重的50%以上。公马驮108.36 kg、母马驮91.87 kg，日行30km，时速5.24km，可以连续使役15 天以上。

用于挽曳运输，单马车可挽重500 ~ 700 kg，双马车可挽重700 ~ 1 000 kg，用轻快步行进，平均时速7km，挽力一般相当于体重的80% ~ 90%。

2.运动性能　骑乘速度，据1945年贵阳市举行的赛马会测试记录：在跑马场平地赛跑，1 000m用时1min 20s，1 600m用时2min 10s，这样的记录在小型马种中是不多见的。1981年在三都水族自治县水龙区一段5km公路上测定其速力，在有4个弯道、4处陡坡的情况下，共测168匹马，其跑步速力1 000m为1min 33.5s，1 600m为2min 36.8s，3 200m为5min 35.7s，5 000m为9min 38.5s；对侧步速力1 000m为2min 47.7s，1 600m为5min 7.9s，3 200m为7min 37.9s。以上记录说明贵州马有优越的骑乘性能。

3.繁殖性能　贵州马性成熟年龄公、母马均为18 ~ 24月龄，初配年龄公、母马均为30 ~ 36月龄。母马发情的季节性不强，多在3 ~ 7月份发情，发情周期21 天，发情持续期4 ~ 7 天，妊娠期340 天，一般三年产两胎，少数一年产一胎，终生可产驹5 ~ 7匹。公、母马繁殖年龄3 ~ 16岁。幼驹初生重公驹18.40 kg，母驹17.66 kg；幼驹断奶重公驹73.95 kg，母驹72.76 kg。

四、饲养管理

贵州马以放牧为主，少数舍饲。舍饲时每天饲喂秸秆、牧草3.5 ~ 5 kg，役用时补饲玉米2 kg左右。贵州马抗病力强、耐粗饲、性情温驯，容易管理。

五、品种保护和研究利用

尚未建立贵州马保护区和保种场，未进行系统选育。贵州马1987年收录于《中国马驴品种志》。

目前，在一些交通不发达的山区，贵州马仍为主要的驮载运输工具和农业生产的重要役力。近几年，在贵州西南地区亦将贵州马作为观赏娱乐骑乘马用。

六、品种评价

贵州马是我国优秀的山地小型品种，具有典型山地马的优良特性，体质结实，短小精悍，行动敏捷，耐粗耐劳，持久力强，适应性强，善于山区作业，驮挽兼优，是边远山区交通运输和农业生产的辅助动力。今后应以本品种选育为主，保持其固有的优良性能。贵州马中的矮马类群可有计划地培育为外貌骏美、适合儿童骑乘的观赏娱乐马。

大理马

大理马（Dali horse）也称滇马，古称越赕驹，原属云南马的一个类群，属驮乘兼用型地方品种。

一、一般情况

（一）中心产区及分布

大理马主产于云南省西部横断山系东缘地区，中心产区为大理白族自治州的鹤庆县、剑川县、大理市，大理州境内的洱源、宾川、漾濞、巍山、云龙等市县山区也有分布。

（二）产区自然生态条件

中心产区鹤庆、剑川、大理位于北纬26° 11' ~ 26° 42′、东经99° 28′ ~ 100° 04′，地处云南省西北、大理白族自治州北部，区域内山峦起伏，河川纵横，有高山深壑，也有丘谷平川，属横断山系南段延伸，山脉多为南北走向，地势西北高、东南低。一般海拔1 900 ~ 3 000m（最低1 100m，最高4 280m）。山峦重叠，地势起伏不平，地貌类型复杂，境内有数以百计的大小沟壑和高度不等的高原山间盆地，坝子、河丘、丘陵、中山、高山、山原各类地貌兼而有之。山地以高原为主，谷坝镶嵌其中，地貌千差万别。从垂直带看，具有多层性，自然条件的地域差异十分明显。属低纬高原季风气候，因海拔不同又分为多个气候带，其中大部分属南温带冬干夏湿季风气候。除宾川县属中亚热带外，其余各县均属北亚热带—南温带气候，剑川、鹤庆的一部分属中温带气候。春寒秋凉，长冬无夏，全年气候变化平稳，四季不甚分明。年平均气温15℃（12.3 ~ 19℃），无霜期114 ~ 150天。因受横断山脉影响，雨量分布不均，热量不足，雨热同季，干湿分明，年降水量大理市为1 056mm，其余各县多为500 ~ 900mm。多数地区夏季降水集中，冬季光照相对充足，但干旱明显。日照时间长，年平均日照时数在2 371h以上。产区总体呈现复杂多样的山区立体气候。正所谓“一山分四季，隔里不同天”。

河流分属金沙江、澜沧江支流，有丰富的地表水、地下水水系及水资源。土壤多为山地红壤和红棕壤、山地棕色森林土。农业生产较为发达，主要农作物有水稻、玉米、小麦、蚕豆、荞麦、薯类等，可为养马业提供大量的稻草、蚕豆秸秆等农副产品。青绿饲料主要有野生青草、萝卜叶、多种蔬菜、青蚕豆叶和近年来人工种植的红三叶、白三叶和黑麦草等。放牧地多为疏林草场及农林闲隙地草场，构成草场植被的主要植物为禾本科的白茅、莩草、莠竹、马唐、雀稗等，莎草科的碎末莎草及蓼科、菊科、石竹科等可食杂草。主要植被为云南松林和松栎混交林、常绿阔叶林及以云南松为高层树种的稀树灌丛。

（三）品种畜牧学特性

大理马生活在山区、半山区，适应性强，耐粗饲，耐受高温、高湿、高寒，在海拔1 000 ~ 3 000m的地区皆能正常生长、繁殖。合群性强，放牧采食能力强，抗逆性及抗病能力强，如果饲养管理得当，很少发生疾病。

二、品种来源与变化

（一）品种形成

在云南省剑川等地发现有100万年前野马牙齿化石及距今1万年前的驯养马种化石，说明滇西北一带早有野生马种存在，并曾驯化饲养。这些人类史前马的发现，说明大理马受到野生祖先的影响。

2008年在云南剑川县海门口史前遗址发掘出3000多年前马的牙齿，说明早在商代晚期，大理地区的劳动人民已开始养马。大理历史悠久，历来是滇西的商品集散地，又是古代南方丝绸之路的必经之地，位于茶马古道的中心，自古以来都是滇西的交通枢纽及经济、商业、文化中心，处于中国与中南半岛及印度的交通十字路口。大理畜牧业颇为发达，盛产马匹。

东汉时期，西部边地用兵较多，故苑马养殖向西北及西南方扩展。据《后汉书·安帝纪》记载："安帝永初六年在西南'置长利、高望、始昌三苑，又今益州郡置万岁苑，犍为郡置汉平苑'。"说明汉代云南西北一带已设马场，自汉代起巴蜀商贾已在边区交易马匹。汉代云南有著名的"越赕驹"，唐代建立南诏国于大理，继续与东南亚诸古国进行通商贸易，主要交通工具仍是马匹。据《唐书·蛮传》记载的"两爨蛮土多骏马"，宋政和七年（1117）有大理贡马380匹（见《宋史·大理传》），可见滇马质量之优。据宋范成大《桂海虞衡志》记载："蛮马出西南诸蕃。多自毗那、自杞等国来。自杞取马于大理，古南诏也。地连西戎，马生尤蕃，为西南蕃之最。"另据李石的《续博物志》卷四记载："马出越赕之西，若羔，细莎糜之，七步可御，日驰数百里。"唐代南诏国和宋代大理国时期，大理马不仅远销到缅甸、波斯等古国，还远销到中原地区。据明代李浩《三迤随笔》记载，大理国白王"每遣使入宋朝货，必购数良马入献"。即便是大理国与赵宋王朝关系紧张时期，亦"不拒宋使入境购马"。

唐宋以来，马市盛行，设茶马司以茶盐易马，商业活动和马政有组织的经营在一定程度上对大理马的形成产生了影响。产区各族人民经营养马历史悠久，在特定的生态和社会经济条件下，形成了坝区马匹进行舍饲，白天牵牧或系牧；山区马匹定居定牧为主的饲养管理制度，群众积累了丰富的马匹选种选配经验。山区交通不便，群众依赖马驮运、乘骑。每年借传统节日和各地交易会，进行竞赛，选择良马。大理马是在特定的生态环境、社会经济和传统文化条件下，为满足当地群众驮载货物、骑乘代步需要，经长期自然选择和人工选育形成的小型山地驮乘兼用型地方马种。

1946年原嵩明军马场在鹤庆县设马匹配种站，曾引入蒙古马改良本地大理马。1954年原丽江军马场在鹤庆、剑川两县设立3个人工授精改良点，为适应当时国防建设与农业生产的需要，先后引进阿拉伯马、卡巴金马、伊犁马、蒙古马、河曲马、小型阿尔登马等品种公马与本地大理马杂交改良。至2008年改良地区的杂交改良马已达80%以上，大理马受外来品种影响颇大。

（二）群体数量

2008年末大理白族自治州存栏大理马共约1.58万匹，其中种用公马1 100匹、基础母马5 800匹。大理马处于维持状态。

（三）变化情况

1.数量变化 大理马1991年末存栏1.37万匹，从1992年开始呈逐年小幅上升趋势，2008年末存栏1.58万匹。数量变化的主要原因是随着道路交通运输业的快速发展，农业机械普及率提高，对大理马的驮运功能需求减少。同时，因经济发展的需要，部分原来饲养马匹的农户纷纷将马匹出售，转而饲养奶牛、肉牛等经济效益增长较快的家畜，使20世纪90年代初期大理马存栏较少。2000年以来，因骡马价格相对较好并稳定提高，加之旅游发展用马需求增加，大理马存栏量逐步回升。

2.品质变化　大理马在2006年测定时与1980年的体重和体尺对比，均有所增加，结果见表1。

表1　1980、2006年大理马体重和体尺变化

年份	性别	匹数	体重（kg）	体高（cm）	体长（cm）	胸围（cm）	管围（cm）
1980	公	50	176.53	115.04 ± 5.99	113.02 ± 7.31	129.88 ± 7.54	14.60 ± 1.04
2006		38	238.08	121.18 ± 3.25	121.81 ± 5.68	145.29 ± 6.42	17.27 ± 1.13
1980	母	170	168.47	111.47 ± 4.05	112.56 ± 4.71	127.14 ± 7.33	13.84 ± 0.81
2006		237	235.15	118.31 ± 3.94	123.43 ± 5.08	143.44 ± 8.85	16.09 ± 1.56

品质提高的主要原因是，1980年前马匹主要由生产队集体饲养，饲养管理比较粗放。近20年来，随着农村改革的深化，马匹归户饲养，且取消了饲养数量限制；农业劳动生产力和广大农民群众的生活水平有较大提高，大理马的饲养管理条件得到相应改善，特别是由于骡的价格较好，对繁殖母马的要求提高，广大养马农户十分注重对种马的选育，经过精心选育和细致的饲养管理，大理马的体重和体尺都有不同程度的提高。

三、品种特征和性能

（一）体型外貌特征

1.外貌特征　大理马体格较小，结构紧凑，清秀俊美，行动灵敏，性情温驯。体质类型在坝区多为细致型，山区、半山区多为干燥型。直头，额宽中等，耳薄、短而立，眼稍小而有神。颈多为水平颈，颈长中等、稍薄，头颈及颈肩背结合良好。鬐甲低、稍窄、长短适中。胸窄而深，背短而平直，背腰结合良好，腹部大小适中。尻短、稍斜。四肢结实，肢势端正，肌腱发育良好，系部短而立。蹄中等大，蹄质坚实。尾长至飞节以下，尾础中等高。

毛色以骝毛、栗毛为主，青毛、黑毛次之，其他毛色少见。对366匹马统计，骝毛225匹，占61.48%；栗毛64匹，占17.49%；青毛50匹，占13.66%；黑毛27匹，占7.38%。

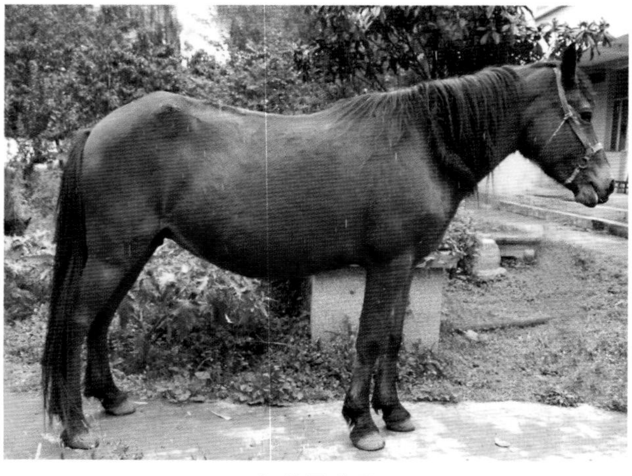

大理马公马

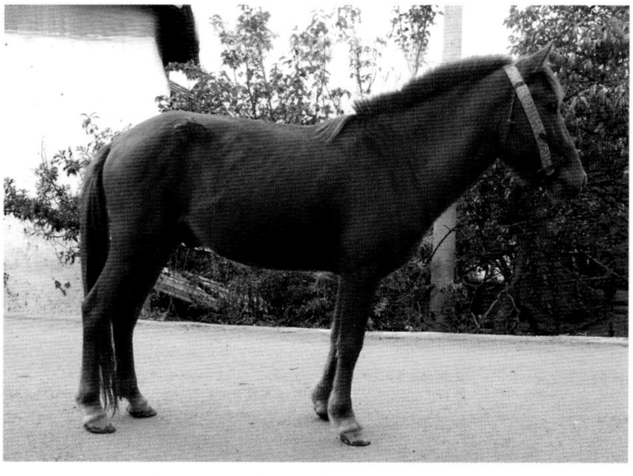

大理马母马

2.体重和体尺　2006年9月大理白族自治州畜牧工作站在剑川、鹤庆、大理三个县市的5个调查点，选择正常饲养条件下的成年大理马的体重和体尺进行了测量，结果见表2。

表2　成年大理马体重、体尺和体尺指数

性别	匹数	体重（kg）	体高（cm）	体长（cm）	体长指数（%）	胸围（cm）	胸围指数（%）	管围（cm）	管围指数（%）
公	38	238.08	121.18 ± 3.25	121.81 ± 5.68	100.52	145.29 ± 6.42	119.90	17.27 ± 1.13	14.25
母	237	235.15	118.31 ± 3.94	123.43 ± 5.08	104.33	143.44 ± 8.85	121.24	16.09 ± 1.56	13.60

（二）生产性能

1.役用性能　大理马以驮载为主。成年马可长途驮运，每匹马可驮65 kg，最高可驮80 kg。一般日行20 ~ 25km的崎岖山路，长途运输可持续作业15 天以上。在坝区土路，坡度小于5%的路面上，单马驾车可挽重300 ~ 350 kg，平路可挽重400 kg左右，能日行30km。

2.运动性能　据大理白族自治州三月街民族运动会2005—2009年民族组大理马的赛马成绩统计，1 000m速度，测定统计58匹马，平均用时1min 26.12s；3 000m速度，测定统计47匹马，平均用时4min 42.71s；5 000m速度，测定统计32匹马，平均用时8min 1.11s。

3.繁殖性能　大理马公马1.5岁性成熟，2 ~ 3岁开始配种，本交每匹公马配种母马35 ~ 60匹，采用人工授精时每匹公马配种母马150 ~ 300匹。母马1岁左右性成熟，2 ~ 2.5岁开始配种。公、母马使用年限一般在15年左右，有的可达20年，5 ~ 13岁为繁殖旺盛期。母马发情季节主要集中在3 ~ 8月份，5月份为发情配种高峰期，产后9 ~ 12天发情，发情周期（23.40 ± 4.32）天，发情期为6 ~ 11 天；产马驹母马平均妊娠期（342 ± 11）天，产骡驹母马平均妊娠期（354 ± 16）天；年平均受胎率本交78%，人工授精80%；年产驹率为74%，终生产驹7 ~ 10匹。幼驹初生重（18.56 ± 2.81）kg，断奶重（58.52 ± 9.12）kg。

四、饲养管理

大理马坝区采取舍饲、白天牵牧或系牧，山区定居定牧的饲养方式。在水草丰盛的春夏季节，多为全天放牧，成年马每匹采食青草30 ~ 40 kg，有些群众在夜间给马喂15 ~ 20 kg的夜草（青草）。秋冬枯草季节野外放牧，一般每匹马自由采食15 ~ 20 kg牧草，平时主要以喂干稻草为主，每天饲喂量15 kg左右，有些群众在早晚给马补喂蚕豆糠、细米糠、麦麸等，一般每天2 ~ 3 kg，对发情配种母马、妊娠母马，在天气寒冷时适当喂些米酒、红糖。

11月份后由于天气变冷，水冷草枯，此时坝区养母马一般采用舍饲和放牧相结合的方式，天晴日暖的中午放牧2 ~ 3h，起到运动和锻炼的作用。寒冷的风雪天，完全喂温水。靠近山区的群众常以数十匹的小群放牧于荒坡丘陵。

幼驹出生后，在第一次哺乳前，农户常用红糖、酥油和嚼碎的茶叶混合喂入幼驹口中，以排除胎粪。哺乳前将母马乳房用温水洗干净，再用酥油将乳头擦软后，才开始让母马哺乳。幼驹出生后3 ~ 5天在院里饲养，把幼驹放在院里或院子附近，让其自由运动。5天后开始放牧2 ~ 3h，1个月后放牧5 ~ 8h，2个月后即可随母马吃青草和饮水。此时，对个别体弱的幼驹用约0.25 kg蚕豆或黄豆粉用温开水调成粥状，每日1次，喂1个月停止。到8 ~ 10月龄断奶，农户常采用的方法是给小马套上木架笼头，幼驹吃奶时其木架笼头撞疼母马，母马拒绝哺乳，经3 ~ 5 天后即自行断奶。断奶后为保证幼驹（骡）的健康生长，常喂给优质青草及适量精料。

大理马群体

五、品种保护和研究利用

尚未建立大理马保护区和保种场，未进行系统选育。大理马2010年1月通过国家畜禽遗传资源委员会鉴定。目前仍主要作为交通及运输工具，以驮用为主；母马还用于生产繁殖役用骡。

中国农业科学院北京畜牧兽医研究所、农业部畜禽遗传资源与利用重点实验室，应用FAO和ISAG推荐的25对微卫星引物，结合荧光标记PCR分析技术，对大理马进行了分子遗传学研究。

六、品种评价

大理马是滇西腹地及偏北农区马的代表品种，是在降水少、草场较窄、草被较差的生态环境中，在舍饲系牧管理条件下，经长期选育形成的小型驮乘兼用型地方品种。其体质结实，结构紧凑，短小精悍，运动灵活，善长爬山越岭，持久力强，耐粗饲，易管理，抗病力强，适应性好。但体型上存在窄胸、后肢外弧等不足。今后应制定品种遗传资源保护和利用规划，建立保种场，加强本品种选育，避免无序杂交。进一步办好马匹繁育指导站，提高马的人工授精受胎率和繁殖成活率，进一步提高其品质。选育方向坝区应偏于挽用，山区应偏于驮乘，同时应注重向速力竞技、旅游骑乘方向发展，以满足产区群众日益增长的体育、文化娱乐需求。

腾冲马

腾冲马（Tengchong horse）原属于云南马的一个类群，属驮挽乘兼用型地方品种。

一、一般情况

（一）中心产区及分布

腾冲马产于云南省西部边陲的保山市腾冲县。中心产区在腾冲县北片明光乡的自治、麻栗、沙河，界头乡的大塘、西山、水箐、周家坡，滇滩镇的联族、云峰、西营，猴桥镇的轮马、胆扎、永兴等边远村寨。

（二）产区自然生态条件

腾冲县位于北纬24° 38′ ~ 25° 52′、东经98° 05′ ~ 98° 46′，地处云南省西部，与缅甸接壤，总面积5 845km^2。地势北高南低，境内山脉为南北走向，东部和西北部山系形成屏障，西南急剧降低，呈马蹄状地形，全县海拔930 ~ 3 780m。全境可分为三个地貌区：北部高山、中山峡谷区，海拔2 000 ~ 3 000m；中部湖盆、熔岩、台地、中低山区，海拔1 600 ~ 2 500m；南部低山、丘陵、河谷区，海拔1 300 ~ 1 800m。由于受孟加拉湾西南暖湿气流影响，形成了腾冲县亚热带季风气候。复杂的地形地貌，使腾冲县具有典型的立体气候特征。全年平均气温14.8℃，最冷的1月份平均气温7.5℃，最热的8月份平均气温19.8℃，极端最高气温30.5℃，极端最低气温-4.2℃；无霜期234天，初霜期在11月中旬，终霜期在3月下旬。年降水量1 469mm，5 ~ 10月份为雨季，降水量1 201mm，为年降水量的81.8%；相对湿度79%。年平均日照时数2 176h。全年盛行西南风，年平均风速1.6m/s。主要自然灾害有冰雹、洪涝、春旱、三秋阴雨、大风和局部大雪，对作物影响较大的还有水稻低温冷害、倒春寒、晚霜等。

境内有陇川江、大盈江两大水系，均属伊洛瓦底江上游，由北向南其支流纵贯全县，将境内切割成许多山地和河谷盆地，两大水系年径流量81.3亿m^3；地下泉水502处，年产水量4.4亿m^3；水库、塘坝蓄水量0.2亿m^3。全县土壤类型分为亚高山草甸土、棕壤、黄红壤、黄壤、红壤、火山灰土等。

2006年有耕地面积8.54万hm^2，其中水田4.07万hm^2、旱地4.47万hm^2，主要粮食作物有水稻、玉米、谷子、小麦、大麦、油菜、大豆、蚕豆、豌豆、荞麦、马铃薯、甘薯和瓜类等；主要饲料作物有芭蕉芋等。草场面积11.47万hm^2，牧草3月份萌发，11月份枯黄，青草期8个月，年平均鲜草产量为6 840kg/hm^2。草场主要分布在北部、东北部和西北部边缘的亚高山地带。现有草场为山地草丛类草场、疏林草丛类草场、农林间隙地类草场及灌丛类草场四类。草场植被以禾本科牧草为主，主要有白茅、黄背草、野古草及部分竹属植物等。草场面积广、青草利用期长，是云南农区富饶的天然牧场之一。有人工草地2 000hm^2，牧草主要品种为狗尾草、鸭茅和白三叶。林地面积27.20万hm^2，森林覆盖率近70%。

（三）品种畜牧学特性

腾冲马适应性强，性情温驯，富持久力，适应高热、潮湿环境，是优良的乘、驮、挽用马。合群性强，易放牧，一年四季均以放牧为主。晚上适当补饲青干草、农作物秸秆等。抗病力强，只要饲养管理得当，一般不会发生疾病，但易感染马气喘病。

二、品种来源与变化

（一）品种形成

在云南省西北部曾发现距今1万年左右的驯养马种化石，在云南省西南部亦发现3000年至1万年的亚化石和化石。这些人类史前马的发现，说明腾冲马在形成过程中可能受到野马祖先的影响。从考古发掘的青铜器、玉石、海贝等文物证明，早在公元前4世纪，云南和缅甸、印度就有经济贸易往来，后来逐渐频繁，马是贸易活动必不可少的运载和驾乘工具，当时商人以马帮驮载货物与缅甸、印度、中亚商人进行交易，腾冲是这条商贸通道的枢纽，驮马直接从腾冲进入印度平原。腾冲因地理位置的特殊性，对马的需求量很大，马的交易活动比较发达，促进了马的繁殖、选育工作。经过长期选育，逐渐形成了适应长途驮运、体大坚实的马种。

此外，特定的游牧饲养和群牧繁殖方式也直接影响了腾冲马品种的形成。受商业驮运需要和腾冲草场资源条件及繁殖饲养方式的综合影响，腾冲马得以形成，但未开展过系统的选育工作。

（二）群体数量

2005年末腾冲马存栏量为12 135匹，其中基础母马2 316匹、种用公马200匹。

（三）变化情况

1.数量变化 腾冲马1980年末存栏16 734匹，1985年末存栏20 188匹，1990年末存栏17 493匹，1995年末存栏14 067匹，2000年末存栏14 138匹，2005年末存栏12 135匹。近25年来腾冲马存栏量呈现先升后降的趋势，在20世纪80年代中期达到最高峰，此后逐年下降。主要原因是随着近年来产区交通条件的不断改善，马的役用需求降低，加之20世纪末曾发生一次影响程度较重的马气喘病，使腾冲马的群体数量下降。现在交通相对便利的坝区农户已很少养马，腾冲马主要分布在腾冲县的北部边远山区。

2.品质变化 腾冲马在2006年测定时与1980年的体重和体尺对比，结果见表1。

表1 腾冲马体重和体尺增减情况

年份	性别	匹数	体重（kg）	体高（cm）	体长（cm）	胸围（cm）	管围（cm）
1980	公	25	230.40	121.40 ± 5.20	124.10 ± 6.50	141.60 ± 6.60	15.70 ± 1.20
2006		10	272.75	124.50 ± 3.04	131.27 ± 5.82	149.80 ± 6.30	17.10 ± 0.54
1980	母	152	216.54	117.80 ± 3.90	122.80 ± 4.60	138.00 ± 5.50	15.00 ± 0.90
2006		50	205.45	113.08 ± 4.16	118.15 ± 8.20	137.04 ± 6.77	16.86 ± 0.92

腾冲马公马体尺有所增加，母马体高、体长有所下降，胸围、管围明显增加，但品质基本变化不大。

三、品种特征和性能

（一）体型外貌特征

1.外貌特征 在西南马类型中腾冲马体格较大，体质粗糙结实，结构匀称。头部略长，稍重，耳大小中等。颈较细，长短适中，多呈水平颈，头颈、颈肩背结合良好，鬐甲不高、大小适中。胸深不足，宽度适中，肋部拱圆，腹围大，稍下垂。背腰平直、稍长，背腰、腰尻结合良好，尻稍斜。四肢肌肉发育较好，四肢粗壮，关节结实，肌腱发育良好，后肢多呈外弧肢势，蹄质坚实。尾毛长，浓稀适中。

毛色以骝毛、栗毛为多，黑毛、青毛、花毛次之。

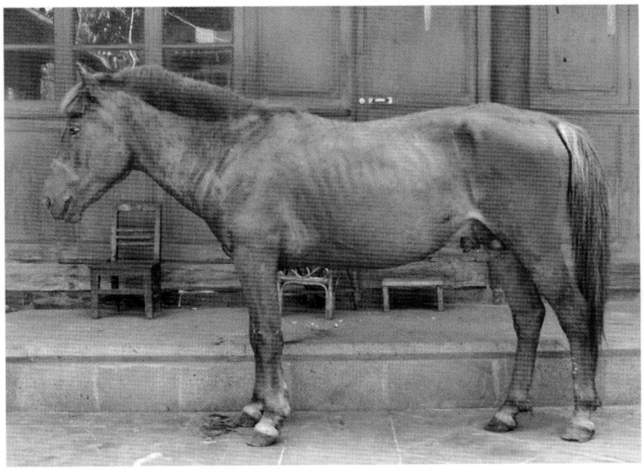
腾冲马公马

腾冲马母马

2.体重和体尺 2006—2007年对腾冲县明光乡的自治、麻栗、沙河，界头乡的大塘、水箐，滇滩镇的联族、西营等七个点正常饲养条件下的成年腾冲马进行了体重和体尺测量，结果见表2。

表2 成年腾冲马体重、体尺和体尺指数

性别	匹数	体重（kg）	体高（cm）	体长（cm）	体长指数（%）	胸围（cm）	胸围指数（%）	管围（cm）	管围指数（%）
公	10	272.75	124.50 ± 3.04	131.27 ± 5.82	105.44	149.80 ± 6.30	120.32	17.10 ± 0.54	13.73
母	50	205.45	113.08 ± 4.16	118.15 ± 8.20	104.48	137.04 ± 6.77	121.19	16.86 ± 0.92	14.91

（二）生产性能

1.役用性能 腾冲马是当地农民乘、驮、挽的交通工具，持久力强。骑乘速度1 000m用时2min 30s，1 600m用时4min，3 200m用时8min。每马可驮载100 kg，日行30km，可连续工作10 ~ 15天。公马的挽力为350 ~ 400 kg，母马的挽力250 ~ 350 kg。

2.繁殖性能 腾冲马2岁时性成熟，3岁开始配种，一般利用年限为18年。母马发情季节多为2 ~ 3月份，发情周期18 ~ 21 天，产后第一次发情多在产后7 ~ 14 天；妊娠期340 天左右，一年产一胎、两年产一胎或三年产两胎。群牧时年平均受胎率92%，年产驹率80.8%。幼驹初生重公驹20 ~ 25 kg，母驹18 ~ 22 kg。

四、饲养管理

腾冲马大群以放牧为主，小群则是半放牧与半舍饲相结合，白天到山上放牧，晚上补以一定量的青草，频繁或使役任务较重时也补给一定的玉米、豆类等精饲料，平时以采食青草为主，辅以农作物秸秆。一般日饲喂青草20 ~ 40 kg。

腾冲马由于长期生活在高温高湿地区，主要食物是野生杂草和树叶等，通过长期的进化，具有适应性好，抗病力强，耐粗饲，耐高温高湿等特点，易于饲养。

腾冲马群体

五、品种保护和研究利用

尚未建立腾冲马保护区和保种场，未进行系统选育，处于农户自繁自养状态，是当地农民理想的乘、驮、挽交通工具。在腾冲县北部交通不便的山区，该马仍是重要的畜力来源。

六、品种评价

腾冲马在云南省地方马种中属体格较大的品种，是在腾冲特有的游牧条件下，经过长期选育而形成的地方良种，具有悠久的历史，为西南边疆贸易、文化交流作出了突出贡献。腾冲马能适应当地山区各种不同环境，特别适应高热潮湿的环境，吃苦耐劳，性情温驯，富持久力，是优良的乘、驮、挽的交通工具。今后应加强本品种选育，进一步改进提高原有品种的优良性状。

文山马

文山马（Wenshan horse）原归属于百色马中的小型马类群，属山地驮挽兼用型地方品种。

一、一般情况

（一）中心产区及分布

文山马主产于云南省文山壮族苗族自治州，分布于全州八县，就数量而言以富宁、麻栗坡、丘北、马关、广南县较多。

（二）产区自然生态条件

文山壮族苗族自治州位于北纬22° 34′ ~ 24° 28′、东经103° 30′ ~ 106° 11′，北回归线从境内穿过。地处云南省东南部，东部至东南与广西壮族自治区为邻，南与越南接壤。东西长约255km、南北宽约190km，土地面积3.2万km^2。地形复杂，属宁静山脉南延的云岭山脉分支，即乌蒙山所延伸的地区。地势呈西北高、东南低，总体属于中山高原地貌。境内最高为文山县西部的薄竹山、海拔2 991m，最低为麻栗坡县南部船头、海拔107m，一般海拔1 000 ~ 1 800m。兼有热带和亚热带两种气候类型，气候的基本特点是湿热，但因受地形、海拔和纬度的影响，气候复杂，差异明显。气温变化范围较大，年平均气温15.8 ~ 19.3℃，极端最低气温-7.6℃，极端最高气温38.6℃；无霜期293 ~ 349天。年降水量1 254mm，相对湿度76.7% ~ 86%。一年大致分为干湿两季，11月份至翌年4月份为干季，5 ~ 10月份为雨季。全州少雪或无雪。多西南风、东南风、南风，春季常有西南和西北大风，夏季出现东北大风。

水资源丰富，但分布不均，山区少、坝区多，北部少、南部多，迎风坡多、背风坡少。河流分属珠江、红河两大水系。土壤主要有暗棕壤、棕壤、黄棕壤、黄壤、红壤、赤红壤、砖红壤、石灰岩土、紫色土、水稻土等十大类。农作物主要有玉米、水稻、豆类等。文山壮族苗族自治州境内多山，山地分为土山和石山。石山的主要植被为石灰山季雨林和石灰山次生灌丛。土山主要植被有云南松、准热带湿性季雨林及其次生植被、南亚热带湿性常绿阔叶林及山地草丛、山地灌丛等。上述林缘地带及山地草丛、山地灌丛的草被以禾本科为主，占55%，豆科牧草占28%，其他科牧草占17%，牧草可食率达50% ~ 90%。马比较喜欢采食的牧草主要有莠竹、狗尾草、白茅、苞子草、雀稗、马唐、蟋蟀草等。青玉米秆、稻草、各种豆类的秸秆是马的主要补充饲料。马的精料以玉米、蚕豆、小豆为主。由于文山壮族苗族自治州气候条件好，青草期较长，农副产品及精料比较丰富，发展养马的物质条件优越。

（三）品种畜牧学特性

文山马具有耐劳、耐粗饲、食量小、易饲养、易调教、抗炎热和潮湿、持久力强等特点。对当地气候、环境有较强的适应性，抗逆性强，但对某些传染病。易感主要用于驾乘、驮运物资、拉车，在坝区还可用于犁田、耙地等。

二、品种来源与变化

（一）品种形成

20世纪80年代，在文山壮族苗族自治州西畴县发现100万年前野马的牙齿化石，在麻栗坡县小河洞发现迄今1万年左右由野马向家马进化的过渡型马种的牙齿化石。有史以来，文山马分布广泛，特别是过渡型马种的存在时间，大致衔接了史前的早期文明。文山马是经历了漫长的进化过程，在特定的生态条件和社会经济条件的影响下形成的。

文山马赖以生存的生态环境主要是湿热的常绿阔叶林黄土地带，这决定了文山马主要的特征特性。此外，特有的饲养方式和选育目标在马种形成过程中也起了重要作用。文山马担负着乘、驮、挽等大量劳役，各族人民都重视养马，其中以瑶族养马历史较久，对马尤其偏好，"耍马"这种赛马活动沿袭至今。为适应"耍马"的需要，人们偏重于对速度快，枣骝、栗等毛色，蹄质坚实，步伐稳健以及能接受多种信号等方面的选择，对马种的形成起到了促进作用。经过上述特定条件的共同影响，逐渐形成了这一地方良种。

（二）群体数量

2005年末文山马存栏6.76万匹，其中基础母马1.82万匹、种用公马1 200匹。

（三）变化情况

1.数量变化　文山马1980年末存栏14.47万匹，2005年末存栏6.76万匹，其中富宁、麻栗坡、丘北三县占总存栏量的62.1%。近25年来，文山马数量明显减少。主要原因是随着近年乡村公路建设的完善，人挑马驮的状况被机械化车辆所代替，对马的需求量减少。

2.品质变化　由于文山马一直由农户饲养，群众偏重于选择快速、步伐稳健的马，加之饲草饲料丰富、饲养管理条件逐步改善，其体尺较1980年有所提高，见表1。

表1　1980、2006年文山马体重和体尺变化

年份	性别	匹数	体重（kg）	体高（cm）	体长（cm）	胸围（cm）	管围（cm）
1980	公	125	189.88	112.20 ± 4.77	112.79 ± 5.29	134.84 ± 6.96	15.84 ± 0.97
2006		10	199.58	117.60 ± 4.20	118.80 ± 4.90	134.70 ± 4.40	16.70 ± 0.80
1980	母	116	175.74	108.86 ± 4.77	110.33 ± 5.57	131.16 ± 7.24	15.02 ± 1.16
2006		50	184.94	112.20 ± 4.60	113.60 ± 5.20	132.60 ± 4.20	15.50 ± 0.70

三、品种特征和性能

（一）体型外貌特征

1.外貌特征　文山马体质结实紧凑，外貌清秀，有悍威，体型匀称，短小精悍。头中等大，为直头。眼大小适中，耳小。颈部稍短，多呈正颈，肩长短、角度均适中。鬐甲稍低，背腰平直且结合良好，胸宽，肋拱圆，腹部较充实，尻部稍斜。肢势端正，关节结实且发育良好，肌腱明显，管部长短

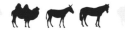

适中，少数马后肢呈轻度外弧，微卧系，蹄质坚实。尾础高，尾毛浓密。步态强健有力，步样轻快，行动敏捷，善于行走山路。

毛色以栗毛、骝毛、青毛为主，分别占46%、17%、16%，其他毛色较杂。

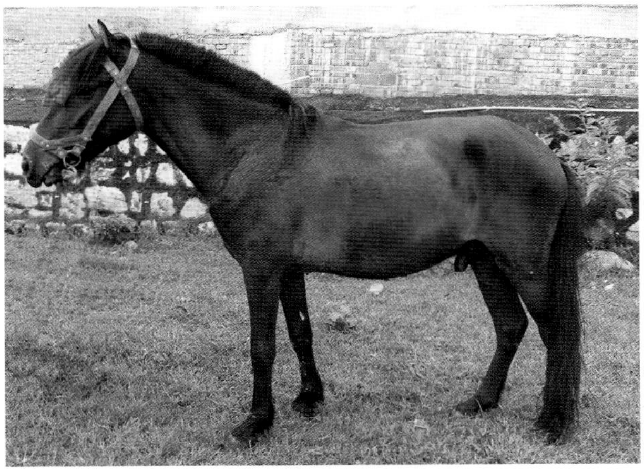

文山马公马

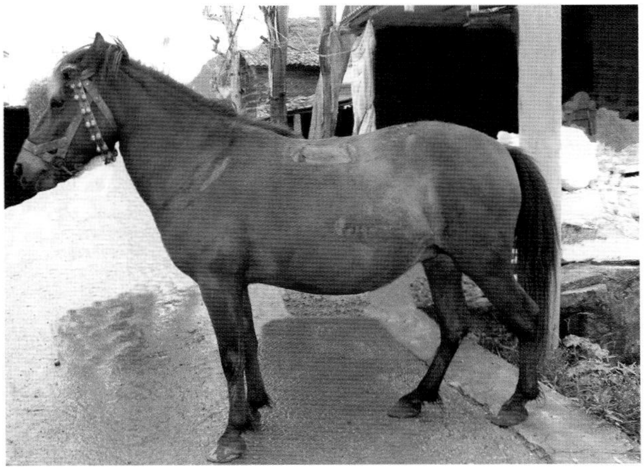

文山马母马

2.体重和体尺 2006年10月由文山州麻栗坡县畜牧兽医站在麻栗坡县八布、天保、杨万、猛洞、麻栗镇五个不同地点抽查正常饲养条件下的成年文山马，进行了体重和体尺的测量，结果见表2。

表2 成年文山马体重、体尺和体尺指数

性别	匹数	体重（kg）	体高（cm）	体长（cm）	体长指数（%）	胸围（cm）	胸围指数（%）	管围（cm）	管围指数（%）
公	10	199.58	117.60 ± 4.20	118.80 ± 4.90	101.02	134.70 ± 4.40	114.54	16.70 ± 0.80	14.20
母	50	184.94	112.20 ± 4.60	113.60 ± 5.20	101.25	132.60 ± 4.20	118.18	15.50 ± 0.70	13.81

（二）生产性能

1.役用性能 2007年文山壮族苗族自治州麻栗坡县畜牧兽医站的调查结果：文山马载重600kg，正常挽力为285 kg；载重1 081 kg，最大挽力为330 kg。正常驮重60 ~ 113 kg，最大驮重210 kg。在乡村道路骑乘1 000m用时2min 12.6s，1 600m用时3min 31.8s，3 200m用时7min 42s。

2.繁殖性能 文山马公马18月龄性成熟，2.5 ~ 3岁开始配种，5 ~ 12岁为繁殖盛期，繁殖年限达17 ~ 20岁，个别公马25岁以上仍有繁殖能力。母马性成熟较早，24月龄性成熟可以配种受胎；发情周期20 ~ 25天，发情持续期5 ~ 7天，全年均可发情，多集中在4 ~ 6月份；妊娠期307 ~ 412天，母马产后7 ~ 10天第一次发情配种；母马4 ~ 12岁繁殖力最高，繁殖年限达14 ~ 18年，终生可产驹8 ~ 11匹，幼驹成活率96%。

四、饲养管理

文山马易于饲养，饲养方式为系牧和舍饲相结合，山区、半山区一般白天在牧草丰茂的地方放牧，坝区系牧于“十边”草场，晚上补喂饲草和精料等。舍饲期间饲喂精料（主要是玉米）、稻草、青草，日粮为青草13 kg、米糠1 kg、玉米1 kg，可满足需要。文山马生长发育前期较快、后期较慢，在一般饲养管理条件下，母驹发育较公驹快。

文山马群体

五、品种保护和研究利用

尚未建立文山马保护区和保种场，未进行系统选育，处于农户自繁自养状态。文山马广泛用于当地的乘、挽、驮等劳役，也广泛用于“耍马”等民族文化活动中。

六、品种评价

文山马是云南热带、亚热带地区马种的典型代表，是在当地自然环境条件下经过人们长期选育的地方良种，具有耐劳、耐粗饲、食量小、易饲养、抗炎热和潮湿、持久力强等优点。主要用于乘、驮、挽等劳役，是农村役力、肥料及收入的部分来源，为边疆山区交通不便的各民族所喜爱。缺点是体型偏小、挽力小、个体差异大。今后需要提高种群质量和一致性，加强本品种选育，保留和提高原有的优良性状。

乌蒙马

乌蒙马（Wumeng horse）原属于云南马的一个类群，属山地驮乘兼用型地方品种。

一、一般情况

（一）中心产区及分布

乌蒙马主产于云南省昭通市的镇雄县、彝良县、永善县、昭阳区等全部11个县区，主要集中在云南、贵州两省接壤的乌蒙山系一带海拔1 200～3 000m的山区，在此高度范围以外虽有分布，但数量相对较少。

（二）产区自然生态条件

产区昭通市位于北纬26° 34′～28° 40′、东经102° 52′～105° 19′，地处云南省东北部、云贵高原北部，东南部与贵州省接壤，西部、北部、东北部与四川省接壤，总面积23 021km^2。全境地势西南高、东北低，地形复杂，呈现典型高原山地地貌，96.6%为高低不平的山地，平均海拔1 685m，南部最高海拔4 040m，北部最低海拔267m。属亚热带、暖温带共存的高原季风立体气候。境内乌蒙山脉和五莲峰山脉两大山系形成中部的一道屏障，把产区分为南干北湿、南高北低两个区域，气候差异极为明显，共分为6个气候片区。南亚热带江边区，年平均气温18～20℃；中亚热带河谷区，年平均气温16～18℃；北亚热带矮山区，年平均气温14～16℃；南温带坝区与一般山区，年平均气温12～14℃；中温带半山区，雾多、湿度大，年平均气温7～12℃；北温带高寒山区，年平均气温低于7℃。全市温度为南高、东北低，年平均气温6.2～21℃，极端最高气温42.7℃，极端最低气温-16.8℃；无霜期123～344 天，初霜期在9月初至翌年1月初，终霜期在5月初至翌年1月末。年降水量1 100mm，年蒸发量1 175mm。年降水量分4个片区，盐津、大关、威信、水富4县大于1 000mm，镇雄、绥江、鲁甸3县为850～1 000mm，昭阳、巧家、彝良3县为700～850mm，永善县小于700mm。马匹多集中在海拔1 200～3 000m的山区；江边河谷及矮山区，属亚热带气候，马匹分布极少；高寒山区分布亦少。

产区内水系水量充沛，有金沙江、横江等大小江河393条，但多属雨水补给型高原河流，水资源总量187亿m^3。有泉眼687个。土壤类型以黄壤、黄棕壤、棕壤、红壤为主，另有暗棕壤、亚高山草甸土、亚高山寒漠土等。由于海拔高低气候不同，呈现典型的立体农业特点，既有一年三熟的地区，也有不能出产玉米而只能出产燕麦、荞麦和马铃薯等耐寒作物的地区。2005年耕地面积58.48万hm^2，农作物主要有玉米、水稻、豆类、薯类、油料等，其中玉米和薯类多用作饲料。草地面积为68.76万hm^2，其中多年生人工草场面积为3.75万hm^2。由于自然条件复杂，天然牧草种类繁多，主要牧草有禾本科的马唐、鸭茅、淡竹叶、野燕麦、狐茅草，豆科的野苜蓿、百脉根、三叶草、野豌豆、牧地香豌豆，蓼科的珠芽蓼，莎草科的莎草、灯芯草等多种，青草期长达8～9个月，牧草再生能力强。

林地面积41.79万hm^2，有林地覆盖率18.2%，主要有温热常绿、暖湿常绿、寒凉潮湿常绿阔叶林及半干旱常绿阔叶混交林、温凉湿润常绿针叶林、冷凉湿润常绿阔叶针叶林等7种类型。

（三）品种畜牧学特性

乌蒙马耐粗放饲养，抗寒、耐湿，能适应当地南干北湿的气候特点，适应性广、抗逆性强、吃苦耐劳、持久力好；善走山路、夜路，善走对侧步，上山攀登有力，遇陡滑坡路可用尾牵引助人，下坡过河机灵勇敢，能平稳跳跃或涉水而过。少有恶癖，抗病力强，一般不易发病。

二、品种来源与变化

（一）品种形成

昭通市在公元1731年前称为乌蒙。昭通盆地不断出土史前更新世时期三趾马和云南马化石，说明史前很长时期，马属野生祖先就普遍繁衍在昭通盆地乌蒙山一带。

公元前11世纪前后，昭通地区均为蜀部族属地，开发较早，当时发生战争，蜀部族及附近地区曾以兵马供役于殷王室。周、秦时期乌蒙马更广泛用于交通、使役及战争。汉代（220），由成都经西昌入云南，通往东南亚各国全靠马。东汉（25—220）时期的车马画像砖，可证明马已用于战争。晋墓壁画说明当时的乌蒙“邑落相望，牛马被野”，一片繁荣景象。唐代《蛮书》卷一也记载唐太宗贞观八年（634）时，昭通“土多牛马，无布帛，男女悉披牛羊皮”，说明当地已发展了较为成熟的以牛、马为主的山地畜牧业。《昭通志稿》称“乌蒙多良马”；“上巉岩若培塿，覆羊肠若庄达，而轶类超群也”；“上者善走，远近争购之，下者供驮运”。明洪武十七年，每年以盐茶易马四千匹。清乾隆与嘉庆年间，为确保京师及各省钱局铸币需要，每年征用承担运铜进京的乌蒙所产之马常达二三万匹。清代《滇南见闻录》记载：“滇中之马善走山路，其力最健，乌蒙者尤佳。体质高大，精神力量分外出色，列于凡马内，不啻鹤立鸡群。”以上史料说明乌蒙马起源甚早、素质优良，早在1 000多年前乌蒙地区养马业已十分发达。

昭通地区为多民族聚居地，马匹为产区人民必需的生产资料。彝、苗族人民尤喜养马。苗族人民每年端午节的“耍花山”赛马活动一直沿袭至今，赛马会上，比速度、比走法，骑者舒适平稳。乌蒙马就是在这种特殊的自然环境和社会经济条件下，经长期的选择培育形成。

1957—1960年昭通曾引入阿拉伯马、阿蒙（阿拉伯马与蒙古马）杂种马、卡巴金马、卡拉巴依马、蒙古马、三河马、伊犁马与本地马进行杂交，同时在鲁甸水磨拖麻和镇雄花山建立河曲马繁殖场，提供种马。实践证明以河曲马为父本所产的杂交后代质量最佳，取得了一定杂交利用效果。近20年内未再引入外来马种进行杂交。

（二）群体数量

2005年存栏乌蒙马12.73万匹，其中基础母马47 665匹、种用公马3 618匹。

（三）变化情况

1.数量变化 乌蒙马1980年存栏11.4万匹，1986年存栏14.02万匹，1990年存栏14.66万匹，1995年存栏15.08万匹，2000年存栏15.88万匹，2005年存栏12.73万匹。近25年来乌蒙马存栏量呈先升后降的趋势，从2000年开始较明显下降，主要原因是产区交通条件相对改善，机动车辆增加，乌蒙马的运输价值有所下降。

2.品质变化 乌蒙马在2006年测定时与1980年的体重和体尺对比，除母马体长外，其他各项指标均有提高（表1），提高的主要原因可能与引进外来种马改良、产区群众加强选育并注意了饲养管理水平的改进有关。

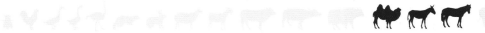

表1 1980、2006年成年乌蒙马体重和体尺变化

年份	性别	匹数	体重（kg）	体高（cm）	体长（cm）	胸围（cm）	管围（cm）
1980	公	112	157.73	110.90 ± 4.90	109.90 ± 6.30	124.50 ± 7.60	14.20 ± 1.00
2006		14	246.07	126.21 ± 7.34	121.92 ± 8.00	147.64 ± 9.42	17.62 ± 1.58
1980	母	204	172.96	111.30 ± 6.10	113.30 ± 8.70	128.40 ± 11.30	14.00 ± 1.30
2006		49	229.80	120.21 ± 5.14	112.68 ± 10.70	148.41 ± 8.06	16.62 ± 1.25

三、品种特征和性能

（一）体型外貌特征

1.外貌特征 乌蒙马属山地小型马，体格相对较小，结构匀称。可分轻型和重型两类，轻型马体质结实细致，肌肉发育良好，气质中悍偏上，适宜骑乘；重型马体质稍显粗糙，骨骼粗壮，四肢强健，肌肉发达，气质中悍偏下，驮挽性能良好。头中等大，为直头。眼稍小而眸明，耳大小适中而直立、转动灵活。颈斜、长短适中，颈肩结合良好。鬐甲高度适中，长宽适当。前胸发育良好，胸宽一般，肋骨拱圆，腹围大小适中，背腰平直，尻斜。前肢肢势端正，后肢微呈刀状肢势，关节发育良好，肌腱明显，蹄质坚实。鬃、鬣、尾毛浓密且长。

毛色以骝毛、栗毛为多，占74.9%，黑色占7.1%，青色占6.4%，银鬃占5.6%，其他毛色占6.0%。

乌蒙马公马

乌蒙马母马

2.体重和体尺 2006年10月由昭通市畜牧兽医站、昭阳区畜牧兽医技术推广中心、镇雄县畜牧兽医站、彝良县畜牧兽医站分别对昭阳区苏甲乡苏甲村，镇雄县泼机乡堵密村、芒部镇庙河村，彝良县荞山乡猴街村、洛泽河乡大河村等5个调查点的14匹成年公马和49匹成年母马进行了体重和体尺测量，结果见表2。

表2　成年乌蒙马体重、体尺和体尺指数

性别	匹数	体重（kg）	体高（cm）	体长（cm）	体长指数（%）	胸围（cm）	胸围指数（%）	管围（cm）	管围指数（%）
公	14	246.07	126.21 ± 7.34	121.92 ± 8.00	96.60	147.64 ± 9.42	116.98	17.62 ± 1.58	13.96
母	49	229.80	120.21 ± 5.14	112.68 ± 10.70	93.74	148.41 ± 8.06	123.46	16.62 ± 1.25	13.82

（二）生产性能

1.役用性能　乌蒙马在高原山地具有驮乘兼备的优良性能，以驮载能力持久著称，役力强大，驮载重量达体重的1/3以上。长途作业，公马一般能驮60 ~ 70 kg，母马驮40 ~ 60 kg。短途驮载，少数优良公马达80 ~ 100 kg。驮载速度4 ~ 5km/h，每日行程约30km。

乌蒙马在城市及公路上亦供挽用，单马驾胶轮车载重450 kg，日行30km。有坡度的山区水泥公路，长途运输，驾胶轮车一般单马载重400 ~ 500 kg，双马载重600 ~ 700 kg。1981年在水泥路面、阴雨路滑的情况下，每匹马初始载重150 kg，每行10m增加50 kg，用挽力计测定，最大挽力100 kg，实际挽力22.5 ~ 38.8 kg。2007年1月镇雄县畜牧兽医站测定19匹母马实际挽力35 ~ 45 kg，8匹公马实际挽力34 ~ 40 kg。

据1981年在昭通市永善县茂林公社端午节赛跑记录，1 000m平均用时1min 55s。2006年10月由镇雄县畜牧兽医站在体尺测定的马匹中选择5匹进行速力测定，200m平均速力8.39m/s。

2.繁殖性能　乌蒙马性成熟年龄公马1.5 ~ 2岁，母马2 ~ 2.5岁；初配年龄均为2 ~ 3岁。配种旺盛期公马为4 ~ 12岁，母马为4 ~ 15岁。利用年限配种公马最长15岁、一般5 ~ 7岁，母马最长20岁、一般9 ~ 10岁。饲养管理水平高者，母马20岁以上仍能生育，且幼驹成活率高。昭通市立体气候明显，母马发情配种因海拔高低不同而有差异，高寒山区母马发情比二半山区推迟1个月左右，一般发情配种多在3 ~ 8月份，而以5 ~ 7月份为配种旺季，易于受胎；发情周期21 天，产后7 ~ 15 天第一次发情；妊娠期330 ~ 345 天，终生可产驹6 ~ 8匹；年平均受胎率91%，年产驹率88%；采用人工授精时母马受胎率85%。幼驹初生重公驹28 kg，母驹26 kg；幼驹断奶重公驹97kg，母驹88 kg。

四、饲养管理

乌蒙马在高寒山区全年以放牧为主，半山区以夏秋季节性放牧（半舍饲）为主，坝区以舍饲为主。除了山区的马帮外，全部为农户小规模饲养，平均每户养1 ~ 5匹，常在共有山林或草场集体放牧。一般农户晚上给予一定量补饲，高寒山区每匹日补饲燕麦0.5kg、马铃薯1.5kg、蔓茎2kg，半山区每匹日补饲玉米1.0kg、马铃薯2.0kg、青绿饲料3kg，坝区每匹日补饲玉米1.5kg、青绿饲料3.5kg。

五、品种保护和研究利用

尚未建立乌蒙马保护区和保种场，未进行系统选育，处于农户自繁自养状态。乌蒙马现在仍是当地山区生产、生活的重要畜力，以驮用为主。

史宪伟等（1998）用随机扩增多态DNA技术对乌蒙马的遗传变异和系统发育进行了研究。孙玉江等（2009）研究表明，乌蒙马的内核苷酸多样性（Pi）最高，可作为独立的管理单元。

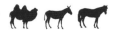

乌蒙马群体

六、品种评价

乌蒙马产于海拔1 200 ~ 3 000m的乌蒙山区，当地产马历史悠久。乌蒙马体质结实，短小精悍，运步灵活，善于登山越岭，持久力强，耐粗饲，抗寒耐湿，适应性好，遗传性能稳定，驮、乘、挽均佳。因长期以来群众相马以“短马”为首选条件，其体型趋于正方形，体型外貌整齐一致。近年来由于产区机械化发展，数量有所减少。今后应开展本品种选育，划分保护区，区内杜绝与外来品种马杂交。以驮为主，向驮乘、驮挽方向发展；另一部分骑乘性能好的可向乘用型方向发展，通过民族赛马活动促进选育提高。应进行有计划的选种选配，加强后备公马的培育，以保留和提高其固有的优良性能。在保护区外的农区舍饲系牧管理条件下的小型驮马，以及坝区和城镇交通沿线的马，可有重点地适当引入外来品种马继续进行杂交改良，以满足国民经济发展和地方群众生产生活的需要。

永宁马

永宁马（Yongning horse）曾用名永宁藏马，属驮挽乘兼用型地方品种。

一、一般情况

（一）中心产区和分布

永宁马主产于云南省丽江市、迪庆藏族自治州等地，中心产区为云南省丽江市宁蒗彝族自治蒗县，永宁乡数量最多。

（二）产区自然生态条件

宁蒗彝族自治县位于北纬26° 35′ ~ 27° 56′、东经100° 22′ ~ 101° 16′，地处云南省西北部，为云南、四川、西藏三省交界处，云贵高原与青藏高原的接合部，南与丽江市永胜县和华坪县相邻，西与金沙江为界，东与丽江市玉龙纳西族自治县及迪庆州香格里拉县隔江相望，北与四川省木里藏族自治县毗邻。县境北部和西部较高，东部和东南部较低，山脉多为南北走向。山体呈网络状连接，形成完整的高原地貌。又因金沙江、宁蒗河、木底箐河、冲天河、碧源河及众多呈树枝状分布的深谷沟壑的切割，形成了山峡谷地相间的地形，构成了复杂多样的小区地貌。最低海拔1 350m，最高海拔4 510m，平均海拔2 240m。海拔高于2 500m的高寒层面积占全县总面积的81.90%，是云南省典型的高寒山区县。属低纬高原季风气候区，具有暖温带山地季风气候的特点。干湿分明，雨热同季，四季不分明。年平均气温12.7℃，极端最高气温30.7℃，极端最低气温-10.30℃；全年无霜期189 天。年降水量1 020mm，降水多集中在6 ~ 9月份，降水量占全年降水量的80% ~ 90%；年平均蒸发量2 355mm，相对湿度69%。年平均日照时数2 370h。平均风速2.3m/s。水资源较为丰富，全县地表水资源为23.82亿m^3。境内有金沙江水系的西部河、万马厂河、务坪河等24条河流，以及雅砻江水系的永宁河、麦秆河、宁蒗河等8条河流，还有泉眼、水库多个。土壤类型以棕壤和黄棕壤为主，分别占全县土地面积的41.1%和6.6%。土质偏碱性，pH7.6 ~ 7.7。

全县土地总面积6 205km^2，耕地面积7.31万hm^2。农作物主要以水稻、玉米、小麦为主；二半山区和高寒山区以马铃薯、荞麦、燕麦、白芸豆等为主。草地面积为26.87万hm^2（可利用面积24.39万hm^2）。牧草资源丰富、种类繁多，以禾本科、菊科、豆科、莎草科、蓼科为主，主要有铁线草、狗尾草、牛筋草、野豌豆、胡枝子、箭竹等。全县森林覆盖率53.4%，主要树种有云南松、云冷杉及红豆杉、红松等。

（三）品种畜牧学特性

永宁马具有耐高寒、耐粗饲、抗病虫、合群性强、性情温驯、易饲养的特性，在恶劣气候条件下仍能正常生长繁殖。其运步灵活、善走崎岖山路、富持久力，适合驮载和乘骑，适应高山深谷及气候垂直差异显著的环境条件。

二、品种来源与变化

（一）品种形成

永宁马产地为青藏高原南延部分。古代骨粗体大的大型藏马，因生态条件逐渐变化，由高地迁移到横断山脉纵谷地带，长期在森林草原区生存繁衍，逐渐形成云南型藏马。进入人类有史时期以后，云南、西藏地区之间联系密切。唐宋之后，直至明清，云南、西藏地区为西藏所辖，藏族及纳西族杂居一区，加强了云南、西藏地区人民之间政治、经济、文化等各方面的联系，形成重要的牲畜及畜产品交易市场。通过交易，藏马进入宁蒗永宁地区，在特殊的生态条件和社会经济条件下，经当地各民族人民长期选育形成了这一地方品种。

永宁马与金沙江以北的古代野马祖先及古代西藏良种马均有血缘关系，但又有别于今日的西藏马和川西甘孜马，长期以来都在宁蒗县永宁等地自群繁育，很少受外来品种马的影响，遗传性能稳定，且有一定数量。

（二）群体数量

2005年共存栏永宁马4 520匹，其中基础母马2 340匹、种用公马240匹。永宁马处于维持状态。

（三）变化情况

1.数量变化 永宁马1989年存栏4 125匹，2005年存栏4 520匹，20年来存栏量呈平稳且略有上升的态势。主要原因是永宁马以驮载和骑乘为主，运步灵活，善走崎岖山路，是当地主要的运输工具，在产区有其特殊的优越性和重要性。

2.品质变化 永宁马虽然没有受到外来血缘影响，遗传性能稳定，但没有开展系统选育，缺乏科学饲养管理，出现了近亲繁殖，加之草场退化，使其在体尺上发生了一定变化。2006年测定时与1980年的体重和体尺对比，公马体长变短、胸围变小，母马管围变细，其他体尺有所增加，见表1。

表1　1980、2006年永宁马体重和体尺变化

年份	性别	匹数	体重（kg）	体高（cm）	体长（cm）	胸围（cm）	管围（cm）
1980	公	40	248.0	120.0	123.3	147.4	17.6
2006		10	219.9	122.3	115.7	143.2	17.7
1980	母	20	240.8	121.0	122.0	146.0	17.8
2006		50	252.4	122.2	123.1	148.18	17.2

三、品种特征和性能

（一）体型外貌特征

1.外貌特征 永宁马体质结实，肌肉丰满，骨骼粗壮，结构匀称。头短而重，额面微凸，耳小而厚、直立灵活，眼大明亮。颈粗短，肌肉发育良好，头颈结合、颈肩结合良好。鬐甲明显，胸宽腰短，背腰平直，腹大而深，尻斜，背腰结合、腰尻结合良好。肢势端正，关节、肌腱发育良好，四肢粗壮，管部长短适中，蹄质坚实，蹄形正常。尾础低，尾毛长而稀疏。全身被毛粗厚，毛长浓密，距毛多。

毛色以栗毛（41%）、骝毛（23%）、黑毛（19%）、青毛（9%）居多，其他毛色（8%）较少，头部和四肢无白章。

永宁马公马

永宁马母马

2. 体重和体尺 2006年11月丽江市宁蒗彝族自治县畜牧站在永宁乡的落水、永宁、温泉、拖支、木底箐等地对成年永宁马的体重和体尺进行了测量，结果见表2。

表2 永宁马成年马体重、体尺和体尺指数

性别	匹数	体重（kg）	体高（cm）	体长（cm）	体长指数（%）	胸围（cm）	胸围指数（%）	管围（cm）	管围指数（%）
公	10	219.9	122.30 ± 4.19	115.70 ± 6.24	94.60	143.20 ± 4.73	117.09	17.70 ± 0.82	14.47
母	50	252.4	122.24 ± 3.67	123.14 ± 5.33	100.74	148.18 ± 9.01	121.22	17.15 ± 1.27	14.03

（二）生产性能

1. 役用性能 2006年调查测定，永宁马长途驮载负重50 ~ 70 kg，日行40 ~ 50km，骑乘快步行1km用时3min。在缓坡地带一马拉胶轮大车，载重1 900 kg，在碎石路上挽行1km用时8min。

2. 繁殖性能 永宁马公马2岁性成熟，3岁开始配种，4 ~ 12岁配种能力最强，繁殖年限为10 ~ 15年。自然交配公、母马比例为1 ： 10 ~ 15。母马初情期在2.5岁左右，4岁开始配种，5 ~ 15岁是配种繁殖旺盛期；发情季节为4 ~ 6月份，发情周期15 ~ 28天；妊娠期（335 ± 5）天，一年产一胎、三年产二胎者居多；繁殖年限为12 ~ 15年，终生可产驹8 ~ 14匹。幼驹繁殖成活率88.4%。幼驹初生重公驹23.5 kg，母驹22.4 kg。

四、饲养管理

永宁马终年放牧，夜间饲喂少量作物秸秆。使役期或公马配种、母马妊娠及哺乳期给予少量草料补饲。在使役期间进行舍饲，一般采取“青草+干草+秸秆+精料”的饲喂方法，日饲喂青草25 kg左右或饲喂干草（秸秆）5 ~ 10 kg，补饲精料0.8 kg左右。

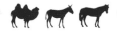

永宁马群体

五、品种保护和研究利用

尚未建立永宁马保护区和保种场，未进行系统选育，处于农户自繁自养状态。永宁马因持久力强、运动灵活、善走山路等特点，在产区人民的生产、生活中扮演着重要角色，主要用于驮载和骑乘。

六、品种评价

永宁马是在藏东横断山地，以群牧方式保存下来的古老良种，经当地各民族长期选育形成，适应于高山深谷及气候垂直差异显著的环境，耐粗饲、富持久力、易饲养、运步灵活、善走崎岖山路，适合驮载、乘骑需要。今后要加强本品种保护与选育工作，选择优秀公马组织小群配种，有计划地选种选配，防止近亲交配，使永宁马原有的优良性能得以保留和提高。

云南矮马

云南矮马（Yunnan pony）属山地驮挽乘兼用型地方品种。

一、一般情况

（一）中心产区及分布

云南矮马中心产区为云南省红河哈尼族彝族自治州屏边苗族自治县的湾塘乡和白河乡，屏边县其他乡镇及毗邻的文山壮族苗族自治州麻栗坡、富宁和马关等县也有分布。

（二）产区自然生态条件

中心产区屏边苗族自治县位于北纬22° 49′ ~ 23° 23′、东经103° 24′ ~ 103° 58′，地处红河哈尼族彝族自治州东南部。境内最高海拔2 590m，最低海拔154m。属低纬度亚热带湿润山地季风气候，立体气候明显。年平均气温16.2℃，最高气温43℃，最低气温-0.5℃；年降水量1 200 ~ 1 700mm。154 ~ 400m海拔线内，年平均气温高于21℃，全年无霜；400 ~ 1 100m海拔线内（南亚热带），年平均气温18 ~ 21℃，全年无霜，或在海拔850m以上偶有轻霜出现，霜期为12月至翌年1月；1 100 ~ 1 700m海拔线内（湿热带），年平均气温15 ~ 18℃，霜期2 ~ 3个月；1 700 ~ 2 300m海拔线内（凉温带），年平均气温低于15℃。产区水系水量充沛，河流众多，具有山水同高的丰富山泉水，水资源总量42亿m^3。土壤类型主要有砖红壤、赤红壤、红壤、黄壤、黄棕壤、石灰岩土和水稻土等。

耕地面积433.30万hm^2，占总土地面积的22.7%，其中旱地占77.7%、水田占22.3%。主产区内居住着苗、汉、彝等民族，其中苗、彝等民族占60%，各民族以杂居形式生活。主要粮食作物有水稻、玉米、小麦、薯类等，经济作物有烤烟、甘蔗、茶叶等。草地类型有山地疏林草丛草场、山地灌丛草丛草场、草丛类草场、山地灌木林草场、山地林间草丛草场、农林隙闲地类草场等。牧草种类呈一定的垂直分布，海拔1 000m以下的地区主要牧草有类芦、黄背草、白茅、金发草、细柄草等；海拔1 000 ~ 1 500m地区主要牧草有光柄芒、铁芒萁、蕨类、金发草、雀稗、马唐草等；海拔1 500m以上地区主要牧草有竹节草、竹叶草、大黍等。林地占总土地面积的34.2%，有热带湿润雨林、准热带山地雨林、中亚热带季风常绿阔叶林、亚热带常绿阔叶林、中山湿性常绿阔叶林五种类型，森林覆盖率为33.5%。

（三）品种畜牧学特性

云南矮马是在当地自然环境条件和社会经济条件下，经劳动人民长期选育形成的典型山地驮乘兼用型矮马，具有体小灵活、行动敏捷、性情温驯、耐粗饲、耐劳役等特点，与邻近地区的其他马种有明显差异。云南矮马的适应性较强，耐粗饲，各种野草及秸秆均可采食，在海拔200 ~ 1 900m的地区皆能正常生长繁殖。

二、品种来源与变化

（一）品种形成

云南矮马形成和饲养历史相当悠久。我国从西汉至清代史籍中均有矮马的记载。《通鉴》称“汉厩有果下马，高三尺，以驾辇，师古曰：小马可于果下乘之，故曰果下马”。《宋史·马政》“称羁縻马产西南诸蛮，短小不及格”。清《滇海虞衡志》称“果下马，滇亦有之，然不多，但供小儿骑乘，故不畜之也”。据《屏边苗族自治县志》记载，早在西汉元鼎年间，屏边县已划为进乘县地。据康熙广西府志弥勒州（管辖屏边县）物产志记载：“兽之属：牛、马、驴、骡、……。”《屏边苗族自治县志》又记载，“马：多分布于白河、湾塘两乡。民国14年（1925）有3 000余匹……”。

产区苗族等少数民族群众长期居住在山高坡陡、道路崎岖、交通不便的山区，矮马一直是人们驮挽及骑乘的主要交通运输工具，同时，在苗族群众每年的传统节日“花山节”等重大节日中，“赛马会”往往是重要的活动之一。因此，云南矮马是在特殊的自然环境与社会环境中，在相对封闭的山区，经长期的自然选择与人工选择形成的，并适应当地炎热、湿热的气候和陡峭山地、以驮运骑乘为主的地方品种。

云南矮马未进行系统选育，也未引入过其他品种杂交，马群处于相对封闭、自繁自养状态，遗传性能稳定。

（二）群体数量

红河哈尼族彝族自治州和文山壮族苗族自治州畜牧局于2009年6月调查统计，产区存栏云南矮马约1 520匹（屏边县存栏约1 180匹、文山壮族苗族自治州存栏约340匹），其中基础母马约700匹、种用公马约180匹。云南矮马处于维持状态。

（三）变化情况

20世纪70年代初，主产区存栏矮马1万多匹。随着社会、经济、文化的发展，交通运输的不断改善，马的骑乘及驮挽逐渐减少，云南矮马的数量呈减少趋势，到2009年6月产区仅存栏矮马约1 520匹。

表1　云南矮马（屏边县）1990—2009年数量变化

年份	1990	1991	1992	1993	1994	1995	1996	1997	1998	1999
数量	4 384	4 084	3 685	3 585	3 250	3 077	2 998	2 590	2 900	2 582
年份	2000	2001	2002	2003	2004	2005	2006	2007	2008	2009
数量	2 136	1 928	1 781	1 947	1 497	1 384	1 648	1 669	1 539	1 180

注：表1中数据由屏边县统计局提供。

三、品种特征和性能

（一）体型外貌特征

1.外貌特征　云南矮马体型矮小紧凑。头部清秀、轮廓清晰、为直头，额宽，鼻孔大，眼大有神，耳薄、短而立。颈粗短，颈肩结合良好。背腰短而平，腹部大小适中、充实良好。多呈圆尻、稍斜。四肢结实，蹄小而圆，蹄质坚实。全身被毛短密，鬃、鬣、尾毛多而长。

据对91匹马的统计，毛色有骝毛、栗毛、青毛、黑毛、花毛、斑毛等，以骝毛、栗毛居多，骝毛占53.8%，栗毛占10.99%；青毛次之，占7.7%。

云南矮马公马

云南矮马母马

2.体重和体尺 2006年红河哈尼族彝族自治州和文山壮族苗族自治州畜牧局对成年云南矮马的体重和体尺进行了测量，结果见表2。

表2 云南矮马成年马体重、体尺和体尺指数

性别	匹数	体重（kg）	体高（cm）	体长（cm）	体长指数（%）	胸围（cm）	胸围指数（%）	管围（cm）	管围指数（%）
公	29	145.53 ± 31.30	104.40 ± 4.60	108.99 ± 8.97	104.40	120.09 ± 7.17	115.03	13.90 ± 1.20	13.31
母	62	142.50 ± 41.10	105.83 ± 6.48	107.39 ± 6.22	101.47	119.71 ± 9.28	113.12	13.39 ± 0.93	12.65

（二）生产性能

1.役用性能 云南矮马在崇山峻岭、峡谷纵列的山路上驮重平稳、运步敏捷。驮重量因马的个体大小而有差异，在崎岖的山坡路上驮重，其所驮重量往往达自身体重的50%以上，通常公马驮70～80 kg，母马驮50～60 kg。公马每天可在单向里程3km左右的山坡路上往返7～10次，驮重上坡完成粮食作物的单向运输任务，并可在村里互帮持续完成一个秋季的粮食收获。近程、平坦的道路上，驮重量几乎翻倍，公马驮重达100 kg以上。单马挽小胶轮车，载重250～350 kg，每小时可行进8～10km。

据屏边县畜牧局测定，骑乘速度1 000m为2min 21s，1 600m为3min 53s，3 200m为7min 7s，50km为7h 30min。

2.繁殖性能 云南矮马性成熟较早。公马30月龄性成熟即可配种，利用年限为18～20年，个别公马25岁还有繁殖能力。母马24月龄左右性成熟并配种，全年发情，以4～6月份较集中；发情周期20～25天，发情持续期5～7天，妊娠期325～345天，产后7～10天即可发情配种；一年产一胎或三年产二胎，繁殖利用年限16～20年。幼驹初生重公驹9～11 kg，母驹8～10 kg；1周岁自然断奶，幼驹断奶重公驹55～60 kg，母驹45～50 kg。幼驹断奶成活率90%以上。

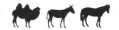

四、饲养管理

云南矮马较耐劳、耐粗饲，多半放牧式饲养。农闲季节，白昼放牧或用长绳拴牧，夜间多以干稻草或较少的青草补饲。农忙季节，则主要依靠人工饲喂，夜间多以玉米粒拌草饲喂，以补充和恢复体力，次日驮重前再喂以一定量的青绿多汁饲料（饲喂量依当日的允许条件而定）。

云南矮马饲喂量粗料，按折合青草计算，日采食量10 ~ 20 kg；精料多以玉米为主，饲喂量依家庭经济状况而定。经济状况较好的，一般坚持不分农闲或农忙季节日均给予1 ~ 2 kg的玉米，能使马常年保持较好的膘情，农忙季节略有增加，维持2 kg左右；经济状况差的，仅农忙季节维持每日1.5 ~ 2 kg的玉米，基本能维持日驮重的体力。

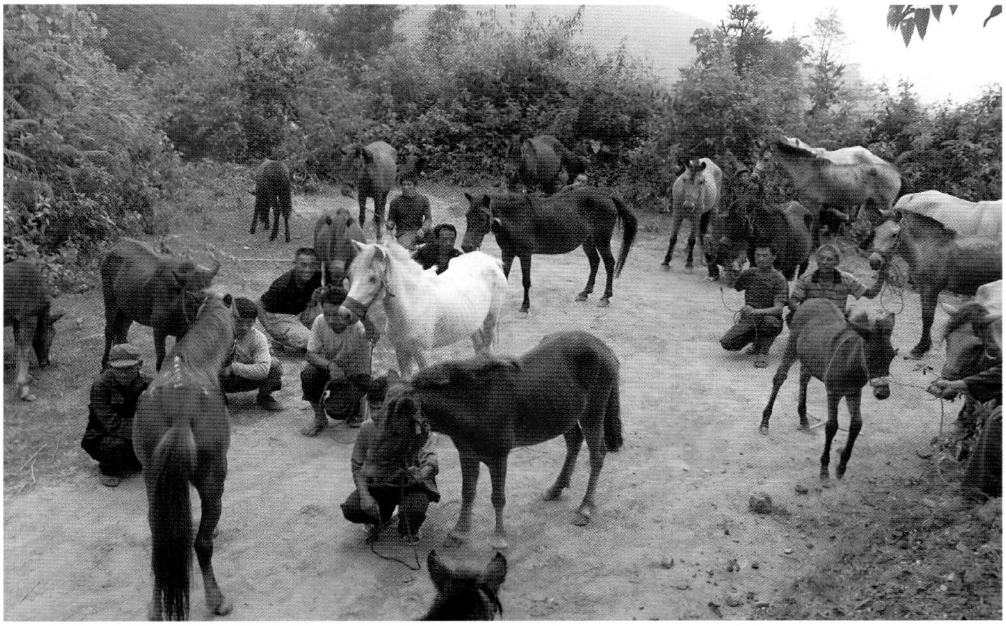

云南矮马群体

五、品种保护和研究利用

采取保护区保护。自2006年开展畜禽遗传资源调查工作以来，云南矮马受到了各级部门的高度重视，州县两级畜牧部门联合成立了保护与开发利用领导小组和技术实施小组，组建保种群，开展了保护区的建设工作。云南矮马2009年6月通过云南省专家的评审，列为云南省畜禽遗传资源保护品种；2010年1月通过国家畜禽遗传资源委员会鉴定。

六、品种评价

云南矮马具有体型矮小、结构紧凑、性情温驯、体质结实、行动灵活、耐粗饲、耐劳役等特性，是经过长期饲养、适应当地特殊自然环境和生产、生活条件的地方品种，具有广阔的研究、开发利用前景。但该品种尚未经过系统选育，个体生产性能差异大。今后应加强本品种的选育工作，统一品种标准，提高生产性能，将云南矮马培育成一个具有驮、挽、骑乘及观赏娱乐等多种用途的特色地方品种。

中甸马

中甸马（Zhongdian horse）原属于藏马的一个类群，属高原驮挽乘兼用型地方品种。

一、一般情况

（一）中心产区及分布

中甸马主产于云南省迪庆藏族自治州香格里拉县（原中甸县）的建塘镇、小中甸镇、格咱乡、洁吉乡四地海拔3 200m以上的高寒山区和坝区。在香格里拉县的东旺乡、三坝乡、五境乡，德钦县的升平镇、佛山乡、羊拉乡和维西傈僳族自治县等高寒山区有零星分布。

（二）产区自然生态条件

主产区香格里拉县位于北纬26° 51′ ~ 28° 40′、东经99° 23′ ~ 100° 20′，地处云南省西北横断山脉地区、青藏高原南延部，是云南省、四川省、西藏自治区交汇处。地形由西北向东南倾斜，呈阶梯状逐级降低，地貌属于中高山台地、高原盆地与山地河谷相间山区，海拔2 800 ~ 4 000m。属半干旱、半湿润寒温型高原季风气候，年平均气温5.8℃，无霜期128 天；年降水量620mm，相对湿度70%，年平均降雪日为24.8 天。水资源丰富，主要河流有尼汝河、羊拉河等，主要湖泊有纳帕海、碧塔海、属都湖等。土壤主要为山地黑棕壤、山地黄壤、高山草甸土、亚高山草甸土，土壤较肥沃，土层30 ~ 80 cm。

2005年香格里拉县有耕地面积1.23万hm^2，农作物一年一熟，主要种植青稞、马铃薯、荞麦、油菜、蔓菁、燕麦等。全县草场面积33.45万hm^2，草地资源丰富、类型多样，有高原沼泽草甸草场、草甸草场、高寒草甸草场、林间草场、灌丛草场等。牧草主要有禾本科、莎草科、豆科、蔷薇科、菊科等，主要牧草品种有早熟禾、紫羊草、蚊子草、百脉根、野豌豆、紫云英、莎草等百余种。全县有林业用地77.38万hm^2，占总面积的66.63%，森林为高山针叶林及阔叶林。

（三）品种畜牧学特性

香格里拉县山高坡陡、路窄沟深、河流湍急、村落分散、交通不便，中甸马在当地主要用于驮、挽、乘，善走山路，持久力强，运步灵活。中甸马抗病力强，极耐严寒、耐低氧、耐粗放管理，是较好的高寒地区乘驮兼用型马种。

二、品种来源与变化

（一）品种形成

中甸马主产于海拔3 200m以上的高寒地区，为高原小型山地马的一个古老品种。据《元一统志·巨津州》记载：西周至汉期间中甸（现香格里拉）"牦牛徼外白狼部，或定居或随畜迁徙无大君长，养六畜为生"，可见汉代以前中甸就已经养马。另据《新唐书》、《云南志·云南城镇》、《滇云历年传》等史书记载，中甸在唐、宋、元、明、清各个时代分别作为吐蕃和内地驻军驿站，设有军马驿站及圈马草场。中甸在清代雍正以前，曾归西藏管辖，准许设置马市，以马易茶。由于产区交通不便，当地群众习惯用马驮、挽、乘。每年端午节藏民举行赛马集会，进行赛马与马上技巧比赛，这种传统集会已有千余年的历史，一直沿袭至今。当地牧地广阔、水草丰盛，在此特殊的自然经济条件下，经过藏族劳动人民长期精心培育，形成了兼用型的中甸马。

近20年来，中甸马产区与邻近地区交往频繁，中甸马与丽江马、甘孜马、西藏马杂交，受到一定程度的外血影响。

（二）群体数量

2005年末中甸马总存栏6 770匹，其中基础母马1 946匹、种用公马84匹。中甸马处于维持状态。

（三）变化情况

1.数量变化 中甸马在历史上曾作为当地居民生产、生活的重要工具，深受喜爱，甚至作为成年男子的必备乘骑，因此饲养数量较多，1980年末存栏中甸马7 080匹。20世纪90年代由于农村包产到户，社会经济高速发展，农用机械日益普及，农田道路和其他交通设施改善，中甸马存栏量急剧减少，尤以沿江河谷农区为甚。但在中北部高山、半高山地区由于畜牧业高速发展，且地形不便，机械化难以普及，因此放牧骑乘用中甸马的饲养数量迅速增多。2000年后随着旅游业的发展，中甸马作为传统民族文化、习俗的载体和旅游骑乘工具也有了较大发展，至2005年末全县中甸马存栏6 770匹，比1980年末稍有下降，但近10年来基本保持稳定。

2.品质变化 中甸马在2006年测定时与1980年的体尺和体重对比，体尺体重都有所上升（表1）。变化的原因可能是近些年群众重视选育，促进了马品质的提高。

表1　1980、2006年中甸马体重和体尺变化

年份	性别	匹数	体重（kg）	体高（cm）	体长（cm）	胸围（cm）	管围（cm）
1980	公	41	215.97	119.59 ± 4.71	121.33 ± 7.75	138.65 ± 8.03	15.21 ± 0.96
2006		10	277.57	128.40 ± 6.13	126.40 ± 8.44	154.00 ± 6.11	16.15 ± 1.03
1980	母	136	221.93	117.24 ± 4.81	124.16 ± 8.82	138.94 ± 8.25	14.70 ± 0.83
2006		50	252.61	120.22 ± 4.56	128.62 ± 7.99	145.64 ± 8.50	15.54 ± 0.66

三、品种特征和性能

（一）体型外貌特征

1.外貌特征 中甸马体短小、精悍，体质细致紧凑，骨骼坚实。头小，额较窄，耳小灵活，眼大、明亮有神。颈短，颈部肌肉发育良好，头颈结合良好，颈肩背结合良好。鬐甲稍低，前胸宽，背

腰短而平直，腹圆而微收。前后躯匀称，后躯发育良好，尻短而圆。四肢强健、结实有力，四肢关节结实，蹄质坚硬。尾础高，毛长而浓。

毛色以栗毛、骝毛为多，黑毛次之，其他毛色较少。

中甸马公马

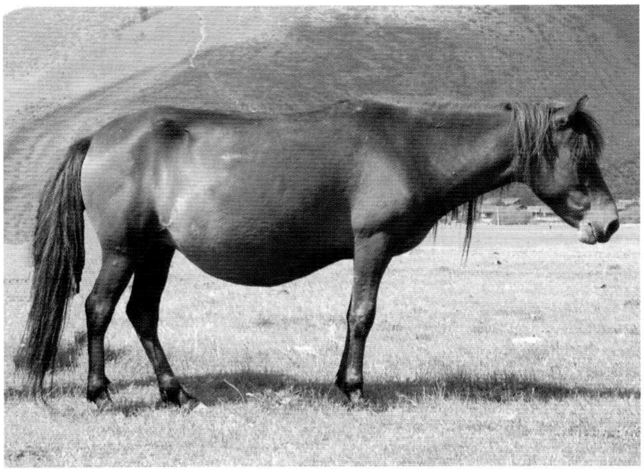

中甸马母马

2.体重和体尺 2006年迪庆藏族自治州畜牧兽医站对成年中甸马的体重和体尺进行了测量，结果见表2。

表2 成年中甸马体重、体尺和体尺指数

性别	匹数	体重（kg）	体高（cm）	体长（cm）	体长指数（%）	胸围（cm）	胸围指数（%）	管围（cm）	管围指数（%）
公	10	277.57	128.40	126.40	98.44	154.00	119.94	16.15	12.58
母	50	252.61	120.22	128.62	106.99	145.64	121.14	15.54	12.93

（二）生产性能

1.役用性能 中甸马速度为骑乘1 000m用时1min 33.4s ~ 1min 47.6s；1 600m用时3min 2.9s ~ 3min 11.1s。长途骑乘日行45km，可连续行走6个月以上。4匹马挽拉载重1 500 kg的滚珠轴承两轮大车，日行40km，可常年挽用。在海拔2 800 ~ 4 500m的高原地区，驮重60 kg、日行30km，可连续行走5个月以上。

2.繁殖性能 中甸马公马3岁开始配种。母马3 ~ 4岁开始配种繁殖，每年4月下旬开始发情，5 ~ 7月份为发情配种旺盛时期，8月份配种基本结束。发情持续期5 ~ 8 天，妊娠期340 天左右；一般一年产一胎，多数母马终生产驹17 ~ 18匹，繁殖年限至18岁。自然群牧交配，每群有种公马1 ~ 2匹，公、母马比例为1 ： 10 ~ 15。

2007年末迪庆藏族自治州畜牧兽医站与香格里拉县畜牧局在中甸马中心产区香格里拉县建塘镇的解放村和诺西村调查，3月龄幼驹成活率95.45%，繁殖成活率87.48%。

四、饲养管理

中甸马终年以放牧为主，公、母马合群放牧。每年5 ~ 9月份多数迁往海拔3 600m左右的高山草甸牧场，昼夜放牧，10月至翌年4月返回至村寨饲养，冬春季节夜间适当补饲青稞草等干草和少量的精料青稞。使役期间补饲精料，每年5～6月份给种公马喂1～2次红糖、酥油，每次各0.5 kg左右。

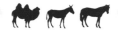

中甸马群体

五、品种保护和研究利用

尚未建立中甸马保护区与保种场，未进行系统选育，处于农牧户自繁自养状态。

中甸马母马主要为生产马，不作役用，公马驮、挽、乘均宜。产区藏族人民没有食马肉的习惯，因此中甸马不作肉用。随着当地旅游业的发展，中甸马的养殖数量已不再是财富和地位的象征，而是作为传统民族文化、习俗的载体和为旅游业服务，当地养马主要用于游人骑乘以及一些户外探险、赛马等活动。

六、品种评价

中甸马产于海拔3 200m以上的高原地区，属高原马种，对高海拔、低气压、低氧、严寒的高原地区的生态环境和以放牧为主的粗放饲养管理条件适应性强；其体质结实、体型短小、运动灵活、善走崎岖山路、持久力强，是高原农牧民骑乘、驮运、驾挽各种用途所需的本地特有的小型优良马种。农村实行土地承包制后，农业机械拥有量提升，农田道路和主要道路交通发展，中甸马的役用功能很大程度被机械代替，存栏数量明显下降，地势较平的农区最为显著。2000年以后随着香格里拉旅游业的发展，中甸马用于旅游骑乘、探险和赛马比赛，存栏量有所回升。但受产区周边马种杂交影响较大，亟待保护其遗传资源。

今后应采取品种保护措施，建立保种场，杜绝无序杂交。加强本品种选育与登记，向乘用型方向发展，并注意保持其耐劳性和适应性。加强选种选配，培育后备种公马，提高母马繁殖力，防止近亲交配，以保留和提高其固有的优良性能。在非中心产区可引入骑乘型种公马，适当杂交，满足休闲旅游、体育、文化市场的需求。

西藏马

西藏马（Tibetan horse），原属于藏马的一个最主要类群，是我国青藏高原高海拔地理环境中特有的马种，属乘驮挽兼用型地方品种。

一、一般情况

（一）中心产区及分布

主产于西藏自治区的东部和北部，以昌都、那曲和拉萨三个地区最多，西部和南部较少，分布于自治区全境。可分为山地、高原、河谷、林地四个明显的生态区。

（二）产区自然生态条件

西藏自治区位于北纬26° 44′ ~ 36° 32′、东经78° 25′ ~ 99° 06′，地处我国西南边陲、青藏高原的西南部，总面积122余万km^2。南隔喜马拉雅山脉与印度、尼泊尔、锡金、不丹、缅甸及克什米尔等国和地区接壤，北部和东部与新疆维吾尔自治区、青海省、四川省、云南省为邻。平均海拔4 000m以上，是青藏高原的主体部分，有着“世界屋脊”之称。地形复杂，大体可分为三个不同的自然区：藏北高原位于昆仑山、唐古拉山和冈底斯山、念青唐古拉山之间，占全自治区面积的2/3；藏南谷地，在冈底斯山和喜马拉雅山之间，即雅鲁藏布江及其支流流经的地方；藏东、高山峡谷区为一系列由东西走向逐渐转为南北走向的高山深谷，系横断山脉的一部分。地貌基本上可分为极高山、高山、中山、低山、丘陵和平原六种类型，还有冰缘地貌、岩溶地貌、风沙地貌、火山地貌等。产马地区海拔多在3 000 ~ 4 000m。

产区空气稀薄、气压低、含氧量少，气候复杂多样，垂直变化明显，昼夜温差大。藏北、藏南气候差异很大，藏北高原为典型的大陆性气候，低寒，年平均气温0℃以下，冰冻期长达半年，7月份平均气温最高也不超过10℃，雨季多夜雨，冬季多大风；藏南谷地，特别是西藏冈底斯山以南，受印度洋暖湿气流的影响，温和多雨，年平均气温8.6℃，5 ~ 9月份为雨季，是西藏主要的原始森林分布区，与藏北气候形成强烈反差。西藏全年分为明显的干季和雨季（一般每年10月份至第二年的4月份为干季，5 ~ 9月份为雨季）。从西北向东南，气温和降水量渐次升高。产区海拔虽高，但由于受印度洋季风的影响，雪线上升，气温不过低。

主要河流有雅鲁藏布江、怒江、澜沧江、金沙江等及其支流拉萨河、年楚河、尼洋河、索河、金河等。湖泊有纳木湖、羊卓雍湖、齐林湖等大小1 500余个。土壤类型多样，以高山草原土、高山草甸土、高山寒漠土和亚高山草甸土等为主。

2006年有宜农耕地45.37万hm^2，净耕地面积34.90万hm^2，多种植青稞、小麦、豆类等农作物。天然草场面积共约8 266.7万hm^2，其中可利用草场面积5 613.3万hm^2，草场总面积约占全国草地总面积的21%，占西藏自治区土地总面积的68%。草地类型丰富，因地处高寒区，热量不足，产草量普遍较低，平均每公顷产可食鲜草仅1 044 kg，但牧草品质好、营养价值高。有林地714.4万hm^2，约占西藏自治区土地总面积的6.3%。

（三）品种生物学特性

西藏马对高原的适应能力很强，适应范围广，在西藏各种生态环境下都有分布，善奔跑，吃苦耐劳，在海拔4 700m的草场放牧，可扒开深雪觅草。抗病力强，很少患病。

二、品种来源与变化

（一）品种形成

西藏养马历史悠久。从西藏昌都地区卡诺遗址中发现有饲养牲畜的圈栏和大量的动物骨骸，经考古鉴定为殷商以前新石器时代藏族祖先原始居住地，距今已有4 000多年的历史，可见当时畜牧业已有相当规模。敦煌古藏经证明：公元6世纪初，西藏日喀则东部、山南穷结县一带，随着农业生产的需要已开始用马、驴杂交繁殖骡。唐代多次遣使进贡，其中一次在长庆二年，进贡马六十匹，羊二百头（见《唐会要》卷九七）。宋代以后，更通过茶马交易，向内地输入大批马匹。据《宋会要稿·卷二二》记载，“嘉祐五年（1060）九月，……其后岁月寖久，他州郡皆废，唯秦州处券马尚行。每蕃汉商人聚马五七十匹至百匹，谓之一券，每匹至场支钱一千，逐程给以刍粟”。又据《宋史·卷一九八·兵志十二·马政》记载，“乾道间（1166），秦、川买马，……三路漕司岁出易马绸绢十万四千匹，成都、利州路十一州产茶二千一百二万斤，茶马司所收大较若此。”明朝时期，汉藏两族的茶马交易逐渐繁荣起来，官府出面主持茶马交易，民间贸易更加频繁。公元1300年前，在西藏西部嘎达克石刻画中，刻有头小、颈细似轻型骑马的形象。

由以上史料可知，西藏人民繁育良马至少已有2 000余年的历史。随着畜牧业生产的发展，西藏良马源源不绝地输入四川、陕西一带，为开发内地农业生产做出贡献。现在西藏马仍有明显的生产区域和消费区域，如藏东山地型马中心产区类乌齐、丁青、江达等县的不少马匹，每年都输送到青海、四川等省，以马易物或出售。又如一江两河流域的河谷型马向当雄、藏北方向运送，以换取牛及毛皮、酥油等畜产品。

西藏高原地域广阔、交通不便，需要对当地条件适应性良好、适合高原条件下骑乘及供其他用途使用的高原马类型。藏族人民在选种中注意外形选择，如要求尻形似琵琶、背形宽似牦牛。马匹主要靠放牧采食，对个别优秀个体补给青稞、豌豆，有时喂以干奶酪（藏语称“曲拉”），经常在高原条件下使役锻炼，使其养成了良好的高原适应性。1949年以前，西藏马多集中在寺院，就地进行闭锁选育。

西藏马在藏族人民长期按一定目标选育、牧养下，形成具有一定特点的地方品种。西藏马曾被认为是西南马的一部分，1980年经普查后，才被确定为一个独立的品种。

从20世纪60年代初开始，西藏自治区曾先后由国内其他地区引入顿河马、阿尔登马、卡巴金马、伊犁马、三河马、河曲马、巴里坤马、大通马等，在一些国营农牧场和配种站饲养繁殖，并与西藏马杂交产生了一定数量的后代。近20年来基本未引入外血。

（二）群体数量与变化情况

西藏马1981年存栏约27万匹，1987年存栏约30万匹，1997年存栏约36万匹，2007年存栏约41万匹，其中基础母马约14.2万匹。26年来西藏马的存栏数量总体呈增长趋势，但随着产区交通运输和社会经济的发展，群众用马减少，近几年西藏马数量已经开始出现下降的迹象。

三、品种特征和性能

（一）体型外貌特征

1.外貌特征 西藏马体型与其他品种有别。体质结实、干燥，性情温驯，结构匀称。头较小、多直头，眼大有神，耳小灵活，鼻孔大，嘴头方。颈长短适中，头颈、颈肩结合良好。鬐甲微突、厚实，胸宽，肋拱圆。心、肺发达，红细胞数和血红蛋白含量均高于平原地区的马。背腰平直，背宽广，腰尻宽，腹部充实、不下垂，尻长而斜。四肢干燥有力，后肢呈刀状肢势，关节明显，蹄质坚实。鬃、鬣、尾毛长，较浓密，距毛不多，后肢管部有的生有长毛。

毛色中骝毛占41.5%，青毛占20.8%，栗毛占15.5%，其他毛色占22.2%。青毛马一直受藏族的喜爱。部分马有白章。

西藏马公马

西藏马母马

2.体重和体尺 据1982年在日喀则、昌都、拉萨、那曲、山南等5个地市25个县对成年西藏马的体重和体尺测量，见表1。

表1 成年西藏马体重、体尺和体尺指数

性别	匹数	体重（kg）	体高（cm）	体长（cm）	体长指数（%）	胸围（cm）	胸围指数（%）	管围（cm）	管围指数（%）
公	545	258.7	129.4 ± 4.6	130.0 ± 6.9	100.5	146.6 ± 6.6	113.3	16.1 ± 0.7	12.4
母	438	245.5	127.0 ± 4.4	128.4 ± 9.7	101.1	143.7 ± 5.8	113.2	15.6 ± 0.7	12.3

（二）生产性能

1.运动性能 西藏马对当地高原有较好的适应性。主要用于骑乘，也用于驮运及少量挽车。据在高原上的速力测定记录：地点海拔3 200m，1 000m为1min 40.5s，1 600m 为3min 7s。据1979年江孜县赛马会上的速力记录：地点海拔3 900m，距离1 500m，4岁骟马的成绩为2min至2min 21.4s，平均为2min 12s。据1982年8月那曲地区赛马会上的速力记录：地点海拔4 500m，距离10km，共20匹马，冠军需8min 57s，平均为9min 27.5s。

2.役用性能 一般可驮80～100kg，每小时行进5～6km，每日行程40～50km，可连续长途驮运30天左右，中途需休息3天。三马拉车，载重1.25 t，行程40km，需时56h。

西藏马在高海拔、氧气稀薄的特殊生态地理条件下，骑乘、驮运、挽车均表现出良好的高原适应性，其生存的最低海拔地区已是平原马种难以适应的“禁区”。

3.繁殖性能 西藏马公马3岁性成熟，4岁开始配种，6～12岁配种能力最强。不作种用的公马4～5岁去势役用。母马3岁性成熟，4～5岁开始配种，发情周期22天左右，发情持续期5～7天，配种季节5～7月份，妊娠期335天。母马多两年产一胎或三年产两胎，少数一年产一胎。公、母马自然生存年限在20年以上，大多在20岁以后“放生”，任其自然死亡。幼驹初生重15～25 kg。

四、饲养管理

西藏马马驹自出生后就随母马在草场终年放牧。有圈无舍，冬季一般晚间回圈休息，寒冬或雨雪时补饲酒糟、骨头汤、糌粑、青干草、茶叶等，基本无精料。生活条件好的牧民或骑手，多在11月份至翌年5月份给予少量补饲，并在严寒时节用棉被给马驱寒保暖。现多为牧户分散饲养，一般每户饲养2～3匹。

五、主要类型

西藏马分布于山地、高原、河谷、林地四个明显的生态区，因此分为山地型、高原型、河谷型和林地型四个类型。

（一）山地型马

主要分布在丁青、边坝、八宿、察隅以东、金沙江以西的横断山脉地区，1982年统计存栏量占西藏马的32%。产区马匹集中，全年以群牧放养为主，舍饲为辅，有简陋的棚圈设施。冬春补饲青稞秸秆、燕麦青干草、杂类青干草等，精料以豌豆、麸皮为主，少数地方补饲牛血、牛肺、山羊肉、鱼汤等。以骑乘、驮运为主，也用于耕地、挽车等。

（二）高原型马

主要分布在巴青、索县以西，嘉黎、当雄、班戈、昂仁、仲巴等县以北的广大地区，1982年统计存栏量占西藏马的44%。全年放牧饲养，大部分无棚圈设施。冬春补饲少许青干草，基本无精料。普遍喂牛羊血、心肺和少量牛羊肉，个别地方有补喂鱼肉汤、旱獭肉汤的。以骑乘为主，牧民非常重视走马的选育训练。

（三）河谷型马

分布于雅鲁藏布江和拉萨河、年楚河流域及藏南谷地。1982年统计存栏量占西藏马的18.8%。产区为西藏自治区的主要产粮区，普遍有马厩、马棚等设施。冬春以舍饲为主，夏秋舍饲兼放牧饲养。饲草以青稞秸秆为主，有少量青干草和苜蓿干草，精料为豌豆和麸皮等。以挽用为主，也用于驮运、骑乘及少量耕地。近年来西藏自治区推广小型农机具，马的役用价值降低、数量减少。

（四）林地型马

主要分布于工布江达、林芝、波密三县的森林地带，1982年统计存栏量占西藏马的5.2%。以放牧为主，夜晚归厩舍补饲少量青稞秸秆、杂类青干草，农忙季节补喂少量豌豆、麸皮，个别地方喂少量酥油、糌粑等。以驮、乘、挽兼用为主，也用于耕地。

六、品种保护和研究利用

尚未建立西藏马保护区和保种场，未进行系统选育，处于农牧户自繁自养状态。西藏马主要用于偏远山区骑乘、驮运和旅游骑乘、体育娱乐活动。

七、品种评价

西藏马饲养历史悠久，能够适应高寒多变的自然气候条件，对海拔3 000m以上高原恶劣的气候环境适应性强，体格较小，机巧灵活，善走山路，持久力、抗病力强。

今后应在实用性骑乘的基础上向传统体育赛马、马术运动用马和旅游休闲骑乘方向发展，同时以优良个体组成核心群，加强本品种保种选育，进一步提高品种质量，增强并充分发挥其品种特性。

宁强马

宁强马（Ningqiang horse）属山地驮挽兼用型地方品种。

一、一般情况

（一）中心产区及分布

宁强马主产于陕西省西南部宁强县境内，中心产区在秦岭南坡嘉陵江流域的曾家河、巨亭、苍社、太阳岭、巩家河、燕子砭、安乐河、青木川等乡镇的狭长地带，在南郑县亦有少量分布。

（二）产区自然生态条件

宁强县位于北纬32° 37′ 06″ ~ 33° 12′ 42″、东经105° 20′ 10″ ~ 106° 35′ 18″，地处陕西省西南角，在陕西、甘肃、四川三省交界处，北依秦岭，南枕巴山，是一个南北交会，襟陇带蜀的低中山区县，东西长101.65km、南北宽65.325km，总面积3 243km^2。全县地形从南到北为南北高、中间低，五丁关把中部分为两大部分，形成“三山两水”相向排列的宏观地形；自西向东为中部高、两边低。海拔640 ~ 1 680m，平均海拔1 096m。宁强马产区在宁强县五丁关以北，海拔800 ~ 1 400m的地方，地形多样、地貌复杂、地势高低悬殊，立体、水平、阴阳坡向差异明显，境内群峰叠障、山高沟深、沟壑纵横、河网密布，环境相对闭锁。属北亚热带北缘的山地暖温带湿润季风气候。四季悬殊大，界温差异明显。春季升温慢，秋季降温快，形成冬长夏短、春短于秋的特点。年平均气温12.9℃，极端最低气温-11.6℃，极端最高气温37.0℃；无霜期247 天，平均初霜日在11月中旬，终霜日在3月中旬。年降水量1 024mm，降水主要集中在6月下旬到9月，相对湿度78%。年平均风速1.3m/s，年平均风力1级，全年盛行西南风和东北风。具有雨多、湿润、温和、日照短的气候特点。

产区属长江流域，境内河流分属嘉陵江、汉江两大水系，水资源比较丰富，但年内分布不均。土质山区为黄棕壤、黄褐土，上层土厚50 ~ 80 cm，腐殖质10 ~ 15 cm；坡脚和河滩为冲积性土壤。土地利用特点是林地面积大、耕地面积小，牧地质量差、利用面积小。2006年耕地面积2.9万hm^2，主要农作物有玉米、水稻、小麦、马铃薯、甘薯、大豆等，年总产量10万t。饲料资源主要有农作物籽实、薯类、粮油加工副产品、玉米秸秆、稻草、豆类夹壳、青干草和青绿饲料等，年产量30万t；可利用干粗饲料6万t。天然草场面积11.7万hm^2，年产草量102.6万t，可利用牧草地仅0.59万hm^2。放牧主要在疏松林、疏灌草坡组成的林草兼用草山、草坡，零星分布的大草场多在海拔1 200m以上，距村庄很远，无法利用，故马匹放牧以农林隙地为主。

产区地形复杂多样，山高沟深，河网密布，环境相对闭锁，而饲草资源有限，需要体形相对较小，而又能用于骑乘、驮运和挽用的马，宁强马经长期自然选育，满足了这一要求。

（三）品种畜牧学特性

宁强马短小精悍，体形较好，行动敏捷，运步轻巧，善解人意，性情温驯，易于调教；蹄质坚硬；汗腺发达，不畏严寒酷暑。对牧草食性广，四季放牧，母马常合群放牧，可与牛、羊合群放牧，也可与猪、牛、羊同圈喂养，饮水选择较为严格。

宁强马适应本地区潮湿、温暖的气候，不同海拔高度、田间和缓陡坡等复杂的地貌均可适应，爬坡能力强。善吃短草，耐粗饲，抗病能力强。善行山路，容易适应新环境，在崎岖的山路上能驮、能骑，在不良的便道上可挽用，避险能力强，耐力好。

二、品种来源与变化

（一）品种形成

宁强原名宁羌，系卫州旧称，为氐羌据地。位于四川、甘肃、陕西三省交汇处，自古以来就为兵家必争之要地。古代的宁强，聚居着氐、羌等民族，《汉中府志》记有，宁强乃“白马氐之东境也”。春秋战国以前的古羌人，即从中心游牧地的青海赐支河、黄河、湟水地区西移，东迁南下。羌人南下西南之前，首先进入宁强，并成为会操先进农耕之氐人。《后汉书·西南夷传》“白马氐者，武帝元鼎六年，开分广汉郡，合为武都。土地险峻，有麻田，出名马、牛、羊、漆、蜜……”。宁强地处秦岭南坡，恰属武都郡，说明汉时的宁强马就已经比较著名。《宁强县志》有“清雍正以前，阳平关和宁强营配备军马一百八十四匹”。清嘉庆时，黄坝驿、柏林驿、宽川驿三个驿站，每站养“原额马四十三匹，马夫二十一名半”等记载。1949年以前，国民政府曾在宁强设军马采运所，常年圈存马200匹以上。由于军事、交通运输及农业生产的需要，促进了当地养马业的发展，几千年来，古羌人带来的青海马，经长期的自然选择和人工选择形成了宁强马这一地方品种。

宁强马一直没有进行过有计划的系统选育，主要是随机就近配种。

（二）群体数量

宁强马2006年末总存栏360匹，其中能繁母马87匹。中心产区宁强县存栏245匹，其中基础母马82匹、种用公马30匹（用于配种的公马20匹）、育成马42匹、哺乳驹13匹、其他78匹。南郑县存栏115匹，其中能繁母马5匹。宁强马处于濒临灭绝状态，繁殖母马数量和种群数量逐年减少，并呈现继续减少的趋势。

（三）变化情况

1.数量变化　宁强马1981年存栏3 301匹，1983年最高达到4 724匹，1989年3 164匹，1996年2 400匹，2001年1 010匹，2003年646匹，2006年存栏下降到历史最低为360匹。虽数量显著下降，但其性别比例、年龄结构比较稳定。随着产区交通运输和社会经济的发展，对马的需求逐步减少，只有个别深山区利用宁强马从事驮运工作，交通方便的公路沿线已基本不养马匹。这是导致宁强马数量下降的根本原因。

2.品质变化　宁强马2007年测定时与1981年的体重和体尺对比，成年公、母马体尺标准差明显增大，表明群体的整齐度差，见表1。

宁强马挽用能力下降。在平坦的土石路面上，拉架子车行走，1981年每匹马载重510 kg，行走20km，平均时速5.13km；2007年每匹马载重409 kg，行程1 000m，平均时速4.1km。挽用能力下降的原因主要是马已长期不作挽用。

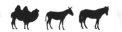

表1　1981、2007年宁强马体重和体尺变化

年份	性别	数量	体重（kg）	体高（cm）	体长（cm）	胸围（cm）	管围（cm）
1981	公	129	170.60	113.64 ± 0.41	113.28 ± 0.46	127.52 ± 0.51	14.40 ± 0.08
2007		20	175.73	110.10 ± 5.10	111.10 ± 4.70	130.70 ± 5.50	14.40 ± 0.90
1981	母	258	162.70	113.02 ± 0.28	115.18 ± 0.36	123.50 ± 0.42	13.90 ± 0.05
2007		51	179.58	111.80 ± 4.70	112.50 ± 5.90	131.30 ± 8.00	14.30 ± 0.60

三、品种特征和性能

（一）体型外貌特征

1.外貌特征　宁强马体格较小，体质结实紧凑，短小精悍，气质温驯，悍威良好，步态稳健。头部清秀，不少马血管显露，额宽眼大，耳小灵活。颈短小，多为直颈，头颈结合良好，颈础低，颈肩结合一般。鬐甲低平，肩短直立，鬃毛较厚。胸宽深，腹平、也有垂腹，背腰短而平直、有部分凹背。多呈斜尻。四肢干燥，筋腱发达，前肢端正，后肢多呈外弧和刀状肢势，少数卧系，有距毛。多正蹄，蹄质坚实。尾毛长而浓密，尾础较高。

宁强马毛色繁杂，以骝毛和栗毛为主，骝毛占66%，栗毛占21%，青毛占8%，其他为黑毛、沙毛、银鬃毛、兔褐毛等，占5%。头部和四肢白章少见。

宁强马公马

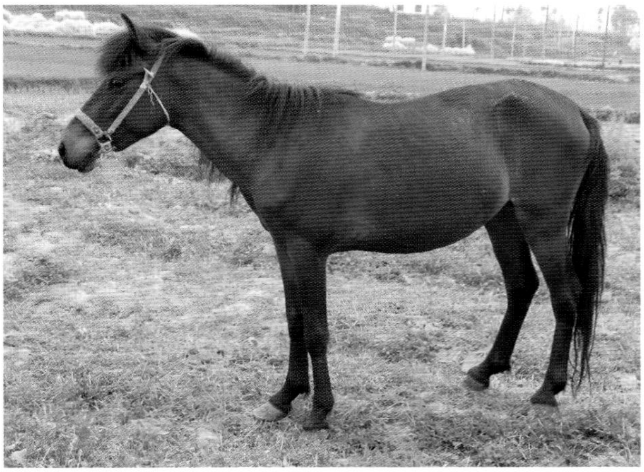

宁强马母马

2.体重和体尺　2007年1月由宁强畜牧兽医站对宁强县良种场、苍社、安乐河和燕子砭四点的成年宁强马进行了体重和体尺测量，结果见表2。

表2　宁强马成年马体重、体尺和体尺指数

性别	匹数	体重（kg）	体高（cm）	体长（cm）	体长指数（%）	胸围（cm）	胸围指数（%）	管围（cm）	管围指数（%）
公	20	175.73	110.1 ± 5.1	111.1 ± 4.7	100.9	130.7 ± 5.5	118.7	14.4 ± 0.9	13.1
母	51	179.58	111.8 ± 4.7	112.5 ± 5.9	100.6	131.3 ± 8.0	117.4	14.3 ± 0.6	12.8

（二）生产性能

1.役用性能 宁强马在1990年以前多用于拉磨、拉碾、拉车和驮运等，随着交通运输、电力与农业机械化的发展，这些役用需求已非常少，目前主要在交通不便的深山区用于驮运。2007年3月在安乐河乡唐家河村调查，在山区小道上一般每匹可驮重75～100 kg，最多一匹驮重可达150 kg。在宁强县良种场对5匹（3匹公马、2匹母马）平均体重为180.4 kg的成年马进行了测定，在地势平坦的土石路面上，驮重76.3 kg、行程1 000m，需13min 3s；其中公马需12min 35s，母马需13min 47s，驮运平均时速为4.6km。测定后半小时，脉搏、呼吸基本恢复正常。

据对5匹平均体重为180.4 kg的成年马的测定。在地势平坦的土石路面上，拉架子车行走，载物350 kg、车重59 kg，共409 kg，行程1 000m，需14min 39s，平均时速4.1km。测定后半小时，脉搏、呼吸基本恢复正常。

表3 宁强马的速度、挽力、驮重

项 目	匹数	载重（kg）	速力（km/h）
驮运1 000m	5	76.3 ± 1.7	4.6 ± 0.2
挽车1 000m	5	409	4.1 ± 0.2
骑乘1 000m	5	61.4 ± 6.4	12.66 ± 0.5
骑乘2 000m	5	61.4 ± 6.4	12.34 ± 0.6
骑乘3 000m	5	61.4 ± 6.4	9.00 ± 0.4

2.运动性能 在苍社乡苍兴村对5匹平均体重207.6 kg的成年母马进行了测定。在路况较差的村级土石便道路面上，骑手加鞍重平均61.4 kg，骑乘1 000m，需4min 42s，时速12.66km；2 000m，需9min 43s，时速12.34km；3 000m，需20min 12s，时速9km。测定后半小时，脉搏、呼吸基本恢复正常。

3.繁殖性能 宁强马公马2.5岁性成熟，3岁开始配种，利用年限12年，配种全部采用本交，年可配种50匹左右母马。母马性成熟年龄一般在2.5岁，初配年龄在3岁左右，平均34.7月龄；多在春季发情，发情周期平均19.4天，发情持续期6天，均为自然交配；妊娠期340.3天，可利用年限达15年，终生产驹4～5匹。幼驹初生重公驹20.1 kg，母驹15.0 kg；一般6月龄断奶，幼驹断奶重公驹49.5 kg、母驹43.5 kg。据对51匹母马的调查，年平均受胎率72.5%，年产驹率37.25%。

四、饲养管理

宁强马以放牧为主，一般在早晨出牧，天黑前归牧，炎热酷暑季节早晚放牧、中午休息。常与牛、羊共同放牧，部分在草场、田间、地头拴系放牧。在放牧条件下，晚上添加夜草，夏秋季节补给青草，冬季补给适量豆类秸秆、豆壳、玉米秆等粗饲料。暴雨、大雪封山时舍饲喂养。在舍饲条件下，粗料以青干草、豆类秸秆、豆壳为主，日喂量5～6kg或青草15kg左右。农户习惯于在冬春季给马匹补饲精料，日喂量0.5～1kg，以玉米为主，驮运使役时适当增加补饲量。

宁强马饲养规模较小，2007年除宁强良种场饲养21匹外，其余养殖户规模较小，一般饲养1～2匹。

宁强马抗病力强，很少发生传染病。近年来已消灭马鼻疽病，现在主要以预防感冒、胃肠病和流产为主。

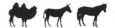

宁强马群体

五、品种保护和研究利用

采取保种场保护，正在进行选育。宁强马2006年列入《国家级畜禽遗传资源保护名录》。我国2010年6月发布了《宁强马》国家标准（GB/T 24881—2010）。

在1980年畜禽资源普查中，得知有体高106 cm以下的宁强马，1988年王铁权和侯文通等深入考察，发现了这部分体高106 cm以下的宁强原始矮马。1990年在燕子砭镇寨子沟建立了矮马保种核心群，2003年5月在宁强县良种场建立了陕西省宁强矮马保种场，对宁强马相对集中的八海等乡镇实行"私有户养，繁殖奖励"的办法，对按繁育技术要求达到繁育目标的进行奖励，以保证宁强马的基础群数量。主要技术包括饲养管理技术、马驹的培育及训练技术和矮马的育种技术。2007年存栏矮马21匹，其中公马5匹、母马16匹。通过多年努力，使宁强矮马这一固有的遗传资源得到了基本保护，并制定了《宁强矮马保种方案》。保种选育目标是体高86～106cm，主要选留96cm以下、外形美观、体矮力强及适应性、持久性、驮载力好的马，并建立特殊毛色体系。

1991年侯文通采用聚丙烯酰胺凝胶电泳技术，对宁强矮马和宁强中型马6种血液蛋白质多型性和CDH同工酶多型性的遗传检测，证实宁强矮马和宁强普通马种质上虽有差异，但这两种马来源一致，有着极为密切的关系。1994年侯文通利用血液蛋白多态性标记陕西各马种遗传结构，证实了它们相互间的遗传差异。在Tf位点，宁强矮马和中型马具有其他马种没有的E基因。遗传分析表明，陕西固有马种亲缘关系较近，宁强矮马和中型马来源一致。2009年杜丹、韩国才通过8个微卫星座位对宁强矮马进行了遗传多样性检测，证明宁强矮马在品种形成和进化上与蒙古马有着较近的遗传关系。

除宁强矮马保种场以保种为目的外，其余宁强马主要用于山地驮运、城镇拉车和旅游骑乘。

六、品种评价

宁强马系陕西南部秦岭之中的古老品种，是西南马系统中分布最北的马种，其遗传多样性丰富、遗传性能稳定、体质干燥、体型匀称、行动敏捷、温驯又善解人意，善行山路；耐粗饲，适应潮湿温暖气候，抗病能力强。适宜山区驮运和挽曳，也可选育成供游乐观赏和骑乘用的矮马。宁强马适繁母马只有87匹，且因小的生态环境隔离，公马数量缺乏，母马失配严重，繁殖率较低。宁强马已处于濒危灭绝状态，亟待保护和开发利用。今后要采取多部门联合保护开发，建立繁育与登记体系，增加公马数量，实行场户结合的三级保种体系，提高繁殖技术，全面扩大品种群体规模。在增加数量的基础上，可向供游乐观赏和骑乘用的矮马方向选育。

岔口驿马

岔口驿马（Chakouyi horse）为甘肃省河西地区的一个古老品种，以善走对侧步而闻名，属乘挽兼用型地方品种。

一、一般情况

（一）中心产区及分布

岔口驿马的中心产区在甘肃省天祝藏族自治县的岔口驿、石门、打柴沟、松山、抓喜秀龙等乡镇，在永登、古浪、武威、山丹、肃南等县的部分地区也有少量分布。

（二）产区自然生态条件

中心产区天祝藏族自治县位于北纬36° 31′ ~ 37° 55′、东经102° 07′ ~ 103° 46′，境内有乌鞘岭纵贯南北，地势西部高峻，东南逐渐变低，属青藏高原、黄土高原和内蒙古高原的交会地带，海拔2 040 ~ 4 874m，低平处为高寒农作区和天然牧场。年平均气温1.2℃，最高气温30℃，最低气温-29℃；无霜期90 ~ 145 天。年降水量265 ~ 632mm，多集中在7 ~ 9月份；相对湿度47% ~ 71%，年平均日照时数为2 500 ~ 2 700h，阴雨云雾天气较多。属寒冷高原性气候。天然草场的牧草在5月份萌芽，9月份开始变黄，枯草期达7个月以上。中心产区气候复杂多变，常有冰雹、干旱、霜冻和春季风雪等灾害发生，使农牧业生产受到损害。境内有大通河、庄浪河、哈溪河、杂木河和安远河等河流，多小溪和泉水，年径流量10.24亿m^3，可供人畜饮用。土层比较复杂，厚度为20 ~ 190 cm，山地土层较薄、滩地较厚。土壤可分为栗钙土、暗栗钙土、黑钙土及棕钙土等，还有少数沼泽土。

产区分农区、牧区、半农半牧区及林区。天祝藏族自治县总面积6 865km^2。2006年有耕地24 653.3hm^2，其中水浇地3 366.7hm^2。每年播种一茬。农区主要种植耐寒性作物，有小麦、大麦、青稞、油菜、豌豆和马铃薯等。半农半牧区因地制宜兼营农业和畜牧。牧区高寒、雨量较多、无霜期短，不宜农作，多种青刈燕麦。草原面积391 406.7hm^2，其中人工草场453.3hm^2。草原可分高山草甸草场、干旱草场、森林灌丛草场三大类型。高山草甸草场牧草以禾本科和莎草科为主，主要牧草有披碱草、早熟禾、苔草、蒿草和莎草等；干旱草场牧草以禾本科和菊科为主，主要牧草有针茅、扁穗冰草、芨芨草、寒地蒿和驴驴蒿等；森林灌丛草场牧草以禾本科草和苔草、杂草占优势，种类繁多。产区成片天然草场为繁育马匹的优良基地。森林面积236 466.7hm^2，森林覆盖率33.08%，主要树种有青海云杉、祁连圆柏、桦树、山杨等。

（三）品种畜牧学特性

岔口驿马具有良好的适应性，产区高寒，马匹终年放牧，适当补饲，形成了极耐粗饲、乘挽兼宜、善走对侧步、骑乘平稳舒适、抗病能力强的特性，多年来向省内外输出，分布地域广，反映良好。

二、品种来源与变化

（一）品种形成

甘肃省河西地区自古以产马著称。武威（古凉州）至永登（平番）一带，汉代为河西六郡之一，属武威郡，是边民畜牧之区。南北朝时代为北凉境，北魏时其地即盛行养马。唐时为陇右道境，《唐会要》载："蹛林州匐利羽马"。"蹛林"即唐时的凉州境；又有"契宓马，在凉州阙民岭，移向特勒山栖息"。这些马种，《唐会要》均称与突厥马相似，是当时边境各族对唐帝国的贡马。到了明代，《明会典》载：甘肃行太仆寺于凉州卫庄浪卫（今永登境内），镇番卫（今民勤县）、古浪千户所、庄浪千户所等地戍兵繁殖马匹。《明史兵志》称：甘肃苑马寺于永乐时代拥有六监二十四苑，每苑养马四千至一万匹。在武威一带现仍有祁连监的古城苑、安定监的武胜苑、宗水监的黑城苑等故址。清乾隆元年于凉州镇标管辖境内设立马厂（见清朝《文献通考》)。《皇朝经世文篇》载：陕西总督奏称，凉州黄羊川（即今武威黄羊河流域），水草丰美，可设置马厂，牧马二千匹，以资军用。《武威县志》（乾隆七年修）载：张义堡、沙沟、上古城、南把截堡、西把截堡、炭山堡每年纳贡马二十一匹。《平番县（今永登县）志》载：罗家族等四族每年共贡马九匹，又思鹅课族等四族每年共贡马九匹。到1937年，这里又设立永登军牧场，牧马达二千余匹，场部在今松山旧城堡。后又在松山成立永登种马育成所。以上这些地方均在岔口驿马现在产区范围之内。

自古以来，岔口驿马的中心产区正是通往西域的要道，如永登的武胜驿，天祝的岔口驿、金强驿、黑松驿和武威的靖边驿等，自南向北，驿站相连，都是在清代以前就有的设置。古代设立驿站主要是传递军报文书，需要有快速的乘马。岔口驿马善走对侧快步，和当时需要驿马不无关系，因走马是驿道长途旅行最理想的马匹。岔口驿也是历史上走马的重要集散地，岔口驿马因此得名。现在岔口驿马中心产区及其邻近的沿祁连山往西，在肃南裕固族自治县的皇城滩草原、山丹县大马营草原以及青海省的海北草原，仍在饲养和调教走马。这种走马出生即会走对侧步，俗称"胎里走"，其遗传性能非常稳定。善走这种步法的马，具有躯干粗壮、头颈和四肢干燥、气质灵敏、行走快速、悍威强的特点。1969年10月在武威墓葬中出土的"铜奔马"，形态优美、走马步态，为国家一级文物并作为国家旅游标志，能证明岔口驿马和走马之间有着历史的渊源关系。

很久以来当地的赛马会上，以天祝藏族自治县达隆寺所产的马享有颇高声誉，群众说："走马的根子在达隆寺。"达隆寺建于康熙年间，距今已300多年，藏民为了表示对寺院的敬意，常把自己马群里的好马献给寺院。天祝与青海海北的寺院间常互赠种马，群众亦常从寺院马群中购买种马，这对于保持本品种的特点有一定的作用。

岔口驿马的选育以群众自发选育为主，没有开展系统的选育工作。1957年9月根据中国农业科学院的指示，组织岔口驿马调查队，深入产地调查，肯定了岔口驿马为独立的地方品种。20世纪50—70年代开展马匹改良时，天祝、永登、古浪等地为马匹改良重点地区，曾引进顿河马等外血进行改良，但在岔口驿马的核心产区仍然保持了一定数量的纯种繁育，因此，岔口驿马仍然保持了较纯正的血统。近年来由于骑乘马的市场前景看好，特别是向四川、青海等地输出走马的价格高昂，群众自选自育的积极性很高。传统的一年一度的赛马会则是对岔口驿马选育成果的检验。

天祝藏族自治县为甘肃河西走廊东部的天然门户，岔口驿在天祝境内，为西北古驿道上必经的较大驿站之一，从西汉到唐朝千余年间，由长安通往西南亚的古"丝绸之路"交通运输所需马匹亦取于此地。当地各族人民有传统的选育、调教走马的习惯和经验，每年在这里举行盛大的赛马会和马匹交易活动，使得岔口驿马的声名传播到各地。

（二）群体数量

2006年末甘肃省共有岔口驿马9 855匹，其中天祝藏族自治县有岔口驿马8 356匹，包括基础母马3 517匹。岔口驿马尚无濒危危险，但数量呈较大幅度下降趋势。

（三）变化情况

1. 数量变化 根据1981年调查统计，中心产区有岔口驿马约2.4万匹，1991年天祝藏族自治县有岔口驿马18 648匹，2006年末降至8 356匹。近15年来岔口驿马存栏数量下降较多。主要原因是产区农业机械化水平不断提高，交通运输条件大为改善，马匹由农业和运输业的主要动力退居为辅助动力；运动马市场开发滞后，岔口驿马养殖缺乏市场动力，产区存栏量逐年下降。此外，由于20世纪下半期顿河马等外血的引入，导致原产岔口驿马被大量杂交，纯种数量越来越少。

2. 品质变化 岔口驿马在2007年测定与1980年调查的体尺和体重对比，体重和体尺都有上升，结果见表1。但其在生产性能、适应性、繁殖性能有所下降。品质变化的主要原因是多年来未进行系统的岔口驿马本品种选育，发生近交，导致品种质量退化。体尺体重增加主要是由于农牧民改变了原来终年放牧、基本不补饲的饲养方式，转向放牧加补饲的饲养方式，马匹的膘情较好，体尺、体重有所增加。

表1 1980、2007年岔口驿马体重和体尺变化

年份	性别	匹数	体重（kg）	体高（cm）	体长（cm）	胸围（cm）	管围（cm）
1980	公	30	319.91	132.90	135.30	159.80	18.50
2007		—	340.20	134.50 ± 3.72	140.00 ± 5.17	162.00 ± 7.02	18.50 ± 0.62
1980	母	543	317.57	129.90	136.23	158.67	17.21
2007		—	336.05	130.57 ± 6.52	138.79 ± 8.80	161.71 ± 12.24	17.46 ± 1.20

三、品种特征和性能

（一）体型外貌特征

1. 外貌特征 岔口驿马体质结实，体形多呈正方形。头形正直、中等大，眼大眸明，耳长中等、尖而立，鼻孔大，颜面部较干燥，颌凹、宽度适宜。颈形良好，大多呈25° ~ 30°斜度，颈长中等，

岔口驿马公马

岔口驿马母马

肌肉不够发达，颈肩结合较差。鬐甲适度高长，前胸宽，胸廓深、长广适中，背长中等，腰短宽而有力，背腰平直。腹部充实，尻广稍斜，肌肉尚发达。肩较短直，上膊短，肌肉发达，前膊长短适中。四肢稍短，管较短粗，系短立；四肢关节、肌腱强大，蹄质坚硬；前肢肢势端正，后肢多外弧，蹄稍呈外向；鬃、鬣、尾毛长而不粗，但距毛少而短，尾础稍低。

毛色以骝毛居多，据鉴定600匹岔口驿马中，骝毛占43.7%，青毛、黑毛、栗毛次之，部分马匹头部有白章。

2.体重和体尺 2007年甘肃省畜牧总站、武威市畜牧兽医局和天祝藏族自治县畜牧站测量了岔口驿马的体重和体尺，结果见表2。

表2 岔口驿马成年马体重、体尺和体尺指数

性别	体重（kg）	体高（cm）	体长（cm）	体长指数（%）	胸围（cm）	胸围指数（%）	管围（cm）	管围指数（%）
公	340.20	134.50 ± 3.72	140.00 ± 5.171	104.09	162.00 ± 7.02	120.45	18.50 ± 0.62	13.75
母	336.05	130.57 ± 6.52	138.79 ± 8.80	106.30	161.71 ± 12.24	123.85	17.46 ± 1.20	13.37

（二）生产性能

1.运动性能 岔口驿马以善走对侧快步而闻名，骑乘时步伐快速平稳，乘者舒适、无颠簸感。马驹生下来有会走对侧步者，俗称“胎里走”。一般马稍加调教即成走马。岔口驿马1 200m跑步成绩为1min 53.7s，对侧步成绩为2min 48.2s。

2.役用性能 挽曳能力强，平均最大挽力为体重的96.65%。个别马最大挽力可达其体重的111.54%。据用双马拉犁测试记录，两匹马合拉一个七寸步犁，耕深15 cm、耕宽23 cm，行进时所用挽力经常保持在110 kg上下，45min共耕地0.055km^2，劳役后20min马的呼吸、脉搏恢复正常。拉胶轮车长途运输，单套载重1 000 kg，二套载重1 500 kg，三套载重2 000 kg，在平路上可日行35～40km。

3.繁殖性能 2007年甘肃省畜牧总站、武威市畜牧兽医局和天祝藏族自治县畜牧站根据历年资料统计了岔口驿马的繁殖性能。在群牧条件下，公马3～4岁开始配种，母马2周岁开始配种。因产区内各地自然条件的差异，母马发情季节有所不同，一般为4～7月份，放牧马群的正常发情季节为5～6月份。役用母马发情周期一般21～28天，发情持续期5～13天；幼驹繁殖成活率45%左右。公、母马在15～16岁时繁殖力明显下降。

四、饲养管理

岔口驿马以农牧民个体饲养为主，过去主要采用终年放牧、适当补饲的饲养方式。近十年来，由于岔口驿马产区生态环境持续恶化，草场载畜量过大，草场退化严重，单纯放牧已不能满足马的生长需要，促使农牧民改变原来的饲养方式，转向放牧加补饲的饲养方式。

岔口驿马主要以自群繁育为主，繁殖方式为本交。

五、品种保护和研究利用

尚未建立岔口驿马保护区和保种场，未进行系统选育，处于农牧户自繁自养状态。岔口驿马1987年收录于《中国马驴品种志》，我国2009年11月发布了《岔口驿马》国家标准（GB/T 24703—2009）。

2006年列入《国家畜禽遗传资源保护名录》。主要用于偏远山区乘挽和旅游骑乘。

门正明等（1981）进行过岔口驿马的染色体组型分析。

六、品种评价

岔口驿马的体型外貌和工作性能都具有唐马的特点。由于它具有善走对侧步的优点，轻快、平稳、舒适，骑乘性能良好，因此调教成“走马”后，非常受群众欢迎；同时其有较好的挽曳能力，是农牧区赛马、旅游骑乘非常理想的马种。但近年来品种数量下降严重，在交通沿线和农区不同程度地受到外来马种杂交的影响。今后应设立专门机构开展岔口驿马的保种和选育工作。保种工作应以天祝藏族自治县松山地区（牧区）为中心，建立保护区，组织养马户选择优良公、母马自群繁殖，组成保种核心群，杜绝外血进入，保持固有特性，提高马匹性能。在保护区外，实行本品种选育，在保持本品种固有的体型外貌和工作性能的基础上，向乘用型或乘挽兼用型方向发展。根据体育竞技、旅游骑乘、农牧业生产等对马匹的要求，适当引入外种，进行有限的导入杂交，以保持原品种的基本特性。

大通马

大通马（Datong horse）因产于青海省海北藏族自治州境内大通河流域而得名，曾用名浩门马，属挽乘兼用型地方品种。

一、一般情况

（一）中心产区及分布

大通马主要分布于青藏高原东北部的祁连山南麓海北藏族自治州境内，环青海湖地区、湟水流域以及邻近甘肃地区也有分布，中心产区在大通河流域的门源、祁连两县。

（二）产区自然生态条件

产区位于北纬36° 44′ ~ 39° 05′、东经100° 51′ ~ 102° 41′，地处青藏高原东北隅，北接祁连山，南临青海湖。海拔2 500 ~ 4 000m。境内山脉绵亘，河流纵横，祁连山及其支脉托来山、大通山、大板山自西北横贯东南，地势相应低倾，形成山间谷地、盆地、丘陵和低山梁原的高寒山地草原环境。属高原大陆性气候，冬季长，日照强，日温差大。年平均气温-3.4 ~ 0℃，大部分地区在0℃以下，极端最低气温-35.4℃，极端最高气温30℃；无霜期80 ~ 125天，无绝对无霜期。年降水量300 ~ 600mm，多集中在7 ~ 8月份；年蒸发量1 201 ~ 1 605mm；夏季多雷雨和冰雹，相对湿度54% ~ 62%。年平均日照时数2 670 ~ 3 030h。最大积雪深度为19cm。产区自西向东气温渐增，降水量渐多。祁连山南麓东段气候比较温暖湿润，中段地势较高、寒冷湿润。海拔3 500m左右较寒冷，2 500 ~ 3 000m之间的河谷地带尚暖。

产区内草原辽阔，土质肥沃，水草丰美，是青海省优良天然牧场之一。境内有大通河、沙柳河、哈尔盖河、黑河、八宝河、哈力涧河流过，水源较充足。海拔3 000m上下是亚高山草原土，其中，较干旱的阳坡、干滩多系草原黑土，较湿润的阴坡、沼地多为草甸黑土，是优良牧地；海拔4 000m上下是亚高山草甸土和灌丛草甸土，草群繁茂；海拔4 000m以上则地表疏松、砾石裸露，植物稀少。2006年海北藏族自治州总面积为33 345km^2，耕地面积4.77万hm^2，占土地总面积的1.43%。农作物有青稞、油菜、马铃薯、燕麦等，但受冰雹和霜冻危害较大。草原面积225.64万hm^2。主要牧草有垂穗披碱草、早熟禾、垂穗鹅冠草、羊茅、针茅、莎草、芨芨草、苔草、风毛菊、藏异燕麦等。森林面积34.22万hm^2，森林覆盖率10.4%，分布地区为峡谷地带，由于树种的生物学特性不同，在分布上表现出明显的坡向性。除圆柏、山杨及金露梅、甘青锦鸡儿、黄刺（小檗）等灌木生长在山地阳坡、半阳坡外，其他大部分乔木、灌木树种均生长在山地阴坡、半阴坡。

（三）品种畜牧学特性

大通马终年生活在高寒山地草原上，仅靠野草维持生存，管理粗放。经过长期繁衍和人为选育，大通马对高寒山地草原环境和粗放群牧条件极为适应，形成吃苦耐劳、耐粗饲、恋膘性好、抗病力强、繁殖力高、遗传性能稳定的特点。

二、品种来源与变化

（一）品种形成

最早生活在大通马产区的羌族，早在三四千年前就在湟水流域至青海湖周围逐水草而居，以游牧为生，牧养包括马在内的各类草原牲畜。《穆天子传》所载周穆王西巡狩在各地献得的马，以及《竹书纪年》所说的周孝王五年西人来献马，大多就是这些地方所产。可见当时当地高寒山地草原就已存在着驯化的马匹，邻近农区俗称其为西蕃马。

公元4世纪，原鲜卑族吐谷浑部自辽东来青海与羌人等杂居，后形成了强大的吐谷浑族，曾长期统治青海和该地区。《隋书·吐谷浑传》记有："青海周回千里，中有小山，其俗至冬辄放牝马于其上，言得龙种。吐谷浑尝得波斯草马，放入海，因生骢驹，能日行千里，故时称青海骢。"唐太宗时，楚元运上言："吐谷浑良马悉牧青海，轻兵掩之，可致大利。"证明古时该地区已养有良马。

公元7世纪后期，土蕃族（原系西羌的一支，以拉萨为中心，散处在通天河岸和黄河源附近）兴起，控制了青海海北，因而"藏马"对大通马的形成有一定的影响。以后历朝均在该地区附近设有马市或茶马司。公元10世纪末期，宋朝曾设市于制胜关、浩亹（门）府（今青海省乐都县），收购该地马匹。明太祖时在西宁设茶马司，以马易茶。清乾隆元年（1736）在西宁设立马场，以供军用。根据《青海志略》记载："本省东北隅，旧甘肃西宁道，地及大通河……青海湖周围，产有矫捷善走、力能任重之良马，以大通河下游门源县所产之马为最优。"由此可见，大通马的饲养历史已相当悠久。

在历史上，蒙古族曾多次进入该地区。公元3世纪末，鲜卑族拓跋部建南凉于乐都，始有蒙古马来到该地区。以后匈奴族建北凉，曾派兵越祁连山南下，成吉思汗占西宁；东蒙古阿尔秃斯、阿勒坦先后率部来青海；和硕特顾实汗部占据青海，直到清咸丰八年（1858）蒙古族自青海湖南退移居海北，至今仍散居在境内，目前该地区不少地名仍用蒙古语，可见蒙古族对该区影响很大，蒙古马对大通马马种的形成起了重要作用。

历史上河西走廊常出现群雄割据的局面，战祸频仍，来往者多被迫改道青海门源、祁连，故该地区为东西交通的又一要道。日本足立喜六《法显传考证》记载，399年（东晋安帝隆安三年），僧人法显曾由长安经兰州、西宁、大通、门源，越祁连山到张掖，再循河西走廊西段入西域。有大量马匹在该地区繁衍，影响大通马的形成。

1927年以前，该地区属甘肃省管辖，与河西走廊联系密切，无论官办马场或民间都与新疆频繁交往，民族间交往甚密，互换马匹，由此可知当地马匹不同程度地受过古代西域马种的影响。该地区原有张卜拉马种，该马种体躯高大，一般体高在136cm左右，多具黑骝毛，性情温驯、善"大走"（对侧步的一种），其血统中即保持着较多的哈萨克马血液；有不少大群牧马都曾引用过此马种的血液，这也是大通马形成的一个重要因素。

近代在产区内有用河曲公马配本地母马，其后代体大力强。因这两个品种的产地比较靠近，在以往的调查中曾发现有类似河曲马的混血个体。2006年调查也显示仍有用河曲公马进行群交繁殖的情况。因此，大通马应有不同程度的河曲马血液。

综上所述，大通马起源于原始的高寒山地草原马。先后受蒙古马、藏马、哈萨克马、河曲马等的影响，血统比较复杂。更主要的是大通马长期繁衍在水草丰美的高寒山地草原环境中，形成了较独特的品种特性，遗传性能稳定，且具有一定数量，是蒙古马系中的一个优良地方品种。

1958年组成大通马调查队，对大通马进行全面调查，认为大通马品种特点明显，可以定为独立的地方品种。1969年开始进行本品种选育，至1974年选育群比一般群公、母驹体高增加超过5cm。但此后本品种选育工作未能继续。20世纪50年代末，产区引入卡巴金马、奥尔洛夫马、顿河马和阿尔登马等种公马对大通马进行改良，至20世纪70年代，因政策调整、马匹销路不畅而全面停止。

（二）群体数量

2005年末产区存栏大通马23 024匹，其中种用公马450匹、基础母马9 585匹。大通马无濒危危险，但数量和质量呈大幅下降趋势。

（三）变化情况

1.数量变化 1980年产区大通马存栏61 032匹，2005年降至23 024匹，近20多年来大通马的数量呈不断下降的趋势。主要原因是自20世纪70年代中期以来，产区城镇化建设加快，交通网络不断发展，机械动力的应用取代了马在农业生产和交通运输中的地位，使马匹销路严重受阻；同时政策上对养马生产采取限制措施，导致马匹数量逐年下降。近年来，前往大通马产区购马以作肉用较多，造成大通马优良群体的逐步减少甚至消失。

2.品质变化 大通马在2006年测定时与1980年的体重和体尺对比，体高、体长有所增加，其他变化不大，结果见表1。品质变化的主要原因是马的选育工作一直处于停滞状态，优良大通马群体逐年流失，缺乏优秀种公马。

表1 1980、2006年大通马体重和体尺变化

年份	性别	匹数	体重（kg）	体高（cm）	体长（cm）	胸围（cm）	管围（cm）
1980	公	96	333.39	131.13 ± 3.13	140.07 ± 4.30	160.33 ± 6.23	17.53 ± 0.97
2006		28	342.18	135.27 ± 5.39	146.86 ± 6.30	158.63 ± 7.30	17.02 ± 1.46
1980	母	650	287.84	126.07 ± 3.37	135.71 ± 4.97	151.35 ± 5.88	15.89 ± 0.64
2006		106	306.32	129.61 ± 7.70	140.46 ± 7.16	153.47 ± 7.98	15.68 ± 0.87

三、品种特征和性能

（一）体型外貌特征

1.外貌特征 门源、祁连产的大通马外貌俊美，海晏、刚察产的次之。大通马有乘挽和挽乘两种类型。乘挽型头部较干燥，四肢略长，管部较干燥，距毛少，体质结实，有较好的速力，门源、祁连产的大通马多属此类；挽乘型头部较粗重，四肢略短，管部多粗糙，距毛较多，蹄小而圆，体质多粗糙松弛，适宜挽用，海晏、刚察、仙米所产的大通马多属此类。

大通马体躯粗壮、略长，整体结构匀称，禀性温驯，悍威中等。体质以粗糙型为主，体型为兼用型，有偏挽用趋势。头略显重，多直头，部分呈半兔头、兔头或凹头。耳长中等，眼大而圆，额较宽，鼻孔大，唇较厚，颌凹宽。颈水平略斜、稍显短薄，颈肌公马较壮，母马稍少，颈础中等，颈肩结合部多有凹陷。鬐甲宽广度较好，有低短之感。肩较直，胸宽广、发育好、深度中等，肋拱圆。背宽广、平直，个别马呈鲤背，腰部稍长，多有凸腰或凹腰。腹部一般略大。尻稍短斜，腰尻结合欠佳。四肢长中等，管部稍细、较干燥，系长中等，部分马距毛较多，关节强大。蹄中等大，蹄质坚实。后肢多呈刀状、内向或外向。鬃鬣毛较粗长。

毛色较整齐一致，以骝毛为主，黑毛、栗毛、青毛次之，其他毛色极少。

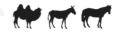

大通马公马

大通马母马

2.体重和体尺 2006年12月和2007年7月，青海省畜牧总站测量了大通马的体重和体尺，结果见表2。

表2 成年大通马体重、体尺和体尺指数

性别	匹数	体重（kg）	体高（cm）	体长（cm）	体长指数（%）	胸围（cm）	胸围指数（%）	管围（cm）	管围指数（%）
公	28	342.18	135.27 ± 5.39	146.86 ± 6.30	108.57	158.63 ± 7.30	117.27	17.02 ± 1.46	12.58
母	106	306.32	129.61 ± 7.70	140.46 ± 7.16	108.37	153.47 ± 7.98	118.41	15.68 ± 0.87	12.10

（二）生产性能

1.运动性能 大通马适合骑乘，善于在高原上长途行走，多走对侧步，速度快而平稳，人骑乘舒适。这种步法能遗传，马驹生下自然会走对侧步，俗称“胎里走”。对侧步骑乘速力测定记录为500m用时1min 7s；骑乘速力1 200m用时1min 56s，负重74.5 kg、长途骑乘70km用时5h 20min。

2.役用性能 单套拉胶轮车、载重500 kg，8h行48km。双马拉七寸步犁，日工作6h，可耕地0.4km^2。最大挽力（20匹马平均）265.05 kg，大部分为体重的80%以上。每匹马驮30 kg，每日行进6h，行程40～50km，能连续使用6～10天。

3.肉用性能 大通马的屠宰率47.33%，净肉率39.14%。

4.繁殖性能 大通马1岁开始有性活动，公、母马性成熟均较晚，母马3岁、公马4岁性成熟；母马4岁、公马5岁可参与配种。繁殖年限公马一般16岁，母马16～18岁。母马发情季节在4～8月初，5月下旬到6月份为发情旺季，极易受胎；发情周期20天左右，发情持续期4～5天，妊娠期330～340天；年平均受胎率75%～90%，年产驹率50%～60%。2006年在海北州门源县测定，幼驹初生重公驹（31.6 ± 2.58）kg（10匹），母驹（29.45 ± 2.84）kg（11匹）；幼驹断奶重公驹（174.56 ± 6.58）kg（9匹），母驹（163.08 ± 7.10）kg（12匹）。

四、饲养管理

大通马终年放牧。当地群众多按滩地、丘陵、高山分季节放牧。河滩、丘陵地区气候较暖，牧草丰富，水源充足，多用作冬春草场；高山夏季气候凉爽，泉水遍布，灌木较多，多用作夏季牧场。

大通马群体

五、品种保护和研究利用

采取保种场保护。产区有始建于1937年的门源种马场，多年来承担大通马品种保护及当地马杂交改良工作。大通马1987年收录于《中国马驴品种志》。

产区仍有一部分大通马参加农业生产和交通运输，也有的作为肉用。近年来旅游业的发展为大通马的开发利用开辟了新的途径。

六、品种评价

大通马长期适应高原环境，是体型偏重、挽乘皆宜的地方品种，且兼有蒙古马、河曲马等品种的血统，具有耐粗放、易恋膘、繁殖力较强的特点，以善走对侧步著称，为青海省境内的代表性马种。但由于现代交通的发展、农村产业结构的调整、机械动力的普遍采用，马作为牧民生产生活资料的传统功能已逐渐丧失，马匹数量下降迅速。由于近30年来未进行有计划地选育，大通马性能下降、品质退化严重，胸廓、骨量较多发育不佳，原有挽乘兼用的特点不明显。今后应加强对大通马遗传资源的保护，以保护生物多样性和高原马种固有特点为目的，在中心产区内保存该品种的优良马群，建立大通马保护区，同时加强本品种选育并开展良种登记工作，使大通马品质和数量都得到提高。大通马具有善走对侧步的独特优点，可开展相关遗传学的研究并加强选育，结合群众娱乐、休闲的需要，组织走马赛事，满足当地人民经济和文化生活的需要。

河曲马

河曲马（Hequ horse）旧称南番马，1954年由原西北军政委员会畜牧部正式定名，属于挽乘兼用型品种。

一、一般情况

（一）中心产区及分布

河曲马原产于甘肃、四川、青海三省交界处的黄河第一弯曲部，中心产区为甘肃省甘南藏族自治州玛曲县、四川省阿坝藏族羌族自治州若尔盖县、阿坝县和青海省河南蒙古族自治县。甘肃的夏河、碌曲，四川的红原、松潘、壤塘，青海的久治、泽库、同仁、同德等县均有分布。

（二）产区自然生态条件

产区位于北纬32°～35° 2′、东经101°～104°，地处青藏高原东缘，海拔3 300～4 000m。境内山地起伏，多宽谷滩地，地形较开阔，主要由黄河阶地、丘间盆地及黄河故道组成。属高原大陆性气候，寒冷湿润。年平均气温0.1～2.0℃，绝对最高气温25.5℃，绝对最低气温-34.4℃，昼夜温差25℃左右；降霜期很长，纯牧区几无绝对无霜期。年降水量601～754mm，多集中在5～9月份，占全年降水量的80%～87%，雨热同季；年蒸发量1 175～1 407mm，约为年降水量的2倍。降雪期从10月份至次年4月份，积雪最深达20 cm。年平均日照时数2 050～2 651h。冬春风多，最大风力7～9级。

产区水源较多，黄河是主要河流，其支流有白河、黑河、贾曲河、西科河等，与由各处梁底、坡角、涌泉流水所形成的细流交织在全区各地草原上，分布较均匀。产区湖泊、洼地、沼泽水面很多，水质好，人畜用水方便。由于黄河倒灌和小河横溢，在草场低洼处形成大面积终年积水和季节性积水沼泽地，生长着大量水麦冬、海韭菜、水稗子等优良水生牧草，马喜食且易长膘。土壤肥沃，主要有高山草甸土、黑钙土、暗栗钙土、沼泽土和冲积土等，土层厚约1m左右，腐殖质层厚约20～30 cm，肥力高、保水性强，为作物和植被生长提供了良好的条件。耕地面积很少，大多以牧业为主。农作物种类以青稞为主，还有小麦、豆类、马铃薯、油菜和亚麻等。产区大部分属于牧区，面积85%以上为草地，草地属亚高山草甸，牧草以禾本科、莎草科、豆科、蓼科、毛茛科、菊科和蔷薇科为主。植被覆盖度在85%左右，草丛高35 cm左右。森林面积不足35万hm^2，树种有青海云杉、冷杉、圆柏、桦木、沙柳等。

（三）品种畜牧学特性

河曲马在群牧条件下培育，合群性好、恋膘性强、耐粗饲、性情温驯、易调教，对海拔较高、气压较低、气候多变的高山草原少氧环境有极强的适应性。河曲马肺活量大，胸宽、深，胸围早期生长发育快；血液中红细胞和血红蛋白含量均高；能跨越4 000m以上的高山，能在平原沼泽地骑乘，剧烈运动后20～40min呼吸、脉搏就能恢复正常。曾被推广到河南、河北、山东、山西、福建、广东、云南等20多个省、自治区和直辖市以及部队，均能良好适应。

河曲马抗病能力较强，很少发生胃肠疾病和呼吸系统疾病，但某些地区寄生虫病较多。此外，青海一些地区的河曲马常发生前肢跛行、管部韧带炎症和蹄病，这和当地潮湿、水草滩多以及夜间三马连绊的饲养管理方式有密切关系。

二、品种来源与变化

（一）品种形成

产区养马历史悠久。据文献记载，公元1世纪时，西羌的一支——党项族，居住在青海的东南部、甘肃南部以及四川西北部的广大地区，他们以畜牧为主，饲养有牛、马和羊。《中国养马史》中有“羌人及冉駹在汉朝以前就在今甘肃、青海一带及康藏高原过着游牧生活……各地养有他们的良马”。远在北魏时期，以游牧生活的吐谷浑部落带来了北方的草原马。隋唐时代对这一地带的马称“吐蕃马”。唐朝及以前从西域和西南亚引入以及接纳进贡的良马，如波斯马、大宛马、乌孙马等，主要养于陇右一带牧监。安史之乱之后，吐蕃等部族曾多次进陷该地，马匹被劫流入河曲马产区。到了元代，蒙古族随大军南下大量进入产区，又带进了蒙古马，这对河曲马的形成影响很大。元代以后，再无外来马进入，自群繁殖。

河曲马中心产区均属纯牧区，居民以藏族为主，还有蒙古族、回族、汉族等，多放牧马、牛、羊。当地交通运输曾主要靠骑、驮和马车，牧民换取钱物也全靠出售马匹、羊毛和牦牛毛毡等。产区各族人民在生产和生活上都离不开马，这成为河曲马形成的主要社会经济因素。当地有每年举行赛马大会的习惯，牧民养马、调教参赛，促进了河曲马性能的提高。

河曲马由于长期生活在高寒、湿润、雨量充沛、地势开阔、牧草丰茂的环境中，加之当地各族人民对马匹十分需要，一贯重视选择培育和精心管理，从而形成了适应性强、体格较大的品种。

（二）群体数量

2005年末甘肃、四川、青海三省共有河曲马约13.0万匹，其中种用公马1.0万匹、基础母马4.9万匹。甘肃省共有5.0万匹，其中基础母马1.6万匹；四川省共有5.5万匹，其中基础母马2.5万匹；青海省共有2.5万匹。河曲马无濒危危险，但数量和质量呈现逐年下降趋势。

（三）变化情况

1.数量变化 1983年甘肃、四川、青海三省河曲马存栏共约18.0万匹，至2005年末河曲马存栏共约13.0万匹，下降了27.8%。下降的主要原因是随着社会的不断进步，马作为传统交通工具和农业生产主要动力的功能逐渐淡化，且出于草原生态保护的要求，产区政府均提出“限制马匹”的政策，影响了河曲马的发展。

2.品质变化 河曲马在2006年测定时与1983年的体重和体尺对比，各项指标均有所提高，但从生产性能以及适应性来看品质有所降低（表1）。品质变化的主要原因是随着社会经济的快速发展，养马经济效益减少，政策不予扶持甚至限制，饲养管理粗放，选育工作薄弱。

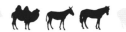

表1　1983、2006年成年河曲马体重和体尺变化

年份	性别	匹数	体重（kg）	体高（cm）	体长（cm）	胸围（cm）	管围（cm）
1983	公	532	371.85	137.20	142.80	167.70	19.20
2006		26	398.72	140.63 ± 4.55	146.94 ± 4.69	171.19 ± 6.64	20.04 ± 0.52
1983	母	5 748	350.63	132.50	139.60	164.70	17.80
2006		118	375.74	138.13 ± 5.10	145.40 ± 5.05	167.06 ± 6.89	19.48 ± 0.36

三、品种特征和性能

（一）体型外貌特征

1.外貌特征　河曲马体质结实干燥或显粗糙，体型匀称，结构良好。公马有悍威，母马性温驯。头较大，多直头及轻微的兔头或半兔头，耳长而尖，眼中等大，鼻孔大，颌凹较宽。颈长中等，多斜颈，肌肉发育不够充分，颈肩结合较好。肩稍立，鬐甲高长中等。胸廓宽深，背腰平直，少数马略长。腹形正常，有部分垂腹，尻宽、略斜。肢长中等，关节、肌腱和韧带发育良好。前肢肢势正常或稍外向，部分后肢略显刀状或外向。系中等长，有弹力而软，卧系少见。蹄大、较平，蹄质略欠坚实，有裂蹄。

河曲马公马

河曲马母马

毛色以黑毛、骝毛、青毛为主，栗毛次之，其他毛色较少，部分马头和四肢下部有白章。

2.体重和体尺　2006年8月与2007年9月甘肃省畜牧技术推广总站、四川省畜禽繁育改良总站和青海省畜牧总站分别对各自省内河曲马成年马进行了体重和体尺测量，结果见表2。

表2　成年河曲马体重、体尺和体尺指数

性别	匹数	体重（kg）	体高（cm）	体长（cm）	体长指数（%）	胸围（cm）	胸围指数（%）	管围（cm）	管围指数（%）
公	26	398.72	140.63 ± 4.55	146.94 ± 4.69	104.49	171.19 ± 6.64	121.73	20.04 ± 0.52	14.25
母	118	375.74	138.13 ± 5.10	145.40 ± 5.05	105.26	167.06 ± 6.89	120.94	19.48 ± 0.36	14.10

（二）生产性能

河曲马挽力强，速力中等，持久耐劳，善爬高山，具有善走泥滩的能力。

1.役用性能 ①挽曳能力：据2006年四川省畜禽繁育改良总站测验，成年骟马6匹，单马拉犁，平均最大挽力449 kg，占体重的107.8%。甘肃省中部干旱区使役，双套马日工作5h，可耕地约0.27km^2。②驮载能力：一般骟马可驮100 ~ 125 kg，日行50km用时10h左右，并可连续驮运多日。以马拉磨，一天工作6h，可磨玉米、豌豆150 kg。

2.运动性能 ①骑乘速度：1 000m为1min 15.5s，1 200m为1min 22s，1 600m为2min 3s，1 800m为2min 16.5s，2 000m为2min 35.8s，3 200m为5min 11s。2007年8月甘肃玛曲第四届格萨尔赛马大会一匹成年骟马的1 000m速力达1min 13.63s，川西北河曲马成年骟马的1 000m速度也达到了1min 17s。②持久力：据测验，成年骟马3匹，以快步走完有一定起伏的简易公路50km，骑手午餐休息2h 20min后，再以快步、慢跑配合返回，50km成绩为3h 40min，100km成绩为7h 20min，平均时速为13.64km，骑手及鞍重75 kg。

3.产肉性能 河曲马产肉性能较好，有向肉用方向选育的基础条件。1991年在甘南藏族自治州河曲马场选取公马和骟马各1匹、母马12匹，进行了屠宰性能测量，结果见表3。

表3 河曲马的产肉性能

宰前活重（kg）	胴体重（kg）	屠宰率（%）	净肉重（kg）	净肉率（%）	肉骨比	眼肌面积（cm^2）	体躯后1/3高等级肉比例（%）
341.63	164.53	48.16	130.68	38.25	3.86	75.70	40.62

河曲马肌肉营养成分见表4。

表4 河曲马肉营养成分（%）

水　分	粗蛋白	粗脂肪	粗灰分
72.60 ± 3.05	21.87 ± 1.32	4.41 ± 3.24	1.12 ± 0.06

4.繁殖性能 据甘肃、四川、青海三省畜牧部门历年统计资料，河曲马1 ~ 1.5岁时就有性行为，母马1.5 ~ 2岁性成熟，3 ~ 4岁开始配种。母马发情季节一般为4 ~ 9月份，5 ~ 6月份为发情旺期，发情周期15 ~ 30天、平均22天，发情持续期3 ~ 10天，妊娠期335 ~ 345天；一般可繁殖到15 ~ 16岁，6 ~ 12岁期间为盛产期；年平均受胎率55% ~ 70 %，年产驹率60%，幼驹成活率65% ~ 85%。公马较母马稍晚熟，一般2岁左右达到性成熟，4 ~ 5岁开始配种，种用年龄可达13岁。河曲马以群牧本交为基本繁殖方式，独群小群配种，一般1匹公马一个繁殖季节可担负10 ~ 20匹母马的配种任务。

另据青海省畜牧总站2006年测定，河曲马幼驹生长发育较快，初生公驹体尺与成年公马体尺比较，体高为58.96%，体长为42.22%，胸围为41.16%，管围为34.30%；初生母驹与成年母马体尺比较，体高为61.90%，体长为43.30%，胸围为42.27%，管围为47.74%。幼驹初生重公驹34.7kg，母驹31.7kg；幼驹断奶重公驹220.1kg，母驹213.3kg。哺乳期平均日增重公驹514.8g，母驹504.8g。

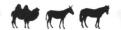

河曲马群体

四、典型类群

河曲马由于分布面广，各地自然和经济条件不同，在甘肃、四川、青海三省形成了不同的类群。

（一）乔科马

产于甘肃南部玛曲县，主要放牧于乔科草原。当地多沼泽地，且水草丰美，气温适中。经当地藏族牧民多年选育，形成独立的类群。乔科马体格较大，头大、多兔头，管围较粗，蹄质欠佳。其体重和体尺见表5。经当地河曲马场多年选育，已选育出相当优良的河曲马群。毛色，原多青毛，现以骝毛、栗毛为多。曾输往西北和华北地区，很受欢迎。其体重和体尺见表5。

表5　乔科马成年马体重和体尺

性别	匹数	体重（kg）	体高（cm）	体长（cm）	胸围（cm）	管围（cm）
公	10	441.95	146.75 ± 4.94	149.67 ± 7.20	178.58 ± 8.02	20.25 ± 1.14
母	55	415.62	141.10 ± 4.39	150.50 ± 11.04	172.70 ± 7.06	19.22 ± 0.88

注：2007年8月由甘肃省畜牧技术推广总站在甘南河曲马场测定。

（二）索克藏马

产于四川省阿坝藏族羌族自治州若尔盖县的唐克乡，所以也有“唐克马”的称呼，原养在索克藏寺院。该地海拔高，为泥炭沼泽地，水草丰美，雨量充足。索克藏马头大，耳大，身腰较短，有卷马尾习惯，仍可见“唐马”形象。其体重和体尺见表6。

表6　成年索克藏马的体重和体尺

性别	匹数	体重（kg）	体高（cm）	体长（cm）	胸围（cm）	管围（cm）
公	10	407.57	140.96 ± 6.30	147.79 ± 8.38	172.58 ± 8.18	19.79 ± 1.12
母	50	351.92	135.09 ± 5.82	142.58 ± 5.05	163.27 ± 6.71	19.61 ± 1.14

注：2006年9月由四川省畜禽繁育改良总站在四川省若尔盖县测定。

（三）柯生马

产于青海省河南蒙古族自治县的柯生乡，因此而得名。柯生马属于蒙古族所养的河曲马，体型结构良好，体质干燥结实，蹄质坚硬。其体重和体尺见表7。由于蒙古族迁来时带来蒙古马，且近代以来，河南和久治等县曾陆续由甘南等地引进河曲公马，对提高当地河曲马质量起了重要的推动作用。尤其是河南蒙古族自治县的柯生、赛尔龙等乡几乎从未间断引入甘南地区河曲马，故该类群是混有蒙古马血液的河曲马。其体重和体尺见表7。

表7　成年柯生马的体重和体尺

性别	匹数	体重（kg）	体高（cm）	体长（cm）	胸围（cm）	管围（cm）
公	6	384.96	140.3 ± 2.8	144.2 ± 1.0	169.8 ± 5.1	20.3 ± 1.0
母	13	354.53	138.2 ± 5.1	140.3 ± 5.0	165.2 ± 10.7	19.6 ± 1.1

注：2006年由青海省畜牧总站测定。

五、饲养管理

河曲马多数终年放牧饲养。一般夏、秋不饲喂精料，冬、春补饲一些青干草或根据使役、骑乘情况补饲一定的精料。多以骟马作使役用，很少用公马、母马使役。草场分为冬春草场和夏秋草场，冬春草场建有简易土围棚圈。农区一般采用棚圈舍饲和放牧结合的方法饲养，供给少量饲料，农忙时多舍饲、少放牧，农闲时少舍饲、多放牧。一些地区有夜间将三马前腿连绊的管理方式，可防马夜间丢失，但也易影响其采食。

六、品种保护和研究利用

采取保种场保护。1980年8月农业部、财政部提出对河曲马进行保种。1981年成立了甘肃、四川、青海三省河曲马保种选育协作委员会，制定了《河曲马保种条例》、《河曲马选育方案》及《河曲马综合鉴定试行标准》。甘南藏族自治州河曲马场作为河曲马保种选育场之一，先后组建了5个保种选育群，有公马49匹、母马530匹。1996年该场实行牧户草场承包，保种群种马约400匹分散饲养于放牧员家中，由于马场经营体制转变，选育工作逐渐弱化。

2007年甘南藏族自治州实施“河曲马场河曲马保种选育基地建设项目”，以河曲马种质资源保护和选育优质赛马为主要技术路线，在河曲马场建立以活体保种为主、生物保种为辅的保种选育基地，积极开展活体保种工作。已经在马场5个队选择扶持20户牧民建立保种选育群。

河曲马1987年收录于《中国马驴品种志》。甘肃省2007年2月发布了《河曲马》地方标准（DB 62/T1598—2007）。

目前，河曲马的主要用途是作为运输工具、旅游骑乘、提供肉食等。

七、品种评价

河曲马是我国一个古老的地方品种，体格高大、体质结实、耐粗饲、适应性强、遗传性能稳定，属于挽乘兼用型，具有良好的工作和持久能力，特别能适应高寒地区的生态环境，抗病力强，历来深受广大牧民喜爱，是西北高原良好的骑乘马。在大通马的品种形成过程中起过重要作用。多年来，为支援各地农业生产、改良马种以及国防建设发挥了重要作用。

今后应加强本品种的保种与选育工作，建立河曲马保种选育协作组织，恢复或加强各省的河曲马保种场建设，制定符合社会发展需要的选育方案和品种标准，并做好良种登记工作。培育河曲马专门化品系，尤其要注意向骑乘型方向发展，以此来满足产区群众日益增长的社会文化需求。同时，注意选留种公马，提高母马的繁殖力，改进饲养管理方法，避免过度近交，进一步提高马群质量，加快河曲马基因库建设。系统地将河曲马遗传资源的保护、选育与开发利用相结合，进行动态保护。

柴达木马

柴达木马（Chaidamu horse）因产于柴达木盆地而得名，属挽乘兼用型地方品种。

一、一般情况

（一）中心产区及分布

柴达木马主产于青海省柴达木盆地境内，中心产区在青海省柴达木盆地中东部的都兰县、乌兰县、德令哈市和格尔木市的沼泽地区，盆地西部也有少量分布。

（二）产区自然生态条件

柴达木盆地位于北纬35° 00′ ~ 39° 20′、东经90° 16′ ~ 99° 16′，地处青海省西北部，是我国海拔最高的高原型盆地，略呈三角形，四周被昆仑山、阿尔金山、祁连山环抱，东西长800km、南北宽350km。海拔2 600 ~ 3 000m，边缘环山地带海拔高达4 500 ~ 5 000m。地势由边缘向中央倾斜，依次分为高山、戈壁、风蚀丘陵、平原、盐泽地等五个类型。地势低洼处广布盐湖与沼泽。属典型高寒大陆性荒漠气候，气候变化剧烈，冬春寒冷，夏秋炎热，日温差大，干旱少雨，日照长，太阳辐射强。年平均气温2.3 ~ 4.4℃，最高气温35.5℃，最低气温-24.5℃；无霜期88 ~ 218 天。年降水量25.1 ~ 179.1mm，雨季多集中在6 ~ 8月份，降水量西部稀少、东部稍多；年蒸发量1 000 ~ 3 000mm；相对湿度33% ~ 41.2%。年沙尘暴日数1.7 ~ 12.9 天，年均风速2.6 ~ 3.8m/s。年平均日照时数3 074 ~ 3 603h。积雪深度3 ~ 10 cm。

盆地内水源缺乏，河流一般流量小，多为季节性河流，以高山冰雪融水补给为主。河流仅有柴达木河、素林郭勒河、诺木洪河、乌图美仁河、那仁郭勒河等，多自盆地边缘流向盆地中间，形成许多盐湖——如达布逊湖、南北霍鲁逊湖、东西台吉乃湖等。盆地内有盐水湖5 000多个，最大的是青海湖。水资源总量49.05亿m^3。盆地内土壤垂直分布，从高到低依次为灰钙土、荒漠土、盐土、草甸土、沼泽土。灰钙土主要在东部山麓地区以及河流两岸，植物以芨芨草为主；荒漠土为盆地主要土类，多在极为干旱的西部地区，植被稀疏，以旱生、盐生植物为主，如柽柳、泡泡刺、旱芦苇、沙拐枣等；盐土分布于灰钙土、沙漠土的低地和盐湖边缘地带，地势平坦，牧草稀疏，植物有白刺、柽柳、芦苇等；草甸土多见于河流两岸，地势低平，植被较密，有芦苇、赖草、鹅冠草等；沼泽土处于低凹处和西部河流两岸，地下水位高，生长苔草、芦苇、盐爪爪等植物。

柴达木盆地土地总面积为257 768km^2。地势平坦，土地集中连片、资源丰富。2006年耕地面积967.50 万hm^2。东部和东南部河湖冲积平原，宜耕作土地面积大，农业高产，畜牧业较为发达。农作物主要有小麦、青稞、油菜等。草场面积1 043.37万hm^2，草场类型多呈环状分布，由内到外为沼泽草场、草原草场和荒漠草场。草甸草场和沼泽草场是较好的放牧地，春夏泛浆的沼泽地为马的主要牧场。主要牧草有芦苇、苔草、盐爪爪、赖草、芨芨草、鹅冠草、蒿属、碱蓬等。产区草原辽阔，但草场质量较差、产草量低，平均每公顷产鲜草仅1 077kg。沙区林业用地面积4.05万hm^2，森林资源由天然针叶林、天然灌木林和人工林组成，覆盖率2.06%。

柴达木盆地长期缺乏水资源，植被稀疏，土地沙漠化程度严重，生态环境持续恶化。从2003年开始青海省实施退牧还草等生态环境保护与建设工程，采取禁牧、人工增雨等多种措施加强生态治理力度，生态环境有所改善。

（三）品种畜牧学特性

由于受产区独特的自然条件影响，柴达木马对盆地内荒漠、沼泽草场和冬季寒冷、夏季炎热、昼夜温差大、干旱少雨、日照长、枯草季节长的自然生态环境极为适应，不仅表现为抗蚊虻、抗盐碱，而且表现较突出的恋膘能力。在全年昼夜群牧、粗放管理（无补饲）的条件下，柴达木马夏秋抓膘迅速，掉膘慢、上膘快、恋膘性强。还表现出皮厚毛密，体质多粗糙、疏松，皮下囤积脂肪能力好、抗病力和适应性强等特点。

二、品种的来源与变化

（一）品种形成

从史料记载看，羌人是生活在青海境内最早的古代人。他们在西至鄯善、车师，南至蜀郡、广汉，包括柴达木盆地在内的广大地区逐水草而居，以游牧为主。1956年在都兰县诺木河畔发现距今3 000年的文化遗址，证明当时盆地内有原始的畜牧业。谢成侠教授著《中国养马史》上有“羌人及冉陇人在汉朝以前就在甘肃、青海一带及康藏高原过着游牧生活……各地养有他们的良马”。《竹书纪年》说周孝王五年西人来献马，大多数献的就是柴达木盆地所产的马，故推论当时柴达木盆地已有驯养的草原马。

280年鲜卑人吐谷浑部自辽东迁入并定居青海，带入蒙古马。310年吐谷浑人游牧在白兰（今柴达木盆地境内），与氐人、羌人杂居。452年吐谷浑人以伏罗川（今都兰巴隆附近）为中心，休养生息，各部落的牛、马日多。460年北魏由吐谷浑游牧地区掳去大批驼、马。可见在此期间，柴达木盆地是吐谷浑人的重要居地，养马已达到一定规模。公元4世纪末，河西走廊群雄割据、战祸频繁，来往于东西方的僧侣、商人多改道青海，经由盆地西进，促进了当地养马业的发展。1227年后，有游牧习俗的蒙古族迁入并长期居住于柴达木盆地，蒙古马对当地草原马产生影响。

1677年新疆准噶尔部兴起，其势力曾达到柴达木盆地内。1934年新疆哈密、巴里坤地区的部分哈萨克人迁到盆地的都兰、马海、朵斯一带，后又迁到阿尔屯曲克。近代，盆地内哈萨克族人与新疆同族人交往频繁。1982年在产区的马群中发现有从新疆引入的种公马。故历史上，新疆马种曾陆续进入柴达木盆地，对盆地西部柴达木马的形成有一定的影响。

由上述可知，柴达木马起源于古代时当地的原始草原马，在历史发展过程中，受蒙古马影响极大，近代部分地区有新疆马血液渗入，在柴达木盆地及沼泽草场的气候和环境影响下，经过长期自然和人工选择，形成具有特点的柴达木马。

1958年以后，该地区曾引进阿尔登马、顿河马、卡巴金马、奥尔洛夫马等国外种公马，较广泛地与当地马杂交，影响较深；还曾少量引进过伊犁马、大通马、河曲马。杂交工作至20世纪70年代停止，也再未进行选育。如今，在农业发达地区和交通沿线马匹多已混杂。

柴达木盆地内主要为蒙古、藏、哈萨克等民族，以经营畜牧业为主，马是重要的家畜之一。产区人民多年来一直将马作为农牧业生产、交通运输的工具，具有丰富的养马、育马、用马经验。

（二）群体数量

2005年末柴达木马共存栏13 043匹，其中种用公马286匹、基础母马3 902匹。柴达木马尚无濒危危险，但数量正呈快速下降趋势。

（三）变化情况

1.数量变化 柴达木马1978年共有约5万匹，2005年末共有约1.3万匹，近20多年来，以平均每年10.54%的速度递减。数量下降的主要原因，1975年以后机械化发展，交通运输条件迅速改善，马的需求量下降，柴达木马销路不畅，养马对草场的压力大，经济效益不佳，群众将马匹大量廉价出售，包括大量繁殖母马。

2.品质变化 柴达木马在2006年测定时与1982年的体重和体尺对比，体尺、体重除母马胸围略有下降外，其他指标基本都有所增加（表1）。体尺增加的主要原因是随着我国经济体制的不断完善和改进，原有的国营或集体饲养管理模式改变为承包到户、责任到人，牧民群众对马匹的饲养管理责任心增强，同时牧民群众曾不同程度引进其他马种，马匹在牧民群众生产生活中的作用逐渐被动力机械所取代，已不再用来作为主要役力和交通工具，马常年处在消闲状态，这些使马匹的体尺指标有所提高。

表1 1982、2006年柴达木马体重和体尺变化

年份	性别	匹数	体重（kg）	体高（cm）	体长（cm）	胸围（cm）	管围（cm）
1982	公	23	340.90	131.10 ± 2.55	139.58 ± 4.09	162.41 ± 4.58	18.13 ± 0.59
2006		23	373.23	139.52 ± 5.81	148.13 ± 5.85	164.96 ± 9.55	18.48 ± 1.12
1982	母	108	336.69	128.69 ± 3.07	139.14 ± 4.84	161.66 ± 5.84	16.99 ± 0.74
2006		21	346.98	136.05 ± 5.21	144.05 ± 6.77	161.29 ± 10.46	17.76 ± 1.00

注：体重根据公式“胸围^2 × 体长 ÷ 10 800”计算。

三、品种特征和性能

（一）体型外貌特征

1.外貌特征 柴达木马体格中等，体躯粗壮，四肢稍短，中躯偏长，骨量较好，结构较协调，体质多粗糙、湿润。头短粗、略显小，多直头，少数马呈楔头，盆地东部马较西部马头干燥。眼中等大，耳小翼厚，下颌嚼肌欠发达，颌凹稍小，口吻部小而圆。颈短略薄，多水平颈。头颈、颈肩结合较好，少数马有开肩。鬐甲较低、短而宽，西部马较东部马鬐甲略显高长。胸深但胸宽稍差，肋骨开张良好，腹不过大，背腰平直，腰较长，背腰结合尚好。尻宽中等、较短斜，多呈圆尻，尾础较低。四肢关节发育较好，强而有力。管部短粗，骨量较大，东部马比西部马管部略细且稍干燥。系中等长，部分马飞节和系部稍弱。前肢肢势端正，少数马略呈广踏、狭踏、内向、外向，后肢刀状、外弧、外向占有较大比例。蹄中等大、低而圆，蹄质较差，东部马多有裂蹄。鬃、鬣、尾毛长且浓密，全身被毛粗长。

毛色较杂，以骝毛为主，栗毛、青毛和黑毛次之，其他毛色较少。

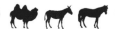

柴达木马公马

柴达木马母马

2.体重和体尺 青海省畜牧兽医科学院2006年6月在海西蒙古族藏族自治州德令哈市戈壁乡、克鲁克镇、尕海镇、畜集乡、查汗哈达乡对成年柴达木马进行了体重和体尺测量，结果见表2。

表2 成年柴达木马体重、体尺和体尺指数

性别	匹数	体重（kg）	体高（cm）	体长（cm）	体长指数（%）	胸围（cm）	胸围指数（%）	管围（cm）	管围指数（%）
公	23	373.23	139.52 ± 5.81	148.13 ± 5.85	106.17	164.96 ± 9.55	118.23	18.48 ± 1.12	13.25
母	21	346.98	136.05 ± 5.21	144.05 ± 6.77	105.88	161.29 ± 10.46	118.55	17.76 ± 1.00	13.05

（二）生产性能

1.役用性能 柴达木马善走沼泽地，是当地牧民的主要交通工具和农业动力。其最大挽力为340 kg。在公路上，单套拉架子车，载重500 kg（车重未计），7h 30mim行程39km，速度为5.2km/h；双套拉转头犁在平坦的板茬沙地耕地，6h 25min完成0.98km^2。

2.运动性能 草原袭步1 200m赛用时1min 22s，1 600m骑乘用时2min 22.5s；长途骑乘33.5km用时4h 25min，平均速度为7.6km/h。

3.产肉性能 对5匹成年母马进行了屠宰性能测定，平均胴体重166.8 kg，屠宰率48.73%，净肉重137.2 kg，净肉率40.08%，其产肉性能较高，在马肉生产上具有一定价值。

4.繁殖性能 2006年5月在乌兰县铜普镇茶汉河村、希里沟镇，都兰县巴隆乡布洛沟村对2 ~ 14岁的31匹柴达木马繁殖性能进行了调查，一般1.5岁后开始有性活动，3岁性成熟。母马3岁开始配种，公马4岁可配种。繁殖年限公马15岁左右，母马17岁左右。母马发情季节在4 ~ 8月初，5月下旬到6月份为发情旺期；发情周期21 天左右，发情持续期7.73 天；妊娠期330 ~ 340 天；年平均受胎率60% ~ 85%，产驹率40% ~ 50%。幼驹初生重公驹（33.38 ± 11.59）kg（12匹），母驹（32.61 ± 11.12）kg（21匹）。幼驹断奶重公驹（178.13 ± 9.37）kg（8匹），母驹（164. 8 ± 17.40）kg（17匹）。

四、饲养管理

柴达木马主要放牧饲养，管理粗放，终年昼夜大群散牧，任其自由采食，基本不补饲。采用独雄小群交配，每小群有母马20匹左右和幼驹若干匹。有些牧民对妊娠以及泌乳母马予以少量补饲，骑乘马冬春季节实行补饲。

柴达木马群体

五、品种保护和研究利用

尚未建立柴达木马保护区和保种场，处于农牧户自繁自养状态。柴达木马柴达木马主要用于牧民放牧时的交通工具和赛马、旅游骑乘等群众娱乐体育活动。

谢庆英等（1996）进行了柴达木马血清白蛋白多态性和血清脂酶多态性的研究。吴华等（1998）进行了不同品种马血清脂酶位点遗传距离聚类分析。

六、品种评价

柴达木马对盆地的自然环境和群牧粗放条件适应性强，恋膘性好、抗病力强、遗传性能稳定，是经过长期驯养形成的地方品种。现产区交通运输、农业生产条件改善，柴达木马基本不再作为役用。今后应迅速开展品种资源保护工作，在中心产区建立柴达木马的保种场和保护区，加强本品种选育。利用先进的遗传、繁育技术建立柴达木马的基因库，长期保存其遗传资源。利用产区丰富的旅游业和民族文化资源，可开展观光、骑乘、赛事活动，带动柴达木马向骑乘、旅游及肉、奶等专门化方向选育。提高群众饲养管理水平，尤其是在沼泽面积较大的县，应积极保护和发展好柴达木马。

玉树马

玉树马（Yushu horse）当地又称高原马、格吉马、格吉花马，原属于藏马的一个类群，属乘挽兼用型地方品种。

一、一般情况

（一）中心产区及分布

玉树马主要分布在青海省玉树藏族自治州。中心产区在澜沧江支流——解曲、扎曲、子曲和通天河流域一带，包括杂多、囊谦、玉树和称多四县，治多和曲麻莱两县也有分布。

（二）产区自然生态条件

玉树藏族自治州位于北纬31° 45′ ~ 36° 10′、东经89° 27′ ~ 97° 39′，地处青海省西南部、青藏高原腹地的三江源头，为青海、四川、西藏三省区交界地带，东西长738km、南北宽406km，土地总面积26.7万km^2（包括海西蒙古族藏族自治州代管的唐古拉山乡），平均海拔在4 200m以上。玉树藏语意为“遗址”。高寒是玉树藏族自治州气候的基本特点。全州气候只有冷暖之别，无四季之分，全年冷季7 ~ 8个月，暖季4 ~ 5个月。年平均气温3.7 ~ 4.9℃，最低气温–38.6℃，最高气温28.7℃；无绝对无霜期。年降水量464mm，相对湿度53% ~ 66%。年平均日照时数2 367 ~ 2 477h。空气含氧量比海平面低1/3 ~ 1/2。灾害性天气多，大雪、早霜、低温、干旱、冰雹等自然灾害严重制约着农牧业生产的发展。高山牧场夏季蚊蝇很少，盆地冬季气温尚温暖，河谷两岸森林和灌木较多，形成了许多地域性小气候区。

玉树藏族自治州是长江、黄河、澜沧江的发源地，境内河网密布、水源充裕。在西部的可可西里地区，有众多的内陆湖泊。地下水资源114.92亿m^3，冰川储量1 899.9亿m^3。土壤主要为高山草甸土、高山荒漠土、高山草原土等。历史上当地藏族人民早已在峡谷地区进行垦殖耕作。2005年有耕地面积17 800hm^2，主要农作物有青稞、燕麦、豌豆、马铃薯、油菜、芫根等。玉树藏族自治州是一个以牧为主、农牧兼营的地区。草场面积1 400万hm^2，其中可利用草场1 130万hm^2。牧草以莎草科和禾本科占优势，主要有蒿草、苔草、异针茅、披碱草、紫羊茅、早熟禾、鹅观草等，牧草虽矮但盖度较大，耐践踏、草质好，是各类牲畜的优良牧场。州内有江西、东仲和白扎三大原始林区。林地面积57万hm^2，森林覆盖率2.71%。

近10年来产区由于牲畜过牧、降水量减少和上游打井、修水库等原因，出现了草场退化严重、水土流失加剧、生态恶化、生物多样性萎缩等一系列问题。2004年1月国务院正式批准设立了三江源国家级自然保护区。2005年开始启动实施“青海省三江源自然保护区生态保护和建设总体规划”。通过禁采沙金、禁伐林木、减畜禁牧、生态移民和限制虫草采集等一系列生态保护措施，产区生态环境正逐步得到恢复。

（三）品种畜牧学特性

玉树马为高寒山地草原马种，对产区高山、缺氧、寒冷的气候有很强的适应性，形成了耐粗放、耐艰苦、采食快、扒雪觅食能力强的特性，完全适应青藏高原4 500m上下的特殊生态环境。但其易患内外寄生虫病。

二、品种来源与变化

（一）品种形成

据史料记载和考古发现，古代最早生活在玉树地区的羌族人3 000～4 000年前就在青藏高原一带逐水草而居，以游牧为生，驯养有包括马在内的各类草原牲畜。谢成侠所著《中国养马史》中，有“羌人及冉駹人在汉朝以前就在今甘肃、青海一带及康藏高原过着游牧生活……各地养有他们的良马”。据《新唐书·吐蕃传》载，吐蕃原是西羌的一支，公元7世纪前即散居在青海南部通天河岸、黄河源附近至拉萨一带，而以拉萨为中心。同书载，公元6世纪末，吐蕃已不是单纯的游牧民族，农业已初具规模。以后，该地区一直是吐蕃人后裔——藏族的游牧居住区。可见，玉树地区为藏族人民的世居地，公元6世纪农牧业生产已有一定规模。古时该区存在有原始的已驯养的高寒山地草原马。

古代玉树地区因地处偏远、交通闭塞、文化落后、民族部落间的隔阂，使整个地区的社会经济基本呈闭锁状态。后来，各民族部落间的接触逐渐增多，尤其是公元6世纪吐蕃兴起，其势力范围不断扩大，人们相互交往频繁，文化陆续传入。据《新唐书·吐蕃传笺证》记载，当地藏族传说唐文成公主入藏时，曾在结古寺停留，并教当地藏族人民种植。1260年八思喇嘛被蒙古王朝崇为帝师后，往返于吐蕃和内地间的蕃僧多经玉树。17世纪蒙古族顾实汗统一唐古特四大部，建立大部落联盟，将青海分为左右二翼。1936年班禅九世入藏，途经玉树。近代，玉树与本省其他地区和川西北地区等地群众互相来往较为密切。据1964年玉树和称多马匹调查，有牧主从西宁、昌都等地买回良马，给住地附近母马配种，一次收酥油7.5kg的事例，可见当时仍有交换、购入马匹。

根据以上所述可知，玉树马起源于当地高寒山地草原马，由于该地区地处偏僻，社会经济基本闭锁，故受外来马种的影响极小。但随着民族往来逐渐增多，尤其是吐蕃和蒙古族强盛以后，外地良马有可能引入玉树，对玉树马的形成产生一定影响。因此，玉树马是在当地特殊生态环境中，长期繁衍形成的一个古老马种，有可能部分马渗入少量的外血。

20世纪60年代以后，为了扶持和发展当地农牧业生产，产区从青海省海北、海西等地调进成批马匹，多和玉树马杂交，至20世纪80年代基本停止。2005年调查发现在产区内较偏远的牧业区，玉树马尚未受到杂交影响；而交通方便、农牧业较发达的地区，马匹多已杂交。玉树马以杂多县产的格吉花马为最好，相传为吐蕃进贡唐朝的“舞马”，善走对侧步。格吉花马是以部落名命名，主要产于澜沧江源流地区的杂多草原，这里曾是格吉部落的属地。格吉花马比一般的玉树马显得更加清秀灵敏，腰部更圆，四肢更为粗壮结实、四蹄更为坚硬耐磨，毛色无论青毛、骝毛、栗毛、黑毛等，大都布满小花斑，有颜色深浅的区别。格吉花马是以优良公马后代为基础，长期选育的结果。

产区藏族人民素有开展赛马、赛走马、骑马射击、骑马拾哈达等民族马文化活动与体育竞赛的传统，近年来还设置专门的活动组织机构，对玉树马的选育和贸易产生了重要的影响。

（二）群体数量

2005年末玉树马共存栏3.51万匹，其中基础母马8 500匹、种用公马440匹。玉树马尚无濒危危险，但数量呈逐年下降趋势。

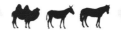

（三）变化情况

1.数量变化 1980—2005年，玉树马存栏量总体呈先升后降的趋势。1980年存栏6.87万匹，1992年存栏最多达8.38万匹，此后逐年下降，至2005年存栏降至3.51万匹，见图1。

数量下降的主要原因是机械化发展，20世纪90年代后玉树马作为群众生产、生活工具的功能下降，产区未能及时采取保护和拓宽利用途径的措施，导致近15年来玉树马数量急剧减少。

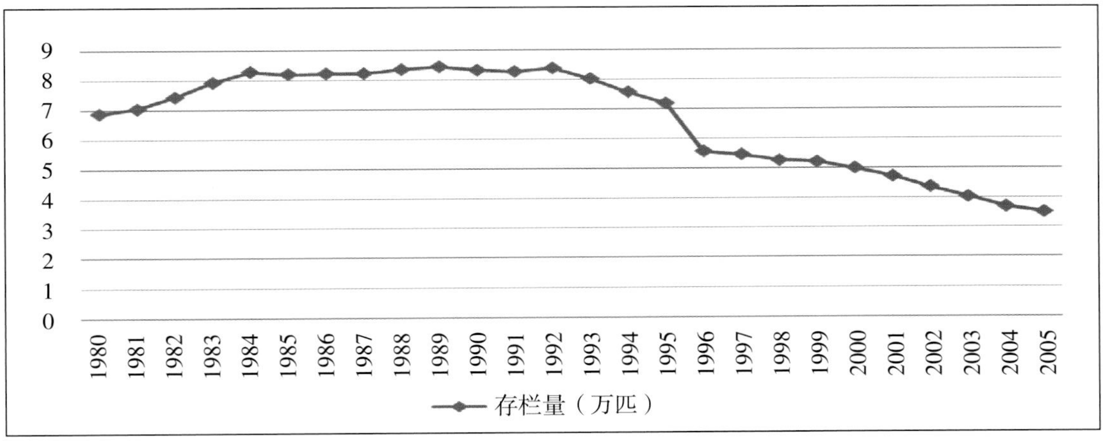

图1 1980—2005年玉树马存栏量变化

2.品质变化 玉树马在2006年测定时与1982年的体尺和体重对比，除母马体长略有降低外，其余指标均有所提高，见表1。

表1 1982、2006年玉树马体重和体尺变化

年份	性别	体重（kg）	体高（cm）	体长（cm）	胸围（cm）	管围（cm）
1982	公	259.95	126.02	130.17	146.86	15.88
2006		313.25	131.21	135.21	158.18	17.09
1982	母	279.41	125.78	132.96	150.65	15.66
2006		307.87	129.75	131.92	158.76	17.52

三、品种特征和性能

（一）体型外貌特征

1.外貌特征 玉树马体格较小、偏轻，体躯略窄，骨量轻，外貌较清秀，结构较匀称。公马体躯显短，母马体躯长度中等。体质类型以紧凑型和粗糙型为主。性情较温驯，悍威一般。头稍重，尚干燥，多直头。耳中等长，眼中等大，颌凹较宽。颈长中等，多水平颈，母马颈较短薄，颈肩结合欠佳。鬐甲较低平，宽度适中。胸较深、宽中等，背腰平直、长短适中。尻短斜。四肢较干燥，关节较强大，肌腱较明显，管骨偏细，前肢肢势较正、略显后踏，后肢多呈外弧和刀状肢势，距毛不多。蹄中等偏小，蹄质坚实。鬃尾毛长且较丰厚。

毛色以青、骝为主，兼有黑、栗、兔褐、银鬃等多种毛色。

玉树马公马

玉树马母马

2.体重和体尺 2006年11月青海省畜牧总站对玉树县、称多县的成年玉树马进行了体尺和体重测量，结果见表2。

表2 玉树马成年马体重、体尺和体尺指数

性别	匹数	体重（kg）	体高（cm）	体长（cm）	体长指数（%）	胸围（cm）	胸围指数（%）	管围（cm）	管围指数（%）
公	34	313.25	131.21 ± 4.38	135.21 ± 8.16	103.05	158.18 ± 6.83	120.55	17.09 ± 1.26	13.02
母	91	307.87	129.75 ± 5.86	131.92 ± 7.13	101.67	158.76 ± 10.14	122.36	17.52 ± 0.93	13.50

（二）生产性能

1.运动性能 玉树马登山能力强，运步灵敏，善走沼泽、草甸、山地和乱石、羊肠小道，有“马小走大”之称，适于骑乘，持久力良好，少数马能走对侧步。据测定在草原上1 000m速度赛，记录为1min 48s；1 600m为3min 1.7s。骑乘50km、负重75 ~ 80 kg，需6h；骑乘90km、负重75 ~ 80 kg，需13.5h。最大挽力为240 kg，最大驮重245 kg。三套胶轮大车（车重500 kg），最大载重1.25 t，5 ~ 6h可行40km。

2.产肉性能 玉树马产肉性能较好，屠宰率55.07%，净肉率43.91%，胴体品质良好，肌肉丰满、色泽深红、脂肪均匀且多分布于体表，肉味纯正较甜。

3.繁殖性能 玉树马采用独雄小群交配。公马2岁表现性行为，4岁性成熟，一般3 ~ 4岁参加配种，可利用到16岁。母马3岁发情，4岁初配，两年产一胎，一生可产5 ~ 7胎，可利用到18岁。据50匹母马观察资料，发情季节在5月中旬至7月，发情周期14 ~ 28 天，发情持续期5 ~ 7 天；产后14 ~ 24 天发情；母马流产率平均为5.35%，幼驹繁殖成活率为56.9%。

四、饲养管理

玉树马终年昼夜群牧，合群性强，饲养管理极其粗放。冬春无任何补饲，马的膘情随草场、气候的变化，表现为“夏复壮、秋体胖、冬耗膘、春瘦弱”。半农半牧区的农用马夏秋放高山，冬春有棚圈，多用青稞草补饲。

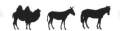

玉树马群体

五、品种保护和研究利用

尚未建立玉树马保护区和保种场，未进行系统选育，处于农牧户自繁自养状态。玉树马主要用于骑乘，近年来产区机械化进程加快，玉树马用途变窄，生存空间狭小，销路不理想。

王振山等（1997，2000）、张才骏等（2001）对玉树马的血清白蛋白、运铁蛋白、血清脂酶分别进行了遗传标记研究。

六、品种评价

玉树马是适应青藏高原海拔4 500m上下特殊生态环境的古老马种。其善于攀山、运步敏捷、骑乘性能好、耐粗饲、扒雪觅食能力强，体格虽较小，但极适应当地特殊的生态环境。近20年来因机械化发展、缺乏重视，玉树马数量急剧下降。今后应加强品种保护与登记，在玉树马的中心产区内建立保护区与登记管理体系，采取生物技术手段进行保种，研究其耐高寒、高海拔、低氧的生理机能，进行重点保护与选育。拓宽玉树马利用途径，结合近年来产区较浓的民族文化旅游、群众娱乐活动，开展玉树马旅游骑乘、民族体育赛事活动，积极进行本品种选育，加强饲养管理，进一步提高品种质量。

巴里坤马

巴里坤马（Barkol horse）属乘挽兼用型地方品种。

一、一般情况

（一）中心产区及分布

巴里坤马主产于新疆维吾尔自治区巴里坤哈萨克自治县各农牧乡场，在伊吾县和哈密市部分农牧乡场也有分布。

（二）产区自然生态条件

中心产区巴里坤哈萨克自治县位于北纬43° 20′ ~ 45° 59′、东经91° 93′ ~ 94° 44′，地处新疆东部天山北麓，北倚北塔山与蒙古国接壤，地势复杂，东南高、西北低，海拔1 600 ~ 4 300m。境内天山山脉主脉与其支脉相对峙，形成东西向狭长的盆地。属温带大陆性干旱气候，昼夜温差大，气候多变。年平均气温3.1℃，极端最高气温35℃，极端最低气温-43.6℃；无霜期122天。年降水量203mm，降水量分布不均匀，雨季一般在6 ~ 9月份；年蒸发量1 622mm。光照充足，年平均日照时数3 213h左右；风力2.2m/s。冬季积雪20 ~ 40 cm。

巴里坤盆地以地表水、地下水为主，也有部分乡场靠雪水和自然降水来养马和种地，地下水水位高。在山前洪积—冲积扇上部和县西部的干旱丘陵地带，土壤多属栗钙土和漠钙土，一般植株较矮，植被稀疏，盖度10% ~ 25%，是主要的春、秋草场。天山及其支脉所形成的山间盆地，地势较低湿，土壤多属黑钙土，植被较密，盖度达98%，植株高20 ~ 30 cm。可利用天然草场17亿hm^2，主要牧草有绵羊狐茅、黑穗苔、蒿草、珠芽蓼、异燕麦、针茅、芨芨草、白蒿、百里香、冷蒿等。草场因地势而异，分为高旱的平滩草场和丘陵草场。南部山地水草丰茂，是良好的夏季牧场；中部山地气候干燥，气温较高，是主要的越冬牧场。2006年可耕地面积1.87万hm^2，林地面积32.87万hm^2。主要农作物有小麦、大麦、马铃薯、油菜等。

（三）品种畜牧学特性

在当地四季草场自然放牧条件下，巴里坤马对寒、暑、风、雪等气候变化以及各种劣质草场和饲草具有很强的适应能力。在严寒缺草的冬春季节能保持体重，掉膘缓慢，能在无棚圈设施、无补饲条件下，在30 ~ 40 cm厚积雪上刨雪觅草生存。

近年由于气温变化较大、草场过牧现象严重、干旱少雨、草场产草量降低，使巴里坤马体格逐渐变小，生产性能有所降低。

二、品种来源与变化

（一）品种形成

巴里坤地区地理条件得天独厚，养马历史悠久。据《后汉书·西域传》记载："蒲类国（今巴里坤草原一带）……有牛、马、骆驼、羊畜。……国出好马。"《旧唐书·地理志》记载："唐天宝元年（742）时，唐朝在北庭节度使统辖的瀚海军有马4 000匹、伊吾军有马300匹。"这些军马一般都是名马、好马。北庭一带是西域地区的一片重要草场，草原异常丰美。《宋史·高昌传》记载："地多马，王及王后、太子各养马，放牧平川中，弥亘数百里，以毛色分别为群，莫知其数。"又据《新疆识略》记载：1761—1775年，在镇西（即巴里坤）等处创办牧场，孳生畜群，以备边防官兵及解往内地之用。巴里坤等地有三个孳生马场（古称马厂），巴里坤孳生马场（又名马场）设在巴里坤，由安西、凉州、肃州等处解送1 500余匹马组建；古城孳生马场（又名古城西场）设于古城（奇台县），由塔尔巴哈台解送到的一些马，连同从东场分出的马2 900余匹组成；木垒孳生马场（又名木垒三场）设于木垒，由巴里坤、古城两场分出2 900余匹马组建。三马场皆处水草茂盛之地，至嘉庆十年（1805）时，三个场的马发展到3 100余匹。嘉庆十二年（1807），木垒孳生马场的马拨给吉木萨尔兵营经营，即变为吉木萨马场。光绪三十二年（1906）调查东场马，共有马4 528匹。当时马匹多数为蒙古马。据《新疆图志》二十八卷记述："巴里坤马细腰耸耳、短小精悍，而性黠不受衔。"清朝同治年间，马场多毁于兵祸。以后虽恢复巴里坤马场，但马数已远不如往年多。

在巴里坤地区，养马业曾有过比较兴旺的时期。巴里坤县与蒙古国接壤，曾是蒙古族游牧的场所，基础马为蒙古马。据《巴里坤概况大事表》记载：清朝时期，伊犁、阿尔泰、塔城等地的哈萨克族牧民曾三次（1883、1914、1934年）大规模搬迁至巴里坤，搬迁牧民达1 000余户，带来的若干匹哈萨克马与当时驻扎在巴里坤的由陕西、甘肃、青海、宁夏军队带来的蒙古马等其他品种马杂交繁育，经风土驯化，逐渐形成了巴里坤马地方品种。

近20年来，由于交通条件改善，马匹原有功能衰退，巴里坤马选育基本停止。

（二）群体数量

2006年末巴里坤马饲养量5 800匹，其中基础母马3 800匹、种用公马200匹。巴里坤马尚无濒危危险，但数量和质量呈逐年下降趋势。

（三）变化情况

1.数量变化 随着社会经济的发展，现代化交通工具逐渐取代了马匹的骑乘、挽驮功能，巴里坤马的饲养量逐年下降，巴里坤县1981年存栏1.50万匹，1995年存栏1.21万匹，2006年存栏0.58万匹。

2.品质变化 巴里坤马在2007年测定时与1981年的体尺和体重对比，结果见表1。变化的主要原因可能与当地社会活动、牧民养马条件变化和马在生产生活中的作用下降有关。

表1 1981、2007年成年巴里坤马体重和体尺变化

年份	性别	匹数	体重（kg）	体高（cm）	体长（cm）	胸围（cm）	管围（cm）
1981	公	21	351.25	135.40 ± 4.48	137.50 ± 5.19	166.10 ± 4.80	18.20 ± 0.92
2007		29	337.51	131.83 ± 5.44	142.03 ± 6.67	160.21 ± 11.30	20.28 ± 1.69
1981	母	102	319.02	128.90 ± 4.01	135.60 ± 4.34	159.40 ± 6.93	16.50 ± 0.80
2007		52	325.59	130.80 ± 6.74	140.04 ± 6.44	158.46 ± 7.63	19.21 ± 1.47

三、品种特征和性能

（一）体型外貌特征

1.外貌特征 巴里坤马体质粗糙结实，有气质，有悍威。头中等大、较粗重，多为半兔头和直头，眼明亮有神，耳尖而小。颈粗壮、中等长，头颈结合良好，多为正颈，部分马颈础稍低，略呈水平颈。鬐甲中等高、略宽。胸较宽而深，肋骨拱圆。背腰平直、中等长。尻长中等，腰尻结合稍差，尻短而斜。四肢粗壮、有力，肌腱发育良好，前肢肢势较为端正，个别后肢出现刀状肢势，蹄中等大，蹄质坚实。鬃、鬣、尾毛发达，被毛浓密。

毛色主要为骝毛、栗毛，也有部分青毛和花毛。个别马头部和四肢有白章。

巴里坤马公马

巴里坤马母马

2.体重和体尺 2007年10月哈密地区家畜育种站和巴里坤畜牧局联合对巴里坤县的海子沿、萨尔乔克、花园等乡的成年巴里坤马进行了体重和体尺测量，结果见表2。

表2 巴里坤马成年马体重、体尺和体尺指数

性别	匹数	体重（kg）	体高（cm）	体长（cm）	体长指数（%）	胸围（cm）	胸围指数（%）	管围（cm）	管围指数（%）
公	29	337.51	131.83 ± 5.44	142.03 ± 6.67	107.74	160.21 ± 11.30	121.53	20.28 ± 1.69	15.38
母	52	325.59	130.80 ± 6.74	140.04 ± 6.44	107.06	158.46 ± 7.63	121.15	19.21 ± 1.47	14.69

（二）生产性能

1.运动性能 巴里坤马在2006年7月巴里坤县赛马会最好成绩，1 000m为1min 19.56s，3 000m为4min 19.15s，5 000m为7min 11.7s，10 000m为14min 9.46s。在山区连续单人骑乘可日行70 ~ 100km。驮载100 kg可日行60 ~ 80km。

2.产肉性能 2008年10月在巴里坤县屠宰场对2匹骟马进行了屠宰性能测量，结果见表3。

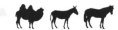

表3 巴里坤马屠宰性能测定

年龄	宰前活重(kg)	胴体重(kg)	屠宰率(%)	内脏重(kg)	肉重(kg)	骨重(kg)	肉骨比(%)	备 注
6岁	347.0	183.0	52.7	51.3	131.3	51.7	2.5	中上等膘情
6岁	308.0	155.0	50.3	47.8	106.6	48.4	2.2	中等膘情
平均	327.5	169.0	51.6	49.55	118.6	50.1	2.4	

3.繁殖性能 巴里坤马性成熟年龄为24～30月龄，公马一般3～4岁开始圈群配种，有较强的配种能力。每匹公马圈配母马12～18匹，最多可达22匹。母马一般从3岁开始配种，3～7月份为发情季节，发情周期16～21天，牧民有母马产后第一次发情即配种的习惯，妊娠期330天左右；年平均受胎率85%，产驹率65%；繁殖年限一般到17～19岁。幼驹初生重公驹40.6 kg，母驹31.1 kg。

四、饲养管理

农牧民各家的马匹自由组合成小群，基本以四季天然放牧为主，管理粗放。冬季补饲少量干草和精料，乘用或农忙时适量补饲精料。

巴里坤马群体

五、品种保护和研究利用

尚未建立巴里坤马保护区和保种场，未进行系统选育，处于农牧户自繁自养状态。巴里坤马主要用于产区牧民骑乘、农用与肉用，近年来也有的用于群众娱乐骑乘等性活动。巴里坤马1987年收录于《中国马驴品种志》。

六、品种评价

巴里坤马为蒙古马和哈萨克马经长期自然混血形成的地方品种，遗传性能稳定、适应性强、耐粗饲、善走山路，适用于乘、驮、挽多种用途，并有一定的产乳和产肉性能。近年来受社会发展、生态变化的影响，品种数量、品质均下降；此外还受到外来品种杂交的威胁。今后应加强本品种保护，建立保种场和保护区，在此基础上进行本品种选育，可向骑乘型与乳肉兼用型方向进行分型选育。同时应加强饲养和放牧管理，开展草原和饲料基地的建设，以保证马匹正常的生长发育。

哈萨克马

哈萨克马（Kazakh horse）属乘挽兼用型地方品种。

一、一般情况

（一）中心产区及分布

哈萨克马产于新疆维吾尔自治区天山北坡、准噶尔盆地以西和阿尔泰山脉西段一带，中心产区在伊犁哈萨克自治州各直属县市，塔城地区五县两市、塔额盆地、昌吉回族自治州、阿勒泰地区等地也有分布。该马产区是我国重要的产马区之一。

（二）产区自然生态条件

产区位于北纬42° 14′ ~ 49° 10′、东经80° 09′ ~ 91° 01′，面积辽阔，自然条件复杂，海拔470 ~ 6 900m，由北向南地势逐渐降低，如塔额盆地海拔平均只有600m。属温和半湿润和温凉干旱气候。伊犁河谷三面高山环绕，受西来湿润气流影响较大，降水丰富，气候温和，森林茂密，草原辽阔。年平均气温6.5℃左右，最高气温31 ~ 42℃，最低气温−45.7℃；无霜期100 ~ 172 天。年降水量264mm（最高360mm，最低171mm），降水季节较为均匀；年蒸发量1 608mm；相对湿度50% ~ 60%。年平均日照时数2 750h。

主产区河流纵横，主要有伊犁河和额尔齐斯河。土壤有高山草甸土、山地森林土、山地黑钙土、山地栗钙土、棕钙土、灰钙土等。以山地草场为主，2006年有草地面积1 895.12万hm^2，其中天然草场面积1 879.1万hm^2。主要草场类型有高寒草甸草场、山地草甸草场、山地草甸草原草场、山地草原草场、山地荒漠草原草场、山地荒漠草场、低地草甸草场和平原荒漠草场。牧草种类主要有蒿草、苔草、珠芽蓼、狐茅、针茅、狐尾草、鸡脚草、无芒雀麦、看麦娘、早熟禾、老鹳草、糙苏、紫花苜蓿、黄花苜蓿、野豌豆、红豆草、博乐蒿、灰蒿、木地肤、獐味藜、驼绒藜、三芒草、芨芨草、芦苇等。产区历史上多以牧业为主，种植业也有一定的发展，可耕地面积174.62万hm^2。主要农作物有小麦、水稻、玉米、大麦、油料、豆类和薯类等。林地面积180.11万hm^2，其中天然林171.56万hm^2，森林覆盖率6.4%。人工林地主要树种为杨树、柳树、榆树和小叶白蜡等。

近10年来，由于气候变暖、降雨降雪减少、超载放牧、管理不善，草场退化严重，但对哈萨克马品质影响不大。

（三）品种畜牧学特性

哈萨克马具有适应大陆性干旱、寒冷气候的特性。春秋在水草丰盛的草原上放牧时能快速增重，而在冬春牧草枯黄季节体重降低缓慢。

二、品种来源与变化

（一）品种形成

新疆自古产良马。西汉时期，乌孙国（今伊犁一带）产乌孙马。《史记》记载："乌孙以千匹马聘汉女，汉遣宗室女江都翁主。"《前汉书》称乌孙马为"西极马"或"天马"，与"大宛马"相媲美。据考证，乌孙马即今哈萨克马的前身。在清乾隆年间，定居在俄国伏尔加河流域的蒙古族数十万人，重返新疆，在当地设立大规模的马场，可能带回中亚一带的马种，同时也受到蒙古马的影响。

哈萨克族以畜牧业为生，终年逐水草而居，冬季居于新疆境内，夏季迁到中亚一带。清同治三年（1864）中俄划定国界，部分哈萨克族始定居于新疆。哈萨克马生活在天山山脉北麓丰茂的草原上，历史上曾渗入外血，经哈萨克族人民长期培育形成。

哈萨克马与伊犁马分布于同一地区，当地习惯上称近代改良过的马为伊犁改良马（现已定名为伊犁马），而称未经改良、体尺较小的土种马为哈萨克马。

（二）群体数量

2007年末新疆维吾尔自治区共有哈萨克马约40万匹，基础母马为22.6万匹。哈萨克马在伊犁州各直属县市最多，为24.3万匹；其次为塔城地区7.5万匹，昌吉回族自治州3.7万匹，阿勒泰地区3万匹；哈密地区、阿克苏地区、喀什地区、博尔塔拉蒙古自治州等地有少量分布。

（三）变化情况

1.数量变化 近20年来，由于农业机械的发展、交通条件改善、牧区生产方式的转变、品种杂交改良等，导致哈萨克马的数量有所下降。哈萨克马1986年存栏50万匹，1995年存栏46万匹，1997年存栏45.4万匹，2000年存栏44.1万匹，2003年存栏42万匹，2007年存栏减少到40万匹。

2.品质变化 哈萨克马在2007年测定时与1986年的体重和体尺对比，除公马胸围外，其他体尺指标都有所降低、品质下降（表1）。品质下降的主要原因可能与选育、饲养水平较低和役用功能减弱等有关。

表1 1986、2007年成年哈萨克马体重和体尺变化

年份	性别	匹数	体重（kg）	体高（cm）	体长（cm）	胸围（cm）	管围（cm）
1986	公	52	372.29	139.97 ± 5.26	144.24 ± 5.54	166.96 ± 6.47	19.25 ± 0.94
2007		15	369.13	138.10 ± 2.06	142.48 ± 2.39	167.39 ± 2.86	18.17 ± 0.43
1986	母	262	337.61	133.73 ± 3.80	139.45 ± 5.24	161.70 ± 6.09	17.29 ± 0.72
2007		60	317.09	131.42 ± 2.56	135.58 ± 1.48	158.93 ± 2.56	16.71 ± 0.49

三、品种特征和性能

（一）体型外貌特征

1.外貌特征 哈萨克马体质结实粗糙，骨骼粗实，体型较粗重，结构匀称。头中等大、略长、显粗重，眼大而明亮，耳较厚。颈长短适中或略短，多直颈，颈肩结合良好。鬐甲中等高、短厚。前胸

宽广，胸廓深长，背腰平直。腹部圆大，尻宽而斜。四肢结实，关节明显，系长短适中，后肢呈刀状肢势，部分马有外向肢势。蹄中等大小，蹄质坚实。缺点是后躯发育较差、肷稍长。

毛色以骝毛、栗毛、黑毛为主，青毛次之，其他毛色较少。

哈萨克马公马

哈萨克马母马

2.体重和体尺 2007年对塔城地区塔城市特勒克特乡的成年哈萨克马进行了体重和体尺测量，结果见表2。

表2 成年哈萨克马体重、体尺和体尺指数

性别	匹数	体重（kg）	体高（cm）	体长（cm）	体长指数（%）	胸围（cm）	胸围指数（%）	管围（cm）	管围指数（%）
公	15	369.13	138.10 ± 2.06	142.48 ± 2.39	103.17	167.39 ± 2.86	121.21	18.17 ± 0.43	13.16
母	60	317.09	131.42 ± 2.56	135.58 ± 1.48	103.17	158.93 ± 2.56	120.93	16.71 ± 0.49	12.71

（二）生产性能

1.役用性能 长期以来，哈萨克马是当地农牧民的重要役畜，是牧区的重要交通工具。2006年塔城地区畜禽改良站人员在塔城地区裕民县哈萨克阿肯弹唱会测定骟马，最佳成绩为1 000m用时1min 20s，3 000m用时4min 10s。2007年塔城地区畜禽改良站人员在托里县加尔巴斯农场用骟马单套拉胶轮大车，载重500 kg，平路行进50 ~ 70km用时8h。

2.产肉性能 2007年，在塔城地区塔城市对10匹成年哈萨克马进行了屠宰性能测量，结果见表3。

表3 哈萨克马成年马屠宰性能

性别	屠宰率（%）	胴体净肉率（%）	肉骨比	眼肌面积（cm^2）	肌肉厚（cm）		脂肪厚度（cm）	
					大腿	腰部	大腿	腰部
公	49.36 ± 2.18	37.84 ± 1.76	3.54	65.20 ± 1.92	8.00 ± 0.16	8.28 ± 0.19	0.81 ± 0.06	0.95 ± 0.10
母	48.46 ± 1.13	37.26 ± 1.03	3.70	64.40 ± 1.14	8.00 ± 0.16	8.32 ± 0.13	0.83 ± 0.04	1.01 ± 0.14

3.产奶性能 哈萨克牧民历来有挤饮马乳的习惯。在塔城地区托里县库浦乡，据对21匹母马在6 ~ 7月份40天的泌乳量测定，每匹母马平均产乳量为136kg，平均日产乳3.4kg（夜间仍由幼驹跟

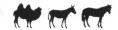

随母马吮乳）。

4. 繁殖性能 哈萨克马一般22 ~ 30月龄性成熟，3岁参加初配，利用年限一般不超过15年。母马多5 ~ 6月份发情，发情周期20 天，妊娠期330 ~ 340 天。在群牧条件下，繁殖方式多采取小群交配，即每个繁殖母马群由6 ~ 10个小群组成，每一小群由1匹公马圈配10 ~ 25匹母马。母马年自然交配平均受胎率80%，产驹率66%；繁殖力强，在正常情况下一年产一胎，终生能产驹10 ~ 15匹。幼驹初生重公驹35 kg，母驹29 kg。

四、饲养管理

哈萨克马主产于牧区，牧民一家一户散养，邻近的几户牧民为一个单元组成马群，以大群放牧为主，夜间不补饲。牧民根据经验自发开展选育工作，多采用群牧小群交配方式。

哈萨克马群体

五、品种保护和研究利用

尚未建立哈萨克马保护区和保种场，未进行系统选育，处于农牧户自繁自养状态。哈萨克马1987年收录于《中国马驴品种志》。

多用于骑乘、挽用等，也参与当地民族体育文化活动。

新疆农业大学动物科学学院2008年通过7个微卫星标记对哈萨克马群体遗传结构及遗传多样性进行了分析。

六、品种评价

哈萨克马饲养历史悠久，遗传性能稳定，体型中等、体质结实、气质灵敏，保持了耐粗饲、耐高寒的性能，速力较快、持久力强，适于山路骑乘，有一定的产肉、泌乳能力。近年来受外来品种杂交、社会经济条件改变等影响，数量、品质下降。今后应加强品种遗传资源的保护工作，坚持本品种选育，改进体型偏小、后躯发育不良等缺陷，以培育骑乘或乳肉乘兼用型马。

柯尔克孜马

柯尔克孜马（Kyrgyz horse）因柯尔克孜族而得名，属乘挽兼用型地方品种。

一、一般情况

（一）中心产区及分布

克尔克孜马中心产区位于新疆维吾尔自治区克孜勒苏柯尔克孜自治州乌恰县乌鲁克恰提乡。克孜勒苏柯尔克孜自治州三县一市的广大牧区以及周边地区均有分布。

（二）产区自然生态条件

产区位于北纬37°41′38″～41°29′41″、东经74°26′05″～78°59′02″，地形地貌复杂，地势高差悬殊，受天山山脉、昆仑山脉及塔里木地块构造运动影响，地质构造十分复杂。境内分为三大地貌区域：即南天山及其前山山脉、东帕米尔高原—西昆仑山地区和中部平原区，地势呈西北高、东南低的梯状下降趋势，最低海拔1 197m，最高海拔7 719m。属暖温带大陆性干旱气候。年平均气温呈环状分布，以平原区为最暖中心，向南、西、北三面递减，以北部山区最冷，西南部山区次之。平原地区年平均气温10～13℃；无霜期在每年的3～9月份，203～213天。年降水量62～78mm，年蒸发量2 465～3 218mm。海拔3 200m以上山区年平均气温0℃以下；无霜期在每年的4～8月份，150～170天，高山区低于100天。降水量随地势升高而增多，年际变化大，月分配不均匀，降水日数少，由低山至高山年降水量一般为120～300mm。海拔3 500m以上的高山带，年总降雪量可达200mm左右，占年总降水量的80%。南部山区及北部山区的中山带降雪量为70mm，河谷地、平原区降雪量17～20mm。地面风受地形、地势及地貌的影响极大，山区和河谷平均风速3m/s，其他地区风速2m/s左右。北部山区风向大多为西北风，克孜勒苏河谷和平原以西风最多，盆地南风最多。

境内高山多、冰川和积雪十分丰富，是新疆主要的河流产流区之一，对哺育南疆绿洲和保证塔里木河干流水源具有重要的作用。但水资源年内时空分配不均衡，可控性较差，易形成春旱和夏洪等自然灾害。平原地区有低地草甸土、盐土、绿洲土等土壤类型。山地随海拔升高，气候干燥度下降，土壤垂直分异明显，自中山带至高原依次分布着山地棕漠土、山地棕钙土、山地栗钙土、高山草原土以及高山草甸土。地域辽阔，土壤类型多样，土地总面积中平原占7.6%、山地占92.4%；其中绿洲面积占1.1%，宜牧地占43%。2007年有耕地面积3.07万hm^2，人均占有耕地少，农作物主要有小麦、玉米、棉花、大麦及油菜等。天然草地面积330万hm^2，其中可利用面积300万hm^2。天然草地划分为山地草甸草原类、山地草原类、高寒草原类、高寒草甸类、高寒荒漠草原类、高寒荒漠类和平原荒漠类、低地草甸类等。森林面积4.39万hm^2，森林覆盖率1.08%。

近十年来由于草原基础设施建设滞后、严重超载过牧，人为开矿、乱砍滥挖草原药用植被现象严重，导致草原退化严重，生态环境日趋恶化，并有加速恶化的趋势。

（三）品种畜牧学特性

柯尔克孜马对产区高海拔低气压的自然环境条件和高山草地具有广泛的适应性，体质结实、遗传性稳定、耐粗饲、抗寒、抗病力强。

二、品种来源与变化

（一）品种形成

柯尔克孜马是一个古老原始的地方品种。柯尔克孜族被誉为马背上的民族。我国著名三大史诗之一的《玛纳斯》是该民族古老历史文化的真实写照，它叙述的就是该民族英雄“玛纳斯”等八代英雄人物和他们的坐骑。

柯尔克孜马的饲养历史可追溯到公元前209年，秦二世元年匈奴冒顿单于统一我国北方诸部，坚昆部隶属于匈奴，坚昆部游牧的广大地区素以多产好马闻名。据考古发现，大约在公元前3世纪以前，在古柯尔克孜人的墓葬中有大量的马、牛、羊骨骼，在古柯尔克孜人的岩画中，有圆形的白毡房，毡房的周围有大量的羊群和马群。由此可见，马是古柯尔克孜人的主要畜种之一，而且在当时坚昆人的马就已经很出名。史料记载的黠戛斯（唐朝对柯尔克孜人的称谓）与唐王朝关系密切，唐代柯尔克孜人的好马、名貂是很出名的，柯尔克孜人献给唐王朝的贡品，主要是马和貂皮，并有“坚昆献名马”、“坚昆遣使献马”等历史记载。据《魏略·西戎传》记载，古柯尔克孜人：“随畜牧，亦多貂，有好马。”史书记载，唐代柯尔克孜人“婚嫁以羊马为聘，富者或千百计”。在历史上，柯尔克孜人马居六畜之首，是财富的代表，富者竟达六千多匹。唐代柯尔克孜人的马群有自己独特的马印，他们在每匹马的股部盖上“出”字印迹，马匹大量进入中原。《元史》有吉利吉思（元朝对柯尔克孜人的称谓）出产名马等物产的记载。清朝的驻军所需的军马以及官兵的肉食等畜产品，主要是由柯尔克孜牧区供给。清代道光十年九月布鲁特（清朝对柯尔克孜人的称谓）阿奇木伯克向清朝捐马600匹等。所以，柯尔克孜马的形成与柯尔克孜民族的悠久历史相伴发展，与柯尔克孜民族的文化、生产和生活习惯以及所处地理位置和生态环境有着密切的联系。

柯尔克孜马是经过柯尔克孜人民长期辛勤培育形成，现在的柯尔克孜马广泛分布于新疆西南部的天山、昆仑山和帕米尔高原，柯尔克孜人西迁天山山区和帕米尔高原以后，游牧于崇山峻岭之中，逐水草而居，没有棚圈，不贮冬草，无医疗设备，几乎处于一个半封闭的状态，正是这种特殊的自然环境和生产条件，使得柯尔克孜马一直没有与外来品种马混血，保留着我国古代马的原始特征。同时也造就了柯尔克孜马适应性好，能抵抗各种恶劣自然条件，善于在山路奔驰的独特性能。

上马仪式是柯尔克孜人的生活习俗之一，在孩子5岁时，要教其单独骑马，第一次骑马要举行上马仪式。仪式庄严隆重，还要表演各种节目，唱《玛纳斯》史诗等。柯尔克孜民族流传着大量有关马的诗歌、民间故事、民间谚语，还有掉罗勃左节（每年的3月7～9日）等与马有关的传统节日，以及如赛马、叼羊、马背角力、飞马拾物等有关马的民间体育活动。以上民族文化活动促进了柯尔克孜马的形成与发展。

（二）群体数量与变化情况

2008年末柯尔克孜马总存栏2.7万匹，其中基础母马1.69万匹、种用公马1 440匹。

新中国成立以来，克孜勒苏柯尔克孜自治州境内柯尔克孜马年末存栏一直保持2.0万～3.0万匹，最高年份是1974年，达到3.07万匹。全州存栏马1989年为2.79万匹，1994年为2.49万匹，1999年为2.4万匹，2004年为2.19万匹，2006年为2.2万匹，2008年为2.7万匹。近20年来，由于受草场退化、农业机械化和交通现代化等因素的影响，柯尔克孜马存栏数呈现逐年略微下降的趋势。

三、品种特征和性能

（一）体型外貌特征

1.外貌特征 柯尔克孜马体质干燥结实，有悍威。头中等大、清秀，下颌宽，眼大有神，耳大小中等、直立而灵敏，嘴唇薄软，鼻孔大，鼻翼薄。颈长适中，鬐甲中等高。胸廓较深，多为平胸，胸宽适中。腹紧凑、不下垂，背腰平直。多为斜尻，尻部长短、宽窄适中。四肢骨骼粗壮，关节、肌腱、韧带轮廓明显。前肢为正肢势，系部长度约为管长的1/3，倾斜度为45°～50°；后肢略呈刀状肢势。蹄中等大，蹄质致密、坚实。鬃、鬣、尾毛浓密发达。

毛色主要以骝毛、栗毛为主，黑毛、青毛次之，有个别沙骝毛个体。据2007年对乌恰县150匹马的毛色统计，骝毛占32.7%、栗毛占30%、黑毛占18%、青毛占11.3%，其他毛色占8%。个别马头部和四肢有白章。

柯尔克孜马公马

柯尔克孜马母马

2.体重和体尺 2007年对乌恰县乌鲁克恰提乡的成年柯尔克孜马体重和体尺进行了测量，结果见表1。

表1 柯尔克孜马成年马体重、体尺和体尺指数

性别	匹数	体重（kg）	体高（cm）	体长（cm）	体长指数（%）	胸围（cm）	胸围指数（%）	管围（cm）	管围指数（%）
公	41	322.80	143.0 ± 4.5	147.0 ± 4.7	102.80	154.0 ± 6.5	107.69	17.6 ± 1.33	12.31
母	109	309.12	136.0 ± 2.8	147.0 ± 4.8	108.09	150.7 ± 4.04	110.81	16.7 ± 0.9	12.28

（二）生产性能

1.运动性能 据2007年5月在乌恰县乌鲁克恰提乡对柯尔克孜马58匹马进行的测验，1 000m用时1min 35s，3 000m用时5min 5s。2000年阿合奇县民族运动会上的赛马记录为10 000m用时21min 39s。长途单人骑乘每天行进速度公马（140 ± 9.3）km，母马（131 ± 11.6）km。

2.役用性能 最大挽力平均305kg，相当于体重的93%；单马拉胶轮大车，载重800～1 200 kg，可日行30～40km，连续3～5天或更长。成年马驮重80 kg行走山路，日行70～80km，能持续3～5天。

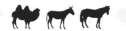

3.产肉性能 2007年在乌恰县乌鲁克恰提乡对10匹柯尔克孜马进行屠宰性能测量，结果见匹数表2。

表2 柯尔克孜马屠宰性能

性别	屠宰率（%）	胴体净肉率（%）	肉骨比	眼肌面积（cm^2）	肌肉厚（cm）	脂肪厚度（cm）	
						背部	腹部
公	44.60	29.40	1.94 ± 0.01	58.20 ± 2.67	4.20 ± 0.43	0.70 ± 0.04	0.70 ± 0.10
母	44.40	29.40	2.00 ± 0.12	60.10 ± 2.25	4.40 ± 0.13	0.80 ± 0.05	0.70 ± 0.07

4.繁殖性能 柯尔克孜马公、母马性成熟年龄均为14 ~ 18月龄，公马3 ~ 4岁参加配种，利用年限为10 ~ 15年；母马2.5 ~ 3岁开始配种，利用年限为12 ~ 15年。成年母马每年5 ~ 6月份开始发情，7 ~ 8月份为发情盛期；发情周期18 ~ 22天，妊娠期330天；年平均受胎率90%；每年产一胎，产驹率83% ~ 85%，终生可产驹8 ~ 12匹。幼驹初生重平均27 ~ 30 kg，幼驹断奶重平均73 ~ 75 kg。在自然交配情况下，每匹公马一个配种期可配母马15 ~ 20匹。

四、饲养管理

柯尔克孜马以群牧为主，夏秋放牧。夏秋季节除畜主骑乘、拉运东西或驮物时适当补饲外，一般不补饲。补饲时每天喂给玉米1 ~ 2 kg。冬春放牧加补饲，冬春季节每天晚上补饲玉米等精料1.8 ~ 2.1 kg，青干草5 ~ 8 kg。

柯尔克孜马群体

五、品种保护和研究利用

尚未建立柯尔克孜马保护区和保种场，未进行系统选育，处于农牧户自繁自养状态。主要用于产区牧民骑乘、农用以及肉用，是产区群众生产生活必不可少的。柯尔克孜马2009年10月通过国家畜禽遗传资源委员会鉴定。

六、品种评价

柯尔克孜马是历史悠久的地方遗传资源，是在群牧饲养条件下，通过长期的自然选择和人工选择形成的地方品种，具有较稳定的遗传性能和较为明显的品种特征。柯尔克孜马具有对当地高海拔、低气压环境条件适应性强、抗寒、抗病、耐粗饲等特征，是高寒高原地区不可替代的畜种，具有较好的开发潜力。

今后应以本品种选育提高为主，进行提纯复壮，要保持其固有的适应能力和稳定的遗传特性，改进体型结构，使柯尔克孜马向力速兼备、乳肉兼用方向发展。

焉耆马

焉耆马（Yanqi horse）属乘挽兼用型地方品种。

一、一般情况

（一）中心产区及分布

焉耆马主产于新疆维吾尔自治区巴音郭楞蒙古自治州北部的和静县、和硕县、焉耆回族自治县和博湖县，其中以和静、和硕两县为中心产区，分布于产区附近地区。焉耆马按地域和类型可分为山地型和静马和平原型和硕马。前者产于和静县山区，终年放牧；后者饲养于和硕、焉耆回族自治等县滩地，以农耕役用为主，仅夏季上山放牧。

（二）产区自然生态条件

山地型马主产区为牧业区，属于天山山系的亚高山山间盆地，盆地内地势平坦，平均海拔2 000 ~ 3 500m。盆地型马主产于盆地区，为半农半牧区，地处天山山脉中段南麓、焉耆盆地的东北部，平均海拔2 400m，海拔最高3 800m，最低1 040m。

巴音郭楞蒙古自治州属中温带大陆性气候。山区和静县境内年平均气温4.5℃，年最高气温28℃，最低气温-48.1℃；无绝对无霜期，无霜期最长62天（6月16日至8月16日），最短10天（6月1日至6月10日）。年降水量269mm，相对湿度70%。10月末开始降雪，一般积雪20 ~ 40 cm，最深150 cm，积雪天数150 ~ 180天。

焉耆盆地属大陆性荒漠干旱气候，寒暑变化较大。年平均气温8.6℃，年极端最低气温-30.4℃，年极端最高气温39.2℃；无霜期178天。年降水量80mm，降水多集中在7 ~ 8月份，相对湿度52%。积雪期长达半年，积雪厚度30 ~ 45 cm，最厚可达1m。年平均日照时数3 139h。

巴音布鲁克草场主要河流开都河及其30余条支流呈辐射状通过盆地中心，形成大面积沼泽，地表水、地下水充沛，沼泽地带四周的山前倾斜平原是面积辽阔、地表坡度平缓、水草丰盛的优良牧场。

和硕县地下水资源主要来自清水河、曲惠沟、乌什塔拉河3条河流冲积形成的3个扇体联在一起，河水透漏补给比较充足，地下水量比较丰富，水质良好。和硕县有利用价值的地下水资源只有3条河流域，地下水资源共2.1 738亿m^3。土壤主要为高山草甸土、沼泽土、栗钙土、黑钙土等。

2006年巴音布鲁克牧场、巴音郭楞乡、巴音乌鲁乡的草场总面积为72.42万hm^2。盆地主要草场类型为高寒草原草场，主要有绵羊狐茅、高山狐茅、扁穗冰草、红狐茅、细柄茅、莎草、细叶苔草等，这些牧草虽然不高，但耐寒、抗旱、耐牧性强，营养价值较高。盆地四周群山海拔2 700m以上，属高寒草甸草场和高寒草原草场类型，以蒿草及禾本科植物为优势。植株高度20 ~ 40 cm，覆盖度80%以上。

和硕县草场59.32万hm^2，其中有效利用面积28.57万hm^2，耕地面积为2.4万hm^2，森林面积1.62万hm^2。农作物主要以小麦、玉米为主。草场属山地荒漠草原草场、山地草原草场、山地荒漠草场、平原荒漠草场及低地草甸草场等五个草场类型。主要牧草有蒿属、苔草、早熟禾、狐茅、委陵菜、扁穗冰草、针茅、盐爪爪、沙拐枣、戈壁藜、合头草、盐穗木、骆驼刺、芨芨草、芦苇等。

近10年来，牧区生态环境发生变化，冬季变暖，春季缺雨水，降雪量减少，草场退化加速。

（三）品种畜牧学特性

焉耆马以群牧为主，盆地型马在海拔1 000m高的干旱盐碱地或沼泽地放牧，山地型马在3 000m的高山草场放牧，经长期选育，形成耐粗饲、持久力强、善于登山涉水、耐热抗寒、体质结实、恋膘性强的特点，对各种环境条件有良好的适应性，在南方和西藏也能较好地适应。

二、品种来源与变化

（一）品种形成

在汉代时焉耆盆地的草原部落焉耆国盛产良马，据《周书·异域列传》记载：焉耆国“畜有驰马、牛、羊”。又据《旧唐书·焉耆国传》记载：贞观六年（632），焉耆国王龙突骑支遣使贡名马。《清史稿》记载：“渥巴锡族子策伯克尔激等，乾隆三十六年，从渥巴锡来归，献金削刀及色尔克斯马。”色尔克斯马即契尔克斯马，是黑海东岸一带的契尔克斯人所养的马。这些被带入的蒙古马、哈萨克马、契尔克斯马与当地原有的马逐渐构成了焉耆马的基础。焉耆马历史上生长在博斯腾湖畔的和硕县查汗诺一带，因当时和硕未设县，该地为焉耆管辖，故称焉耆马。《轮台杂记》记载：焉耆马“马出喀拉沙尔……高壮逾他产，近蹄处有长毛，驯不踢啮”。

焉耆马的形成与蒙古族的迁移历史是分不开的。在13世纪初期，成吉思汗率领部落西迁，部分蒙古人迁移至中亚和东欧，部分留在今新疆各地。清朝在新疆的蒙古族分为准噶尔特、杜尔伯特、土尔扈特和和硕四个部落。17世纪后半叶，土尔扈特部落迁居伏尔加河一带，1771年（乾隆三十六年）返回新疆。清皇朝为实行分治政策，将他们分散在新疆各地居住，形成今日蒙古族居住分散的局面。蒙古族与马相依为命，在他们的迁移过程中，蒙古马既影响各地马匹，各地马匹也对蒙古马产生影响。

20世纪初期前后，和静曾有人从俄国引进过种马；20世纪20年代早期，由和静查汗和成葛岗喇嘛经伊宁从苏联三次购进11匹种马，以改良自己的马群，主要在和静县巴音布鲁克山区进行自然交配，至今在山区马群中尚可见到其后代。1938年在和硕县夏拉苏木设军马场，并从苏联引进布琼尼马和奥尔洛夫马，改良当地马匹。1956年正式建立新疆生产建设兵团农二师焉耆种马场。1956年秋从苏联引入奥尔洛夫马3匹，1979年从甘肃山丹军马场引入顿河公马2匹，从150团场引入摩尔根公马1匹，进行马匹的改良和培育，该马场饲养量曾达到1 280余匹。和硕县包尔图牧场，也曾引进过苏联的顿河马，进行杂交改良。

焉耆马有“海马龙驹”的传说。每年的7月，鲜花盛开，水草丰美时期，在巴音布鲁克高山草原都要进行传统的“那达慕”盛会。在盛会上牧民们要进行传统的赛马比赛，如小走马、大走马、速度赛马（短、中、长距离）、超长距离耐力赛马等。冬季12月至次年1月，焉耆县、和硕县、博湖县等地举行农牧民的赛马比赛和叼羊比赛。同时，博斯腾湖冬季还开展冰上赛马比赛。这些马文化活动促进了焉耆马的形成。

焉耆马是以当地蒙古马为基础，掺入少量中亚地区古代马种的血液；近百十年来，苏联种马对焉耆马具有一定的影响，在当地自然条件下，在民族马文化促进下，经群众长期选育形成的地方良种。

（二）群体数量

2006年10月巴音郭楞蒙古自治州畜牧工作站与和硕县畜牧局、和静县畜牧局联合实地调查统计，焉耆马存栏约2万匹，其中基础母马约1.25万匹、种用公马约1 500匹。

（三）变化情况

1.数量变化 1980年焉耆马共存栏9.8万匹。随着社会经济的发展，现代化交通工具逐渐取代了马匹的骑乘、挽驮功能，焉耆马1999—2005年存栏数见表1。

表1 1999—2005年焉耆马存栏数（匹）

年份	1999	2000	2001	2002	2003	2004	2005	2006
数量	22 726	21 232	20 631	21 346	20 648	18 937	20 458	20 160

由表1可以看出，焉耆马1999年存栏2.27万匹，2006年存栏2.02万匹，近20多年来数量大幅下降，近10年来数量下降幅度较小。

2.品质变化 焉耆马在2007年测定时与1981年的体重和体尺对比，母马体尺变化不大，公马体尺均有所减小（表2），变化的主要原因可能与当地社会发展变化和马在生产生活中的作用下降有关。

表2 1981、2007年成年焉耆马（山地型）体重和体尺变化

年份	性别	匹数	体重（kg）	体高（cm）	体长（cm）	胸围（cm）	管围（cm）
1981	公	8	393.52 ± 21.38	142.25 ± 3.30	144.50 ± 6.12	171.50 ± 5.54	19.38 ± 0.99
2007		29	371.39 ± 35.13	138.76 ± 4.33	143.97 ± 3.50	166.76 ± 6.28	17.90 ± 1.18
1981	母	48	345.47 ± 18.27	133.42 ± 4.72	141.33 ± 5.51	162.48 ± 8.14	17.39 ± 0.61
2007		33	341.43 ± 38.55	135.15 ± 2.68	141.24 ± 4.82	161.58 ± 6.94	17.27 ± 0.79

三、品种特征和性能

（一）体型外貌特征

1.外貌特征 焉耆马体质结实，结构匀称，骨骼粗壮，具有明显的乘挽兼用体型。头较长而干燥，多为直头，部分为半兔头。眼大有神，鼻孔大，耳长竖立，颌凹宽大。颈长中等、呈直颈、倾斜适度、颈肌发育适度。鬐甲高长适中。胸部发育良好、宽深适中，背较长直，腰中等长，腰尻结合较差，腹形良好，尻宽、略显短斜。四肢关节明显，肌腱发育良好，前肢肢势端正，后肢多呈轻度刀状肢势，蹄质坚实。

毛色以骝毛、栗毛、黑毛为主，少量为青毛。

盆地型马头较干燥、清秀，蹄形小而立，被毛稍短；山地型马头较粗重，体质粗糙结实，蹄大而低，距毛少，尾粗厚，被毛厚。

2.体重和体尺 2007年在巴音郭楞蒙古自治州和静县巴音布鲁克总场、巴音郭楞乡、巴音乌鲁乡测量了成年焉耆马的体重和体尺，结果见表3。

表3　成年焉耆马（山地型）体重和体尺

性别	匹数	体重（kg）	体高（cm）	体长（cm）	体长指数（%）	胸围（cm）	胸围指数（%）	管围（cm）	管围指数（%）
公	29	371.39 ± 35.13	138.76 ± 4.33	143.97 ± 3.50	103.75	166.76 ± 6.28	120.18	17.90 ± 1.18	12.90
母	33	341.43 ± 38.55	135.15 ± 2.68	141.24 ± 4.82	104.51	161.58 ± 6.94	119.56	17.27 ± 0.79	12.78

焉耆马公马

焉耆马母马

（二）生产性能

1.运动性能　焉耆马经过调教擅走对侧步，速度快且平稳，是著名的走马。2007年在和静县巴音布鲁克总场，对山地型和静马的速力测验，1 000m用时1min 25s，3 200m用时5min 39.5s，50km用时2h 46min。

2.役用性能　焉耆马适于农耕和运输，最大挽力平均为400 kg。单马拉胶轮大车，载重1 600 kg，可日行30km。成年马驮重80 kg，日行70 ~ 75km，能持续3 ~ 5 天；负重100 kg，日行60km左右。

3.产肉性能　2007年11月巴音郭楞蒙古自治州和静县巴音布鲁克区兽医站对5匹成年焉耆马进行了屠宰性能测定，见表4。

表4　成年焉耆马产肉性能

性别	屠宰率（%）	胴体净肉率（%）	肉骨比	眼肌面积（cm^2）	肌肉厚（cm）	脂肪厚度（cm）	
						背部	腰部
公	47.03	69.97	2.40	35.97	18.00	0.67	0.90
母	45.15	71.25	2.60	30.63	16.25	0.55	0.85

4.繁殖性能　焉耆马多以群牧为主，大多采用自然交配。公、母马性成熟期均为1 ~ 2岁，母马3岁、公马3 ~ 4岁参加初配，5岁时体成熟；利用年限一般为14 ~ 16年。每匹成年公马圈配20 ~ 25匹母马，组成小群进行交配。母马发情配种季节，牧区一般在5月份，平原区有的2月初就开始配种，发情盛期在5 ~ 7月份；发情周期22 天，发情持续期5 ~ 10 天，产后8 ~ 10 天第一次发情，妊娠期335 天。

四、饲养管理

焉耆马主要产于牧区，以放牧为主，夜间不补饲。在农区半舍饲饲养，饲料充足，管理精细。

焉耆马耐粗饲，夏、秋季在草原上放牧时，无需补饲能快速增重，冬春季补饲夏秋季在草场打贮的青干草。

五、品种保护和研究利用

尚未建立焉耆马保护区和保种场，未进行系统选育，处于农牧户自繁自养状态。焉耆马1987年收录于《中国马驴品种志》。目前，焉耆马的繁育由农牧民自行开展，当地农牧民通过出售马乳、马肉增加经济收入。

六、品种评价

焉耆马是以乘挽兼用型为主的优良地方品种，能适应新疆高寒牧区粗放的群牧饲养方式，分为山地型和盆地型，有较好的速力和挽力、持久力好，是一个适合我国传统农牧业生产和交通运输需要的地方马种。今后应加强焉耆马遗传资源的保护工作，有计划地进行本品种选育，以增大体格、改进外形结构。对盆地型的走马类型应注意保护和选育，并选育乳肉兼用型马，扩展焉耆马的用途，以适应经济发展的需要。

（二）培育品种

三河马

三河马（Sanhe horse）因原产于内蒙古自治区呼伦贝尔市的三河（根河、得尔布尔河、哈乌尔河）而得名，是我国历经百余年培育的乘挽兼用型品种。

一、一般情况

（一）中心产区及分布

三河马主产于内蒙古自治区呼伦贝尔市大兴安岭西麓的额尔古纳市地区和哈尔滨至满州里洲铁路沿线一带，中心产区在额尔古纳市的海拉尔农牧场管理局所属的农牧场，原核心场以三河马场、大雁马场为主，陈巴尔虎旗有少量分布。

（二）产区自然生态条件

额尔古纳市位于北纬50° 15′～53° 13′、东经119° 11′～121° 23′，地处大兴安岭西北麓、呼伦贝尔高原北端、额尔古纳河东岸，总面积2.84万km^2，平均海拔660m。属北寒温带大陆性气候。年平均气温-3.1℃，极端最低气温-46.2℃，极端最高气温36.6℃；无霜期90 天左右。年降水量359mm，降水多集中在6～8月份。年平均日照时数2 747h。自然灾害主要有霜冻、冰雹、干旱和森林雷击火。额尔古纳河为中俄界河，水系十分发达，同时还有较发达的季节性支流。较大的河流还有根河、得尔布尔河、哈乌尔河、激流河等8条，比较均匀地横贯额尔古纳市。地表水年平均流量为43.08亿m^3，地下水流量为7.94亿m^3。土壤肥沃，腐殖质层深厚、肥力高、保水性强，多为黑钙土和栗钙土，表层土深35～50cm。

2005年额尔古纳市农作物总播种面积9.78万hm^2，主要农作物有小麦、燕麦、大麦、马铃薯、芜菁和胡萝卜等，全部采用机械化作业，每年播种一茬。可利用草原面积57.33万hm^2，牧草以禾本科为最多，约占50%，主要有羊草、冰草、无芒雀麦、贝加尔针茅、草地早熟禾等；豆科草占15%～20%，主要有黄花苜蓿、达乌里黄芪、紫云英、野豌豆等；杂草占20%～30%。草原植被覆盖率70%～80%，每公顷产青干草1 050kg以上。森林面积约200万hm^2，占额尔古纳市总面积的67%；树种以兴安落叶松为主，还有白桦、白杨、樟子松等，木材蓄积量2.2亿m^3。

（三）品种畜牧学特性

三河马适应性、抗逆性强。突出表现为耐寒、耐粗饲、恋膘性好、抗病力强，代谢机能旺盛，血液氧化能力较强，能够经受严寒、酷暑、风雪、蚊虻叮咬等恶劣的自然条件。早春期间，气候寒冷多变，幼驹生后即可随母马放牧。三河马冬、春季掉膘缓慢，在青草期内能迅速增膘。抗病力强，在群牧管理条件下，除患有寄生虫病和外伤外，很少发生呼吸和消化器官等内科疾病。

二、品种来源与变化

（一）品种形成

呼伦贝尔市早在千余年以前即为良马产区，自古就有游牧民族在此养马。远在隋唐以前，该地为游牧民族的室韦国。《北史·室韦列传》记载有“气候严寒，雪深没马，冬则入山，居土穴，牛畜多冻死”。《辽史》有室韦良马献给辽代王朝的记载。清朝《黑龙江外纪》卷八称：呼伦贝尔“产马骨骼不甚高大，多力善骋”。清康熙时和沙皇俄国签订尼布楚条约前不久，我国有索伦马队和帝俄哥萨克骑兵对阵于外兴安岭，索伦马队的马匹姿容良劲。由此可见，当地早已是良马产区。

三河马的形成已有百余年的历史。早在1904—1905年，已有俄罗斯人携带后贝加尔马渡过额尔古纳河放牧、打草，移民三河地区。随着修建中东铁路，又有大批俄国侨民和铁路员工带马匹入境。此时两国边民以马匹作为交通工具和商品，交往频繁。当地蒙古马和后贝加尔马混牧现象常见，互相影响时常发生。1917—1918年“十月革命”后，俄罗斯人又带入后贝加尔马以及含有奥尔洛夫马和比丘克马血液的改良马，到三河地区定居。1934—1945年曾在海拉尔设种马场，有公马150匹，其品种有盎格鲁诺尔曼马、盎格鲁阿拉伯马、阿拉伯马、奇特兰马、英纯血马、美国快步马等，在呼伦贝尔市境内设站与民马（当地马）杂交，仅分布在额尔古纳市的种公马就有50多匹。这些品种对三河马的形成有一定的影响。20世纪40年代以前，三河马曾以“海拉尔马”名扬上海、香港等地。1955年农业部组织了调查队，对三河马进行全面调查，发现三河马存在轻、中、重三种体型，各型特征明显，确定三河马是我国的一个优良品种，并提出本品种选育的育种方针。1955年后进行了有计划的选育，改善饲养管理，加强育种措施，使其数量和质量均有很大的提高，并在产区内形成了以三河马场和大雁马场为核心的国营三河马育种基地。1955—1986年三河马公马平均体高增长10 cm，母马体高增长6 cm。三河马原有的轻、中、重三种体型已基本统一为兼用型。1986年经农业部验收合格，宣布新品种育成。之后，随着机械化的发展，社会需求的转变，所有制变化，三河马纯繁场转产、核心群解体，种马全部散落流失。

自古产区地广人稀，在交通不发达的时代，主要交通线上常需速力、持久力、挽力较好的马匹，作为骑乘、运输之用；产区内宜林、宜牧、宜农，木材运输、土地耕作都需要挽力、持久力较高的马匹。三河马一度成为产区人民生产、生活的主要动力来源，这是三河马形成的主要社会因素。

产区内居住有蒙古族、鄂温克族、俄罗斯族、汉族等民族。各民族生产生活与马为伴、以马为荣，各民族文化相融合形成了独特的马文化。每当重大节日或活动，如那达慕、结婚、祭敖包等，总与打马鬃、骟马、烙火印、驯马、套马、拉雪橇等马文化活动相结合，赛马是必有项目之一，而赛马又分为赛公马、赛走马、赛跑马等内容。新中国成立以前，产区内的“海拉尔马”以优秀的速力名扬内地和香港赛马场。产区群众以乐带选、以选促育，这是三河马形成的文化因素。

（二）群体数量

2005年末三河马总存栏数720匹，其中基础母马数259匹、种用公马17匹。三河马已处于濒危—维持状态。

（三）变化情况

1.数量变化 1985年三河马存栏17 357匹，2005年末三河马存栏720匹，存栏数大幅下降。下降的主要原因是机械化发展使得马匹原有生产动力用途减弱，销路不畅，马数压缩；人为开垦，生存环境受到严重影响；核心群解体后承包给牧场职工分散饲养，不利于开展规模化育种和防疫；市场需求方向转变后，马匹大量流向内地市场，再生产速度远远滞后。

2.品质变化 三河马在2006年测定时与1986年品种验收时的体尺体重对比，体尺体重都有所下降（表1），品质下降的主要原因是随着我国经济体制的变革，原三河马场将种公马承包给牧场职工分散饲养，之后多年没有继续进行系统选种选配，特别是优良种公马缺乏，马匹育种工作无法开展，且原有草场大量变为农田，三河马失去优良饲草来源，生存环境恶化，导致其品质下降。

表1 1985、2006年成年三河马体重和体尺变化

年份	性别	匹数	体重（kg）	体高（cm）	体长（cm）	胸围（cm）	管围（cm）
1985	公	82	556.82	156.36	161.93	192.71	21.07
2006		10	436.04	147.70	152.20	175.90	20.05
1985	母	625	433.87	147.45	152.78	175.13	19.44
2006		42	413.76	145.86	149.67	172.79	18.80

三、品种特征和性能

（一）体型外貌特征

1.外貌特征 三河马体质结实干燥，结构匀称，外貌俊美，肌肉结实丰满，气质属平衡稳定型，富有悍威，性情温驯。头干燥、大小适中，多为直头，部分呈微半兔头。眼大有神，耳长而灵活，鼻孔开张，颌凹宽。颈略长，直颈。鬐甲明显。胸宽而深，肋拱腹圆，背腰平直、宽广，尻较宽、略斜。肩长短适中，倾斜适度。四肢干燥、结实有力，骨量充实，肢势端正，部分马匹后肢呈外向，关节明显，肌腱、韧带发达，飞节发育良好，管骨较长，系长中等。蹄大小适中，蹄质坚实。

毛色整齐一致，主要为骝毛、栗毛两色，杂色毛极少。头和四肢多有白章。

2.体重和体尺 2006年8月内蒙古自治区家畜改良工作站与呼伦贝尔市畜牧工作站、额尔古纳市畜牧工作站测定了成年三河马10匹公马和42匹母马的体重和体尺，结果见表2。

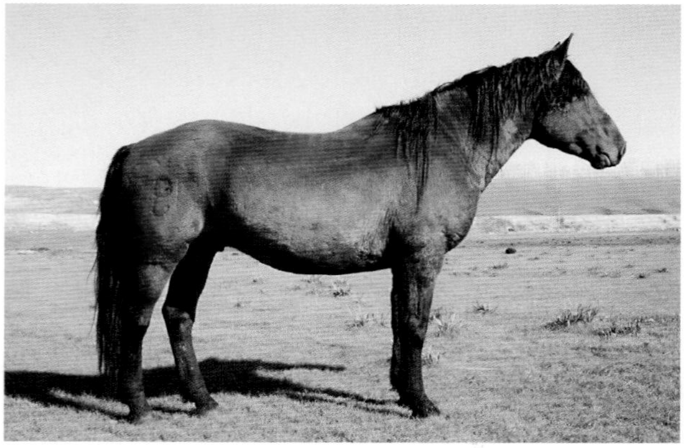
三河马公马

三河马母马

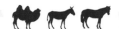

表2 成年三河马体重、体尺和体尺指数

性别	匹数	体重（kg）	体高（cm）	体长（cm）	体长指数（%）	胸围（cm）	胸围指数（%）	管围（cm）	管围指数（%）
公	10	436.04	147.70 ± 3.74	152.20 ± 2.24	103.05	175.90 ± 1.13	119.09	20.05 ± 0.82	13.57
母	42	413.76	145.86 ± 2.23	149.67 ± 4.29	102.61	172.79 ± 6.75	118.46	18.80 ± 0.62	12.89

（二）生产性能

1.运动性能 三河马骑乘性能在国内培育马种中堪称一流，1949年以前，海拉尔马在上海赛马场1 600m最快2min。新中国成立后，经计划选育，三河马的骑乘速度不断提高，有多项骑乘速度打破全国纪录，如袭步1 000m为1min 7.4s，1 600m为1min 15.8s，3 000m为3min 53s，5 000m为6min 23.4s，10 000m为14min12s。另原三河和大雁两马场对三河马进行的长距离骑乘测验，50km为2h 3min 29s ，100km为7h 10min。据1972年测验记录，5km快步为10min 18.5s，10km快步为22min 13s；5 km对侧步为10min 19s。

2.役用性能 单马拉胶轮大车、载重500kg，10km用时30min，20km用时1h 16min。据1972年在原三河马场利用"解放牌"汽车进行挽力测定，三河马最大载重量为5 788kg，最大挽重（包括汽车重）9 880kg，所用挽力460kg，行走170m。常用三河马在林区集运木材，在雪道三河马定额平均为596.8kg，在冰道三河马定额平均为4 457kg。

3.繁殖性能 三河马具有适应高寒条件下的繁殖性能。额尔古纳市畜牧工作站对10匹公马和25匹母马的繁殖性能进行了统计。公马性成熟年龄为1.6岁，初配年龄为3.9岁，利用年限一般为12 ~ 15年。母马性成熟年龄约为1.3岁，初配年龄为3岁；发情季节多在4 ~ 8月份，发情周期22.3天，发情持续期为9天，妊娠期约335天。幼驹初生重公驹45.7kg，母驹43.3kg；幼驹断乳重公驹114kg，母驹113kg。

三河马群体

四、饲养管理

三河马采取夏秋两季150天昼夜放牧，冬春两季210天，白天放牧、夜间进入棚圈补饲的饲养方式。即使冬季大雪封盖住草原，三河马仍可用前蹄刨雪寻觅采食。随着产区生产和经济条件的逐步改善，建立了巩固的饲料基地，可补饲一部分精料。夏季每天饮水两次，在草场上有大雪存在时，马匹可通过采食积雪补充水分。幼驹在当年的11月份断乳，断乳后第一个冬春补给少量的草料。

五、品种保护和研究利用

尚未建立三河马保护区与保种场，处于农牧户自繁自养状态。三河马1987年收录于《中国马驴品种志》。内蒙古自治区1986年4月发布了《三河马》地方标准（蒙DB 356—86）。

王振山等（2001）研究发现三河马的白蛋白和酯酶位点呈现多态性，而α1-B糖蛋白和维生素D结合蛋白呈现单态性，三河马运铁蛋白位点是高度多态的位点。芒来等（2006）研究发现三河马的ELA-DQA*exon2多态性丰富，其中He值和PIC值最大，这与三河马的生活环境、管理模式和繁育方式有关。张焱如等（2007）通过PCR-SSCP技术研究三河马的生长激素（GH）基因发现该基因第5外显子出现多态性。李金莲等（2006）研究发现通过一个特殊的酶型BamH I-B分析推测三河马与纯血马、锡尼河马、乌审马等品种可能起源于一个母系祖先。

三河马销售主要以满足内地赛马与休闲骑乘需要为主。马奶也很受欢迎。

六、品种评价

三河马是我国优良的乘挽兼用型培育品种，外貌清秀，体质结实，动作灵敏，性情温驯，速度快，挽力大，持久力强，遗传性稳定，耐寒、耐粗饲，抗病力强。在我国一些新品种培育中起过重要作用。今后应进行三河马保护，主要措施是在三河马主产区建立三河马保种场和保护区，制定三河马保种方案；当地政府给予保护三河马遗传资源的系列政策和规定，结合民间和养马专业户成立三河马保护组织，建立三河马登记体系。坚持以“本品种选育为主、适当引进外血为辅”的选育方针。建立专门化品系，除了满足少部分生产需要的马匹外，可向速力型和马术型两个专门化品系方向发展，使三河马的功能转向体育休闲娱乐方面，满足运动、健身市场的需求。将产区传统的习俗和现代文明结合，进一步提高三河马的品质与地位。

金州马

金州马（Jinzhou horse）是在辽宁省南部农区培育的乘挽兼用型马种。

一、一般情况

（一）中心产区及分布

金州马中心产区为辽宁省辽东半岛南端的大连市金州区，分布于大连市所属各区县，辽宁省的其他市、县也曾有少量分布。

（二）产区自然生态条件

产区位于北纬39° 4′ ~ 39° 23′、东经121° 26′ ~ 122° 19′，地处辽东半岛南部，东临黄海、西濒渤海。总面积1 390km^2，海岸线长161.23 km。属低山丘陵区，地形由北向南，以小黑山至大黑山一线山脉为中心轴部，另以大黑山至大李家城山头沿黄海近岸一线山脉为东部分支轴部，向两侧倾斜，构成中部高、两翼低的阶梯状地形。全区分为中部低山丘陵区、东部丘陵漫岗区、沿海河流冲积小平原区三个区域。海拔平均为15m。为温带半湿润季风气候，兼有海洋性的气候特点。四季分明、气候温和，年平均气温10.2℃，无霜期200 天左右。空气湿润，年降水量450 ~ 700mm，平均582mm，多集中于6 ~ 8月份。光照适宜，年平均日照时数2 480h。季风明显、风力较大，大风日数21天左右。产区内河流多为季节河。全境独流入海的河流有11条，总长204km，流域面积950km^2，最大河流为登沙河。河流流程短，无客水入境，分雨季和旱季。全区水资源总量2.32亿m^3，其中，地表水2.1亿m^3，地下水0.63亿m^3（地表水与地下水两者重复量为0.4亿m^3）。全区有水库25座，总灌溉面积1.8万hm^2。产区内丘陵地为棕壤（砂质和黏质）、土质瘠薄，在平川地为盐渍化草甸土。

2006年金州区耕地面积为2.40万hm^2。农作物以玉米为主，其次为高粱、花生和甘薯。玉米秸是喂马的主要饲草。草原主要牧草为禾本科的白茅、黄背、野谷草、狗尾草以及菊科草等，豆科牧草极少。森林面积为4.18万hm^2，森林覆盖率达38.9%，主要树种为槐树、柞树、杨树、黑松。

（三）品种畜牧学特性

金州马适应性良好。金州马与本地母马杂交所产生的一代杂种，其体高比本地蒙古马提高5cm以上，体尺指数相应增加，体型外貌表现出金州马的特点。曾推广到吉林、黑龙江和山东等省金州马种马500余匹，其对当地的自然和饲养管理条件都能很好地适应。

二、品种来源与变化

（一）品种形成

当地马种原是蒙古马，均购自吉林省长春市范家屯地区。日本军国主义者侵略东北时，为了满足军用马匹的需要，于1926年在金州建立了“关东种马所”。1926—1941年曾引入哈克尼马、盎格鲁诺尔曼马和奥尔洛夫快步马等品种改良当地蒙古马，这些品种大部分是从日本和朝鲜引入。由于日本军国主义者需要从轻型马改为挽型马，致使改良方向又向挽用型发展，1942年产区又引进贝尔修伦马等重型挽马，进行杂交改良，并淘汰了全部含有轻型马血液的种公马。这是金州马形成过程中的重要转折。

1945年8月收复金州后，伪满洲国时期遗留的种马被苏军接收，直至1948年金州马仅限于本地区进行无序横交。1948年为了选育适合当地自然和社会经济条件的力速兼备的新品种，从民间选购优良杂种公马27匹，分别饲养于金州区的三个种畜场。1952年开始探索马人工授精技术。在开展改良本地马的同时，也与杂种马横交，加强了金州马的培育工作。到1956年全区共有各种类型杂种马和横交马2 346匹，占全区马数的85.4%。为了进一步提高这些马的体尺、役用性能和统一体型，1956年曾引进卡巴金马进行杂交，由于改良效果不够理想，1964年即停止使用。又重新从民间选购杂种公马24匹，再次开始横交，并产生大批横交后代。

在用优良种公马与本地马横交的同时，于1963年建立金州种马场，从民间选购优良的横交母马19匹，组成育种群，有计划地繁育优良种马，供应农村社队，并以育种场为核心，指导和带动群众性的选育工作。在自群繁育中，坚持乘挽兼用方向，重视种公马的选择，规定种公马体高必须在154cm以上，要求体型轻重适中、体质干燥结实、结构良好、毛色为骝毛，而且注意后裔鉴定。在选配上，以同质选配为主，同时实行异质矫正选配。由于采取了以上措施，取得了良好的选育效果。随后，建立了金农、金生和金师三个品系。经过20年左右的多品种杂交和30多年的自群繁育，形成和巩固了金州马匀称体形、轻快步伐和结实体质等特点，并具有以玉米秸为饲料的耐粗饲特性，遗传性能比较稳定。1982年经辽宁省鉴定，确定金州马为乘挽兼用型新品种。

在机械化不发达的时代，马匹曾是当地农耕和运输的主要动力，当地群众素有爱马、养马、用马的习惯，这是金州马形成的主要社会因素。随之而来的农业机械化和农业生产方式的转变以及其他因素，导致金州马育种工作的全面停止。2005年金州种马场关闭，当时存栏母马5匹，无公马。

（二）群体数量

2006年末中心产区大连市金州区共有马93匹，其中符合金州马特征的马匹仅剩27匹，均为母马，无公马。金州马已濒临灭绝。

（三）变化情况

1.数量变化 据1981年调查统计，中心产区大连市金州区有金州马9 000余匹。近20年来金州马数量急剧下降。2006年末金州区符合金州马特征的马匹仅剩27匹，均为母马，无公马。数量下降的主要原因是20世纪80年代以来，因农业机械化和农业生产方式的转变，马匹失去原有役用功能，群众绝大部分不再养马，导致金州马数量急剧下降。

2.品质变化 金州马在2006年测定时与1981年的体重和体尺对比，由于该品种已无公马，且测量的母马只是具有金州马特征的马，体重和体尺稍有增加，但综合品质明显下降。品质下降的主要原因是自20世纪80年代初以来，原以当地群众为主导的金州马培育工作，随着产区农业机械化和农业生产方式的转变而停止。种马场由于经济效益不佳，难以为继，种马基本流失（表1）。

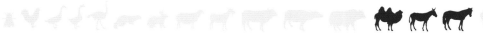

表1　1981、2006年金州马体重和体尺变化

年份	性别	匹数	体重（kg）	体高（cm）	体长（cm）	胸围（cm）	管围（cm）
1981	公		379.24	145.50	144.60	168.30	19.60
2006							
1981	母		399.79	144.20	146.80	171.50	19.50
2006		27	501.48	148.50 ± 7.25	151.30 ± 6.04	189.20 ± 5.81	19.50 ± 0.62

三、品种特征和性能

（一）体型外貌特征

1.外貌特征　金州马体质干燥结实，性情温驯，结构匀称，体形优美。头中等大、清秀，多直头，少数呈半兔头。额较宽，耳立，眼大明亮。颈长短适中，多呈斜颈，部分个体呈鹤颈，颈肩结合良好。鬐甲较长而高。胸宽而深，肋拱圆，背腰平直，正尻为多、肌肉丰满。四肢干燥，关节明显，管部较长，肌腱分明、富有弹性，球节大而结实，肢势端正，步样伸畅而灵活。蹄大小适中，蹄质坚韧，距毛少。

毛色以骝毛最多，栗毛和黑毛较少。

金州马母马

金州马群体

2.体重和体尺　2006年4月大连市金州区畜牧管理总站对金州马进行了体尺测量，但因中心产区金州区内已无金州马公马，故仅测量符合金州马特征的27匹母马的平均体重和体尺，见表2。

表2　成年金州马母马体重、体尺和体尺指数

体重（kg）	体高（cm）	体长（cm）	体长指数（%）	胸围（cm）	胸围指数（%）	管围（cm）	管围指数（%）
501.48	148.50 ± 7.25	151.30 ± 6.04	101.89	189.20 ± 5.81	127.41	19.50 ± 0.62	13.13

（二）生产性能

1. 役用性能 金州马力速兼备。据挽力测验记录：最大挽力371 kg，相当于体重的82.8%。单马拉双轮胶车，载重1 000 kg，在柏油马路上，以慢步行进20km，需时为2h 59s；对照的蒙古马载重500kg、需时3h 32s。双马拉犁，每天平均翻地0.4hm^2，起垄或耥地1hm^2。据骑乘速力测验记录：1 000m快步行进时间为1min 30s。

2. 繁殖性能 2006年大连市金州区畜牧管理总站根据历年数据统计，金州马母马10～12月龄开始发情。初配年龄公马为3岁、母马为2～3岁；一般利用年限公马为10～13年，母马为15～18年。母马发情配种季节为每年4～7月份，发情周期为21天，发情持续期3～7天，妊娠期330.4天；年产驹率73%，人工授精时母马的受胎率为75%。幼驹初生重公驹55.5 kg，母驹52.5 kg；幼驹断奶重公驹229 kg，母驹214.5 kg。

四、饲养管理

金州马种母马平时养在通厩舍内，产前半个月至产后1个月左右停止使役，临产前7天进入产房，单圈饲养，产后3天带领幼驹圈外逍遥运动、晒太阳，使役前不挂掌。每天刷拭2次马体。

幼驹生后20天左右，单独拴槽饲喂或者与母马同槽自由采食。6月龄左右断奶，断奶后7天，带笼头、拴系定位饲养，夏季放牧。每天进行刷拭，定期削蹄，上套后开始挂掌，1.5岁上套调教，2～3岁开始使役。

五、品种保护和研究利用

尚未建立金州马保护区和保种场，少数农户养殖，以马作为短途运输工具，在农业生产中起很小一部分作用。金州马1987年收录于《中国马驴品种志》，辽宁省1983年10月5日发布《金州马》企业标准（辽Q1601—83）。

六、品种评价

金州马体形优美、结构匀称、挽力较大、速度快、持久力强、耐粗饲、抗病力强，是辽宁省南部农区的优良马种。本有望成为我国开展马术运动的重要品种之一。目前金州马已濒临灭绝，已无具有该品种特征的公马，母马尚残存少量个体，应立即采取保种措施，重新收集所剩个体，组建金州马保种群。

铁岭挽马

铁岭挽马（Tieling horse）1958年由农业部正式命名，为挽乘兼用型的培育品种。

一、一般情况

（一）中心产区及分布

铁岭挽马产于辽宁省铁岭县铁岭种畜场，曾分布于辽宁省其他各县市。现在铁岭市经济开发区的刺沟铁岭挽马保种场进行集中保种。

（二）产区自然生态条件

铁岭县位于北纬41° 59′ ~ 42° 32′、东经123° 27′ ~ 124° 33′，地处辽宁省北部，全县总面积2 231km^2。地势东南高、西北低，东北为丘陵山区，中部属辽河平原，西部为丘陵漫岗，海拔平均为100m。培育铁岭挽马的铁岭种畜场，位于铁岭县东部山区五陵地带边缘，地势高，海拔80 ~ 395m或以上，总面积10km^2。属温带大陆性气候，全年四季分明，冬季严寒少雪，夏季炎热多雨，春季干旱多风。年平均气温7.3℃，极端最低气温-34.3℃，极端最高气温37.6℃；无霜期148天。年降水量675mm。光照充足。辽河及其支流柴河等流贯境内。柴河由南经铁岭种畜场向北西流入辽河。铁岭种畜场的土壤比较复杂，山坡丘陵为山地棕壤土（山地砂石土），台地为棕壤土（棕黄土），平地为浅色草甸土、河淤土和水稻土。

铁岭地区为辽宁省主要粮食产区之一，2006年铁岭县耕地面积为7.9万hm^2。主要作物有玉米、高粱、大豆、花生、谷子、水稻及其他小杂粮、小油料作物。因此，精粗饲料资源比较丰富，为产区培育铁岭挽马提供了可靠的物质基础。铁岭种畜场内的山地植被多属灌丛草甸草场，主要草种有禾本科的大叶章、小叶章以及菊科和豆科等牧草，可用作饲草。

（三）品种畜牧学特性

铁岭挽马育种过程中，注意保持了本地马适应性强的特点，同时加强使役锻炼，使本品种马有较强的适应性。在辽宁省广大农村饲养、使役条件下，能保持较好的膘情和正常的繁殖性能。在黑龙江和吉林两省半舍饲条件下，表现出较好的抗寒、耐粗饲的特性。

二、品种来源与变化

（一）品种形成

铁岭种畜场于1949年从长春、农安等地选购和部队拨入的含有不同程度的盎格鲁诺尔曼马、盎格鲁阿拉伯马和贝尔修伦马等品种血液的杂种母马44匹。从1949年开始，用盎格鲁诺尔曼系和贝尔修伦系马杂种公马进行杂交，1951年将全部母马改用阿尔登马种公马杂交。到1958年大部分母马已含外血达75%以上，并开始横交试验。1961年10月以横交试验结果为依据，制定育种规划。1962年将理想型母马转入横交固定，同时为了疏宽血缘和矫正体质湿润、结构不协调的缺点，对非理想型的母马，先后导入苏维埃重挽马、金州马和奥尔洛夫马的血液。

在横交阶段中，主要使用了阿尔登马种公马"友卜"号的三个儿子——农山、农云、农仿。因而转入自群繁育的大多数马匹，是这3匹公马的后代，多数是中亲、近亲或嫡亲交配的产物。由于继续亲交或双重亲交，使铁岭挽马成为闭锁的亲缘群，体质体型很快趋于一致。根据182个不同程度近交组合的父、母体尺与女儿比较，女儿的四项体尺均略小于父母平均数，除管围基本与母亲相同外，其他三项体尺均大于母亲。

从1968年开始，使用第一代横交公马配种，进行自群繁育。在此过程中，建立了三个品系：含苏维埃重挽马血25%的"锦娟"品系，低身广躯、肌肉发达；含阿尔登马血50%的"锦江"品系，外形清秀、力速兼备、步样轻快；含奥尔洛夫马血25%的"飘好"品系，体质干燥、紧凑轻快。1973年以后场内马群压缩，选择"飘好"、"锦江"两品系中的骝毛、黑毛马匹，逐渐向一个类型的综合品系发展。1980年90%以上的母马和公马是农山、农云、农仿的后代。在选配中，根据个体的表型类型和各品种的血量比、亲缘程度和后裔品质等情况，采用近交同时又避免血缘过近的选配方法，使群体的血量逐渐统一在含重种血50%～62.5%、中间种血9%～12%、轻种血2.13%～6.25%、蒙古马血20%～25%。

铁岭挽马虽然来源于7个品种马的血液，但经过严格的选种选配和淘汰，以及合理的培育，已经形成几个亲本品种的融合体，群体特点基本一致，遗传性能稳定。

（二）群体数量

截至2006年末仅铁岭挽马存栏30匹，其中基础母马14匹、种用公马2匹（体型外貌不符合本品种特征），未成年公、母驹分别为2匹和6匹，哺乳公、母驹分别为2匹和4匹，故认为本品种已无公马存在。铁岭挽马已濒临灭绝。

（三）变化情况

1.数量变化 1981年调查统计，铁岭种畜场内有铁岭挽马360匹，其中核心群基础母马120匹。2006年末铁岭挽马仅剩30匹，其中可繁殖母马14匹。近25年来铁岭挽马数量急剧下降。数量下降的主要原因是：自从20世纪70年代以来，因农业机械化和农业生产方式的转变，产区马匹失去原有役用功能，绝大部分群众不再养马。

2.品质变化 铁岭挽马在2006年测定时与1981年的体重和体尺对比，由于2006年调查时该品种已经没有公马，因此无法进行公马体尺体重的变化对比。从对母马的测量结果看，其体重和体尺都有所减少，品质已严重退化，见表1。

表1 1981、2006年铁岭挽马体重和体尺变化

年份	性别	匹数	体重（kg）	体高（cm）	体长（cm）	胸围（cm）	管围（cm）
1981	公	13	576.39	155.60	165.40	194.00	22.60
1981	母	100	562.42	154.20	164.60	192.10	20.20
2006		14	501.05	143.40 ± 8.12	157.60 ± 5.47	185.30 ± 6.02	18.20 ± 0.57

品质下降的主要原因是自20世纪70年代初以来，原以铁岭种畜场为主的铁岭挽马培育工作，随

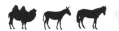

着产区农业机械化和农业生产方式的转变而停止。铁岭种畜场由于养马经济效益不佳，马匹存栏数不断压缩，种马基本流失，血统狭窄，近交严重。

三、品种特征和性能

（一）体型外貌特征

1.外貌特征 铁岭挽马体质结实干燥，体形匀称优美，类型基本一致，性情温驯，悍威中等。头中等大、多直头，眼大，耳立，额宽，咬肌发达。颈略长于头，颈峰微隆，颈形优美。鬐甲适中。胸深宽，背腰平直，腹圆，尻正圆、略呈复尻。四肢干燥结实，关节明显，蹄质坚实，距毛少，肢势正常，步样开阔，运步灵活。

毛色以骝毛、黑毛为主（占90%左右），栗毛很少。

铁岭挽马母马

铁岭挽马群体

2.体重和体尺 2006年4月对铁岭挽马进行了体尺测量，但因铁岭县盘龙山刺沟铁岭挽马育种基地所养公马体型外貌已不符合本品种标准，故仅测量14匹母马的平均体重和体尺，结果见表2。

表2 成年铁岭挽马母马体重、体尺和体尺指数

体重（kg）	体高（cm）	体长（cm）	体长指数（%）	胸围（cm）	胸围指数（%）	管围（cm）	管围指数（%）
501.05	143.40 ± 8.12	157.60 ± 5.47	109.90	185.30 ± 6.02	129.22	18.20 ± 0.57	12.69

（二）生产性能

1.役用性能 铁岭挽马具有挽力大、运步快、持久性强的特点。最大挽力为480 kg，相当于体重的80%。双马联驾，8h耖地1.73hm^2。两马拉双轮胶车，载重2 801 kg（不含车重），在稍有坡度的柏油路上，行进10km，用时41min 12s；两马拉双轮胶车，载重2 801 ~ 2 853 kg、行进50km，用时5h 45min；三马拉双轮胶车载重2 853 kg、行进50km用时 5h 19min。

2.繁殖性能 铁岭挽马母马1周岁开始发情，2 ~ 2.5周岁开始配种，发情多集中于1 ~ 4月份，发情周期21 ~ 23 天，发情持续期3 ~ 7 天，产后13 ~ 15 天第一次排卵。公马性欲旺盛，精液品质良好，一次射精量50mL以上，精子活力0.5左右，精子密度2亿/mL以上。用冷冻精液授精，母马情期受胎率为60%以上。幼驹繁殖成活率80%，育成率98%。

四、饲养管理

铁岭挽马常年舍饲，每日喂饮3次，晚上补喂短草。常年以保膘为中心，以青绿饲料为主合理搭配精料，精料基本固定，利用青绿饲料和青贮调整营养水平，做到四季均衡饲养。种公马实行单槽单圈饲养，采用驾车与骑乘交替方法运动，上午运动1.5h，下午运动1h；步度配合1/3 ~ 1/4，每日运动全程约20km，运动后拴系进行日光浴；每天上、下午各刷拭一次。种母马平时养在通厩舍内，产前半个月至产后30 天左右停止工作，临近分娩移至产房。马舍清洁干燥、通风良好，基本达到冬暖夏凉要求。幼驹20 ~ 30日龄开始在“托驹栏”内集中补饲，每天定时放出哺乳，一昼夜补饲6次，以优质青贮、青苜蓿、柔嫩干草拌料饲喂；6月龄左右断奶，断奶后开始带笼头，进行抚摸、牵行举肢、敲蹄等调教；18月龄后，视发育情况，开始进行使役调教。

五、品种保护和研究利用

采取保种场保种。辽宁省铁岭开发区盘龙山下建有刺沟铁岭挽马育种基地，至2006年末仅存栏铁岭挽马30匹。产区已几乎不再以马作为农业、运输工具，铁岭挽马尚无利用途径，只处于保种状态。铁岭挽马1986年收录于《中国马驴品种志》。

六、品种评价

铁岭挽马体型较大、结构匀称、外形优美、力速兼备、轻快灵活、适应性强、耐粗饲、富有持久力、易于饲养、遗传性稳定，曾作为当地发展农业生产和交通运输的重要役畜，深受产区人民的喜爱并得到广泛应用，是我国育成的优良品种之一。

目前铁岭挽马已濒临灭绝，已无具有该品种特征的公马，母马尚残存少量个体，应立即采取保种措施，选择与该品种特征相近的优良外种公马与所剩母马组建铁岭挽马保种群，迅速开展扩繁工作，将保种群恢复到一定数量；同时做好品种登记，建立科学规范的管理体系。

吉林马

吉林马（Jilin horse）是我国培育的挽乘兼用型品种。

一、一般情况

（一）中心产区及分布

吉林马主要产于吉林省长春、四平和白城三市。分布于长春市的农安县、德惠市、九台市、榆树市，四平市的公主岭市、双辽市、梨树县，白城市的镇赉县以及松原市的前郭尔罗斯蒙古族自治县和吉林市的舒兰市、蛟河市等。

（二）产区自然生态条件

产区位于北纬42° 31′ ~ 46° 18′、东经121° 38′ ~ 127° 02′，地处吉林省西部，大部分属平原地区，小部分位于科尔沁草原东部，总面积约7万km²。产区地势平坦，地形变化不大，伴有起伏台地，西北部略有低山、丘陵，平均海拔220m。属温带大陆性气候。年平均气温4.3 ~ 5.8℃，无霜期140 ~ 157 天。年降水量，白城市平均为408mm，长春、四平两市为522 ~ 666mm，降水多集中在6 ~ 8月份。年平均日照时数2 700h。有东西向季节风。产区有第二松花江、洮儿河、辽河等河流，水源丰富。

长春、四平市的起伏台地为黑土和黑钙土，岗间低平地为草甸土和盐碱化草甸土，并有部分盐碱土混存于草甸土中。白城市的微起伏台地一般为淡黑钙土、风沙土，质地较轻；低平地为草甸土和盐碱土，质地较黏重。土壤肥沃，适宜生长多种农作物。产区是吉林省的粮食作物和经济作物主要产地。2006年产区耕地面积约为248万hm²。主要农作物有玉米、大豆、水稻等。副产品非常丰富，适于养马。产区有草原面积约141万hm²，是畜牧业基地，饲料资源比较丰富。白城市一部分位于科尔沁草原东部，畜牧业条件优越，牧草多为碱草和小叶章、野谷草等杂草，一般亩产干草50 ~ 75 kg。有森林面积104万hm²，树种以东亚阔叶林成分为主，有黑松、樟子松、云杉、冷杉、长白落叶松、侧柏、桧柏等。

以上自然和经济条件为发展养马业提供了物质基础，产区长期以来就是我国著名的产马区之一。

（三）品种畜牧学特性

吉林马适应性强、耐粗饲、繁殖力强、挽力大、遗传性能稳定。在培育过程中，为了保持本地马适应性较强的优点，除有意识地保留25%的本地马血液外，曾充分利用了育种地区的自然条件和粗放的饲养管理条件，加强锻炼，在精料较少（每年400 ~ 500 kg），终年半舍饲粗放饲养管理条件下，吉林马膘度保持较好。

二、品种来源与变化

（一）品种形成

原吉林马产区主要是蒙古马，由于体格较小，满足不了当地工农业生产的需要。从1950年开始，以本地马为基础，先后主要用阿尔登马、顿河马公马与本地母马杂交，产生大批轻、重型一代杂种马。在此基础上进行轮交和级进杂交，产生了大批轻、重轮交和重型级进二代杂种马，体格增大，役用性能显著提高，为培育吉林马奠定了基础。在此基础上，由吉林省农业科学院和吉林农业大学作技术指导，主要在白城国营及乡镇的牧场，组成吉林马育种协作组，制定了统一的育种方案。

从1962年开始，在二代杂种的群体中，选择体尺符合育种指标、理想型的公、母马，以同质选配为主、异质选配为辅的繁育方法进行横交。同时进行严格的选择和淘汰，扩大理想型类群。在此阶段中，为了迅速提高马群质量和整齐度，曾重点使用遗传性能比较稳定的理想型种公马，对推动吉林马的育种进程起了很大作用。如吉林省乾安县种畜场，自1962年开始用“素一”号公马与各种类型的母马横交，连续几年广泛使用，使马群的特征趋于一致，具备了挽乘兼用马的特点，效果非常显著。

1966年以后，除进行严格选择和淘汰外，继续采用以同质选配为主、异质选配为辅的繁育方法，巩固提高其优点，矫正缺点（如垂耳和距毛过多等）。双辽种羊场、乾安种畜场和红星种畜场是吉林马的主要培育场，进行品系繁育。经过横交固定和自群繁育，1978年通过省级鉴定验收，宣布育成吉林马。该新品种基本保持本地马25%、轻型马25%、重型马50%（或蒙古马25%、重型马75%）的血液，是几个亲本品种的融合体，遗传性能稳定，群体特点基本一致。1978年获全国科学大会奖。

产地居民主要是汉族，白城尚居住一定数量的蒙古族，自古以来就有养马、用马的习惯和经验。在机械化不发达的时代，产区人民的生产、生活迫切需要体大力强的马匹提供动力，这是吉林马形成的主要社会因素。

（二）群体数量

2006年末主产区存栏马10.16万匹，其中种用公马300匹、基础母马8.49万匹，质量和数量呈急剧、大幅度下降趋势。纯种吉林马数量不详。

（三）变化情况

1.数量变化 1981年吉林马存栏近万匹，2006年末纯种吉林马存栏下降幅度较大。数量下降的主要原因是随着农业机械化的推进速度加快，交通运输网络的迅猛发展，马匹由农业和运输业的主要动力退居为辅助动力。同时由于我国经济体制发生了根本性的转变，饲养管理方式不能适应新的经济体制要求，国营育种场及乡镇牧场纷纷进行生产转轨，不再经营养马业务，吉林马育种工作几近停止。到21世纪初，马匹功能开始逐渐向肉用方面发展。

2.品质变化 吉林马在2007年测定时与1981年的体尺和体重对比，体尺和体重都有所下降。品质下降的主要原因是原有的国营及地方牧场经营方式转变或关闭，多年来没有继续进行吉林马的系统选种选配，特别是优良种公马缺乏，导致吉林马匹育种工作无法开展。见表1。

表1　1981、2007年吉林马体重和体尺变化

年份	性别	匹数	体重（kg）	体高（cm）	体长（cm）	胸围（cm）	管围（cm）
1981	公	4	557.8	156.0 ± 3.3	162.9 ± 6.2	192.3 ± 3.1	22.8 ± 0.9
2007			492.0	150.5	158.5	183.1	21.0
1981	母	8	511.8	152.0 ± 4.0	160.8 ± 5.3	185.4 ± 7.0	21.0 ± 0.9
2007			433.5	143.9	152.0	175.5	20.0

三、品种特征和性能

（一）体型外貌特征

1.外貌特征　吉林马体质结实、干燥，性情温驯，有悍威，结构匀称，类型基本一致。头较清秀，眼大小适中。颈长中等，呈斜颈。鬐甲较厚。肋拱圆，背腰平直且宽，尻较斜。四肢肌腱发育良好，肢势正常，少数个体后肢有轻度曲飞外向和卧系，步样开阔，运步灵活，蹄质坚实。部分个体距毛较多。

毛色主要为骝毛，栗毛次之，黑毛较少。

吉林马公马

吉林马母马

2.体重和体尺　2007年5月吉林省畜牧总站测量了成年吉林马的体重和体尺，结果见表2。

表2　成年吉林马体重、体尺和体尺指数

性别	匹数	体重（kg）	体高（cm）	体长（cm）	体长指数（%）	胸围（cm）	胸围指数（%）	管围（cm）	管围指数（%）
公	4	492.1	150.5	158.5	105.3	183.1	121.7	21.0	14.0
母	8	433.5	143.9	152.0	105.6	175.5	120.0	20.0	13.9

（二）生产性能

1.役用性能　吉林马工作性能较好，以体重15%的挽力，单马拉胶轮大车，在平坦的土道上以快慢混合步度，行进10km，用时50min；以体重45%的挽力，在平坦的土道上，连续前进365m，测后半小时，其体温、脉搏、呼吸恢复正常。母马无鞍骑乘3 200m，需时5min至5min 42s。

2.产肉性能 屠宰率公马58%，母马58.5%，骟马59%；净肉率公马45.5%，母马45.7%，骟马45.8%；肉骨比公马4.8，母马4.53，骟马4.55，眼肌面积公马145.5cm^2，母马129.7cm^2，骟马135.8cm^2。

用于改良本地马，效果较好。一代杂种体高比其母本平均提高10.2cm，体尺指数也都有所增加。

3.繁殖性能 吉林马公马20月龄、母马16月龄性成熟；初配年龄公马为36月龄，母马为34月龄。母马通常于4～8月份发情，发情周期12～29天，平均24.2天，产后13.6天第一次排卵，妊娠期330天左右，人工授精母马受胎率为76%，繁殖年限为10～15年。幼驹初生重公驹54.1kg，母驹47.1kg；幼驹出生时体高不低于成年马的60%，生后6月龄体高达到成年马的85%，24月龄的体高达到成年马的95%。幼驹繁殖成活率65.4%。

四、饲养管理

种马的饲养基本按照种用标准饲养，实行全价日粮配方标准饲喂。除种马外的其他马饲养方式为农户舍饲（冬季）、半舍饲（春秋季）和放牧（夏季）等。

吉林马群体

五、品种保护和研究利用

尚未建立吉林马保护区和保种场，处于农牧户自繁自养状态。吉林马1987年收录于《中国马驴品种志》，2000年建立了吉林马品种登记制度，由吉林省长春市家畜繁育指导站、农安县家畜繁殖改良站负责。

近年来，吉林马主要用于工农业生产，并进行肉用开发，培育向役肉兼用型方向发展。吉林马役用性能强，适合农田耕作和交通运输；肉质细嫩多汁、鲜美可口、风味独特，肉品已销往日本。

六、品种评价

吉林马力速兼备、轻快灵活、适应性强、耐粗饲、持久力强，容易饲养和驾驭，符合役用和种用要求。本品种育成时间较短，尚需进一步选育提高，对某些个体外形上的缺点，如垂耳和距毛过多，有待采用育种手段加以矫正。产区实现机械化后吉林马数量下降较多。近年来吉林马的肉用价值逐渐显现，肉品质好，产品出口国外，使得吉林马存栏量较最低谷时有所回升。今后应加大吉林马肉用价值的开发力度，拓展肉用市场，向役肉兼用型方向转变。同时也可用于休闲骑乘和驾车旅游。根据市场需求，进行马的其他产品如生物产品开发利用，以提高吉林马的附加效益。

关中马

关中马（Guanzhong horse）曾用名关中挽马，是我国在陕西省关中地区育成的挽乘兼用型品种。

一、一般情况

（一）中心产区及分布

关中马产于陕西省关中渭河平原，即宝鸡、渭南、咸阳三个市的陇县、眉县、凤翔、陈仓、临渭区、合阳、大荔、乾县、长武等县区及西安市郊县，在安康市有少量分布。其中，以陇县关山牧场的320匹基础母马较为优良，宝鸡市农牧良种场关中马场的保种马群质量最佳。

（二）产区自然生态条件

主产区位于北纬34°～35°、东经107°～110°，海拔360～1 300m，平均海拔500m。属暖温带半湿润气候，年平均气温5.3～14℃，最高气温42℃，最低气温−15～−21℃；无霜期120～210 天。年降水量540～750mm，降水多集中在7～9月份。年平均日照时数1 980～2 400h。河流主要有渭河、泾河、北洛河、黑河、劳河、丰河、梅河、千河等，其中渭河是黄河最大支流，横贯关中平原，年平均径流量102亿m^3。关中地区地势平坦，土壤肥沃，多为栗钙土，质地黏重，水利灌溉条件好。2006年有耕地面积约170万hm^2，草场面积约74万hm^2，粮食产量800万t，是我国重要的粮棉产区之一。农作物以小麦、玉米、油菜为主。产区素有种植苜蓿、豌豆、黑豆等优质饲料作物的传统，饲料条件好，是培育和形成关中马良种的物质基础。

（三）品种畜牧学特性

关中马在我国农区舍饲品种中具有一定的代表性，体型中等、结构匀称、四肢健壮，具有较强的适应性，−15～38℃均表现良好，对寒冷的气候比炎热的气候更能适应，耐粗饲，繁殖率高，合群性强。关中马早熟、骨量小，具有产肉的遗传潜力；体质细致，后躯长广，泌乳力良好；头部干燥，颈部灵活，躯干舒展宽阔，四肢肌腱明显；力速兼备，重而不笨，具有发展为游乐马的良好前景。

二、品种来源与变化

（一）品种形成

关中地区是我国古时政治、经济和文化的中心，有悠久的养马历史。相传汉武帝刘彻娴熟弓马，对良马特别喜爱，他把草原马、高山马引到关中一带，并普及到各郡国的驿递运输方面，大大改善了军队中的骑射装备。他的“天厩”内养有许多良种马匹，有专人饲养、遛马，他亲自巡视宝马的健康状况，使关中地区马的种群质量不断提高。

1942年国民政府农林部开办了直辖“第一役马繁殖场”，1946年改组为西北役畜繁殖改良场，但至新中国成立前夕场内仅有基础母马26匹，品种包括焉耆马、蒙古马、青海马以及杂种马，血统混杂。1949年以后整顿、扩建为西北畜牧部武功种畜场。

20世纪50年代初，关中地区农业生产和物资运输日趋繁重，需要培育具有体大、力强、速力快的新类型马，而当时当地的马体格小，挽力和速力不能满足要求，于是决定引用良种公马对当地马进行多品种复杂育成杂交，以期培育一个具有60 ~ 75 kg正常挽力、步伐轻快、时速4.5 ~ 4.8km、体重500 kg以上、体高152 cm左右、外形结构好、体质干燥结实、能适应当地自然条件的挽乘兼用型马。新马种的培育工作先从陕西省柳林滩种马场（原武功种畜场，包括土岭和武功两个分场）开始，后以此为中心扩大到全产区。其育种过程如下：

从1950年开始，采取了先轻后重的多品种杂交方式。先选用英顿马（后改称布琼尼马）、卡拉巴依马和苏高血马等轻型品种公马与本地母马杂交，获得一批轻型二代改良马。杂种马各项体尺较本地马均有明显提高，但体尺指数较小，表现体躯高而浅、狭而短、步伐轻快、挽力不足的特点。1958年开始，又选用大型和小型阿尔登马公马再对二代轻型改良马进行复杂杂交，以加重体型、提高挽力。二代轻型杂种母马与阿尔登公马相配所产生的三代或四代杂种马，在体尺、体型、外貌和工作能力等方面，基本上达到原定育种指标。在本品种形成中，卡拉巴依马和阿尔登马起了主要作用。

1965年开始，选择达到育种体尺指标、理想型的杂交种公、母马，以同质选配为主、异质选配为辅的选育方法，进行横交，严格选择，扩大理想群。为迅速提高马群质量，柳林滩种马场建立核心群，重点选用遗传性能较稳定的横交公马66–6号，扩大繁殖，连续使用几年，结果使马群的体尺、体型结构、外貌特征趋于一致，具备了力速兼备的挽乘兼用马的特点。1970年起，全部母马转入自群繁育后，采用闭锁繁育，用三个不同血统的公马，以中亲选配为主，适当进行近亲选配，逐步巩固所获得的优良遗传性状，使群体达到基本一致。核心马群的自群繁殖三个世代以上，母马群近交系数多为3.38%。马群基本保持本地马种10.9%的血液，含轻型品种马和重挽型品种马的血液分别为25.9%和63.2%，遗传比较稳定，并初步有计划地试行品系繁育。1982年10月由陕西省农业厅组织“关中马品种鉴定小组”，对育种核心场——柳林滩种马场的关中马进行品种鉴定和验收，认为符合育种指标，具有预定特征，确认为一个新品种，命名为“关中马”。

20世纪90年代后，由于多种因素，柳林滩种马场的关中马核心群压缩后全部转入土岭分场集中保种，成立宝鸡市农牧良种场关中马场。近年来，在选育方法上坚持纯种繁育为主、适度引进外血为辅的原则。关中马场在纯种选育的基础上，2004年引入一匹偏轻型黑色奥尔洛夫马公马进行冲血，以降低近交系数。陇县关山牧场多次从关中马场引进种公马进行血液更新，从而保证了整个群体品种性状的基本一致。选育目标以骑乘轻型马为主，选育的性状以鬐甲高窄、胸宽深、背平直、尻圆、四肢和蹄、系部端正为最佳。

（二）群体数量

至2006年末共存栏关中马3 455匹，其中基础母马1 426匹。以宝鸡市数量最多，存栏2 082匹，占总数的60.26%。渭南市存栏895匹，咸阳、西安、安康等市存栏478匹。关中马处于维持状态。

（三）变化情况

1.数量变化 20年来关中马数量发生了很大的变化。1981年调查鉴定，主产区符合关中马育种指标的马约有11 632匹，其中基础母马约3 000余匹。到2006年全省存栏量已减少至3 455匹，母马存栏量减少至1 426匹，分别下降了70.29%和52.47%。数量持续下降的主要原因：一是由于机械化、城市化进程的加快，关中马已逐渐从农耕、役用、运输中退出；二是产业政策发生了大的调整。但近年来，随着旅游业的发展，通过陇县关山牧场辐射带动，关中马在陇县关山地区大量繁殖饲养，主要用于旅游骑乘及当地农民役用。

2.品质变化 近年来，随着经济发展和人民生活水平的提高，关中马的生产方向也发生了很大变化，由使役和运输为主转向旅游、赛马、马术和生物制品方面，性状和特征由偏挽型向偏乘型方向发展。与1981年相比，其体重和体尺变化见表1。

表1 1981、2007年关中马体重和体尺变化

年份	性别	体重（kg）	匹数	体高（cm）	体长（cm）	胸围（cm）	管围（cm）
1981	公	573.50	19	153.77	160.64	196.36	21.50
2007		509.47	15	152.80	160.96	184.89	18.56
1981	母	561.92	85	152.96	161.58	193.80	20.50
2007		506.35	50	151.86	160.72	184.46	20.32

三、品种特征和性能

（一）体型外貌特征

1.外貌特征 关中马体质干燥结实，结构良好，禀性温驯，有悍威。头中等大、干燥清秀，耳竖立。颈长中等、斜度适中，颈础高。体躯舒展粗实，背腰平直，多正尻、斜度适中。肩斜长，四肢端正，关节发育良好，肌腱明显，蹄质坚韧。无距毛或距毛很少。

毛色以栗毛、骝毛为主，分别占群体的56.9%和27.6%。

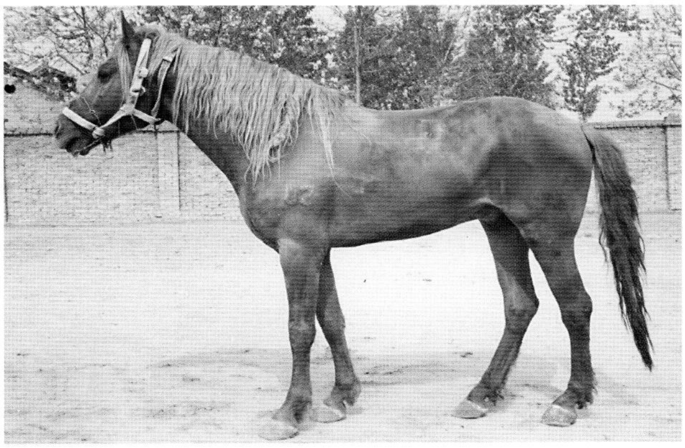

关中马公马

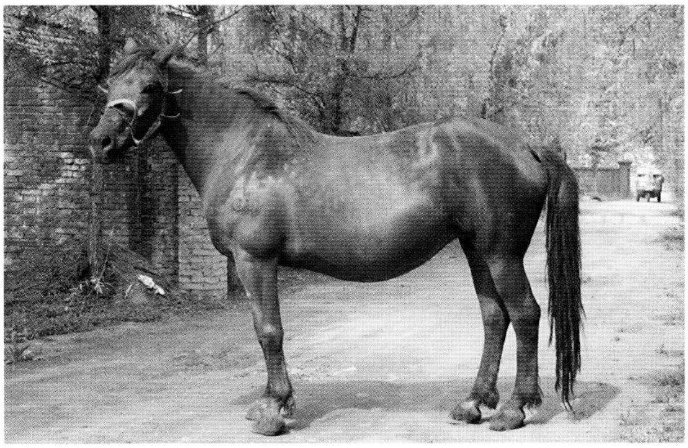

关中马母马

2.体重和体尺 2007年1月由宝鸡市畜牧兽医中心组织，在宝鸡市农牧良种场关中马场、陇县关山牧场、千阳县草碧村对成年关中马进行了体重和体尺测量，结果见表2。

表2 成年关中马体重、体尺和体尺指数

性别	匹数	体重（kg）	体高（cm）	体长（cm）	体长指数（%）	胸围（cm）	胸围指数（%）	管围（cm）	管围指数（%）
公	15	509.47	152.80±5.26	160.96±6.61	105.34	184.89±23.15	121.00	18.56±3.61	12.15
母	50	506.35	151.86±4.47	160.72±6.78	83	184.46.02±9.21	121.47	20.32±0.93	13.38

（二）生产性能

通过能力试验观察及调查访问，证明关中马有比较好的挽力，运步轻快、富有持久力。

1.运动性能 在关山地区公路平缓路段骑乘，体重62 kg牧工分别骑乘6岁公马和6岁未妊娠母马，1 000m，公马用时2min 0.5s，母马用时2min 16.5s；3 000m，公马用时4min 6.5s，母马用时4min 36.6s；10km，公马用时28min，母马用时32min。

2.役用性能 用关山群众使役的马在沙石路上拉载重车测定，最大挽力公马234.5 kg、母马210.5 kg。关中马持久力较强，在关山地区特别是进行补饲的情况下连续行进不显疲劳。

3.产肉性能 关山牧场2007年对1匹七八成膘空怀淘汰母马进行的屠宰性能测定，屠宰率为52.3%，净肉率为47.6%。

4.产奶性能 1985—1986年由原西北农业大学侯文通等在陕西柳林滩种马场对11匹4～11岁哺乳马测定，5个月泌乳量（2 375.66±292.03）kg，最高2 674.2 kg，最低1 678.8 kg；对42匹马乳成分进行测定，见表3。

表3 关中马乳成分

乳样	相对密度	pH	干物质（%）	乳糖（%）	乳脂（%）	乳蛋白（%）	灰分（%）
初乳	1.0 630	—	13.703	6.556	2.40	4.20	0.547
常乳	1.0 334	6.898±0.05	11.768±0.43	7.655±0.19	1.418±0.35	2.348±0.03	0.347±0.04

5.繁殖性能 2007年1月由宝鸡市畜牧兽医中心组织在宝鸡市农牧良种场关中马场、陇县关山牧场调查。公马1.5岁性成熟，3岁开始配种。目前关中马群全部采用自然交配，每匹公马配种母马8～10匹。母马性成熟年龄为23.3月龄，初配年龄32.1月龄，一般利用年限10～20年；发情季节2～4月份，发情周期19.9天，妊娠期318.6天，母马自然交配年平均受胎率87%，年产驹率80%。幼驹初生重公驹45.1 kg，母驹40.0 kg；幼驹断奶重公驹170.3 kg，母驹161.4 kg。采用人工授精母马受胎率97%。

四、饲养管理

宝鸡市农牧良种场关中马场以舍饲饲养为主，按用途、性别、个体大小、健康状况及性状不同分槽饲养。饲喂定时定量，成年公马每天饲喂给青干草8～10 kg、精料6 kg，配种期间精料加至6.5 kg。成年母马每天喂给青干草6～8 kg，精料3.5 kg，哺乳期精饲料加至4 kg。饲喂时先粗后精。精料组成为大麦、豌豆、玉米、麸皮。公马适量补饲豆粕、盐及矿物质，在配种时补饲鸡蛋，在冬天添加大麦芽、胡萝卜。

陇县关山牧场及关山地区养殖户以草原自由放牧为主。一般农户主要是舍饲，以青干草和谷草为主，加少量精料。

关中马饲养规模，陇县关山牧场存栏320匹，宝鸡市农牧良种场关中马场存栏42匹，关中马20匹以上规模饲养户12户，其余规模都较小，多数养1～2匹。

关中马抗病力强，很少发病。近年来已经消灭了马传染性贫血等马类传染病，加之马群分布分散，几乎没有传染病发生。临床主要为消化道疾病（结症）、破伤风、产后胎衣不下等疾病。

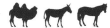

关中马群体

五、品种保护和研究利用

采取保种场保护。关中马是我国分布纬度最低的轻挽型马，也是欧亚大陆最耐湿热的轻挽型马品种之一。从1985年开始，宝鸡市农牧良种场关中马场列入省级保种场。保种原则是在妥善保存原种的基础上，积极开拓新的经济利用途径，在稳定地形成新的经济利用方式和生产体系之前，保存原种50年。保种采用提纯复壮等方法，防止品种退化、杂化。

1981年陕西省畜牧兽医局组织对关中马进行了调查鉴定登记，全区符合关中马育种指标的马约有11 632匹，其中适繁母马约3 000余匹。之后再未进行登记管理。

关中马1987年收录于《中国马驴品种志》，陕西省1985年3月26日发布了，《种畜　关中马》企业标准（陕QB3147—85）。

1996年侯文通利用血液蛋白多态性标记法对陕西省各马种遗传结构进行了分析，证实了它们相互间的遗传差异，表明关中马山地型比舍饲型有较多的基因储备。1998年吴华通过对关中马等11个品种血清酯酶（Es）位点的基因频率计算遗传距离，并进行聚类分析，结果表明Es位点是不同品种马遗传分化的主要位点。

除宝鸡市农牧良种场关中马场以保种为目的外，其他地区主要以生产商品马和用于骑乘旅游为目的，少数作运输用。

六、品种评价

关中马是我国培育的挽乘兼用型品种，具有发育快、体质紧凑结实、体型结构匀称、繁殖性能高、耐湿热、适应性好、抗病力强、运步轻快、力速兼备等特点，颇受省内外欢迎。近年来为适应市场需求的变化，正向偏乘型方向继续培育。其缺点是胸围稍大、头大、颈稍短、腿偏短粗。

今后应按照现有方向继续选育提高，扩大群体规模。宝鸡市农牧良种场关中马场保留了原柳林滩种马场的核心群，应重点加以保护和培育，扩大基础母马数量，加强种公马选留与幼驹锻炼，改善繁殖和饲养条件，逐步恢复繁育体系；可适当引入类型相似的纯血马进一步冲血，疏宽血缘。陇县关山牧场具有一定数量与质量的母马群，提供了大量旅游骑乘用马，应重点选配好种公马，加强选种选配，满足周边市场需求，提高群众养马收益。

渤海马

渤海马（Bohai horse）是我国挽乘兼用的培育品种。

一、一般情况

（一）中心产区及分布

渤海马培育时期主产于山东省东北部的滨州市、东营市、烟台市和潍坊市沿渤海各县，以广饶、寿光和垦利三县为中心产区。分布于产区周围各县，并被引入到外省。现以东营市的利津县明集乡、垦利县胜坨镇、东营区龙居镇和蓬莱大辛店镇为主产区。

（二）产区自然生态条件

在产区西部各县市，如无棣、沾化、垦利、广饶、寿光、昌邑，以及原广北农场、原垦利马场等农牧马场，位于渤海湾南岸和莱州湾的西南岸。由于黄河在此多次变迁入海，形成大面积的冲积平原，土质黏重，地势平坦。海拔5～10m。气候温和，年平均气温12.8℃，无霜期206天左右。年降水量556mm，多集中在夏季，占全年降水量的65%；相对湿度65%。年平均日照时数2 658h。产区土壤肥沃，水源充足。农业发达，盛产小麦、玉米、大豆、谷子、花生、棉花等各种作物，农副产品丰富。农民有种植苜蓿的习惯。近海处有30多万hm^2的滨海草场和盐碱地，生长芦苇、羽茅等多种天然牧草，适于牧马。

产区东部沿胶东半岛的莱州、龙口、蓬莱、文登、荣成、莱阳各县市及莱州原土山牧场，地处胶东丘陵地区，近海处也有小块平原，气候温暖，雨量较西部稍多。农业、林木、果树及捕捞、编织业等均很发达，农民经济收入较高，当时运输任务较重，马匹是产区农耕和运输的主要动力之一，也是培育渤海马的社会因素之一。

（三）品种畜牧学特性

渤海马对产区的自然环境有良好的适应能力，耐粗饲、恋膘性强、抗病力强、挽力大、步伐轻快。但是由于近些年来农业机械化水平提高，渤海马的役用功能降低，性能下降较多。

二、品种来源与变化

（一）品种形成

产区西部各县有悠久的养马历史，农民富有养马经验，是山东省商品马、驴和骡的繁殖基地之一。从考古资料看，当地养马至少有2 700多年的历史。在中心产区的广饶县城南约15km的旧临淄城区，发掘出的东周殉马坑，一次殉葬600多匹马，说明当时养马业就已很发达。从这些遗骨分析，古代至20世纪50年代初期，该地区所饲养的马匹，是属于蒙古马类型的地方品种。据1952年局部调查，当地马的体高约为127 cm，因体格较小、挽力较差，不能很好地适应20世纪50年代当地农村和国营农场农耕、运输的需要，遂于1952年开始引入外来良种公马，对当地马进行杂交改良，其形成历经三个改良育种阶段。

第一阶段：引入轻型的苏纯血马和苏高血马改良地方马。1952年，山东省农林厅从河北省察北牧场调入10匹苏纯血公马和苏高血公马，当年在广饶、寿光、无棣、潍县、庆云五县，各建一处马匹人工授精站，利用人工授精方法改良本地马。虽杂交后代个体增大（体高增加10 cm左右），但表现出头小、颈长薄、体狭、四肢细长、挽力不足和持久力差的缺点。

第二阶段：建立良种繁育体系，利用轻、重良种公马，以复杂杂交方式，进行轮交。1956—1958年引入苏高血马母马6匹、公马4匹，拨给广北农场进行纯种繁殖；引入顿河马母马10匹、公马8匹，先后由齐河畜牧场和支脉沟牧场繁殖。1959—1960年引入阿尔登马母马17匹、公马2匹和苏维埃重挽马母马13匹、公马3匹，分别拨给广北农场和昌邑种马场进行纯种繁育并与轻型杂种马杂交；广饶畜牧场引进奥尔洛夫种公马与本地马和轻型杂种马杂交。1962年时产区15个县共拥有苏高血马、阿尔登马和苏维埃重挽马等品种公马104匹。

在杂交改良方式上，从20世纪50年代末期开始，采用先轻后重二代、先重后轻二代等多种杂交组合，根据杂交组合的改良效果，公认以先轻后重杂交改良当地马的方式，是获得体高为145 cm左右乘挽兼用马的理想方式。

渤海马的正式育种工作是20世纪60年代初期，以广饶县境内的国营广北农场和原五一农场为基地开始的。1963年广北农场和原山东农学院在该场已进行多年改良工作的基础上，研究制定出渤海挽马的育种计划，并付诸实施，当年利用含有贝尔修伦马血液的杂交公马与轻杂和苏杂母马杂交。1963年原五一农场也提出了类似的育种设想。此后，渤海农垦局为所辖各农场制定了渤海轻挽马育种计划，从而形成了在产区以国营农场为基地，带动各县全面开展群众性的马匹改良育种工作，每年改良马匹多达5 000匹以上。

第三阶段：明确育种目标，开展横交固定。1974年山东省组成马匹改良效果调查组，根据对广北农场、五一农场等4个农场及12个县的马匹改良调查结果，制定出培育挽乘兼用渤海马育种方案，次年建立山东马匹育种协作组，组织产区各县和农牧场协作，联合育种。方案规定，经过轻重混血，达到育种指标的马匹及时转入横交，并选择一批理想型杂种公马作为主力公马，以扩大利用。历经八年的横交繁育，进一步巩固了改良效果。1983年山东省马匹育种协作组进行首批良种登记，共登记合格马匹3 257匹；同年11月国家有关部门和全国七省市有关专家学者在济南军区军马场（现济南军区生产基地）召开渤海马鉴定会，参观了广饶县六户公社渤海马育种基地，经国家马匹育种委员会鉴定通过，正式命名为渤海马。

1985年以后由于农业生产责任制的进一步落实，马属动物的所有权由集体饲养转为个人饲养，渤海马发展迅速，数量一度有所增加。1996年以后由于产区机械化程度普遍提高，交通运输条件迅速改善，渤海马数量逐年大幅减少。

（二）群体数量

2006年末主产区东营市共存栏渤海马112匹，其中公马15匹、母马97匹。山东省全省渤海马总数不足500匹，已处于濒危状态。

（三）变化情况

1. 数量变化 渤海马1984年共存栏约2万匹，1998年存栏不足1万匹，2006年末存栏不足500匹。渤海马主产区东营市1983年存栏4 855匹，1995年存栏近1万匹，达到养马规模高峰，之后渤海马饲养量大幅下降，散布在东营区六户镇、广饶县丁庄镇一带，目前以利集县明集乡和垦利县胜坨镇较多，2006年末共存栏100多匹。

2.品质变化 由于役用功能的需求减少，以及从1998年以来没有进行系统的选种选配，渤海马的生产性能有不同程度的下降。以2006年测量的体尺与1983年测量的对比，公马的体型结构变化不大，但母马体尺比1983年有所提高。主要原因是虽然马匹数量减少，群众还是选择优秀母马进行饲养，结果见表1。

表1 1983、2006年成年渤海马体重和体尺变化

年份	性别	匹数	体重（kg）	体高（cm）	体长（cm）	胸围（cm）	管围（cm）
1983	公	25	460.9	149.9 ± 4.5	154.5 ± 5.2	179.5 ± 7.9	20.7 ± 1.7
2006			448.0	148.7	154.6	176.7	20.8
1983	母	2 798	397.3	143.8 ± 3.9	149.7 ± 5.3	169.3 ± 7.6	19.1 ± 1.1
2006			442.7	147.7	153.9	177.6	19.8

三、品种特征和性能

（一）体型外貌特征

1.外貌特征 渤海马体质结实，结构匀称，性情温驯，富灵活性。头中等大、清秀，呈直头。眼大有神，耳立。颈长中等，颈肩结合良好。鬐甲明显，中等高。胸宽而深，肋拱圆，背腰平直。尻部发育良好，多正尻，偏重型马略复尻，宽长而稍斜。四肢干燥粗壮，关节明显，肢势良好，蹄质坚实。尾毛长且浓密。

毛色以骝毛、栗毛为主，有少量青毛、黑毛，头部多有白章。

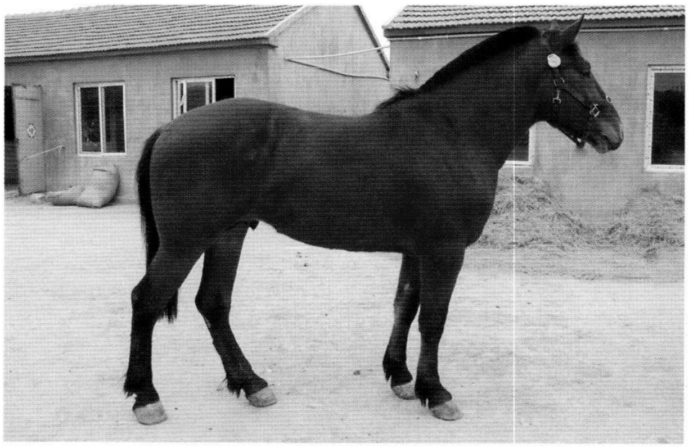

渤海马公马

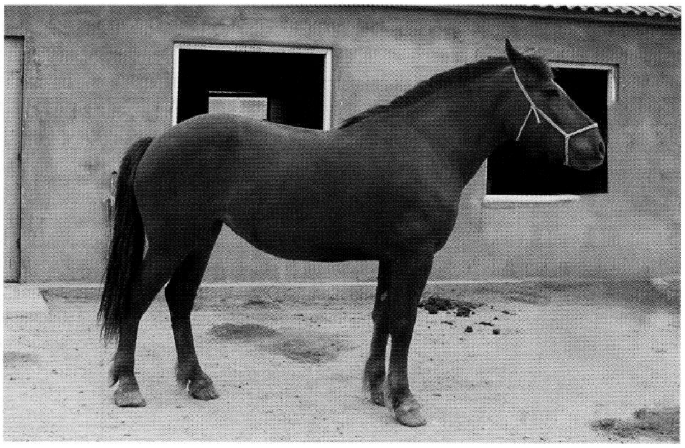

渤海马母马

2.体重和体尺 2006年8月对成年渤海马的体重和体尺进行了测量，结果见表2。

表2 成年渤海马体重、体尺和体尺指数

性别	匹数	体重（kg）	体高（cm）	体长（cm）	体长指数（%）	胸围（cm）	胸围指数（%）	管围（cm）	管围指数（%）
公	10	448.0	148.7	154.6	104.0	176.7	118.83	20.8	13.99
母	50	442.7	147.7	153.9	104.2	177.6	120.24	19.8	13.41

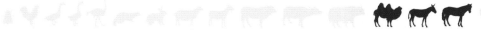

（二）生产性能

1. 役用性能 渤海马有轻、重两种类型，前者有轻型马的气质和灵活性，后者有重型马的温驯和憨厚性。渤海马既适于长途运输和驮乘，具有持久跋涉能力，曾是济南军区军马场培育军马的主要品种之一。

渤海马用相当于受测马体重15%的挽力单马挽车，在平坦土质公路上2 000m慢步，用时11min 52s ~ 14min 3s，速力2.4 ~ 2.8m/s。双马挽双铧犁，8h可耕地0.67km^2；单马挽曳七寸步犁，日耕地0.33km^2，工作效率比本地马提高66%。

2. 繁殖性能 渤海马比较早熟，性成熟年龄1 ~ 1.5岁。公马3岁开始参加配种，一般可繁殖利用6年。母马一般饲养条件下2岁开始配种，良好的饲养条件下1.5岁开始配种。发情季节多集中在4 ~ 8月份，发情周期21天，持续期7 ~ 8天，产后5 ~ 12天第一次发情；妊娠期330天，一年产一胎或三年产二胎，年平均受胎率55%，终生产驹8 ~ 10匹。采用人工授精时母马受胎率为70%，每匹公马配种母马为20匹左右。幼驹初生重公驹51.3 kg，母驹53 kg；幼驹断奶重公驹150 kg，母驹120 kg。

四、饲养管理

渤海马适应性较好，耐粗饲、抗病性强，主要以舍饲和拴系放牧为主。饲养管理中粗料以青草和谷草干草为主；精料包括玉米、麸皮、豆饼、高粱等，日喂量2 ~ 3 kg。除白天饲喂外，夜间进行补饲。

渤海马群体

五、品种保护和研究利用

采取保种场保护。为了抢救性保护渤海马，2009年经山东省农业厅批准在蓬莱和圣农业技术开发有限公司建立渤海马原种场，存栏渤海马85匹，其中配种公马12匹、基础母马50匹。对所有保护的渤海马都进行了正式鉴定和登记，并建立了完善的血统登记体系和制度。在进行渤海马保护的同时，成立了渤海马育种委员会，针对现代市场的需求和当地现有的马业资源，引进优秀温血马品种、阿拉伯马、纯血马等公马，对保种以外的渤海马进行改良，以培育渤海温血马，为满足我国休闲健身及马术市场用马需要而努力。渤海马1987年收录于《中国马驴品种志》。

六、品种评价

渤海马生长发育快、繁育性能好、遗传性能较稳定，曾是济南军区军马场培育军马的主要品种。渤海马是由世界优秀种马如纯血马、阿尔登马等与本地马杂交培育形成，体型高大、性情温和，从气质和体型上是我国在20世纪培育马种中最接近温血马的马种之一。

今后应加强渤海马的综合利用，一是逐步恢复建立渤海马良种繁育场，做好渤海马的保种工作，加强种马育种技术研究，不断提高种马质量；二是加强渤海温血马的培育工作，实现由传统马业向现代马业转变中马种的适应性转变，满足马术运动和休闲旅游等社会发展新需要；三是建立马保护、开发、利用的完善产业体系，提高渤海马饲养附加值，逐步形成以马种的鉴定登记为基础，养马、育马、产品加工为一体的产业链。

山丹马

山丹马（Shandan horse）为原兰州军区军马场（现名甘肃中牧山丹马场）培育的军马品种。1984年通过品种鉴定委员会审定，鉴定为“适合我国军需民用的一个军马新品种”，1985年中国人民解放军总后勤部经农牧渔业部将其正式命名为“山丹马”。属乘挽驮兼用型培育品种，分为驮挽和驮乘两个类型。

一、一般情况

（一）中心产区及分布

山丹马的中心产区在甘肃省张掖市中牧山丹马场，集中分布于周边农牧区，全国其他省、市、自治区（除台湾省外）也有零星分布。20世纪80年代以前主要输送到部队及地方农牧区，此后部队用马减少，转向牧区、山区农村及旅游娱乐景点和生物制品基地。

（二）产区自然生态条件

山丹马场位于北纬37° 42′ 5″ ~ 38° 21′、东经100° 53′ ~ 101° 29′ 5″，地处河西走廊中部、祁连山冷龙岭北麓的大马营草原，地跨甘肃、青海两省，处于黑河水系和石羊河水系源头，东西长53km、南北宽70km，总土地面积2 192.544km^2。四周均有高山环绕，形成一个四周环山的大马营盆地。境内地势南高北低，盆地内海拔2 500 ~ 3 000m，坡降2% ~ 8%，周围山峰相对高度1 300 ~ 2 000m。属高原寒冷半湿润气候，寒暑变化剧烈，具有明显的大陆性气候特征。按海拔高度可分为干旱、半干旱、半湿润、湿润四个气候区。年平均气温0.2℃，极端最高气温30.1℃，极端最低气温-33.1℃，昼夜温差大；无霜期短，北部为59 ~ 143 天，南部沿山一带无绝对无霜期。降水量少而集中，蒸发量大，年降水量359mm，多集中在夏、秋季，年平均蒸发量1 701mm。年平均日照时数2 823h。盛行西北风，冬春季多风沙天气，平均风速4.4m/s。水源较丰富，地表水来源于祁连山，产区实有地表水3 802万m^3，地下水埋深在100m以下，储量为0.73亿m^3。土壤有栗钙土、灰褐土、沼泽土和草甸土等，土质较肥沃。

2007年产区有耕地面积2.7万hm^2，占总土地面积的12.25%。90%以上的农作物实行春播秋割的生产经营方式。主要作物有大麦、小麦、青稞、油菜、燕麦、马铃薯、白菜、萝卜等，还有多种食用菌。草原属祁连山山地草原，2007年草原面积为12.3万hm^2，占总土地面积的55.93%。从北向南依次为半干旱草原、草甸草原、灌丛草甸草原、针叶林草甸草原和高山草甸草原。牧草由禾本科、莎草科和少量豆科牧草组成。2007年森林面积为5.3万hm^2，占总土地面积的24.32%。树种有青海云杉、祁连圆柏、二白杨、青皮杨等，还有高山柳、金蜡梅、木本委陵菜、忍冬、沙棘等数百种植物。

山丹马场场区地处山区，海拔高、气温低、蒸发量大，植物多样性强，在这种条件下通过自然选择、野牧锻炼培育的山丹马，形成了适应性强、耐受力强（耐高寒、耐缺氧、耐粗饲）、抗病性能好、易恋膘的特点。

（三）品种畜牧学特性

山丹马具有适应性强，亲和力高，易调教，耐粗饲、耐高寒、耐缺氧、耐高热高湿，抗病能力强，合群性较强，对异地饲养适应快，持久力和耐力强，恋膘性强等优点，作为军马较其他马种有明显优势。这与培育环境及饲养管理条件有密不可分的关系。

二、品种来源与变化

（一）品种形成

山丹马场草原（旧称大马营草滩）是我国历史上著名的产马区之一。公元前121年西汉骠骑将军霍去病，出陇西，击匈奴，至焉支山下，大马营草滩始为汉朝官牧地。此后历代都在此地养马。明朝的甘肃苑马寺，即在祁连山北麓草原上设立马场。1934年以其故址设立山丹军牧场，场内原有的马匹都属祁连山区草原的地方马种，养马8 000余匹，平均体高在130 cm以上。这些马曾导入伊犁马、岔口驿马、大通马、河曲马的血液，但体型仍达不到要求。1939—1945年，山丹军牧场从新疆伊犁引进种公、母马200多匹，参与杂交改良场内原有马种。1947年引入摩尔根马公马1匹对本场母马加以改良，因为时间短暂，效果不显著。1953年开始，采用人工授精方式，引入顿河马公马进行杂交，产生一代杂种。一代杂种马平均体高较本地马提高8 cm，矫正了本地马颈水平而短、肩短而立、尻尖斜、肢势外弧等缺点。但一代杂种马对自然环境的适应性有所降低，二、三代杂种马适应性下降尤为显著。1961年10月成立山丹马育种委员会。1962年全军军马选种会议提出军马选种的“五项标准”：能驮100 kg在山区持续行军；驮挽乘兼用，以驮为主，专乘专挽适当发展；适应中国的饲养条件；持久力强；成本比较低。从1963年起，用本地优秀种公马回交一代杂种母马，或用一代杂种优秀公马配本地母马，后代能符合军需民用的要求。1971年11月西北军马局召开军马工作会议，制定了山丹马育种计划。按照该计划，从1972年开始对已达到育种目标的一部分优秀杂种马采用非亲缘同质选配法进行横交。1980年开始品系繁育，通过选种选配，建立核心群，进一步巩固和提高马匹质量，稳定其遗传性能，解决回交、横交阶段遗留的尻、腰及后肢发育不足等问题。1984年7月经鉴定验收，确定为适合我国军需民用的、以驮为主的军马新品种，并定名为“山丹马”。1985年荣获全军科技成果一等奖和国家科学技术进步一等奖。

山丹马场自汉代以来一直就是皇家马场。民国时期，国民政府也十分重视对山丹马场的控制，长期委派军政部官员对其管理和经营，进行军马生产。新中国成立以后成为中国人民解放军山丹军牧场。此后的50余年间，解放军指战员、军转干部及其家属、知青及外来移民数万人参与了山丹马场的军马与其他农牧业生产，以养育军马为生。这是山丹马形成的主要社会因素。

产区自20世纪50年代初期开始，每年的八一建军节，都会举行赛马大会，各单位选派最优秀的山丹马与骑手，参加1 000 ~ 5 000m的赛马比赛，同时还进行马上技巧表演，此过程既是娱乐庆祝的一种方式，也是育马成效的一次检验，促进了山丹马选育工作的开展。这是山丹马形成的重要文化因素。

1986年对优秀的“00”号山丹公马进行冻精制作，1996年用保存10年之久的“00”号公马冻精进行人工授精配种，获得成功，为山丹马保种做出了贡献。1997年开始，为适应运动用马市场的需求，应用阿拉伯马冻精对部分山丹马进行杂交。2002年又引进阿拉伯马、顿河马、纯血马三个品种公马，并制定《山丹马杂交改良育种方案》，采取本交和人工授精相结合的方式，对部分山丹马进行杂交，使马匹的质量有了一定程度提高。

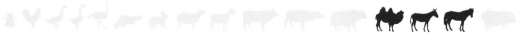

（二）群体数量

2006年末中心产区甘肃中牧山丹马场共存栏山丹马3 026匹，其中配种公马18匹、基础母马1 100匹。山丹马已处于维持状态，数量呈大幅度下降趋势，保种工作全靠企业投资补贴，勉强进行。

（三）变化情况

1.数量变化 1985年山丹马场存栏山丹马9 242匹，2000年降至2 836匹，此后数量基本保持稳定，维持在3 000匹左右。2006年末，共存栏山丹马3 026匹。20年来山丹马数量呈大幅下降趋势。下降的主要原因是军马需求量大幅减少，马匹市场萎缩；山丹马场由军队移交地方管理，步入了市场化运作，经费来源困难，只能单纯为了保种而养马。

2.品质变化 山丹马在2005年测定时与1984年品种验收时的体重和体尺对比，无显著变化，但在适应性、工作能力上已有所退化，结果见表1。

表1 1984、2005年山丹马体重和体尺变化

年份	性别	体重（kg）	体高（cm）	体长（cm）	胸围（cm）	管围（cm）
1984	公	430.68	144.3 ± 5.8	147.3 ± 6.2	177.7 ± 2.9	20.1 ± 1.1
2005		427.20	145.2 ± 5.6	147.6 ± 6.0	176.8 ± 2.8	19.9 ± 1.0
1984	母	357.86	137.7 ± 5.2	143.0 ± 5.9	164.4 ± 3.1	17.4 ± 0.9
2005		355.19	137.9 ± 5.1	142.8 ± 5.6	163.9 ± 3.0	17.5 ± 0.9

三、品种特征和性能

（一）体型外貌特征

1.外貌特征 山丹马体质干燥，公马粗糙结实型占50%，母马粗糙结实型占36.6%，体格中等大，躯干粗壮，体形方正，结构匀称，气质灵敏，性格温驯。头型较轻为直头，额宽，眼中等大，耳小、两耳相距较宽，鼻孔大。颈长中等、较倾斜，颈础不高，颈肩结合较好。鬐甲明显。胸宽深，肋拱圆，腹部充实，背腰平直，腰较短，尻较宽、稍斜。肩稍长而斜，四肢干燥，中等长，肢势端正，后肢轻度外向，关节强大，肌腱明显。蹄大小适中，蹄质坚实。

毛色以骝毛为主，其次为黑毛和栗毛，少数马头部和四肢下部有白章。

山丹马公马

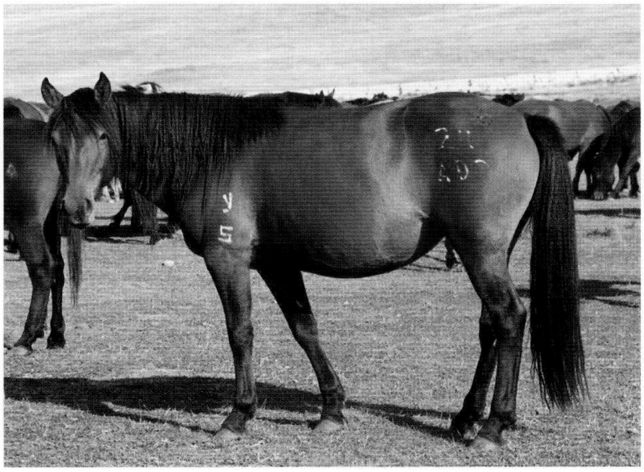

山丹马母马

2.体重和体尺 2005年甘肃省畜牧技术推广总站、甘肃省张掖市畜牧技术推广站在中心产区甘肃中牧山丹马场测量了成年山丹马的体重和体尺，结果见表2。

表2 成年山丹马体重、体尺和体尺指数

性别	匹数	体重（kg）	体高（cm）	体长（cm）	体长指数（%）	胸围（cm）	胸围指数（%）	管围（cm）	管围指数（%）
公	10	427.20	145.2 ± 5.6	147.6 ± 6.0	101.7	176.8 ± 2.8	121.8	19.9 ± 1.0	13.7
母	60	355.19	137.9 ± 5.1	142.8 ± 5.6	103.6	163.9 ± 3.0	118.9	17.5 ± 10.9	12.7

（二）生产性能

山丹马能耐劳持久，驮力、挽力、速力和爬山越野能力均较好，许多马生来善走对侧步。

1.役用性能 据2004年山丹马场测验：18匹山丹马平均驮载重量120 kg，8h行程72km，无过劳现象，休息40min后呼吸、脉搏恢复正常，并开始采食。单套拉胶轮车载重500 kg，走土路，时速15km。木爬犁测验最大挽力455 kg，约为体重的89.03%。

2.运动性能 据历年运动会赛马成绩，1 200m为1min 35s，1 600m为2min 13s，3 200m为4min 55s，5 000m为8min 13.8s；对侧步1 000m为2min 11s。

3.产肉性能 据2003年山丹马场总场科研所做的屠宰性能测定，成年骟马屠宰率54.70%，净肉率43.40%；成年母马屠宰率56.97%，净肉率44.02%（表3）。母马平均日泌乳量（3.4 ± 0.8）kg。山丹马血液浓度高，血红蛋白含量比其他品种的马高11.2%，血液内激素含量普遍较高。

表3 山丹马成年马产肉性能

性别	匹数	宰前活重（kg）	胴体重（kg）	屠宰率（%）	净肉重（kg）	净肉率（%）	骨重（kg）	肉骨比
母	2	343.85	195.90	56.97	151.36	44.02	33.90	4.46
骟	2	390.45	213.70	54.73	169.45	43.40	40.25	4.21

4.繁殖性能 山丹马公马2.5岁、母马2岁性成熟；通常公马4岁、母马3岁开始配种。种公马一次射精量（55.9 ± 13.7）mL，精子活力0.6 ± 0.1、精子密度（1.4 ± 0.3）亿/mL、存活时间（91.2 ± 20.4）h。母马于4～8月份发情，发情周期（19.5 ± 5.4）天。发情持续期（7.7 ± 5.4）天；1974—2006年全场母马平均受胎率91.3% ± 0.9%，幼驹繁殖成活率86.6% ± 1.9%。

四、饲养管理

山丹马采取四季昼夜放牧方式饲养，在草原分群自由采食，冬季从当年10月份至次年5月份，每天按要求给不同马群补喂草料。放牧时严格按照科学规范组群，分为基础母马群、骟马群、母驹育成群和公驹育成群（1、2、3岁分别组群），公、母马分在不同连队饲养。

春季对全部马匹进行炭疽病疫苗注射；准备去势的育成群和公马要进行破伤风类毒素注射；鼻疽点眼检疫每年两次，分别在5月份、11月份进行。春季对全部马匹驱虫一次。常见病、多发病随时进行治疗。

山丹马群体

五、品种保护和研究利用

采取保种场保护。20世纪90年代末，山丹马场开始进行山丹马的保种工作。总场成立马匹保种及改良领导小组和技术指导小组，制定了《山丹马保种工作计划》，确定一场、二场为保种单位。山丹马已经建立品种登记制度，主要是针对种公马建立档案，参加配种的基础母马均建立配种卡片，登记数量已达数万匹。山丹马1987年收录于《中国马驴品种志》，甘肃省1984年11月1日发布了《山丹马》企业标准（Q/NM 3—84）。

郭永新、王振山（2004）检测发现山丹马的运铁蛋白座位有20种基因型，由6个等位基因控制，说明山丹马运铁蛋白座位呈现高度多态，山丹马的遗传背景比较丰富。

目前维持山丹马存栏量主要是为了保种，由山丹马场总场补贴饲养。同时近几年旅游、生物制品业的发展也需要一些马源。

六、品种评价

山丹马属乘挽驮兼用型军马品种，乘挽皆宜，驮运性能良好，持久力强，耐粗饲，但遗传性能仍不稳定，外形尚存缺点。近年来尽管引入阿拉伯马、纯血马、顿河马三个品种公马杂交部分山丹母马，后代品质有所提高，但缺乏明确的育种目标与方案，引入外血后多做经济杂交利用。今后在保留部分山丹马以适应山地运输工作需要的基础上，应根据市场需求制定进一步的育种目标与方案，继续采取二元二次杂交或三元二次杂交的方法，同时加强本品种选育，提高饲养管理水平，生产符合育种目标的运动骑乘用马与生物产品用马，应在科学论证后进行专门化品系的培育。

伊吾马

伊吾马（Yiwu horse）曾命名为新巴里坤马，属以驮为主、驮挽乘兼用型培育品种。

一、一般情况

（一）中心产区及分布

伊吾马产于新疆维吾尔自治区哈密地区巴里坤草原东半部的原伊吾军马场。主要分布在伊吾军马场以及巴里坤和伊吾县的部分乡场。

（二）产区自然生态条件

产区位于北纬43° 18′ 6″ ～43° 47′ 8″、东经93° 25′ 2″ ～93° 58′，地处北天山北麓，跨哈密、伊吾、巴里坤两县一市交界处，巴里坤草原东部。伊吾马场场部位于松树塘，南距哈密73km，东距伊吾90km，西距巴里坤68km，平均海拔1 800～2 000m，最高处在大马圈沟，海拔3 938m。场区气候属温带大陆性季风气候。年平均气温0℃，最高气温34.7℃，最低气温-40.7℃；无霜期102天。年降水量263.9mm，雨季多出现在6～8月份。冬季积雪一般在20～30 cm。冬春季多风，主风向为西北风，风力一般在3～6级。水源以地表水、地下水为主。土质为栗钙土、棕钙土。

全场土地总面积为8 103km^2，2007年有天然草场面积59.01万hm^2，森林面积3 333.5hm^2，部分草场在历史上属巴里坤草原的东游牧场，草场产草量不高，但草质好。由于地势、地形、土质的不同，草场类型也不同，主要分为山地荒漠草原草场、山地草原草场、高寒草甸草场等。主要牧草种类有苔草、针茅、冰草、早熟禾、黄花苜蓿及杂草等。伊吾马夏秋放牧草场在海拔2 100～3 600m的天山山腰及沟谷，属高寒草甸草场、山地草原草场；冬春季放牧草场在海拔1 900～2 800m的天山之间的开阔地带，属山地草甸草原草场、低地草甸草场。有可耕地65 340hm^2，主要作物有小麦、大麦、马铃薯、油菜、豌豆等；饲料作物有苜蓿、青贮玉米。近年来，由于气温变化，暖冬出现，夏季降水量逐年减少，因干旱、过牧造成草场退化，自然生态环境破坏严重，影响了养马业的健康发展。

（三）品种畜牧学特性

丰富的饲草饲料资源为伊吾马的饲养提供了保障。伊吾马具有善走山路、吃苦耐劳、富持久力等特点，能良好适应当地的自然环境，对气候变化以及各种劣质草场和饲草具有很强的适应能力。历年向外省、自治区输出，供军需民用，均能很好适应。

二、品种来源与变化

（一）品种形成

伊吾马是以哈萨克马为基础，导入部分伊犁马血液培育形成，即采用国内马种间互交育成。1955年由新疆军区阿勒泰军分区马场引入哈萨克马1 200余匹，1957—1958年又先后由伊犁和石河子地区引入伊犁马600余匹、哈萨克马1 500余匹。1959年以前，分别对哈萨克马和伊犁马进行本品种选育。1960—1961年曾引入顿河马和卡拉巴依马对伊犁马和哈萨克马进行杂交改良，后因其后代不适于军用而停止杂交。以后又将引入的顿河马公马和卡拉巴依马公马及其杂种后代及时淘汰处理，因此，伊吾马基本未受上述外来品种的影响。根据1962年全军军马选种会议精神，结合马场实际情况，制定出以哈萨克马作基础与伊犁马杂交，育成以驮为主、驮挽乘兼用马的方针。1962年后用伊犁马公马与哈萨克马母马杂交，或用哈萨克马公马与伊犁马母马杂交，所得后代含哈萨克马血液75.0%～87.5%，含伊犁马血液12.5%～25%，然后进行横交固定。伊吾马既保持了哈萨克马耐粗饲、适应性强、驮载力大、能爬山的特点，又具备了伊犁马体格大、结构匀称、前胸发达、背腰平直、骑乘速度较快的特性，较多地保留了我国地方马种的优良特点。

选育措施上，除适量进行伊犁马和哈萨克马杂交繁育外，主要采用严格选择种公马和组建母马核心群进行选配，小群固定配种，加强断乳驹的饲养管理，二三岁育成马在山区放牧锻炼，并在冬春季节进行补饲，从而保证了伊吾马选育工作取得良好效果。

1984年7月10—25日原全国马匹育种委员会在伊吾马场召开品种鉴定验收会，确认培育的马已具备了各项品质要求，宣布品种育成，由原农牧渔业部正式命名为“伊吾马”。1985年“伊吾马的选育”获国家科学技术进步一等奖。

伊吾马场自20世纪90年代后，随着军事装备和交通运输的发展，军马退出军队，一家一户的经营模式取代了大规模的经营模式，机械化代替了马原有的功能，伊吾马数量大幅度减少。

（二）群体数量

2007年末，伊吾马存栏326匹，其中基础母马280匹、种用公马18匹，伊吾马已处于濒危状态。

（三）变化情况

1.数量变化 1980年在巴里坤草原东部的山区广泛分布着伊吾马，数量达3 000余匹。自20世纪90年代开始，由于市场供求发生变化等多种原因，伊吾马存栏由1993年末的1 500余匹，减少到2007年末存栏326匹。

2.品质变化 伊吾马在2007年测定时与1982年的体重和体尺对比，基本保持稳定（表1）。但数量下降速度很快，急需建立伊吾马的保种基地。

表1 1982、2007年成年伊吾马体重和体尺变化

年份	性别	匹数	体重（kg）	体高（cm）	体长（cm）	胸围（cm）	管围（cm）
1982	公	52	391.34	139.90	142.20	172.40	19.40
2007		15	399.30	139.60 ± 6.12	146.67 ± 8.40	171.47 ± 7.32	19.67 ± 1.29
1982	母	405	365.49	137.60	142.90	166.20	17.90
2007		50	377.78	137.02 ± 5.99	146.68 ± 7.46	166.78 ± 7.04	19.00 ± 0.83

三、品种特征和性能

（一）体型外貌特征

1.外貌特征 伊吾马体质结实，躯体粗壮，结构协调，体形呈方形，性情温驯，有一定的悍威。头中等大、稍干燥、多为直头，少数为半兔头。鼻孔大，眼饱满，耳短厚。颈长中等，头颈、颈肩结合良好。鬐甲宽厚，长短、高低适中。胸宽而深，背腰平直，长短适中，腹部充实。尻中等长，较宽、稍斜。前肢肢势端正，后肢有刀状肢势。四肢粗壮，关节强大，系长短适中，坚强有力。蹄大小中等，蹄质坚实，多正蹄。鬃、鬣、尾毛厚密。

毛色多为骝毛，有部分栗毛、黑毛，其他毛色极少，部分马头部和四肢有白章。

伊吾马公马

伊吾马母马

2.体重和体尺 2007年在哈密地区巴里坤草原东半部的伊吾马场二连对成年伊吾马的体重和体尺进行了测量，结果见表2。

表2 成年伊吾马体重、体尺和体尺指数

性别	匹数	体重（kg）	体高（cm）	体长（cm）	体长指数（%）	胸围（cm）	胸围指数（%）	管围（cm）	管围指数（%）
公	15	399.30	139.60 ± 6.12	146.67 ± 8.40	105.06	171.47 ± 7.32	122.83	19.67 ± 1.29	14.09
母	50	377.78	137.02 ± 5.99	146.68 ± 7.46	107.05	166.78 ± 7.04	121.72	19.00 ± 0.83	13.87

伊吾马一般5周岁时达到体成熟，其生长发育受饲养管理条件影响较大。凡是在生后第一个冬春补饲草料不足的幼驹则生长发育缓慢，成年时体尺也小。2008年5月对伊吾马幼驹生长发育进行了测量，结果见表3。

表3　出生至1岁伊吾马体重和体尺

月龄	性别	匹数	体重（kg）	体高（cm）	体长（cm）	体长指数（%）	胸围（cm）	胸围指数（%）	管围（cm）	管围指数（%）
初生	公	4	37.1	89.8	66.9	74.5	77.3	86.1	11.5	12.8
	母	3	36.8	88.7	67.3	76.0	76.8	86.6	11.5	13.0
6月龄	公	3	181.4	116.0	114.2	98.4	131.1	113.0	14.7	12.7
	母	3	181.6	115.8	114.3	98.7	131.0	113.1	15.0	13.0
1岁	公	5	217.9	123.4	123.2	100.4	138.2	112.0	15.5	12.6
	母	5	206.4	123.1	123.2	100.1	134.5	109.3	15.5	12.6

备注：表中6月龄、1岁体重数据为公式估重。

（二）生产性能

1.运动性能　伊吾马具有较强的工作性能，表现为背腰强劲、善走山路、运步稳健、力速兼备。2006年7月巴里坤赛马会伊吾马平均成绩，1 000m用时1min 21.72s，3 000m用时4min 20.5s，3 200m用时4min 31.3s，5 000m用时7min 12.6s，10 000m用时15min 29s。

2.役用性能　负重测试中伊吾马驮载100 kg、行程25km，平均用时1h 23min 42s；驮载120kg、行程25km，平均用时1h 26min 29s；驮载100 kg、行程50km，平均用时3h 41min 10s。

3.产肉性能　2008年10月23日在伊吾马场对1匹10岁母马进行了屠宰性能测量，结果见表4。

表4　成年伊吾马产肉性能

宰前活重（kg）	胴体重（kg）	屠宰率（%）	内脏重（kg）	肉重（kg）	骨重（kg）	肉骨比
360	186.3	51.8	41.6	134.2	52.1	2.58

2003年姚新奎等对20匹不同年龄、不同性别的伊吾马进行放牧肥育、屠宰试验、肉品质进行分析，结果表明伊吾马随年龄的增长，增重速度明显下降，屠宰率、净肉率、肉骨比增加不明显，而肉脂比例明显上升，特一级肉比例明显下降。肌肉中水分、蛋白质、灰分、不饱和脂肪酸、人体必需脂肪酸含量明显下降，而脂肪、饱和脂肪酸、胆固醇含量明显上升；性别影响增重效果和肉的某些成分含量。

4.繁殖性能　伊吾马一般15～18月龄性成熟。公马4岁、母马3岁时开始配种，采用小群交配。公马圈群能力强、性欲旺盛，每匹公马圈配母马12～18匹；配种季节，每昼夜交配3～5次，配种受胎率高。母马发情季节为3～7月份，发情周期16～21天，妊娠期330天左右；3月份开始产驹，4～5月份是产驹旺季。母马泌乳性能强、护驹性好，繁殖成活率较高；年平均受胎率85%，年产驹率70%。公、母马利用年限一般为14～16年。幼驹初生重公驹37.1 kg，母驹36.8 kg。

四、饲养管理

伊吾马常年放牧于海拔2 000～3 000m的高寒山区牧场，现主要用于山区放牧时骑乘，繁育工作主要由伊吾马场承担。放牧时牧民的马聚集在一起合群散放，四季昼夜放牧，无圈舍防寒保暖设施。冬季恶劣天气时白天放牧，晚上少量补饲，对一般疾病有较强的抵抗能力。伊吾马耐粗饲，对饲料利用率高，冬季在积雪30～40 cm的草原上放牧，用前蹄刨雪吃草。马的繁殖主要采取小群交配方式，

伊吾马群体

1 ~ 3月份产驹时，适当补充混合草和精料，一般每日补混合草5 kg、精料0.5 ~ 1 kg。

五、品种保护和研究利用

尚未建立伊吾马保护区伊吾马和保种场。伊吾马1987年收录于《中国马驴品种志》。

随着马的军用性能逐渐被机械化取代，伊吾马饲养数量急剧下降，为此20世纪90年代初伊吾马场曾提出进行保种，得到上级有关部门领导的同意，但因缺少资金，保种计划搁浅。

20世纪90年代以后，军事现代化及山区交通条件改善，运输机械代替了马，伊吾马已基本丧失军事及驮挽等交通用途，其发展受到巨大影响，数量锐减，已处于濒危状态。目前，伊吾马主要供人们旅游娱乐骑乘及特色马肉产品生产。

六、品种评价

伊吾马是能够广泛适应我国自然地理条件，以驮为主的兼用型培育马种，具有较强的适应性和作业能力。但由于广泛使用机械，役用马需求量很少，因此今后应建立保护区加强本品种选育，适当提高体尺，增强乘用性能，提高速力。同时选择部分产乳、产肉性能好的伊吾马进行培育，扩大其用途。

锡林郭勒马

锡林郭勒马（Xilingol horse）因产于锡林郭勒草原而得名，1987年由内蒙古自治区验收命名，属乘挽兼用型培育品种。

一、一般情况

（一）中心产区及分布

锡林郭勒马产于内蒙古自治区锡林郭勒盟东南部，中心产区为锡林浩特市白音锡勒牧场和正蓝旗黑城子种畜场（原五一种畜场），其他旗县数量很少。

（二）产区自然生态条件

锡林郭勒盟位于北纬41° 35′ ~ 46° 40′、东经111° 08′ ~ 120° 07′、地处内蒙古自治区中部，北与蒙古国接壤，总面积20.25万km^2。地势由西南向东北倾斜，东南部多低山丘陵，盆地错落其间；西北部多广阔平原盆地；西南部为浑善达克沙地，多为固定和半固定沙丘，海拔800 ~ 1 800m。属中温带干旱、半干旱大陆性气候，具有寒冷、多风、少雨的气候特点。年平均气温1.7℃，最低气温-42.1℃，最高气温41.5℃；无霜期90 ~ 100天。年降水量200 ~ 350mm，雨季多在7 ~ 8月份；全年蒸发量1 700 ~ 2 600mm；相对湿度60%以下。年平均降雪日数28天。大部分地区年平均日照时数2 900 ~ 3 000h。年平均风速4 ~ 5m/s，最大风速24 ~ 28m/s。自然灾害有干旱、风沙、霜冻、洪涝、冰雹、白灾（大雪）、黑灾（无雪）等。境内河流纵横、湖泊密布，河流大多数为内陆河，主要有乌拉盖河、巴拉根河、锡林郭勒河、高格斯太河，外流河有滦河水系。主要土壤类型有灰色森林土、黑钙土、栗钙土、棕钙土等。2006年有耕地面积23.87万hm^2，主要农作物包括小麦、玉米、莜麦、荞麦、马铃薯、胡麻等。草原面积1 920万hm^2，占总面积的97.8%，可利用草场面积1 760万hm^2，主要有草甸草原、典型草原、荒漠草原、沙地草场以及草甸、沼泽等草场。草原植被以禾本科为主，豆科和菊科次之，牧草以羊草、针茅、隐子草、冰草等为主，杂草类有小白蒿、胡枝子、野苜蓿、野豌豆等，产草量较高，当地有打草、贮草习惯。森林面积2.49万hm^2。天然林主要分布在东部和东南部山地。人工林多分布在锡林郭勒盟南部旗县，主要是农田防护林和用材林。地域辽阔，树种资源较为丰富，主要有杨树、榆树、白桦、蒙古栎、云杉、山杏、沙棘、枸杞、锦鸡儿等。

自20世纪60年代中后期以来，锡林郭勒盟草原环境发生了很大变化，全盟约有近50%的草原发生了不同程度的退化。

（三）品种畜牧学特性

锡林郭勒马终年放牧，冬春刨雪寻食，暴风雪天气无避风设施，母马野外自然分娩，不需特殊照料，增膘快、贮集脂肪能力强。在一年四季牧场营养极不平衡的条件下，形成了锡林郭勒马耐粗饲、耐严寒、抗病力强的适应性，培养了锡林郭勒马合群、护群、圈群、配种能力强的性能。

二、品种来源与变化

（一）品种形成

锡林郭勒马是以当地蒙古马为母本，以苏高血马、卡巴金马和顿河马为父本，采用育成杂交经30多年培育形成。1952—1987年锡林郭勒马的育种工作历经杂交改良、横交固定和自群繁育三个阶段。

杂交改良阶段（1952—1964）：从1952年开始，以当地蒙古马为母本，引用苏高血马、顿河马和卡巴金马为主的种公马进行杂交改良，初期曾经引用过少量苏纯血马、阿哈马和三河马的血液。五一种畜场以苏高血马、顿河马、卡巴金马为主；白音锡勒牧场以卡巴金马为主。在杂交一代母马的基础上，继续用良种公马改良，以获得理想型个体。五一种畜场以苏高血马和顿河马为主；白音锡勒牧场以卡巴金马为主。从杂交改良效果看，体尺进一步提高，体型与外貌进一步得到改进并出现了较多理想型公、母马。

横交固定阶段（1964—1972）：1964年白音锡勒牧场开始横交，五一种畜场从1968年开始进行横交。以杂交二代中理想体型的公、母马互交为主要形式。由于母本一致、父本类型相同，其后代较为整齐，这是横交固定的良好基础，通过横交试验效果明显。

自群繁育阶段（1972—1985）：一般都是以群牧群配为主。该阶段的技术工作着重进行鉴定、整群和群配公马的选择。饲养管理以终年放牧为主。在这样的自然条件下形成了锡林郭勒马耐寒、耐粗饲、抗病力强等特性。1973年1月锡林郭勒盟家畜改良工作会议进一步明确了锡林郭勒马目标培育，南部以五一种畜场为中心，北部以白音锡勒牧场为中心。经过广大科技人员和农牧民群众30多年有计划育种，使锡林郭勒马对于当地的生存条件已具有较强的适应性和较一致的外貌特征，逐步形成了现在的品种。

1987年6月18日经专家组验收通过后，内蒙古自治区人民政府以内政函[1987] 83号《关于锡林郭勒马品种验收命名的决定》文件命名为“锡林郭勒马”。

为了适应市场对骑乘用马的需求，白音锡勒牧场从1995年开始引入纯血马与一部分锡林郭勒马母马杂交，现已产生一定数量的级进杂交二代，体型轻化，速力明显提高。

（二）群体数量

2005年末锡林郭勒马存栏总数364匹，其中基础母马142匹、配种公马12匹。锡林郭勒马已处于濒危状态。

（三）变化情况

1.数量变化 锡林郭勒马1982年存栏4 000余匹，1987年存栏14 175匹，2005年存栏364匹。下降的主要原因是机械化发展，马匹功能日渐非农化。

2.品质变化 锡林郭勒马在2006年测定时与1985年的体重和体尺对比，体重、体尺都有所下降（表1）。品质下降的主要原因是随着我国经济体制的变革，原有马场将种公马承包给牧场职工饲养，之后多年没有继续进行系统选种选配，特别是优良种公马缺乏，马匹育种工作无法开展。

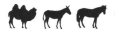

表1 1985、2006年锡林郭勒马体重和体尺变化

年份	性别	匹数	体重（kg）	体高（cm）	体长（cm）	胸围（cm）	管围（cm）
1985	公	41	449.23	147.07	150.46	179.57	19.93
2006		5	416.70	145.50 ± 1.94	143.00 ± 1.73	177.40 ± 2.88	19.40 ± 0.65
1985	母	685	431.51	142.86	148.99	176.86	19.82
2006		31	373.60	140.65 ± 1.89	139.45 ± 4.41	170.10 ± 4.13	17.55 ± 0.64

三、品种特征和性能

（一）体型外貌特征

1.外貌特征 锡林郭勒马体躯发达，结构匀称，干燥结实，性情温驯，富有悍威，清秀俊美。头大小适中，呈直头或半兔头。眼大有神，耳小而直立。颈长短适中，多呈直颈，颈部肌肉发育良好，头颈、颈肩结合良好。鬐甲高低适中，胸宽深，肋拱圆，多为良腹，公马有卷腹，背腰平直、结合良好。尻长短、宽窄适中，尻略斜。肌腱韧带发育良好，关节结实、明显。尾础中等高，尾毛浓稀适中。

毛色以骝毛、栗毛、黑毛为主，青毛次之，约占95%以上，杂毛极少。

锡林郭勒马公马

锡林郭勒马母马

2.体重和体尺 2006年8月内蒙古自治区家畜改良工作站、锡林郭勒盟畜牧工作站、锡林浩特市畜牧工作站在白音锡勒牧场测量了成年锡林郭勒马的体重和体尺，结果见表2。

表2 成年锡林郭勒马体重、体尺和体尺指数

性别	匹数	体重（kg）	体高（cm）	体长（cm）	体长指数（%）	胸围（cm）	胸围指数（%）	管围（cm）	管围指数（%）
公	5	416.70	145.50 ± 1.94	143.00 ± 1.73	98.28	177.40 ± 2.88	121.92	19.40 ± 0.65	13.33
母	31	373.60	140.65 ± 1.89	139.45 ± 4.41	99.15	170.10 ± 4.13	120.94	17.55 ± 0.64	12.48

（二）生产性能

1.运动性能 五一种畜场测定锡林郭勒马速力，1 000m需时1min 18s，1 600m需时2min 46s，3 200m需时4min 18s。1959年全国体育运动会上，一匹锡林郭勒马以5 000m用时7min 6.6s获得冠军。后经长距离测验，16h跑完170km。

2.役用性能 1972年在白音锡勒牧场进行锡林郭勒马挽力测定，单马拉胶轮大车载重1 000 kg、行走20km，需时2h 30min。

3.产肉性能 2001年内蒙古农业大学在锡林郭勒盟白音锡勒牧场对10匹2 ~ 4岁的骟马进行了屠宰性能测定，见表3。

表3 锡林郭勒马屠宰性能

性别	匹数	宰前活重（kg）	胴体重（kg）	屠宰率（%）	净肉重（kg）	净肉率（%）	骨重（kg）	肉骨比
骟马	10	307.45	166.85	54.27	138.80	45.15	28.05	4.95

4.繁殖性能 锡林郭勒马2006年7月至2007年6月锡林浩特市畜牧工作站在白音锡勒牧场测定了锡林郭勒马10匹公马和25匹母马的繁殖性能。公马性成熟年龄17 ~ 21月龄，初配年龄平均为4岁，使用年限12 ~ 15年，年配种母马25 ~ 30匹。母马性成熟年龄14 ~ 18月龄，初配年龄平均为3岁，使用年限15 ~ 20年。母马发情季节多在4 ~ 8月份，发情周期21.2天，妊娠期332 ~ 340天；年平均受胎率86%，年产驹率67%。幼驹初生重公驹39 ~ 44 kg，母驹38 ~ 42 kg；幼驹断乳重公驹110 ~ 118kg，母驹107 ~ 117 kg。

锡林郭勒马群体

四、饲养管理

锡林郭勒马终年在草原上放牧，一年四季没有棚圈设施，无论下雨、下雪、刮风沙，昼夜都在野外自由放牧，即使大雪封盖住草原，仍可用前蹄刨雪寻觅食物，此时在夜间补给少量的饲草料。夏季每天饮水两次，在草场上有大雪存在时，吃雪补充水分。幼驹在当年的11月份断乳，断乳后第一个冬春补给少量的草料。

五、品种保护和研究利用

尚未建立锡林郭勒马保护区和保种场。内蒙古自治区1987年3月5日发布了《锡林郭勒马》地方标准（蒙DB 404—87）。

目前锡林郭勒马的主要用途是作为旅游、休闲娱乐和提供肉食、奶制品用马。

六、品种评价

锡林郭勒马是在群牧条件下引入多品种血统，经过30多年育成杂交培育的新品种，具有体质结实、结构匀称、力速兼备、持久力好、耐粗饲、耐严寒、抗病力强等优点。近些年，随着我国改革开放和农业机械化的推进，交通运输网络的迅猛发展，品种数量急剧下降，已濒临灭绝。今后应尽快恢复白音锡勒牧场的锡林郭勒马种群，在扩繁的基础上继续进行本品种选育，巩固其原有的优良性状，向骑乘、乳用方向发展。

科尔沁马

科尔沁马（Kerqin horse）因产于科尔沁草原而得名，属乘挽兼用型培育品种。

一、一般情况

（一）中心产区及分布

科尔沁马产于内蒙古自治区科尔沁草原，中心产区在通辽市科尔沁左翼后旗和科尔沁左翼中旗，科尔沁区、奈曼旗等其他旗县也有少量分布，原高林屯种畜场是核心培育场。

（二）产区自然生态条件

通辽市位于北纬42° 15′ ~ 45° 41′、东经119° 15′ ~ 123° 43′，地处内蒙古自治区东部、松辽平原西端，属于蒙古高原递降到低山丘陵和倾斜冲积平原的地带，总面积为59 535km^2。北部山区属大兴安岭余脉，占全市总面积的32.5%，海拔1 000 ~ 1 400m；中部属西辽河、新开河、教来河冲积平原，占全市总面积的21.0%，平原区由西向东逐渐倾斜，海拔由320m降到90m；南部和西部属于辽西山区的边缘地带，由浅山、丘陵、沟壑、沙沼构成，占全市总面积的46.5%，海拔400 ~ 600m。全市境内较大的山有罕山、阿其玛山、老道山和青龙山。年平均气温0 ~ 6℃，极端最低气温-43℃，极端最高气温41.7℃；无霜期150 天左右。年降水量350 ~ 450mm，最大降水量500mm以上，最小降水量多在250mm以下。年平均风速3.5 ~ 4.5m/s，最大风速达19.0 ~ 31.0m/s。自然灾害有旱灾、洪涝、风灾、霜冻、冰雹、雪灾等。河流水资源量年平均7 095亿m^3，外来水多年平均径流量为21.73亿m^3，浅层地下水可开采总量约为17.66亿m^3。土壤以草甸土和风沙土为主，还有栗钙土、盐土、沼泽土、褐土等。

2005年有耕地面积93.3万hm^2，盛产粮食和经济作物，主要有玉米、高粱、大豆、谷子、小麦、甜菜等。草原面积346.8万hm^2，草的种类较多，以禾本科为主，豆科、菊科次之，主要牧草有碱草、野苜蓿、野豌豆、草木樨、落豆秧、蒿类等，农牧结合条件良好。森林面积1.25万hm^2，森林覆盖率14.7%。

（三）品种畜牧学特性

科尔沁马适应性、抗病抗逆能力强，恋膘性好，母性强，体质结实、干燥，外观清秀，结构紧凑，有持久力，耐粗饲，生长发育快，能够经受严寒、酷暑、风雪、蚊虻叮咬等恶劣的自然条件。冬春季草场被积雪覆盖，马群白天放牧，扒雪觅食枯草或作物秸秆，也能忍受极端低温。早春期间，气候寒冷多变，幼驹生后即可随母马放牧。

二、品种来源与变化

（一）品种形成

通辽市养马历史悠久，马一直是当地人民赖以生存的生产、生活资料。原有的蒙古马体质结实、粗壮、干燥，耐粗饲、适应性强，持久力好，但体格小、结构欠佳，适应不了当地农牧业用马的需求，因而自1950年开始，以本地马为基础，用三河马、顿河马、苏高血马、奥尔洛夫马、卡巴金马、阿尔登马、苏重挽马等品种公马，采取级进杂交和复杂杂交方式进行改良。杂交组合较多，主要有以下四种：蒙古马 × 三河马（级进二、三代）；蒙古马 × 三河马 × 苏高血马；蒙古马 × 苏高血马（或顿河马级进或复交二代）；蒙古马 × 三河马（苏高血马、顿河马）× 阿尔登马（苏重挽马）。为了保持本地马适应性强、耐粗饲的优良特性，除三河马可级进到三代外，其他品种杂交未超过二代，杂交两次仍达不到育种指标的，选用理想型遗传性能稳定的公马选配横交提高。杂交一代母马体尺符合育种指标也可横交繁育，最终逐步培育出乘挽兼用型科尔沁马新品种。

（二）群体数量

2009年2月内蒙古自治区家畜改良工作站、通辽市家畜繁育指导站与通辽市所辖旗县区家畜改良工作站统计，2008年末科尔沁马共存栏63 313匹，其中科尔沁左翼后旗存栏14 145匹，科尔沁左翼中旗存栏12 671匹，科尔沁区存栏11 963匹，奈曼旗存栏10 862匹，其他旗县市存栏13 672匹。共有基础母马26 166匹，种用公马1 198匹。

（三）变化情况

1.数量变化 1982年科尔沁马存栏3.2万匹，其中符合育种指标的近5 000匹；2008年科尔沁马存栏达到6.3万匹。近30年来数量呈上升趋势。

2.品质变化 科尔沁马在2009年测定时与1981年的体重和体尺对比，除母马体长外，其他指标均有所降低（表1）。品质下降的主要原因是原有的育种场经营方向转变，系统育种工作中断，群众选育工作不易开展。

表1 1981、2009年科尔沁马体重和体尺变化

年份	性别	匹数	体重（kg）	体高（cm）	体长（cm）	胸围（cm）	管围（cm）
1981	公	22	441.72	151.95 ± 4.29	154.27 ± 4.54	175.85 ± 6.33	20.71 ± 1.28
2009		36	362.54	147.69 ± 8.38	150.81 ± 9.30	161.13 ± 10.97	18.94 ± 1.12
1981	母	100	385.43	143.70 ± 3.82	145.97 ± 4.67	168.87 ± 5.96	19.05 ± 0.85
2009		96	341.94	143.55 ± 7.34	147.00 ± 7.03	158.50 ± 9.38	18.24 ± 1.07

三、品种特征和性能

（一）体型外貌特征

1.外貌特征 科尔沁马属于乘挽兼用型马，由于在育种过程中引入重型马血液，因此少数马表现偏重。体质干燥紧凑，结构匀称，温驯而有悍威。头较清秀，为直头，有少数微半兔头。眼大有神，额宽，鼻直、鼻孔大，耳中等大小。颈肌丰满，颈肩结合良好。鬐甲高而厚，胸宽而深，肋骨拱圆，

背腰平直，尻宽稍斜。四肢肢势端正、干燥结实，关节明显，蹄质坚实，运步灵活。鬃、鬣、尾毛较为稀疏。

2009年对1 231匹马的调查，骝毛占43.9%、栗毛占38.7%、黑毛占12.80%，其他毛色较少。

科尔沁马公马

科尔沁马母马

2.体重和体尺 2009年6月在科尔沁左翼后旗、科尔沁左翼中旗、科尔沁区、开鲁县和高林屯种畜场分别测量了成年科尔沁马的体重和体尺。另外，对科尔沁马不同年龄的生长发育状况也进行了测量，结果见表2、表3。

表2 成年科尔沁马体重、体尺和体尺指数

性别	匹数	体重（kg）	体高（cm）	体长（cm）	体长指数（%）	胸围（cm）	胸围指数（%）	管围（cm）	管围指数（%）
公	36	362.54	147.69 ± 8.38	150.81 ± 9.30	102.11	161.13 ± 10.97	109.10	18.94 ± 1.12	12.82
母	96	341.94	143.55 ± 7.34	147.00 ± 7.03	102.40	158.50 ± 9.38	110.41	18.24 ± 1.07	12.71

表3 科尔沁马生长发育状况

性别	年龄（周岁）	匹数	体重（kg）	体高（cm）	体长（cm）	胸围（cm）	管围（cm）
公	3日龄	295	53.99	95.7	80.7	85	12.1
	1	15	191.95	129.4	119.7	131.6	17
	2	12	311.86	139.1	138.4	156	19
	3	7	374.44	150	146.4	166.2	20.7
	4	24	403.75	150.7	148.6	171.3	21.8
母	3 日龄	7	54.02	95.3	80	85.4	11.9
	1	301	204.17	128.7	120.1	135.5	17.1
	2	30	281.25	137	135	150	18.6
	3	30	324.27	140.8	138.7	158.9	19.2
	4	30	377.20	145.5	145.2	167.5	20

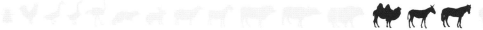

（二）生产性能

1. 运动性能 1980年5月30日在高林屯种畜场对成年科尔沁骟马长、短距离骑乘速度进行了测验，跑道为一般草原土路，骑手体重60 kg、鞍具重12.5 kg、马体重406 kg左右。速跑后30min体温、脉搏、呼吸均恢复正常，见表4。

表4 科尔沁骟马骑乘性能

距离	1 000m	1 600m	3 000m	3 200m	10 000m
成绩	1min 15s	2min 16s	4min 14s	4min 57s	12min 43s

注：在通辽高林屯种畜场测定。

2. 役用性能 1980年8月和1981年9月高林屯种畜场做了如下测定：用双套马拉单铧犁播种甜菜，地为沙质土壤，水分适中，耕深18 cm、耕幅23 cm、垄距49 cm，实际工作时间为5h 41min，一共耕地0.73km^2，平均每匹马每小时约耕地0.067km^2。用一匹5岁骟马，体重按体尺估算为335 kg，套胶轮大车（滚珠轴承）载重约1 000 kg，在平路挽行20km，需时2h 10min。用3匹马拉胶轮大车，载重2 000 kg，在平坦的土路上中速行进，57min走完11km。

3. 繁殖性能 2008年3月至2009年3月科尔沁左翼后旗家畜改良工作站，在努古斯台苏木对科尔沁公、母马的繁殖性能进行统计，科尔沁马性成熟年龄公马约20月龄，母马约16月龄；初配年龄公马4岁，母马3岁。母马发情多在4～8月份，发情周期22.8天，妊娠期333.3天；年受胎率85%～90%，年产驹率65%。种公马一次射精量为80～100mL，精子活力在0.6以上，密度为1亿/mL。在10～12℃温度条件下，精子存活70h以上。幼驹初生重公驹48.41kg，母驹47.88kg；幼驹断乳重公驹113.76kg，母驹113.04kg。

科尔沁马群体

四、饲养管理

培育科尔沁马时着重于更好地利用当地自然环境和粗放饲养管理条件，因而形成科尔沁马适应性较好的特点。饲养方式以青草期放牧为主、枯草期补饲为辅。科尔沁马能适应温差较大（–12.9 ~ 38.4℃）和季风、淋雨、顶风冒雪的恶劣条件，同时也能在精料少（每年只给360 kg）、且与本地马同样饲养管理和使役的条件下保持一定膘情，有一定的抗病能力。

五、品种保护和研究利用

尚未建立科尔沁马保护区和保种场。1989年6月开始由通辽市畜禽育种委员会技术组完成《科尔沁马培育技术管理细则》、《科尔沁马良种登记办法》，建立品种登记制度。

目前，科尔沁马主要用于农牧民挽用以及休闲骑乘、速力竞赛等体育文化活动。

六、品种评价

科尔沁马的体型、毛色较为一致，遗传性能比较稳定，具有力速兼备、抗病、抗逆性强的特点，适合放牧、半舍饲和舍饲等多种饲养方式。近年来已向乘用方向转变。由于本品种育成时间尚短，今后应继续加强选育，采取引入纯血马等轻型马种适量导血的方法，培育速力竞技型科尔沁马专门化品系。同时要保持和完善具有当地民族特色的赛马和马术活动，通过竞赛、评比等多种途径促进本品种的选育提高。

张北马

张北马（Zhangbei horse）因产于河北省张家口以北地区而得名，是我国培育的挽乘兼用型品种。

一、一般情况

（一）中心产区及分布

张北马产于河北省张家口市的张北、康保、尚义、沽源四县，中心产区为张北县。

（二）产区自然生态条件

中心产区张北县位于北纬40° 57′ ~ 41° 34′、东经114° 10′ ~ 115° 27′，地处河北省张家口市北部、内蒙古高原的南部边缘，被称为坝上地区。地势平坦，土地辽阔，海拔1 300 ~ 1 400m。属大陆性季风气候，寒冷干燥，冷热变化剧烈。年平均气温1.5 ~ 2.5℃，无霜期105天；年降水量350mm，大部分降水集中在6 ~ 9月份，7 ~ 8月份降水尤多。境内多为内流河，常年性河流稀少，河流短小，水系紊乱，多注入湖淖。土质为沙质栗钙土，较为肥沃。2006年张北县总耕地面积为10.7万hm^2左右，草场面积10.62万hm^2左右，有丰富的草坡和草滩可供放牧。主要农作物有莜麦、小麦、亚麻、豆类、甜菜、薯类及谷黍类等，饲料作物有燕麦、青干草、青玉米及秸秆等。

（三）品种畜牧学特性

张北马经多年人工选育杂交和自然选择育成，已充分适应坝上高原地区的自然条件和饲养条件，抗病、抗寒能力强，遗传性能稳定。

二、品种来源与变化

（一）品种形成

产区自古以来就是马匹的重要集散地，有悠久的养马历史。先秦时期《左传》中就有“冀之北土，马之所生”的记载。张北县地势开阔，水草丰美，自古被誉为“无闭刍牧之场”。清时，除内蒙古察哈尔八旗在此驻牧外，隶属于中央的太仆寺左右翼四牧群、礼部牧场，及上驷院御马场也设于此地。不少有功的亲王、宗室大臣也在此借地放牧。据《口北三厅志》载，今独石口北、红城子南，以及张北县北境，乾隆时就是以怡亲王为首的一批王公大臣的租牧地。张北原产蒙古马，为了改进当地蒙古马的体型、体力不足，满足农业生产的需要，自1951年开始引入苏高血马种公马与当地蒙古马母马进行杂交，为我国最早推行马匹改良的地区之一。至1958年全县母马改良配种率达到62%，杂交后代被省农林厅命名为“张北马”。1958年命名后，发现其有体型偏轻、骨量较小的缺点，遂引入苏维埃重挽马和俄罗斯重挽马进行加重，获得成功。1964年修订了“张北马”育种方案，正式开始用苏维埃重挽马、俄罗斯重挽马等重型公马对高蒙一代、二代母马进行改造杂交，得到了兼用而偏挽用的理想型。1972年按照张家口地区下达的“张北马定型育种方案”进行自群繁育（横交固定），从中选择符合育种要求、遗传性能稳定的后代定名为“张北马”。横交后代外血含量一般不超过75%，保持了良好的适应性。

产区曾有察北牧场及各县的育马机构进行有计划的育种，但张北马品种的形成主要是依靠群众性的选育。至20世纪70年代末期，产区四县已有杂种马2万匹以上，大多已达到育种指标的要求，有部分被推广至黑龙江、吉林、内蒙古、河北、天津等十多个省、自治区、直辖市。

产区四县是河北省主要产粮区，马匹曾经主要用于农业耕作和短途运输，也有作交通骑乘的习惯。当地人民养马历史悠久，经验丰富。群众的日常生产、生活需要体大力强、并能良好适应当地自然条件的马种，这是张北马形成的主要社会因素。但20世纪80年代以后，因经济政策调整，农业机械化的普及，产区养马、用马大量减少。

（二）群体数量

2006年末张北县仅存栏张北马68匹，其中配种公马3匹、母马38匹。张北马已濒临灭绝。

（三）变化情况

1.数量变化 据1981年调查统计，中心产区张北县张北马存栏1 633匹。但1982年地方经济政策发生重大调整，牲畜作价归户，同时伴随着产区农业机械化的普及和交通状况的改善，察北牧场等国营育马机构纷纷转产，马匹全部散失。群众性的育种工作也因马匹役用功能的丧失而停止，大量优质张北马被出售。近二十年来，张北马数量急剧下降。

2.品质变化 张北马在2006年测定时与1985年的体重和体尺对比，母马的体高减少，其他指标均有所增加，见表1。

表1 1985、2006年张北马体重和体尺变化

年份	性别	匹数	体重（kg）	体高（cm）	体长（cm）	胸围（cm）	管围（cm）
2006	公	4	430.09	148.50 ± 7.50	157.01 ± 6.50	172.00 ± 2.00	20.50 ± 0.50
1985	母		389.27	145.00	148.60	168.20	20.00
2006		2	377.98	142.00 ± 8.16	147.13 ± 3.20	166.57 ± 7.92	18.70 ± 1.50

品质下降的主要原因是从1982年马匹作价归户后，系统的张北马选育工作停止；又因机械化普及后马匹失去役用功能，且马的其他用途尚未及时开发，群众养马热情迅速降低甚至消失，张北马被大量出售，民间马匹的选育工作因此停顿。同时，张北马受到来自周边地区蒙古马等多个马种的影响，且由于该品种马数量下降太快，缺少优秀种公马，使得张北马品质在近20年中发生退化。

三、品种特征和性能

（一）体型外貌特征

1.外貌特征 张北马体质较干燥结实，体型粗重，结构匀称紧凑，骨骼坚实。头大小适中，额宽广，颊稍厚，耳小直立。颈较薄，颈长适中，颈肩结合良好。背腰平直而宽，尻较短斜，胸廓深广，

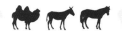

腹围适中。四肢坚实、长短适中，关节明显，系短而立，蹄形稍平广，蹄质不够坚实。全身肌肉丰满，肌腱发育良好。毛色以栗毛、骝毛为主，黑毛次之，头部常有白章。

张北马公马

张北马母马

2.体重和体尺 2006年10月在张北县单晶河、海流图等乡镇，对成年张北马进行了体重和体尺测量，结果见表2。

表2 成年张北马体重、体尺和体尺指数

性别	匹数	体重（kg）	体高（cm）	体长（cm）	体长指数（%）	胸围（cm）	胸围指数（%）	管围（cm）	管围指数（%）
公	4	430.09	148.50 ± 7.50	157.01 ± 6.50	105.73	172.00 ± 2.00	115.82	20.50 ± 0.50	13.80
母	2	377.98	142.00 ± 8.16	147.13 ± 3.20	103.61	166.57 ± 7.92	117.30	18.70 ± 1.50	13.17

（二）生产性能

1.役用性能 张北马挽曳能力较强，一般挽力为300kg，最大挽力达410kg，耐力持久，步伐轻快。双马胶轮车沙土路载重1 500～2 000kg，日行程40km，负重后生理状况良好。

2.繁殖性能 张北马性成熟年龄公马18～23月龄，母马20～24月龄；初配年龄公马40月龄，母马36月龄；一般利用年限为15年。母马发情季节通常在5～7月份，发情周期18～24天，持续期3～7天；妊娠期330～340天；年平均受胎率95%，年产驹率75%，人工授精时受胎率为85%。

四、饲养管理

张北马主要由农户家庭饲养，每户1～2匹，承担一部分家庭运输工作。因产区经济发展水平尚不高，仍有少部分马、骡作为城市或乡村的运输工具，故张北马母马多用来产马驹或骡驹出售。张北马食性广泛、饲养粗放，一般为半舍饲，白天放养，晚上舍饲，枯草季节和劳役时适当补饲。

五、品种保护和研究利用

尚未建立张北马保护区和保种场，处于农户自繁自养状态。张北马主要用于乡村的短途交通运输，母马多用来产马驹或骡驹出售，公驹出生后多作肉用。

六、品种评价

张北马为蒙古马、苏高血马、重挽马杂交培育的后代，采取了先轻后重的培育方式，属于以农挽为主的挽乘兼用型马种。目前该品种主要分布于产区部分农村，数量仅60多匹，已濒临灭绝，应尽快建立保种场，恢复种群。今后可向骑乘用马方向转型，适当导入轻型马外血，使该品种体高增加、体型轻化，满足市场需要。

新丽江马

新丽江马（New Lijiang horse）为驮挽兼用型培育品种。

一、一般情况

（一）中心产区及分布

新丽江马原主产于云南省丽江市丽江纳西族自治县（2003年分为古城区和玉龙纳西族自治县），现主产于丽江市玉龙纳西族自治县。丽江市古城区的七河、金山、束河等乡镇均有分布。

（二）产区自然生态条件

新丽江马主产区丽江市玉龙纳西族自治县位于北纬26° 34′ ~ 27° 46′、东经99° 23′ ~ 100° 32′，地处云南省西北、云贵高原与青藏高原结合部，地貌有山地、盆地、河谷三类，以山地居多，占93%。境内最高海拔点为玉龙雪山主峰扇子陡，海拔5 596m，最低海拔点为鸣音乡洪门挖金坪村金沙江面，海拔1 400m。属高原低纬山地季风气候，具有典型的立体气候特征，大体分为亚热带、暖温带、寒温带和寒带等气候类型。年平均气温12.6℃，极端最高气温32.3℃，极端最低气温−7.5℃；无霜期294天。干湿季分明，冬春两季雨量少，夏秋两季雨量充足，降水集中在6 ~ 9月份，占全年降水量的80%以上。年降水量954mm，年蒸发量2 343mm，相对湿度64%。风向季节转化明显，冬季盛行西风，平均风速4.13m/s；夏季盛行东风或东南风，平均风速2.27m/s。水资源丰富，金沙江流经该县塔城、巨甸、黎明、石鼓、龙蟠、大具、奉科七个乡镇。除金沙江外还有黑水河、白水河、冲江河和文笔海、拉市海、文海、白汉场水库、吉子水库等，有地表水29.15亿m^3，地下水10.727亿m^3，水质优良。土壤类型分为高山草甸土、暗针叶林土、暗棕壤、棕壤、黄棕壤、红壤、水稻土、草甸土等13个土类、52个土种，其中红壤土占30.6%，为主要土类。

2006年全县土地面积6 392.6km^2，其中耕地面积2.33万hm^2。农作物以玉米、小麦、水稻、蚕豆为主；山区以油菜、马铃薯、蔓菁、燕麦、荞麦、芸豆为主。全县拥有天然草场14万hm^2，可利用面积12.5万hm^2，草场多为山地灌木林草场、林间草场和高山草甸等类型。天然草场主要牧草有白茅草、鼠尾草、蚊子草、鸡脚草、行义芝和木兰等，一般5月份开始萌发，11月份开始枯萎。此外还有人工建植草场1 437hm^2，主要品种为黑麦草、鸭茅、羊茅、红三叶、白三叶、紫花苜蓿、苕子等。

（三）品种畜牧学特性

新丽江马在培育过程中有意识地保留了12.5% ~ 50%本地马血液，因此对当地复杂的自然环境和粗放的饲养管理条件有较强的适应性。在海拔1 800 ~ 3 000m的地区皆能正常生长繁殖。在终年放牧或半舍饲，冬春补给少量秸秆、很少补给精料的情况下，能保持较好膘度。其合群性强、易放牧、耐粗饲，各种青草、稻草、玉米秸秆等皆为其喜爱的饲料。

二、品种来源及变化

（一）品种形成

新丽江马产地的本地马属山地驮乘品种，善于爬山越岭，吃苦耐劳、耐粗饲、繁殖力高，能适应复杂的山区自然条件，但体型小、役力弱。为了适应经济发展的需要，从1953年开始先后引入阿拉伯蒙古杂种马、阿拉伯马、阿半血马、卡巴金马、河曲马、伊犁马和小型阿尔登马等品种，以本地母马为基础，采取两元一次杂交（经济杂交）和三元二次杂交（轮替杂交）的方法，生产大量杂种马并培育了保持本地马1/4（1/8～1/2）、轻种马1/4（阿蒙杂种马、卡巴金马、河曲马）、重种马1/2（小型阿尔登马）遗传组成，群体特点基本一致、遗传性能稳定的新丽江马。

1.杂交阶段（1953—1973）　1953年后，最初主要用阿拉伯蒙古杂种马、卡巴金马、伊犁马等轻型种公马与本地母马杂交，产生了大批一、二代杂种马；以后又引入河曲马、小型阿尔登马等挽用型种公马对其进行“加粗加重”改良。杂交马较本地马平均体高增加12.2.cm、体长增加8.2cm、胸围增加7.5 cm，管围增加1.5 cm，为培育新丽江马创造了良好条件。

2.横交阶段（1973—1980）　根据1965年和1972年云南省农业局为新丽江马育种工作制定的育种方针和选育指标要求，在杂交二代改良马中选留理想型种公马，与杂交母马交配，产生横交后代。横交以同质选配为主、异质选配为辅的繁殖方法进行，同时进行严格的选择和淘汰，建立育种群和育种核心群，扩大理想类群。在横交阶段中，为了迅速提高群体质量，统一群体体质类型、外貌结构，曾重点使用了遗传性能比较稳定的理想型种公马。如自1973年开始连续使用“小紫马”种公马与各种杂交类型母马横交，其后代体型外貌、体尺与该种公马相似，具备驮挽兼用型马的特点，体高也达到了育种指标要求。1981年开始转入自群繁育。

（二）群体数量

2006年11月由丽江市古城区畜牧兽医站和玉龙县畜牧站对古城区六个乡镇、玉龙县十八个乡镇进行了调查，新丽江马共存栏8 370匹，其中基础母马约5 030匹、种用公马约150匹。

（三）变化情况

1.数量变化　近20年来，特别是最近15年，随着机械化程度的提高和交通条件的改善，养马业逐渐衰落，新丽江马数量逐年减少。据调查，新丽江马1986年存栏约16 120匹，到2005年存栏减少至约8 370匹，减少约48.1%。

2.品质变化　新丽江马在2006年测定时和1980年的体重和体尺对比，母马体重、体尺都有所增加，见表1。

表1　1980、2006年新丽江马体重和体尺变化

年份	性别	匹数	体重（kg）	体高（cm）	体长（cm）	胸围（cm）	管围（cm）
2006	公	7	275.61	131.90 ± 4.50	133.00 ± 6.40	149.60 ± 2.40	16.90 ± 0.90
1980	母	86	240.72	125.20 ± 2.58	125.90 ± 2.48	143.70 ± 1.44	15.70 ± 0.37
2006		57	276.78	126.90 ± 7.10	128.20 ± 7.70	152.70 ± 7.50	16.10 ± 0.90

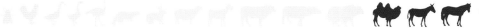

三、品种特征和性能

（一）体型外貌特征

1. 外貌特征 新丽江马体格粗壮紧凑，体质干燥结实，结构匀称协调，秉性灵活温驯，有悍威。头中等大、清秀，额宽，眼大明亮，鼻孔大、鼻翼薄，耳小。颈长短适中、高举向前，颈肩结合良好，肩长斜。鬐甲发育良好，胸宽深不足者多，腹大小适中，背腰平直且宽，尻斜长。前肢较为端正，后肢呈轻度刀状和外弧肢势。蹄质坚实。尾础高，尾毛长、浓密。

毛色多为骝毛、栗毛，黑毛、青毛次之。骝毛约占42.2%，栗毛约占17.2%，并常出现花背。

新丽江马公马

新丽江马母马

2. 体重和体尺 2006年11月由丽江市古城区和玉龙县畜牧兽医站在玉龙县拉市、白沙、古城区七河、金山、束河五个点抽查正常饲养管理条件下的成年新丽江马，进行了体重和体尺测量，结果见表2。

表2 成年新丽江马体重、体尺和体尺指数

性别	匹数	体重（kg）	体高（cm）	体长（cm）	体长指数（%）	胸围（cm）	胸围指数（%）	管围（cm）	管围指数（%）
公	7	275.61	131.90 ± 4.50	133.00 ± 6.40	100.83	149.60 ± 2.40	113.42	16.90 ± 0.90	12.81
母	57	276.78	126.90 ± 7.10	128.20 ± 7.70	101.02	152.70 ± 7.50	120.33	16.10 ± 0.90	12.69

（二）生产性能

1. 役用性能 新丽江马属驮挽兼用型品种。2006年调查，新丽江马驮重80 kg，相当于自身体重的1/3 ~ 1/2，日行50km，驮载速度5km/h，在高原地带长途驮运可持续3个月。三马驾车挽重1 500 kg，在林区公路上能日行50km，最大挽力220 kg。骑乘速力800m用时1min 12s，轻骑快步日行75km。

2. 繁殖性能 新丽江马公马一般2岁性成熟，3 ~ 4岁开始配种，5 ~ 8岁配种能力最强。母马一般2.5岁性成熟，3岁开始配种。母马发情季节集中在3 ~ 7月份，发情周期18 ~ 32天、平均24天，产后10 ~ 20天第一次发情，妊娠期344 ~ 356.1天、平均348.7天；年平均受胎率93%，采用人工授精的母马受胎率为95%；终生可产驹8 ~ 13匹，利用年限一般到12岁。

四、饲养管理

新丽江马的饲养管理较粗放，由于各地情况不尽一致，饲养方式各异。山区和半山区几乎终年都在山地草场放牧，仅夜间与冬季补给少量作物秸秆。坝区养马都有厩舍，白天小群放牧或牵牧、拴牧，夜间补饲青草或秸秆5 ~ 10kg。在青草季节，群众普遍有割青草喂马的习惯，对孕马或哺乳母马的照料较为周到，给产后母马喂麦麸、豆面、米酒，给役用期马补饲蚕豆等精料，对发情缓慢的母马喂催情药。有的农户耕种时将蚕豆和大麦混播，待早春来临青草未发时，拔取大麦青苗喂马，对催情、催膘有良好的效果。

新丽江马群体

五、品种保护和研究利用

尚未建立新丽江马保护区和保种场，处于农牧户自繁自养状态。新丽江马既能适应复杂的山区自然条件，又表现出良好的生产性能，仍是产区重要的生产用畜力。

六、品种评价

新丽江马的速度和力量都优于丽江本地马，驮挽乘轻快灵活、持久力好，且耐粗饲、适应性强、易饲养、易调教、善走山路、繁殖力高，但由于育成时间短，尚需进一步巩固提高，稳定遗传性能，扩大理想种群。

伊犁马

伊犁马（Yili horse）1958年正式命名，属乘挽兼用型培育品种。

一、一般情况

（一）中心产区及分布

伊犁马产于新疆维吾尔自治区伊犁哈萨克自治州，中心产区在昭苏县、尼勒克县、特克斯县、新源县及巩留县等。分布于伊犁哈萨克自治州的其他各县及其邻近地区。伊犁昭苏种马场、昭苏马场为伊犁马的核心育种场。

（二）产区自然生态条件

产区伊犁河谷位于北纬42° 14′ ~ 44° 50′、东经80° 09′ ~ 84° 56′，地处我国西北边陲，总面积5.7万km^2。地形复杂，北、东、南三面环山，自东向西呈喇叭形敞开，平均海拔1 800 ~ 2 500m。属温带大陆性气候，温和湿润，草地植被发育繁茂，年平均气温2.9 ~ 9.3℃，无霜期100 ~ 172天。从西来的地中海、里海暖气流徐徐贯入整个伊犁河谷，降水量远远高于周围其他地区，年降水量自西向东为213 ~ 501.4mm。年平均日照时数2 600 ~ 3 000h。水源主要以冰川水和地下水为主。地下水资源总量228.15亿m^3，河流208条，年径流量363.2亿m^3。土地资源丰富，区域内分布有黑钙土、栗钙土及黑褐色的高山亚高山草甸土等。土壤有机质积累较多，肥力较高。

伊犁河谷由于山系空间排列呈“三山两谷一盆地”的特殊格局，自然条件优越，土壤肥沃，水资源丰富，具有优良的农牧业生产环境条件，经过长期开发建设，农牧业生产达到较高的水平。2007年有耕地面积27.35万hm^2，产区内粮、棉、油及经济作物种植业发达，具有良好的饲草饲料资源。草场总面积341.97万hm^2，可利用面积310.40万hm^2，天然打草场78.25万hm^2。森林资源丰富，森林覆盖率6.69%。

产区内温和湿润的气候条件、优质的草场、发达的种植业为伊犁马的培育奠定了基础。

（三）品种畜牧学特性

伊犁马是在放牧管理条件下育成的乘挽兼用型培育品种。它既保持了哈萨克马耐寒、耐粗饲、抗病力强、善走山路、适应群牧条件的优点，又吸收了培育过程中引进的国外良种马的体形结构和性能，适应性强、遗传性能稳定，种用价值高。先后向国内其他省、自治区、直辖市输出伊犁马5.5万余匹，其中有1.5万余匹作为种马，改良地方马种，效果明显。1984年伊犁马作为国礼赠送给摩洛哥哈桑二世国王，在当地适应性良好。

二、品种来源与变化

（一）品种形成

伊犁是“天马”的故乡，自古以来就以盛产良马而著称。伊犁马的母本为哈萨克马，育成及发展经历了近百年历史。当地群众曾称含有外血的马为伊犁改良马，以与哈萨克马相区别。

在1910年前后，有不少俄国侨民迁入伊犁，散居各地，他们曾带来奥尔洛夫马等轻型马种。20世纪30年代，又从苏联引入种马改良当地马群。20世纪50年代以后，当地国营牧场收购苏侨留下的种马，用于改良本地马。上述这些种马对伊犁马的育成起了一定作用。

1936年伊犁建设局从苏联引进一批英顿马（后改名为布琼尼马）、顿河马和奥尔洛夫马改良当地马匹。1940年前后各县成立家畜配种站，用英顿马和奥尔洛夫马改良当地的哈萨克马，对伊犁马的形成起了重要作用。1942年建立昭苏种马场，用英顿马6匹、奥尔洛夫马3匹、哈萨克马418匹和杂种母马，进行杂交改良。1949年以后，该场又引入奥尔洛夫马公马18匹、顿河马公马8匹和母马4匹、布琼尼马公马10匹，继续进行杂交改良。1956年新疆维吾尔自治区畜牧厅组织了伊犁马调查队，经全面调查后于1958年确认其为一个新品种，定名为“伊犁马”。1958年制定了伊犁马五年（1958—1962）育种计划，继续利用奥尔洛夫马、顿河马进行杂交改良，培育适应群牧条件的乘挽兼用型马。但伊犁改良马与顿河马的一代、二代、三代杂种马体尺未见提高，且体型有变轻的趋势，适应性显著降低。而与奥尔洛夫马杂交的效果较好，后代体型粗壮、适应性强、工作性能好。

20世纪50年代至60年代初，广泛利用昭苏种马场培育的种公马改良当地马，效果较好。1963年又制定了八年（1963—1970）育种计划，育种工作以培育挽乘兼用型马为主，适当培育乘挽兼用型马。该阶段从杂种马中选取符合理想指标的优秀公、母马进行低血横交固定，并加强幼驹培育，逐年增加哈萨克马血液，降低外血影响，收到了良好的育种效果。从1970年开始，伊犁马进入本品种选育阶段，加强了选种选配工作，使伊犁马的质量和数量有了较快的发展。

伊犁马经杂交改良、横交固定、本品种选育三个育种阶段之后，形成了体格高大、外貌清秀、体质结实、遗传性能稳定、耐粗饲、抗严寒，力速兼备的优良乘挽兼用型培育品种。

多年的育种经验表明，以用顿河马或奥尔洛夫马与原有伊犁马进行一代杂交的效果最好；这些杂种公、母马横交固定的效果也很好，所以在马群中以含外血50%左右的马居多。这种马的适应能力强，近似哈萨克马，且其体尺和工作性能有所提高。

20世纪80年代以后随着社会环境的变化，马匹滞销，一度放松了育种技术工作，致使伊犁马的品质有所下降。1989年又制定了伊犁骑乘马培育计划，当年11月昭苏种马场引入新吉尔吉斯马公马3匹、母马7匹，1999年又引入纯血马公马进行杂交培育，产生了大量杂交一代、二代，其体尺、运动性能均有明显提高。近年来还先后引入俄罗斯速步马、奥尔洛夫马、库斯塔奈依马等品种公马与伊犁马母马或杂种母马杂交培育骑乘马，也取得一定效果。2000年昭苏种马场和昭苏县引入阿尔登马公马与伊犁马母马杂交，开展伊犁肉用型马的培育工作。2006年昭苏种马场又引入乳用型新吉尔吉斯马公马与伊犁母马杂交，开展伊犁乳用型马的培育工作。

（二）群体数量

2007年末伊犁马存栏12万匹，其中基础母马7.2万匹。

（三）变化情况

1.数量变化 伊犁马一直是伊犁哈萨克自治州的重要家畜品种之一，养马业在畜牧业生产中仍然占有重要地位。1980年伊犁马存栏10万余匹，2007年末伊犁马存栏12万匹。

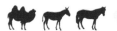

2.品质变化 伊犁马在2008年测定时与1980年的体重和体尺对比，体重和体尺都有所增加，见表1。

表1 1980、2008年成年伊犁马体重和体尺变化

年份	性别	匹数	体重（kg）	体高（cm）	体长（cm）	胸围（cm）	管围（cm）
1980	公	57	412.36	148.33 ± 0.68		171.33 ± 0.91	19.46 ± 0.10
2008		10	524.24	154.20 ± 1.69	161.70 ± 6.00	187.12 ± 11.07	19.31 ± 0.85
1980	母	304	373.44	141.00 ± 0.31		166.62 ± 0.47	17.55 ± 0.02
2008		124	427.25	147.04 ± 3.65	152.11 ± 7.28	174.17 ± 7.76	17.79 ± 0.57

三、品种特征和性能

（一）体型外貌特征

1.外貌特征 伊犁马属乘挽兼用型。体型基本一致，体质结实干燥，富有悍威，性情温驯，结构匀称。头中等大、较清秀、为直头，面部血管明显，额广，眼大有神，鼻孔大。颈长适中，肌肉充实，颈础较高，颈肩结合良好。鬐甲较高。胸廓发达，肋骨开张良好，腹形正常，背腰平直而宽，尻宽长中等、稍斜。四肢干燥，关节明显，肌腱发育良好，前肢肢势端正，管部干燥，系长中等，蹄质结实，运步轻快。鬃、尾、距毛中等长。

毛色主要为骝毛、栗毛、黑毛，其他毛色较少。2007年对伊犁种马场90匹马的毛色统计，其中骝毛38.9%、栗毛34.4%、黑毛23.3%、青毛2.2%、其他毛色1.2%。

伊犁马公马

伊犁马母马

2.体重和体尺 2008年在伊犁种马场进行了伊犁马体重和体尺测量，结果见表2。

表2 成年伊犁马体重、体尺和体尺指数

性别	匹数	体重（kg）	体高（cm）	体长（cm）	体长指数（%）	胸围（cm）	胸围指数（%）	管围（cm）	管围指数（%）
公	10	524.24	154.20 ± 1.69	161.70 ± 6.00	104.86	181.50 ± 11.07	121.35	19.31 ± 0.85	12.52
母	124	427.25	147.04 ± 3.65	152.11 ± 7.28	103.45	174.17 ± 7.76	118.45	17.79 ± 0.57	12.10

（二）生产性能

1.运动性能 据2007年在昭苏马场实测，伊犁马速力测试成绩1 000m用时1min 11.66s，1 600m用时2min 16s，3 200m用时4min 17s，5 000m用时6min 35s，50km用时1h 42min 31s，100km用时7h 13min 25s。驮重测验行程20km、载重40 kg，用时2h 53min 16s。

2.产肉性能 伊犁马在终年放牧饲养条件下具有良好的产肉性能。2008年12月在伊犁昭苏种马场对5匹成年伊犁马进行了屠宰性能测量，结果见表3。

表3 成年伊犁马屠宰性能

性别	年龄	宰前活重（kg）	胴体重（kg）	屠宰率（%）	净肉重（kg）	胴体净肉率（%）	骨重（kg）	内脏重（kg）	肉骨比
公	10	415	233.44	56.25	194.38	83.27	49.72	56.4	3.91
	9	408	229.65	56.29	191.27	83.29	47.99	55.66	3.99
	$\overline{X}$	411.50	231.55	56.27	192.83	83.28	48.86	56.03	3.95
母	8	364	203.41	55.88	169.22	83.19	39.17	43.29	4.32
	9	368	205.57	55.86	170.99	83.18	39.56	47.71	4.32
	10	366	204.49	55.87	170.1	83.18	39.36	47.23	4.32
	$\overline{X}$	366.00	204.49	55.87	170.10	83.18	39.36	46.08	4.32

3.产奶性能 2008年在伊犁昭苏马场对24匹成年伊犁母马的产奶量进行了实测，每天平均产奶量8.4 kg，120天挤乳期产乳1 000 kg左右。

4.繁殖性能 伊犁马初情期12 ~ 14月龄，性成熟期16 ~ 18月龄。母马满3周岁以后开始配种，每年4 ~ 7月份发情，发情周期21天，发情持续期8天，妊娠期323 ~ 337天；三年产两驹，终生可产驹10 ~ 12匹。公马一般4岁以后组群，个别公马20岁尚能保持良好的配种能力。在群牧自然交配情况下，母马受胎率70% ~ 80%。

四、饲养管理

伊犁马终年放牧，进行季节性轮牧，冬春两季遇到灾害时进行适当补饲。主要补饲一些精料和优质青干草。目前，伊犁马的良种繁育主要由伊犁昭苏种马场、昭苏马场承担，以农牧户散养与单位规模经营相结合，通过出售良种个体肉、乳及孕马尿等获取经济收入。

五、品种保护和研究利用

采取保种场保护。2008年伊犁昭苏种马场和昭苏马场正式列为省级种马场，重点进行伊犁马的改良及良种推广工作。2009年伊犁马列入新疆畜禽良种补贴工程。作为伊犁马核心育种场，伊犁昭苏种马场和昭苏马场正在着手完善品种登记管理制度。

国家科技部国际科技合作重点项目“乳用马品种引进及杂交改良初步试验研究”（2005DFA30760）、新疆维吾尔自治区重点攻关项目“引进乳用马品种开展杂交改良试验研究”（200541101）等项目对伊犁马杂交改良后乳用性能进行了研究，新疆农业大学动物科学学院2008年通过7个微卫星标记对伊犁马群体遗传结构及遗传多样性进行了分析。

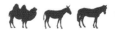

伊犁马群体

伊犁马1987年收录于《中国马驴品种志》。新疆维吾尔自治区2008年9月发布了《伊犁马》地方标准（DB 65/T1326—2008）。

20世纪80年代末期以来，产区及时根据市场需要调整伊犁马的发展方向，主要向乘用型方向发展，已销往国内多个城市、旅游区作为运动竞技、娱乐骑乘用马，市场需求良好。此外，在产区伊犁马还供肉用和部分乳用。

六、品种评价

伊犁马是我国著名的培育品种之一，具有体型外貌基本一致、遗传性能较稳定、力速兼备、繁殖性能良好、耐粗饲、抗病力强、能适应高寒和粗放的山区群牧条件等优点。近20年来伊犁马的育种工作正在向乘用型、肉用型及乳用型方向分别发展。今后应在低代杂交改良的基础上及时转入本品种选育，加强分型选育，建立不同用途的专门化品系，重点发展乘用型；同时积极改善放牧和补饲管理条件，提高伊犁马的专业化生产性能，不断改善品质，以满足社会多元化的需要。

（三）引入品种

纯血马

纯血马（Thoroughbred）为典型的乘用型马，原产于英国，是世界上短距离速度最快的马种，其分布遍布世界各地。主要用于商业赛马和杂交改良本地马种及培育温血马等。我国曾将纯血马按产地分别称为英纯血马、苏纯血马等。

一、原产地与培育简史

纯血马育成于英国。原产地海拔100 ~ 300m，属温带海洋性气候。年平均气温6 ~ 11℃，最热月（7月）平均气温19 ~ 25℃，最冷月（1月）平均气温4 ~ 7℃。地势较低，年降水量500 ~ 1 000mm。英国西部、北部山区雨量较大，年降水量最高可达4 000mm。

欧洲骑士制度与重视骑兵发展为纯血马的育成提供了有利条件。从查尔斯二世时期开始，为发展骑乘赛马，不断从东方输入优秀的种马用于繁殖和改良，始终以速度作为品种选育的最主要目标。最初引进3匹著名的公马，即贝阿里·土耳其（Byerley Turk，1689）、达雷·阿拉伯（Darley Arabian，1704）、哥德芬·阿拉伯（Godolphin Arabian，1728）。这3匹公马的后裔基本囊括赛场上的冠军，其他公马的后裔逐渐被淘汰。因此，这3匹公马成为纯血马的三大祖先，其后代形成了三大主要品系和若干支系。1770年以后不再引入外血，一直保持本品种选育，因此，纯血马为高度亲缘繁育的种群。纯血马是世界上800m以上短距离速度最快、分布最广、登记管理最为严格的马种。

“纯血马”一词最早出现在1821年的《纯血马登记册》第二卷，该卷包含了英国和爱尔兰所有纯血马的系谱。20世纪70年代至今，只有在国际纯血马登记委员会（ISBC）或设在各大洲的分支机构登记认可的纯血马，才能被确认。纯血马登记时，必须根据其父母进行亲子鉴定，这是一种封闭式的登记形式，即其父母必须是已经注册登记的纯血马。

19世纪中叶，随着英国殖民主义扩张，赛马文化也向世界各地迅速普及，纯血马随之引入世界各地，并按照统一规则进行繁衍。纯血马扩繁与赛马业的兴起有直接的关系，并按照称为“巴黎共利法”（Pari-mutuel）的赛马奖金分配方法发展至今。

纯血马现分布于世界大部分国家，主要产地有美国、澳大利亚、爱尔兰和日本等国，至2009年世界共有约60万匹纯血马。我国自19世纪末开始引入纯血马。

二、品种特征和性能

（一）体型外貌特征

1.外貌特征 纯血马整体体态轻盈，干燥细致，悍威强，皮薄毛短，皮下结缔组织不发达，血管、筋腱明显，体躯呈正方形或高方形，体高一般大于体长。头中等大小、为正头型，面目清秀、整洁，眼大有神，耳尖、转动灵敏，鼻孔大、鼻翼薄、开张良好。颈多为正颈。鬐甲高长，肩长而斜，运动步幅大且能耗低；胸深而长，背腰中等宽广，中躯稍长，腹形良好、收腹。后躯强壮，尻为正尻。前肢干燥细长，前膊肌肉强腱，腕关节大而平缓，管部一般少于20cm，系部较长；后肢修长，股胫部肌肉发达有力，飞节明显强健。肌腱强壮显露。蹄中等偏小，蹄形正，无距毛。

毛色主要有骝毛、黑毛、栗毛、黑骝（或褐骝）毛和青毛5种。骝毛和栗毛最多，黑毛和青毛次之。头和四肢下部多有白章。

纯血马公马

纯血马母马

2.体重和体尺 纯血马体重408 ~ 465 kg；体高162.56 ~ 172.72 cm，平均体高163 cm。

（二）生产性能

1.运动性能 纯血马以其短距离竞赛速度快而闻名于世，速度是纯血马的主要性能指标。其步法确实、步幅大，轻快而有弹性，创造和保持着800 ~ 5 000m以内各种距离的世界纪录。沙地跑道世界纪录见表。

表 纯血马速度世界纪录

距离（m，沙道）	马名	年龄（岁）	骑手重（kg）	赛马场/日期	计时
1 000	Preflorada	4	56.23	Argentina（Arg），1995.9.2	54.1s
1 600	Dr Fager	4	60.77	Arlington（AP），1968.8.24	1min 32.1s
2 000	Spectacular Bid	4	57.14	Santa Anita（SA），1980.2.3	1min 57.4s
4 800	Farragut	5	51.24	Ascot（AC），1941.3.9	5min 15s

2009年在山东省济南市举行的第十一届全国运动会上，6岁冠军骟马，12 000m沙地速度赛马纪录为15min 34.52s。

纯血马跳远世界纪录为8.40m，跳高纪录为2.47m。

纯血马的悍威强，极易兴奋，虽然速度很快，但持久力稍差。

2. 繁殖性能 纯血马比较早熟，4岁时结束生长发育。公马5岁开始参加配种，一个繁殖期内配30 ~ 50匹母马。母马12 ~ 16月龄达到性成熟，初配年龄为3岁，发情周期21.9 ~ 22.9 天，发情持续期平均6.29 天，受胎率80% ~ 85%，正常产驹率50% ~ 60%。为控制纯血马的数量，维持其血统的纯正性，纯种繁殖只采用自然交配，不允许采用人工授精、胚胎移植、克隆或其他生物技术。种公马和繁殖母马的选择依据主要是其速度成绩和后裔鉴定成绩。

纯血马的遗传性能稳定，改良地方品种效果良好。如与蒙古马杂交，杂种一代体高提高15 cm以上，体型结构、运动性能和气质改善较多，人马亲和程度好。在我国培育的新品种中，多数都导入过纯血马和高血马的血液，效果大都很好。欧洲很多温血马种都是与纯血马杂交育成，有些马种承认纯血马作为本品种母本。由于纯血马长期以来处在高度人工饲养环境中，对环境条件要求较为严格，特别是级进杂交后代对恶劣环境条件的适应性明显降低。

纯血马群体

三、纯血马登记制度

纯血马被育成为世界著名马种，与其严格连续的登记制度是分不开的。现在世界上任何一匹纯血马都可追溯到其300年前的祖先种公马。

1. 登记标准 纯血马登记标准主要有两条，一是其父母必须是已在国际纯血马登记委员会（ISBC）批准的登记机构中进行登记的纯血马，二是要进行并通过亲子鉴定。其他还有命名登记、进出口登记、种用登记、繁殖登记等。

2. 登记组织 一个国家或地区只能有一个合法的纯血马登记组织，并为世界纯血马登记委员会（ISBC）的成员国，由各大洲纯血马登记委员会如亚洲纯血马登记委员会（ASBC）来管理，每两年召开一次会议。中国马业协会纯血马登记委员会是经ISBC2002年批准的中国大陆唯一进行合法登记的组织。

3. 护照 纯血马的身份由纯血马登记机构颁发的护照作为唯一依据并且在世界通用。护照也是马匹转移、参加比赛、拍卖以及其他登记的唯一依据。马匹出口要由出口国的纯血马登记机构向进口国的纯血马登记机构出具出口鉴定证书，作为马匹身份合法转移的依据、并在进口国纯血马登记委员会进行注册。

四、引入利用情况

我国曾多次陆续引进过纯血马。19世纪末以后，俄国修筑中东铁路时，带入我国东北一部分纯血马。1910年由德国赠给察哈尔两翼牧场纯血马公马1匹，用于改良该场的模范马群。1934年句容种马牧场购入澳大利亚产的纯血马半血母马20匹。1947年购入美国产的纯血马幼驹3匹，由清镇牧场作种用。20世纪以来，纯血马不断输入我国香港，用作赛马。到1950年从苏联购入苏纯血马和苏高血马375匹，分配在河北省察北牧场公马107匹、母马176匹，黑龙江原山市种马场有公马3匹、母马31匹，双城种马场有公马50匹，其余在内蒙古。以后被调转和推广到辽宁、吉林、陕西、山东、河南、安徽和湖北等省，用于杂交改良当地马种。至20世纪90年代时这些马的纯种数量已很少，种群皆已散失。

1995年从新西兰引入纯血马公马1匹、母马10匹，在广东深圳繁育；从爱尔兰引入纯血马公马6匹、母马3匹，在内蒙古锡林郭勒盟与卡巴金马及其杂种母马杂交。1997年北京华骏育马公司大量从澳大利亚等地引进纯血马，存栏曾达到2 500余匹，提供给新疆、甘肃、内蒙古等地作种用，改良效果良好，深受养马界欢迎。2000年由日本引入母马50匹在北京龙头牧场繁育。进入21世纪后，我国民间购马日益活跃，形成以北京地区为核心的纯血马繁育、竞赛中心，辐射全国。至2009年全国大部分省、自治区、直辖市都有纯血马分布。20世纪80年代以来，我国马术队及个体马场陆续引入香港和澳门退役的纯血马，训练后作为马术运动用马使用，少量作为种用。

为便于纯血马管理和与世界对接，1995年经国家农业部和民政部批准，同意成立我国的纯血马登记管理组织，并于2002年成立中国马业协会纯血马登记委员会（CSB），同年得到ISBC正式批准，是我国纯血马登记管理的唯一合法机构，也是ISBC的正式成员国，负责对我国大陆境内出生的和国外进口的马匹进行确认、登记和管理。我国于2007年12月发布了《纯血马登记》农业行业标准（NY/T 1562—2007）。

五、品种评价

纯血马引入我国已有百余年的历史，对改良地方品种马的体型结构、运动性能皆有良好的效果。1949年以前断续引入，数量不多，由于当时的社会政治环境不稳定，未能发挥应有的作用。1950年我国一次性引入纯血马近400匹，繁育多年，参与了我国多个培育品种的形成，但因当时育种方向偏于重型，一部分纯血马未能单独选育，以至于被高血马重化。农业机械化普及后未重视对纯血马的保护，也未实施正规血统登记，以至于流失无存。20世纪90年代中期，轻种乘用马开始成为我国马业发展的重要方向之一。近十年来陆续引入纯血马近3 000匹，质量优良，大量用于纯繁，2006年已开始向韩国出口。近年来纯血马成为我国伊犁马、三河马、山丹马、锡林郭勒马等培育品种继续发展的主要父本，与卡巴金马母马杂交产生了一批速力较好的后代。此外，全国多个地区用纯血马与当地马或轻、中、重各种类型的马匹杂交，已成为我国现今马匹改良的最主要马种，为赛马、马术和休闲骑乘提供了大量运动用马。至2009年我国纯血马数量已达3 000匹左右，正式登记的不多，有些父母已亡而又没有及时登记的血系已无法恢复，这给我国今后纯血马的生产、赛事良性发展，并与国际接轨带来了严重隐患。

今后应加强本品种选育与登记管理，开展地区间联合育种，扩大优秀种马的利用范围。在引入种马前要慎重选择，根据种马的血统、体型外貌、运动性能、后裔测定成绩等进行综合选择。牧区改良地方品种时应注意提高种公马的饲养管理水平和杂交后代的营养、调教水平，力争生产更多更好的轻型乘用马。

阿哈—捷金马

阿哈—捷金马（Akhal-Teke）简称阿哈马，我国民间又称“汗血马”，原产于土库曼斯坦，是一个历史悠久、具有独特品质的古老品种。

一、原产地与培育简史

阿哈马产自土库曼斯坦科佩特山脉和卡拉库姆沙漠间的阿哈（Akhal）绿洲，由当地长期居住的、以农业为主的捷金（Teke）部落经数千年培育形成。其确切起源时间难以考证，约经3000年时间逐渐形成。据我国马种历史考证，张骞通西域时，曾在西域发现大宛马及苜蓿。如《史记·大宛传》记载：“大宛在匈奴西南，在汉正西，去汉可万里，其俗土著耕田种麦，有浦陶酒，多善马。”证明阿哈马就是在公元前101年汉武帝时代输入我国的大宛马，直到唐代仍有大宛马进贡。1929年苏联政府组织了马匹资源调查队，才对本品种予以极大的重视。1941年苏联出版了第一卷阿哈马登记册，全部采用封闭式血统登记，至今俄罗斯仍在进行本品种登记业务。

阿哈马除原产国土库曼斯坦外，主要分布于俄罗斯、哈萨克斯坦、乌兹别克斯坦等国，美国、德国、澳大利亚等国也有分布。目前总数仅3 500匹左右。阿哈马与我国马文化结有悠久的历史和文化渊源。

二、品种特征和性能

（一）体型外貌特征

1.外貌特征 阿哈马具有适应沙漠干热气候条件的良好形态。其体质细致、干燥，体型轻而体幅窄，姿态优美。头轻、稍长，头高颈细，眼大，耳长薄。颈长，颈础高。鬐甲高。胸窄而浅，肋扁

阿哈—捷金马公马

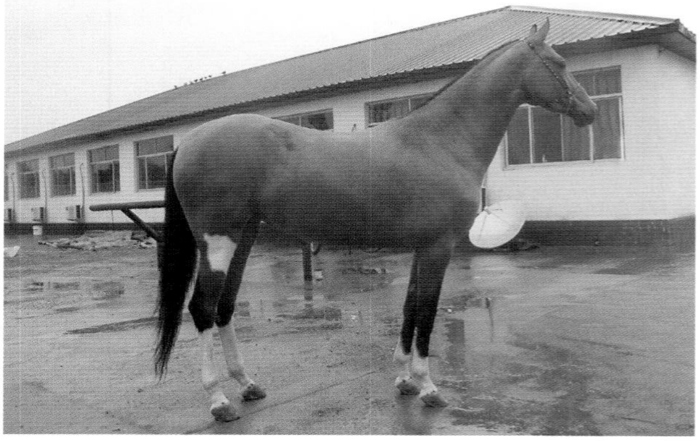

阿哈—捷金马母马

平、假肋短，背长而软，尻长、多为正尻。肩长，四肢长而干燥，筋腱明显，前肢呈正肢势，后肢多直飞节。无距毛，系长，蹄较小、蹄质坚实。

毛色较复杂，以骝毛、青毛、栗毛较多。

2.体尺 阿哈马平均体尺见表。

表 成年阿哈马平均体尺

性别	匹数	体高（cm）	体长（cm）	胸围（cm）	管围（cm）
公	60	154.4	154.2	167.2	18.9
母	52	152.7	154.4	165.1	18.1

（二）生产性能

1.运动性能 阿哈马悍威强，灵敏而易受刺激。慢步有弹性，快步自由，跑步轻快且步幅大。平地速度纪录1 000m为1min 07s。1982年在呼和浩特市举行的全国少数民族运动会上，只有1匹阿哈马参加竞赛，1 600m为2min 01s，2 000m为2min 26.03s。阿哈马在短途竞赛上速度不及纯血马，但长途骑乘表现出良好的速度和持久力。1935年夏，从阿什哈巴德到莫斯科，距离4 300km用时84 天，其中有缺少水源的960km的沙漠岩石地，有3天经过360km的卡拉库姆沙漠。阿哈马对马术运动表现出良好的性能，公马阿博森特（Absent）8岁时为前苏联队获得1960年罗马奥运会盛装舞步个人赛的金牌，之后又分别获得1964年东京奥运会盛装舞步个人赛与团体赛的铜牌和1968年墨西哥城奥运会盛装舞步团体赛的银牌及个人赛的第四名。

遗传性能稳定，在内蒙古地区用于改良蒙古马取得良好的效果。其杂种后代的体高不小于其他乘用品种的杂种后代，体型亦不轻。阿哈马杂种马骑乘速度快，据内蒙古测验，一代杂种马骑乘3 200m为5min 29.5s。

2.繁殖性能 阿哈马一般3岁体成熟，5岁产驹，一般一年产一驹。

三、引入利用情况

20世纪初期，部分阿哈马随苏联的一些牧场主进入我国新疆伊犁，与当地的哈萨克马杂交，对伊犁马的培育产生了很大的影响。1950年我国由苏联引入阿哈马112匹，分配给内蒙古自治区52匹，繁育在锡林郭勒盟白音锡勒牧场，1973年时尚有纯种马66匹，其余种公马用于改良乘用马。但这些纯种马现在都已绝迹，且没有高代杂种留下或杂交改良效果的记载，也有与我国地方马种杂交组合不理想或不适应引入地风土环境的说法。1990年新疆维吾尔自治区利用从前苏联引进的阿哈马与伊犁马进行杂交，培育乘用马，改良效果明显。2002年和2006年土库曼斯坦作为国礼先后向江泽民主席、胡锦涛主席各赠送种公马1匹，养于天津武清中牧马场，因当时无本品种母马，只能与其他品种的母马杂交，后代颇受欢迎。2007年以来我国民间马场又先后从俄罗斯引入少量种马，养于北京、河北、新疆、东北等地。

四、品种评价

阿哈马产于气候干燥的地区，是一个具有独特品质的古老品种。阿哈马是引入我国最早、影响力也较大的国外马种之一。

20世纪中期阿哈马批量引入我国后，主要分配在内蒙古自治区，因数量少、体型轻，且与当时主流育种方向不符，因而未能得到重视，其纯种逐渐失散。其体型虽轻，但用于改良蒙古马，其后代的体型不比其他乘用品种马的同龄杂种马轻，有的个体体重反而较大，但其适应性较差。之后由于养马业转型，利用阿哈马的改良工作未继续下去，白音锡勒牧场的最后一部分阿哈马母马也散失了。近几年民间又重新开始少量引入阿哈马用于观赏、骑乘及杂交改良当地马。

阿哈马在我国有着深厚的文化色彩，我国又称其为“汗血马”。关于此名称的来历说法不一，原产地也无“汗血”的说法和证据。但由于其在历史中的作用和典故，今后可能是我国最受关注的引入马种之一。

阿哈马是原产地固有品种，其性能是在当地环境下多年选育形成，由于阿哈马的特点及遗传资源的珍贵，仍有非常重要的研究价值，特别是对新马种的培育潜力较大。今后应有计划地引入该品种，加强地区间联合育种，使其在我国能够继续发展。

顿河马

顿河马（Don）原产于前苏联顿河流域，分为乘用型和乘挽兼用型两种类型。

一、原产地与培育简史

顿河马原是顿河哥萨克马，最初起源于蒙古马和诺盖马。因此，顿河马与蒙古马有一定的血缘关系。在17世纪时，当地的哥萨克人经常遭受外来民族的侵袭，为抵御外族的袭击，哥萨克人开始培育优秀的骑兵用马。在长期的征战过程中，他们从外地带回了波斯、土耳其和高加索等马种，与当地马长期混杂繁殖。通过选种、训练，培育出了较好的骑兵用马。19世纪后开始有计划地采用阿拉伯马、奥尔洛夫马进行杂交改良培育，使其品质得到进一步提高，成为卓越的骑兵用马品种。1949年苏联出版了第一卷顿河马登记册，至今俄罗斯仍在进行本品种的登记业务。

顿河马主要分布于顿河及伏尔加河中下游流域，且扩大至中亚地区。20世纪初即开始引入我国。

二、品种特征和性能

（一）体型外貌特征

1.外貌特征 顿河马主要有3种类型：东方型，体质干燥，悍威强，气质良好，速度快，适于乘用；重型，体质较结实，体格粗大，中躯深长，骨量充实，适于役用；骑乘型，肌肉发育良好，持久力好，速度快，为顿河马的基本型，数量最多。

由于类型不同，外貌也有所不同。一般表现为头部干燥、稍长，颈长斜适度。鬐甲长，肩稍立，背腰直，胸深肋圆，尻长圆。四肢干燥，蹄大小适中，蹄质较坚实。

毛色主要是金栗色和红栗色，骝毛次之，其他毛色罕见。头和四肢多白章。

2.体尺 吉林省镇南种羊场和黑龙江省繁荣种畜场对成年公、母顿河马的体尺进行了测量，见表。

表　成年顿河马的平均体尺

性别	匹数	体高（cm）	体长（cm）	胸围（cm）	管围（cm）
公	74	159.1	159.4	183.5	20.5
母	388	158.4	161.7	185.3	20.0

（二）生物学特征和生产性能

顿河马的适应性较好，耐粗放饲养管理，尤其在草原地区表现良好，恋膘性好，发病率较低。性活动规律，受胎率均在90%以上。顿河马较晚熟，一般需在5岁以后结束生长发育。对外界环境反应敏感。

遗传性能稳定，在东北和甘肃等地改良当地马，效果良好。杂种马对顿河马特征的遗传性，特别是毛色遗传表现得比较明显，尻和后肢发育良好，但常出现立肩和凹膝。据黑龙江省1985年对杂种后代的统计，杂种一代马体高达141.4 cm，体长率101.5%，胸围率114.3%，管围率12.8%；杂种二代体高149.7 cm，体长率102.1%，胸围率112.6%，管围率12.7%。

用途因类型而异。骑乘速度和持久力较好，1 600m为1min 49s，2 400m为2min 43s。据1960年黑龙江省第一届畜牧生产运动会测验，成年母马2 000m为2min 39.7s，3 000m为4min 2.3s。

三、引入利用情况

20世纪初，我国曾由苏联引入顿河马改良哈萨克马，进行伊犁马的培育。1950年由苏联伊瑟克库州54号马场和罗斯托夫州162号马场引入顿河马115匹，当时分配给黑龙江省公马52匹、母马55匹，公马在克山种马场用于改良本地马，母马饲养繁育在山市种马场，其余的马匹饲养在内蒙古自治区。1953年又购入顿河马57匹，其中母马30匹，繁育在甘肃省山丹马场。1955年山市种马场的顿河马全部被调至吉林省镇南种羊场。1964—1965年黑龙江省繁荣种畜场先后由山丹马场、吉林镇南种羊场引进母马37匹；1959—1971年泰来种畜场从吉林省大安马场、乾安马场引进母马23匹；1972年齐齐哈尔种畜场由吉林镇南种羊场引进母马30匹，安达种畜场由山丹马场引入母马28匹，分别进行饲养繁育。1989年新疆引进20余匹顿河马，继续进行伊犁马的改良培育。

四、品种评价

顿河马对我国北方草原适应性较好，在培育兼用马的过程中与重型马种配合，取得良好的效果。顿河马对我国的焉耆马、锡尼河马和伊犁马的形成都有一定的影响。在培育山丹马、吉林马和黑龙江马等新品种中也都引入过顿河马，尤其对山丹马的育成起了重要作用。

顿河马在20世纪80年代仍主要繁育在吉林省镇南种羊场、黑龙江省繁荣种畜场和山东省无棣种驴场，此后种群相继解散。至今，甘肃山丹马场仍在使用顿河马公马对山丹马进行杂交培育，效果较好。今后应适当引入骑乘型顿河马进行纯种繁育或杂交利用，以利于骑乘用马的进一步培育。

卡巴金马

卡巴金马（Kabarda）原产于前苏联北高加索地区，是一种步伐稳健、机敏、耐力好的山地马，属乘挽兼用型品种。

一、原产地与培育简史

北高加索又称为前高加索，位于大高加索山脉的北侧，属于俄罗斯。由于山脉的阻挡，来自北方的冷空气和来自南方的暖空气都受拦截，使山脉两侧气候差异显著。北高加索属温带大陆性气候，1月平均气温 -4 ~ -6℃，7月平均气温23 ~ 25℃，年降水量200 ~ 600mm。

早年在原产地有地方品种马，来源属于蒙古马和一些东方品种马的杂交后代。历史上高加索人在商业上及宗教上与近东各穆斯林国家常有交往，一些东方马种如波斯马、卡拉巴赫马、阿拉伯马随之带入该地区。在产区山地条件的影响下，当地马能够攀登山路、渡过激流，并具有良好识别方向的能力，以长距离持久力见长。卡巴金马就是从这些马中经过选育提高而逐步发展形成的。

在1918—1922年的苏联国内战争时期，因高加索处于战争状态，卡巴金马损失严重，因此在第二次世界大战后的第一个五年计划中，即着手恢复并增强卡巴金马的繁育场，经过系统选育其品种质量明显提高。1935年苏联出版了第一卷卡巴金马的登记册。

本品种马除纯种繁育外，曾用纯血马进行杂交，以增进其速力，并保存其固有的特性，形成了盎格鲁卡巴金马新品种群，其中含有纯血马的血液5/8 ~ 3/4，1966年该品种群被正式认可。如今产区的纯种卡巴金马数量已不多。

输入我国主要用于改良本地马种和培育新品种。

二、品种特征和性能

（一）体型外貌特征

1.外貌特征 卡巴金马体质结实，结构协调。头长而干燥，多为半兔头。耳长、耳尖向内扭转，眼大有神。颈长中等，肌肉发达，下缘稍垂，颈础低。鬐甲高长中等。胸廓深，背长直，腰坚实，尻斜、有的呈尖尻。四肢发育良好，多曲飞、外向，距毛较少，蹄质坚实。

毛色主要为骝毛和黑毛，青毛很少。一般无白章。

2.体尺 据黑龙江省原山市种马场、繁荣种畜场和内蒙古自治区白音锡勒种畜场的测量，成年卡巴金马平均体尺见表。

卡巴金马公马

卡巴金马母马

表　成年卡巴金马平均体尺

性别	体高（cm）	体长（cm）	胸围（cm）	管围（cm）
公	157.9	160.0	183.3	20.3
母	155.0	159.5	122.2	19.4

（二）生产性能

1.运动性能　卡巴金马用于山地乘驮具有良好的工作性能。据1960年在黑龙江省畜牧生产运动会上的测验，成年母马骑乘2 000m为2min 47.2s。据1982年在呼和浩特市举行的全国少数民族体育运动会上的骑乘纪录1 600m为1min 56.3s，2 000m为2min 26.03s。

2.繁殖性能　卡巴金马晚熟，利用年限长，繁殖力和泌乳力均较强。一般在5岁以后结束生长发育，受胎率90%以上。适应性强，饲料利用率高，春秋放牧抓膘快，能在高寒地区终年群牧管理，并能适应不同地区的风土气候条件。

卡巴金马的杂种马适应性比其他品种的杂种马均强，但多斜尻和曲飞节。卡巴金马与西南马的杂交后代，对西南山区适应性很好，骑乘能力亦比西南马有显著提高。其遗传性能稳定，与蒙古马、西南马杂交效果良好。

三、引入利用情况

1950年我国由苏联北高加索斯达夫罗波尔边区163号马场引入卡巴金马148匹，大部分都含有纯血马血液，公马几乎全有，最少含1/16，有的高达1/2。这些马被分配在黑龙江、内蒙古和贵州等省、自治区。当时分配给黑龙江公马49匹，用于改良拜泉县本地马，母马47匹繁育在原山市种马场，分配给内蒙古种公、母马各25匹，繁育在原包头市麻池种马场。1956年将该场繁育的100匹迁往锡林郭勒牧场（现白音锡勒牧场），用于培育锡林郭勒马；其余在贵州省。1952年由苏联引入公马10匹，分配在辽宁省原辽阳种马场。1961年和1963年又由苏联引入一部分，后者分配在辽宁省小东种马场（公马5匹、母马25匹）。

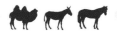

卡巴金马群体

四、品种评价

卡巴金马的适应性比引入的其他品种马强，尤其是对高寒地区的适应能力较强，繁殖和推广较快。20世纪80年代中期主要繁育在黑龙江省原山市种马场、内蒙古白音锡勒牧场、贵州省山京马场（原清镇马场）、辽宁省小东种羊场和云南省嵩明马场。20世纪90年代中期，仅内蒙古白音锡勒牧场保留有卡巴金马繁育群，其他马场的种群皆已散失。2007年内蒙古白音锡勒牧场的纯种繁育群也已散失。近60年来，卡巴金马推广至全国20多个省、自治区、直辖市，在各地用于改良当地马或参与培育新品种中都取得较好的效果。

引入我国的公马几乎都含有纯血马血液，体格较大，结构较好，因此在我国繁育的卡巴金马实际上已属于盎格鲁卡巴金马，体尺、外貌比引入当时有明显改变，多为直头，鬐甲明显，正尻达68.6%，体高也比引入时有所增加。

卡巴金马引入我国后用于改良本地品种马，早期多作为杂交一代的父本，曾因为后代体型较轻、不适于农用，必须再用重型马种轮回杂交；黑龙江省繁荣种畜场曾用苏重挽马、阿尔登马公马与部分卡巴金马母马杂交，后代类型符合兼用需求，受群众欢迎。因其弹跳力相对较好，有少量卡巴金马于20世纪80年代曾作为马术用马参加障碍赛等，成为我国加入国际马术运动组织后第一批训练比赛用马。20世纪90年代中后期，内蒙古白音锡勒牧场开始引入纯血马公马与卡巴金马母马杂交，后代速力明显提高。近年来，仍有部分杂交后代用于初级骑乘教学与休闲骑乘活动。今后应恢复白音锡勒牧场的卡巴金马与纯血马杂交后代繁育群，继续生产我国的盎格鲁卡巴金马，以使这一引入我国几十年的马品种血液得以保留。

奥尔洛夫快步马

奥尔洛夫快步马（Orlov trotter）简称奥尔洛夫马，原产于前苏联，是世界著名的快步马品种，属轻挽兼用型马种。

一、原产地与培育简史

奥尔洛夫快步马由A.T.奥尔洛夫于1777年开始培育，并因此而得名。他去世后，由其助手薛西金和卡巴诺夫继续进行育种工作，先后经历半个多世纪才育成。最初设想育成速度快、体质强壮、善于轻挽的品种，以适应竞赛的需要。1775年奥尔洛夫从俄土战争结束归来，带回一匹阿拉伯公马Smetanka，青毛，比通常的马多一对肋骨。用它与丹麦母马交配，获得公马Polkan。Polkan又与从荷兰买回的一匹母马交配，于1789年获得一匹体高达162.5 cm的青毛快步公马BarsⅠ，用其作种马达17年之久，留下很多后代，奠定了本品种培育的初步基础。在其后代中，有许多优秀公马，大多数是与纯血马杂交所生。在育种过程中除用以上品种外，还引入过丹麦的乘挽兼用马、英国轻型马、土耳其马等，采用复杂杂交方式，进行严格的选种选配，以固定其理想型；同时加强饲养管理与快步调教，定期进行速力和持久力的测验，进行综合选种。这一阶段实行了严格的封闭育种，公马绝不调出。1825年以后薛西金为了增大快步马的体格，又采用荷兰母马与其杂交，并着手建立品系。由于重型马的影响，这时的奥尔洛夫马在外形上出现两个类型，同时优良的公马逐渐散布出去。到1845年该场被收归国有，通过配种站把种马分布到俄罗斯中部和北部的农村，深受农区的欢迎。19世纪末开始向西欧输出，经由1898年和1900年的国际展览会而闻名于世。1927年前苏联出版了第一卷《奥尔洛夫马登记册》，至今俄罗斯仍在进行本品种的登记业务。现已形成12个品系、16个品族，但总体体型并不一致。

奥尔洛夫马分布于全俄罗斯及其他前苏联加盟共和国，曾多次输入我国。

二、品种特征和性能

（一）体型外貌特征

1.外貌特征 奥尔洛夫马体质结实，头中等大、干燥。颈较长，公马稍呈鹤颈，颈础高。鬐甲明显。前胸较宽，胸廓较深，背较长，腰短，尻较长，呈圆尻。四肢结实，肌腱发育良好，前膊和胫较长，系较短，距毛少，蹄质坚实。

毛色以青毛为主，黑毛和栗毛次之，骝毛较少。

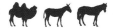

奥尔洛夫快步马公马

奥尔洛夫快步马母马

2. 体尺 成年奥尔洛夫快步马的平均体尺见表。

表 成年奥尔洛夫快步马的平均体尺

性别	匹数	体高（cm）	体长（cm）	胸围（cm）	管围（cm）
公	38	163.7	165.7	183.8	21.3
母	213	156.0	159.8	182.5	20.2

（二）生产性能

1. 生物学特性 奥尔洛夫马悍威强，性情温驯而活泼，繁殖性能好，对严寒气候适应性强，并能很好地适应我国不同的风土环境。其体格较大，结构好，遗传性能稳定，用于改良地方品种效果良好。在黑龙江、辽宁和山东改良当地蒙古马，效果很好。

2. 运动性能 奥尔洛夫马可用于各种工作，快步伸长而轻快。早年在哈尔滨测验，公马4岁时，1 600m为2min 11s；成年时，3 200m为4min 34s。

3. 役用性能 奥尔洛夫马杂种马体格较大、结构好、适应性强，特别是快步速度快、运步轻快，在农业生产中承担轻便的运输工作很受欢迎。据1959年测定，4岁一代杂交种公马以体重5%的挽力，快步2 000m为6min 40s；以体重15%的挽力，慢步2 000m为14min 52s；以体重45%的挽力挽曳，行走距离9m。

三、引入利用情况

1897年俄国在我国修建中东铁路，以及苏联十月革命时部分俄国人迁入我国，带入大量奥尔洛夫纯种及其杂种马，分布在以哈尔滨为中心的滨洲铁路沿线和黑河地区。在哈尔滨的马匹主要用作轻驾赛马。1905年哈尔滨建立了赛马场，这是我国当时唯一有轻驾赛马的赛马场。之后其分布在牙克石、海拉尔、三河和黑河等地，多用于改良当地马，对三河马和黑河马的形成有很大影响。1928年据中东铁路土地科统计，当时分布在哈尔滨和中东铁路沿线的奥尔洛夫纯种马有110匹、杂种马有401匹。因美国快步马的速度超过奥尔洛夫马，当时有不少奥尔洛夫马与美国快步马杂交，这些奥美杂种马约占57.6%。此外，在1948年以前，新疆也输入大量奥尔洛夫马及其杂种马，用于改良哈萨克马，其对伊犁马的形成也有很大影响。

1949年散养在哈尔滨市附近的奥尔洛夫马由东北农学院（现东北农业大学）和黑龙江省公安厅

分别收购，繁育在香坊实验农场和安达畜牧场。1953年和1954年中国人民解放军总后勤部又由苏联选购奥尔洛夫马公马4匹、母马20匹，繁育在牡丹江马场。1955—1957年，新疆先后引入几十匹奥尔洛夫马。在黑龙江省的原有马匹集中繁育，幼驹得到了合理的培育。山东省广饶县畜牧场从1958年开始，利用纯种奥尔洛夫马种公马，与苏联引入的部分奥尔洛夫马杂种母马进行级进杂交，至四代以上，同时又从北京东风农场和东北引入10余匹纯种母马，组成奥尔洛夫马纯繁母马群。1990年新疆昭苏马场又从前苏联引进奥尔洛夫马用于改良伊犁马，效果显著，同时进行纯种繁育。2009年新疆再次引入奥尔洛夫马25匹。该品种在改良我国地方品种和培育快步竞赛用马方面起了重要作用。

四、品种评价

奥尔洛夫马兼用体型明显、快步速度快、遗传性能稳定，在我国已繁育百余年，对伊犁马、三河马和黑河马的形成影响较大；在培育黑龙江马、渤海马时使用较多；在培育铁岭马的杂交后期，为矫正体形和改进步法，也导入过该品种马的血液，都收到良好效果。为提高焉耆马的体尺，改进其外貌结构，导入奥尔洛夫马血液也达到了预期的效果。近年来为拓宽关中马的血缘，引入奥尔洛夫马冲血同样取得了较为理想的效果。

早年引入我国的奥尔洛夫马质量较好，在哈尔滨赛马场的纪录多数都超过当时莫斯科赛马场的纪录。新中国成立后引入的马匹质量很好，来自苏联7个著名奥尔洛夫马繁育场，其中特级占61.3%。该品种马曾主要繁育在黑龙江省，据1973年统计全省有7个国营农牧场繁育奥尔洛夫马，除了向外省推广外，当时共有7个品系、832匹马，其中繁殖母马267匹。1978年前后该品种马分布到山东、河北等省。20世纪80年代中期，黑龙江省大山种马场，山东省广饶县畜牧场、垦利马场和河北省平泉县畜牧场曾保留少量繁殖母马，其中部分马场承担国家指定的奥尔洛夫马保种任务。之后，大山种马场的奥尔洛夫马转入依安红旗马场继续保种。至20世纪90年代末期，以上各省的奥尔洛夫马繁育场多解体，种马全部散落。至2007年仅新疆昭苏马场保留有1990年引入的少量奥尔洛夫马纯种后代；北京部分民间马场还有少量纯种母马用于繁殖，而种公马很少，亲缘关系过近，已无法单独组群进行纯种繁育。

奥尔洛夫马引入我国后深受欢迎，改良地方品种马效果显著，特别是步态质量明显提高。20世纪80年代初期曾有少量马作为国家及地方马术队的马术运动用马，垦利马场还曾坚持了一段时间的奥尔洛夫马轻驾车表演与比赛。20世纪90年代以后多输入北京等城市的民间马场，纯繁或杂交，骑乘性能优秀。新疆马术队至今仍用1990年引入的奥尔洛夫马杂交后代参加全国性的三项赛等马术赛事，成绩尚佳。该品种马引入我国历史久、并且很受欢迎，且在改良地方品种马和培育运动用马方面发挥了重要作用，今后应继续引入并逐步恢复其纯种繁育群，在有条件的地区也可适当开展与其性能相符的轻驾车赛，使其在我国能够长久发展。

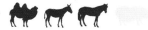

阿尔登马

阿尔登马（Ardennes）原产于比利时东南与法国毗邻的阿尔登山区，为挽用型品种。

一、原产地与培育简史

比利时的重挽马过去分大小两个品种：大型为布拉邦逊，分布在平原区，体格较大；小型即阿尔登。后因国际市场要求大型重挽马，阿尔登被布拉邦逊吸收杂交，统称为比利时重挽马。

在19世纪中期，阿尔登马曾输入俄国，主要繁育在波罗的海沿岸、乌克兰和乌拉尔等地。在纯种繁育的同时，通过杂交育种培育俄罗斯阿尔登马，1952年正式命名为俄罗斯重挽马。1950年开始我国从苏联引入该马种。

二、品种特征和性能

（一）体型外貌特征

1.外貌特征　阿尔登马属于重挽马类型。体质结实，比较干燥。头大小适中，小型马额宽、眼大，大型马呈直头或微凸。颈长中等，肌肉发达，公马颈峰隆起，鬐甲低而宽。前胸宽，肋拱圆，胸廓深宽，背长宽、有时呈软背，腰宽，尻宽而斜、呈复尻。四肢粗壮，较干燥，关节发育良好，距毛比其他重挽马品种少，系短立，蹄质不够坚实。

毛色多为栗毛和骝毛，其他毛色较少。

阿尔登马公马

阿尔登马母马

2.体尺 阿尔登马的平均体尺见表。

表 阿尔登马成年马的平均体尺

类型	性别	匹数	体高（cm）	体长（cm）	胸围（cm）	管围（cm）
大型	公	61	157.5	168.5	198.0	23.9
	母	360	155.1	166.1	199.3	22.5
小型	公	19	150.4	162.0	201.7	22.4
	母	137	150.9	159.1	193.3	21.4

（二）生产性能

阿尔登马富有悍威，性情温驯，运步较轻快，挽曳能力好。根据记录，载重700 kg，7min行走2km，最大挽力476.8 kg。据在原山市种马场测验，锦英号公马2岁时，以50 kg挽力快步2 000m为8min 16.2s，以65 kg挽力慢步2 000m为18min 37.8s，以80 kg挽力挽曳，行走距离为415m。

阿尔登马比较早熟，初生时体高占成年马的62.6%，1岁时体高约为成年马的89.9%，2岁时体高即达到成年马的98.4%，一般马4岁时可结束生长发育。适应性好，对饲养管理条件不苛求。寿命长，繁殖性能好，繁殖利用年限一般在12 ~ 15年，也有的利用到20 ~ 25年。原山市种马场的阿尔登马，分娩后第一个情期受胎率平均为72.5%，其他发情期平均为58%，每年受胎率都在90%以上。

三、引入利用情况

1950年我国由苏联波罗的海沿岸的拉脱维亚、立陶宛和爱沙尼亚引入阿尔登马225匹，其中公马108匹、母马117匹，全部分配给东北地区。公马120匹饲养在吉林省农安县，用于改良本地马；母马繁育在辽宁省铁岭种马场和黑龙江省山市种马场。1954年分配给铁岭种马场的阿尔登母马，也被调至黑龙江省山市种马场。1958年和1960年又引入一部分俄罗斯重挽马，我国统称阿尔登马，因其体格较小，又称小型阿尔登马，分配到黑龙江省襄河马场、陕西省柳林滩马场、河南省扶沟马场、山西省朔县马场和青海省门源马场等地，用于改良当地马。至1973年黑龙江省共有大型阿尔登马2 076匹，其中繁殖母马880匹；小型阿尔登马78匹，其中繁殖母马31匹。之后这些马主要繁育在黑龙江省红旗马场、吉林省德惠种马场和山西省朔县种马场。这些马场先后解散后，主要散养于东北民间，其中黑龙江省红旗马场纯繁保种的大型阿尔登马散落于职工家庭牧场中饲养，至2005年共存栏86匹。2001年有部分阿尔登马引入到新疆进行纯种繁育，并对当地马进行杂交改良，主要用于放牧肉马生产。其杂交后代放牧适应性强，生长发育速度快，早熟，体重大，肉用性能好。

四、品种评价

阿尔登马体形结构好，遗传性能稳定，适应性强，数量多，广泛分布于我国许多省、自治区，用于改良当地马都取得良好的效果。阿尔登马对铁岭挽马、吉林马、黑龙江马、关中马、渤海马等品种的培育均起了重要作用。

今后在用其作杂交改良、进行马肉生产的同时，仍应继续进行纯种繁育，还可从原产国引入部分种马，疏宽血缘，使该品种在我国能够继续发展。

阿拉伯马

阿拉伯马（Arabian horse）为热血马，是一个历史悠久的世界著名品种，以阿拉伯地区育成而得名，属于乘用型品种。

一、原产地与培育简史

阿拉伯马的育成，经历了五个阶段：创始—育种—从皇室到民间保种—由产地流入世界—由地方马种到现代马种，约经1 300多年。

7世纪时，阿拉伯存在许多部落，他们势均力敌，征战不停。阿拉伯王国的创始人穆罕默德王（571—627），由于战败而认识到骑兵的重要性。为达到以骑兵取代步兵，他决意发展养马，遂借助宗教力量，采取各种奖励和扶植的政策，从国内、外搜集优秀的马为皇室所有，请名家来培育马。当时皇室的马外形很优秀，体型轻快，为阿拉伯马的核心群。

由于阿拉伯马品质优异，受到世界各国的重视，特别是中世纪，由于战争和政治的需要，西方国家频繁引入阿拉伯马，并把阿拉伯马作为实力和政治的主要代表。阿拉伯马对改良其他马种的效果显著，也是流入世界各地的主要原因之一。英国纯血马形成中三大奠基种公马中有两匹就是阿拉伯马。美国摩尔根马、俄罗斯奥尔洛夫快步马，很大程度上来自阿拉伯马。由于阿拉伯马在马匹改良中的作用巨大，许多国家包括英国、德国、法国、匈牙利、波兰等国，于几个世纪前就建立了阿拉伯种马场。经过几个世纪的育种，阿拉伯马成为世界上最重要、最受欢迎的马种。

阿拉伯马最早有5个品系：凯海兰（Kachlan）、撒格拉威（Seglawi）、阿拜央（Abeyan）、哈姆丹尼（Hamdani）和哈德拜（Hadban）。其中以凯海兰品系为阿拉伯马的代表，此外尚有14 ~ 16个亚族。自古至今的长期混合，已使这些品族的特点不很明显。根据阿拉伯马生产繁育国家不同又有英国系、美国系、法国系、俄罗斯系和波兰系等，其中以波兰系最受欢迎。阿拉伯马的血统传袭大多依从母系，这与其他品种不同。

2007年世界阿拉伯马存栏达99.6万匹，其中美国占60%以上，其次为澳大利亚、加拿大、德国、巴西等国，1934年开始引入我国。

二、品种特征和性能

（一）体型外貌特征

1.外貌特征 阿拉伯马属典型乘用型品种。体形清秀，体质干燥结实。头轻而干燥，前额宽广，向鼻端逐渐变狭，多呈凹头。眼大有神，耳短小直立，两耳距离宽，鼻孔大，颌凹宽。颈长，呈优美的鹤颈，鬐甲高而厚实，肩较长而斜。胸廓深长，肋拱圆，背腰短而有力，多数马腰椎较其他品种少1枚（只有5枚），尾椎少1 ~ 2枚（16 ~ 17枚）。尻长而近于水平，尾础高，后躯肌肉发达。四肢细长，肌腱发育良好，关节强大，肢势端正，管短平、干燥，系长斜、富弹性。蹄中等大，蹄质坚实。

毛色主要为骝毛、青毛、栗毛，黑毛较少，偶有沙毛、白毛。在头和四肢下部常有白章。

阿拉伯马公马

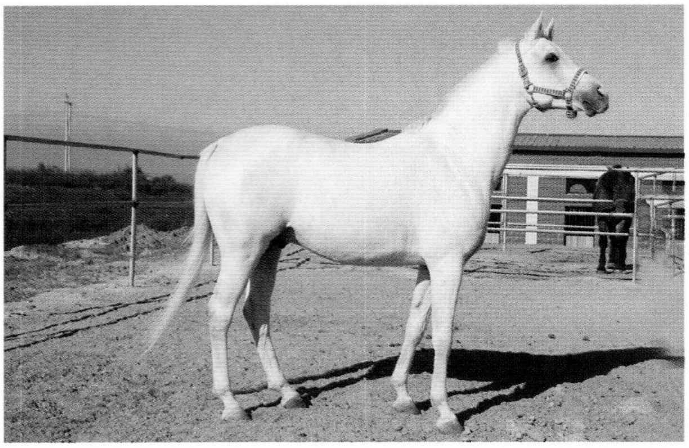
阿拉伯马母马

2.体重和体尺 阿拉伯马体格中等，一般体重385 ~ 500 kg，体高140 ~ 153 cm。成年阿拉伯马的平均体尺见表。

表 阿拉伯马成年马体尺

性别	体高（cm）	体长（cm）	胸围（cm）	管围（cm）
公	146.2	151.1	157.9	19.5
母	141.1	147.6	165.5	18.4

（二）生产性能

阿拉伯马适应性较好，寿命长，繁殖率高，遗传力强。

阿拉伯马以吃苦耐劳和富有持久力而闻名，是世界耐力赛主力马种。2006年世界马术运动会（World Equestrian Games）耐力赛冠军阿拉伯马160km用时9h 12min 27s。2010年国际马术联合会（FEI）耐力赛一匹11岁阿拉伯青毛骟马，在阿拉伯联合酋长国创造的世界纪录为160km用时5h 45min 44s。

在美国、俄罗斯等国有专门的阿拉伯马品种平地速度赛，其速力纪录为1 600m用时1min 45s，2 000m用时2min 13s。

三、引入利用情况

我国于1934年和1937年两次自伊拉克引进阿拉伯马公马17匹、母马19匹、幼驹3匹，饲养在江苏省句容种马牧场，后迁往湖南常德又转至贵州省清镇种马牧场，用于改良贵州、广西、云南等地本地马。1994年和1995年又由日本友人从美国引入18匹阿拉伯马，养在北京种畜公司良种场，后转入天津中牧马场。20世纪90年代阿拉伯马引入甘肃山丹马场、内蒙古红山军马场，与当地马进行杂交，也取得一定效果。2000年后，从美国、欧洲陆续引入数十匹阿拉伯马种马，饲养于北京、上海、东北、山东等地，并输往国内多个地区，用于纯繁或改良其他马种。

四、品种评价

阿拉伯马体形优美，体格中等，气质高雅灵敏，性情温驯，运动性能良好，持久力强。阿拉伯马输入我国已有70多年的历史，适应性较强，新中国成立以前改良蒙古马和西南地区马种都取得了较为理想的效果。在培育新丽江马、吉林马等新品种中阿拉伯马也起到了一定作用。近年来，城市郊区骑乘俱乐部多有引入，用于观赏、骑乘。

今后在有条件的地区应有组织地繁育阿拉伯马，可进行地区内或地区间联合育种，对观赏展示型和耐力型阿拉伯马进行分型选育，通过展示评比、运动竞赛检验育种成效；同时建立阿拉伯马品种协会，加入国际登记组织，完善登记体系，使该品种在我国能够长久良好地发展。

新吉尔吉斯马

新吉尔吉斯马（New Kirgiz horse）主产于吉尔吉斯共和国奥什地区，属乘驮挽兼用型品种。

一、原产地与培育简史

原产地吉尔吉斯共和国位于中亚的东北部，东南与东面与中国接壤，北与哈萨克斯坦相连，西接乌兹别克斯坦，南同塔吉克斯坦接壤。境内多山，海拔在500m以上，主要河流有纳伦河和楚河。牧场占总面积的43%。属于大陆性气候，年降水量200 ~ 800mm。

产区原有草原马种吉尔吉斯马，一直以原始群牧方式饲养繁育，是游牧民族的主要交通工具，并供乳、肉用。由于其体格小，无法适应19世纪后期当地社会经济发展的需要。因此，在原吉尔吉斯马品种的基础上，先后引进纯血马和顿河马等品种公马，在群牧条件下经多年杂交改良，育成了新吉尔吉斯马品种。育成过程可分为三个阶段：第一阶段是在19世纪末，主要以军用为目的，到1917年苏联十月革命以后才进行有计划的培育，该阶段以引入纯血马公马与吉尔吉斯马母马杂交为主；但1918—1922年的苏联国内战争时期，其杂种第三代已不适于群牧条件，于是引入顿河马公马进行进一步复杂杂交，为第二阶段；杂交效果良好，后代符合育种目标，因此选择其中的优秀公、母马进行横交固定，即进入第三阶段自群繁育。1954年宣告品种育成。1989年开始引入我国。

二、品种特征和性能

（一）体型外貌特征

1.外貌特征 新吉尔吉斯马按体型可分为基本型、重型和骑乘型。基本型马品种数量最多，体质结实干燥，肌肉发育良好；重型马体格强大，骨骼发育良好，体质结实，适于役用与肉、乳生产；骑乘型马不很高，较为粗重，带有原吉尔吉斯马的外形特征。

新吉尔吉斯马公马

新吉尔吉斯马母马

新吉尔吉斯马体质干燥结实，悍威强，头小而清秀，颈长较直，肩长而斜，颈肩结合良好。鬐甲较高，胸较宽深，肋骨开张良好，背腰平直，尻较长、稍斜。四肢干燥，肌腱明显，四肢端正，关节发育良好，管部干燥，蹄质结实，运步轻快而确实。

毛色以骝毛、栗毛、青毛为主。

2. 体重和体尺 成年新吉尔吉斯马的平均体重和体尺见表。

表 成年新吉尔吉斯马平均体重和体尺

性别	体重（kg）	体高（cm）	体长（cm）	胸围（cm）	管围（cm）
公	501	155	158	185	20
母	467	150	154	181	19

（二）生产性能

新吉尔吉斯马乘驮挽用均适宜，为优良的山地品种。载重1 400 kg，慢步每小时行进7km。载重500 kg，快步每小时行进17 ~ 18km。最大载重量达6 500 kg。

新吉尔吉斯马中的重型马对当地自然条件适应性强，主要用于产肉和产奶。产奶饲料报酬高，平均日产奶量15 kg，5个月泌乳量2 250 kg左右。骑乘型马主要用于比赛和骑乘娱乐，经测定，骑乘速力纪录1 600m用时1min 48s，2 400m用时2min 44.2s。

三、引入利用情况

1989年11月新疆维吾尔自治区伊犁昭苏种马场引入新吉尔吉斯马骑乘型3匹公马和7匹母马，用于伊犁马的改良，培育轻型骑乘马，效果明显。2006年新疆维吾尔自治区昭苏马场引进新吉尔吉斯马乳用型用于伊犁马的改良，培育乳用型马，目前初步改良效果显著。

四、品种评价

新吉尔吉斯马非常适应高原环境，主要用于放牧、肉用和乳用，体型与顿河马较相似，分为基本型、重型和骑乘型三个类型，引入我国后适应性良好，用于提高我国伊犁马的骑乘和乳用性能取得较为理想的效果。

今后可适当从原产地继续引入部分种马，对现有杂交后代进行进一步选育，主要用以提高其产乳性能。

温血马

温血马（Warmblood）是世界现代马术运动用马主要品种的统称，广泛分布于世界多个国家。由于温血马品种的“重性能、宽血统、统一赛”的选育方针，具有世界性的育种、登记、测试和赛事规则，其品种间血统交融、登记互认、性能趋于一致，表现了既现代又特殊的品种利用模式。

一、原产地与培育简史

温血马起源、育成于欧洲，一般由三个或三个以上的品种杂交育成，其中一定含有热血马（纯血马或/和阿拉伯马）的血统，气质类型多属上悍，性情温和、气质稳定，以参加马术运动为主要目标经长期专门化培育形成。

温血马中各品种的培育历史长短不一，形成过程有所差异，但其共同特点是不同时期为适应不同用途而分阶段培育，育种目标与标准处于一个动态的发展演变过程。20世纪以前，欧洲社会多需要体型较重、挽力较大、步伐轻快的挽车及农业用马，以及偏重的骑兵用马，于是早期形成的温血马著名品种如汉诺威马（Hanoverian）、荷斯坦马（Holsteiner）、奥登堡马（Oldenburg）、特雷克纳马（Trakehner）、瑞典温血马（Swedish Warmblood）等便是以这些用途中的某项为主要目标，进行杂交培育形成。进入20世纪，欧洲马的用途开始发生多种新变化。1914—1918年的第一次世界大战，需要体型更重、挽力更强、适于炮兵部队用的挽曳用马，一部分温血马品种即转向此方向培育。第一次世界大战以后，由于军队机械化程度迅速提高，对挽马需求大减，这部分军用挽马便多向农用挽马方向发展；始于1912年的奥运会马术比赛三个项目（跳跃障碍、盛装舞步、三项赛）对运动用马提出了新要求，一部分曾作为骑兵或皇家仪仗、表演用马的温血马选育向此方向发展，并不同程度地引入纯血马、阿拉伯马等轻型品种的血液。

现代温血马品种的广泛形成是从第二次世界大战以后开始。欧洲机械化的不断发展，使得农业、运输及军事用马需求全面减少，而马术骑乘、竞赛、休闲活动成为主要用途。培育体型相对较轻、气质温和灵敏、步伐轻快、骑乘舒适、弹跳力好的运动用马成为温血马各品种培育的主要目标，且以导入纯血马等轻型马种血液为共同特点，广泛采用亲缘和非亲缘选配进行品系及品族繁育。该阶段新育成命名的较著名品种有荷兰温血马（Dutch Warmblood）、塞拉·法兰西马（Selle Français）、丹麦温血马（Danish Warmblood）、比利时温血马（Belgian Warmblood）等。

温血马中某些品种如荷斯坦马、汉诺威马等早在18—19世纪即已开始登记，形成了200年左右的登记体系。20世纪后育成的温血马品种也进行连续登记，定期出版登记册。

温血马现分布于世界多个国家，主要用于马术运动中的跳跃障碍、盛装舞步、三项赛、马车赛等项目，以及改良其他马种，也有少量仍用于农业、交通运输及军警骑乘。主要产地有德国、荷兰、法国、瑞典、丹麦、比利时等欧洲国家，随着马术运动的推广，引入美国、澳大利亚等国后也形成一定规模与品种群。我国自1993年开始引入温血马有关品种。

二、品种特征和性能

（一）体型外貌特征

1.外貌特征 温血马体格较大，结构匀称，体质干燥结实，悍威强，气质温和，步伐轻快，动作灵敏。头中等大，多直头，也有少量微兔头。额宽，眼大有神，耳长中等，鼻孔大。颈较长、多呈鹤颈，鬐甲高长，肩长而斜，头颈、颈肩结合良好。胸深而宽，背腰平直，长度中等，腹部充实，腰尻结合良好，多正尻，后躯肌肉发达。四肢长而干燥，关节、肌腱明显，多正肢势。系部较长，蹄中等偏大，蹄质坚实。鬃、鬣、尾毛中等长，距毛少。

毛色主要有骝毛、栗毛、黑毛、青毛等，头和四肢下部多有白章。

温血马公马

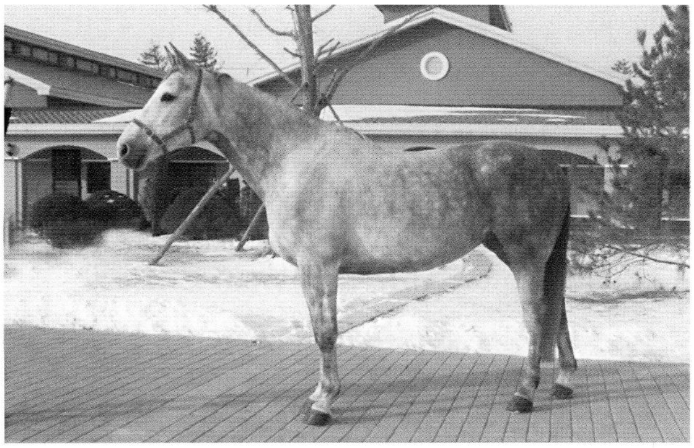

温血马母马

2.体重和体尺 温血马平均体高163 ~ 173 cm，体重450 ~ 600 kg，各品种间体型外貌大体相当，某些品种稍有差异，有偏重或偏轻之别。

（二）生产性能

温血马各品种以弹跳性能优越、动作协调轻快且优美柔顺而闻名于世，是奥运会马术三个项目的主要参赛用马，尤以跳跃障碍和盛装舞步性能最为突出，此外也是马车赛等项目的主要用马。2008年北京奥运会马术比赛（香港），荷兰温血马获得跳跃障碍个人赛的金、银、铜牌，汉诺威马获得盛装舞步个人赛的金、银、铜牌。

2006年在北京举行的全国马术（跳跃障碍）精英赛总决赛上，一匹13岁青毛汉诺威马骟马跳高纪录为185cm。

温血马遗传性能稳定，改良培育运动用马时，在改善体型结构、运动性能、气质类型上效果显著。欧洲多个温血马品种间均互相影响。

三、品种登记制度

温血马各品种的形成与其具有一套特殊且完善的登记管理制度密不可分。

1.登记标准 温血马的登记除特雷克纳马以外，绝大部分采用开放式登记方式。这种方式的登记标准重点并不在于血统来源，即不要求被登记马的父母双方必须在本品种登记册上登记，也无需通过亲子鉴定。登记标准主要有两条，一是被登记幼驹必须要有三代以上的血统记录，如果是外种，其父母必须是本协会（品种）认可的品种并且符合本品种登记标准；二是运动性能和外貌鉴定是否达到或超过品种要求，当外种个体参与登记时着重于该马是否能够对本品种在体型外貌或运动性能上产生某些改进。比如在德国，温血马幼驹只根据其出生的地区（协会）来命名，并无严格的血统规定。大部分温血马品种登记接受加入世界运动马育种联合会（World Breeding Federation for Sport Horses）的品种参加本品种登记。

2.选种测试 温血马一向以选种测试条件严格而著称，种用要求极为严格。幼驹期要进行体型外貌、基本步法和血统的检查与筛选，年轻公马需进行连续7～9个月的分阶段运动性能测试，包括自由跳跃障碍、盛装舞步、越野障碍等，还要进行健康检查、药物检测，最终根据综合成绩得到一定分值的评分，只有评分达到规定标准后才能取得配种许可证，获得种用资格，这保证了整个品种质量的高标准。

3.登记组织 每个温血马品种都有地区的、国家的、有的也有世界性的登记组织或协会，多以品种名称命名。1994年开始成立世界运动马育种联合会，至2009年有29个国家的61个成员组织和4个准成员组织，主要目的是将育种工作和运动竞赛更紧密结合。大部分温血马品种均参与了该组织。

4.护照 温血马的身份由各温血马品种登记机构颁发的护照作为依据，国际马术联合会（FEI）根据马的运动资格颁发参赛护照，两者均可在世界通用。护照是马匹转移、参加比赛、拍卖以及其他用途的重要依据。护照主要由基本信息页、马个体描述页、血统页、免疫页等组成。

四、我国引入的主要温血马品种

我国从1993年开始陆续引入温血马。温血马的引入伴随着我国跳跃障碍、盛装舞步、三项赛等马术项目的推广普及而迅速展开。为提高全国运动会马术项目的竞技水平，我国各主要地方马术队及民间马术俱乐部多次引入多个温血马品种，主要用于马术运动和生产部分半血马。近几年来，部分民间马场或个人也引入温血马用于休闲骑乘、初级跳跃障碍学习。北京、内蒙古、新疆、河北、浙江、广东、山东等省、自治区、直辖市，有部分温血马也作种用，纯繁或与其他品种杂交。中国农业大学马研究中心于2006—2007年利用奥登堡马、黑森马（Hessen）等品种公马冷冻精液在北京及周边地区进行马人工授精试验，受胎率达75%左右。为便于与世界接轨，中国马业协会良种马登记委员会负责对我国大陆境内出生的和国外进口的温血马进行确认、登记和管理。

至2009年末，我国引入温血马各品种共约600匹以上，现重点介绍荷斯坦马、荷兰温血马、丹麦温血马、汉诺威马、奥登堡马等。

（一）荷斯坦马

主产于德国北部石勒苏益格—荷尔斯泰因州（Schleswing-Holstein）的埃尔姆斯霍恩（Elmshorn）地区，北临丹麦，曾长期隶属于丹麦。荷斯坦马是德国温血马中最古老的品种之一，育种工作最早可追溯至13世纪，以生活在易北河及邻近流域沼泽地区的马为基础，养在当地修道院的种马场内，主要用于挽车及骑乘。16—17世纪引入东方马、西班牙马和那不勒斯马血液，对本品种形成有重要影响。19世纪骑兵用马减少，引入纯血马和约克夏挽车马，纠正了体型上的某些缺点，使气质更趋稳定，体型有所加重，适宜挽用及军队骑乘。1891年成立荷斯坦马育种协会，负责本品种登记、育种等工作。第二次世界大战后，引入纯血马、塞拉·法兰西马等品种血液，使体型轻化，增强跳跃能力，逐渐形成现在的品种。

现代荷斯坦马平均体高163～173cm，弹跳能力非常优秀，是跳跃障碍的最著名品种之一，也擅长盛装舞步和马车赛。对德国的汉诺威马、奥登堡马、威斯特法伦马（Westfalen）、梅克伦堡马（Mecklenburg）等温血马品种的形成起过重要作用。

荷斯坦马引入我国后主要繁育在北京等地的一些民间马场，对周边地区的马匹改良有一定影响，是目前我国种用数量最多、影响面最广的温血马品种，也是各马术队跳跃障碍、盛装舞步的主要马种之一。2009年在山东省济南市举行的第十一届全国运动会上，一匹16岁荷斯坦马骟马获得盛装舞步个人赛金牌。至2009年末荷斯坦马共存栏约50匹，纯繁或杂交后代约300匹。

（二）荷兰温血马

主产于荷兰的海尔德兰省和格罗宁根省，是第二次世界大战以后为适应马术运动开展的需要，通过本地马与纯血马、欧洲多品种温血马杂交，经专门化培育的温血马品种，育种时间较短，但已成为世界著名马术用马品种。荷兰温血马起源于荷兰本地的海尔德兰马和格罗宁根马，前者所处地区位于荷兰中部，与德国接壤，土壤以沙质为主，体型较轻；后者所处地区位于荷兰北部，土壤以硬质的黏土为主，体型较重。海尔德兰马和格罗宁根马均是自中世纪以来在荷兰及其邻近地区就有的品种，含有西班牙、意大利、法国、德国、英国等多个马种的血液，长期以来这两个品种互交，用于农业生产、交通运输。第二次世界大战后导入纯血马血液，使体型轻化、速度提高；后又引入塞拉·法兰西马、汉诺威马、荷斯坦马、哈克尼马（Hackney）等品种，使其气质性情、运动性能得到进一步提高。1958年开始正式建立品种登记册。

荷兰温血马平均体高165 cm，是盛装舞步、跳跃障碍的著名品种，也擅长马车赛。

荷兰温血马引入我国后主要饲养在北京、广东等地，运动成绩优秀，2009年在山东省济南市举行的第十一届全国运动会上，荷兰温血马获得跳跃障碍个人赛银牌和铜牌。至2009年末荷兰温血马共存栏45匹。

（三）丹麦温血马

主产于丹麦，是第二次世界大战以后开始培育的马术运动用马，形成历史较短。从14世纪至1864年，丹麦的育马业以南部的荷尔斯泰因地区（现属德国的石勒苏益格—荷尔斯泰因州）为中心，用德国北部的母马与西班牙公马杂交，生产菲特烈堡马（Frederiksborg）和荷斯坦马等品种，主要用于运输、农用及骑乘。20世纪中期，为适应马术运动的需要，以菲特烈堡马为基础，引入纯血马公马，又引入盎格鲁—诺尔曼马、特雷克纳马、大波兰马（Wielkopolski）以及纯血马等公马，逐渐形成现在的品种。20世纪60年代开始建立品种登记册。

丹麦温血马在育成过程中受纯血马影响较大，平均体高168cm，以擅长盛装舞步而闻名。

丹麦温血马引入我国后主要饲养在北京、浙江等地，主要作为盛装舞步比赛用马，且种用性能上佳。至2009年末丹麦温血马共存栏约40匹。

（四）汉诺威马

主产于德国北部的汉诺威州下萨克森（Low Saxony）地区，旧属汉诺威王国。从1735年开始育种，英格兰的乔治二世建立种马场，以荷斯坦马和纯血马为主要公马，与当地母马交配，此后按需要不断引入纯血马血液，用于挽车、骑乘及农用。1888年开始正式建立品种登记册。第二次世界大战后，主要引入特雷克纳马公马与纯血马公马，使体型进一步轻化，培育骑乘与运动用马，逐渐形成了现在的汉诺威马。

现代汉诺威马平均体高160 ~ 168cm，气质平衡稳定，动作协调流畅，弹跳力强，是盛装舞步、跳跃障碍和三项赛的著名品种。对德国的巴伐利亚温血马（Bavarian Warmblood）、威斯特法伦马、梅克伦堡马、勃兰登堡马（Brandenburg）等温血马品种的形成起过重要作用。

汉诺威马引入我国后主要饲养在北京等地，运动成绩优秀，2009年在山东省济南市举行的第十一届全国运动会上，一匹14岁汉诺威马骟马获得盛装舞步个人赛银牌。至2009年末汉诺威马共存栏30匹。

（五）奥登堡马

主产于德国的汉诺威州下萨克森（Low saxony）地区的西北部，旧属奥登堡大公国。奥登堡马培育历史悠久，16世纪后期Johann 十六世伯爵建立了育马场，以当地母马为基础，引入菲特烈堡马、土耳其马、意大利那不勒斯马和西班牙安达卢西亚马等公马；之后，Anton Gunther伯爵进一步加强了引种与育种，并显著扩大了奥登堡马的分布范围，使本品种成为知名的挽车用马，也用于农耕与王室骑乘。18—19世纪初期，引入阿拉伯马、柏布马、纯血马等轻型马血液；19世纪又引入克利夫兰骝马（Cleveland Bay）、约克夏挽车马等较重型马血液，生产挽曳炮车的军用挽马。1923年成立统一的品种协会，开始实施正规的登记管理。20世纪60年代开始，为适应骑乘、运动用马市场需要，制定育种目标与方案，从欧洲多国引入盎格鲁—诺尔曼马、纯血马、盎格鲁—阿拉伯马、特雷克纳马等品种公马，使重型的奥登堡马体型减轻。20世纪70年代后，又不断引入汉诺威马、荷斯坦马、威斯特法伦马、荷兰温血马、塞拉–法兰西马等品种公马，进一步提高了其运动性能。

现代奥登堡马平均体高162 ~ 172cm，体型在德国几个温血马品种中相对较大且稍偏重，步法柔顺流畅，以跳跃障碍、盛装舞步性能优越而闻名，血统要求较不严格，重在性能测试。

奥登堡马引入我国后主要饲养在北京、山东等地，弹跳能力突出，2009年在山东省济南市举行的第十一届全国运动会上，一匹奥登堡马骟马获得跳跃障碍个人赛金牌。至2009年末纯种奥登堡马共存栏30匹左右。

五、品种评价

温血马品种较多，因近几十年来育种方向近似，形成了较为一致的体型外貌与性能特点，体质干燥结实，气质灵敏，性情温驯，运动性能尤为突出。引入我国时间较短，但在提高我国马术运动竞技水平方面起了很大的促进作用，在与我国马种的杂交利用上效果明显。温血马各品种的育种、登记、测试和赛事规则为我国马种尤其是培育马种的进一步发展提供了很有价值的参考。

今后亟须加强对已经引入的温血马的饲养管理、健康护理、运动训练等日常工作，使其能够充分发挥性能并体现价值。应重视对可供种用的温血马及其后裔进行血统登记，并逐步与世界登记与繁育制度接轨，加强品种管理。同时，也可在我国原有一些培育品种的基础上继续进行培育，力争育成我国的温血马新品种。

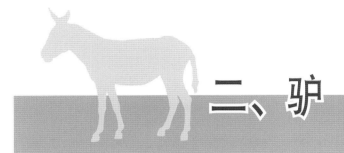

二、驴

地方品种

太行驴

太行驴（Taihang donkey）属小型兼用型地方品种。

一、一般情况

（一）中心产区及分布

主产于河北省太行山山区、燕山山区及毗邻地区。以华北平原西部的易县、阜平、井陉、临城、邢台、武安、涉县等县分布最为集中。围场、隆化、赤城、沽源等县和山西省的五台、盂县、平定、黎城等县也是重要分布区。河南省境内亦有少量分布。

（二）产区自然生态条件

太行山山区位于北纬34° 34′ ~ 40° 42′、东经110° 14′ ~ 114° 33′，地形复杂，北高南低，山势东陡西缓，西翼连接山西高原，东翼由中山、低山、丘陵过渡到平原，河谷、盆地相互交错。海拔100 ~ 2 882m。属温带大陆性季风性气候，特点是冬季寒冷少雪、夏季炎热多雨、春多风沙、秋高气爽。年平均气温6 ~ 13℃，沿太行山区，由北向南，年平均气温逐渐递增。全年无霜期110 ~ 220天。降水量燕山山区最高，太行山北部也是河北省多雨中心之一。年降水量400 ~ 800mm，降水量全年分布不均，多集中在7 ~ 8月份，年平均日照时数2 400 ~ 3 100h。由于丘陵地区黄土质地疏松，植被稀疏，垦殖程度又高，每逢大雨经常暴发山洪，山区土层冲刷殆尽，水土流失极为严重，且多雹灾，是一个贫瘠多灾的地区。主要河流有滦河、黑河、白河、红河、易水河、伊逊河等。主要的土壤类型包括亚高山草甸土、泥炭沼泽土、棕壤和灰色森林土、栗钙土、褐土、潮土等。

产区人口多、耕地少，棉花种植面积广，粮食作物主要有小麦、玉米、高粱、谷子、甘薯等，饲料作物面积小。当地饲料资源比较贫乏，秸秆与杂草质量不高。

（三）品种畜牧学特性

太行驴具有体型小、体质结实、肢体矫健、食量少、耐粗饲、性情温驯的特点，易管理、适于驮挽、抗病力很强，是适应于河北省及邻近省份山区条件的小型驴种。忍饥耐渴的能力强，耐渴能力极其突出。

二、品种来源与变化

（一）品种形成

据记载，我国养驴最早的是西北边疆的少数民族，到西汉时首先传到甘肃、宁夏一带，而后经过内蒙古、山西迁移到河北。由于驴的食量小、耐粗饲、易管理、易驾驭，适于多种用途，对于小农经济和山区条件具有无比的优势，一经传入便获得了迅速发展。根据《汉书·地理志》的记载，并州之地包括滹沱河、涞水和易水流域在内，“畜宜五扰，谷宜五种”。五扰指马、牛、羊、犬、豕，不包括驴在内。上述地区恰好是太行山区，当时还没有养驴，该地区养驴最早在西汉之后。

关于太行驴的起源尚无确切资料。据《井陉县志》记载：由于井陉地瘠民贫，养马者甚少，有少量饲养，也多贩自外地。当地养驴和骡则很多，骡多系马骡，非本地产，主要贩自山西等地；养驴多用于拉磨驮负，当地虽有繁殖，但为数不多，主要贩自外地。因此，可以认为河北省太行山区的驴来源于山西。

当地饲料资源缺乏、且饲草品质差；另外，崎岖的山路和驮运的要求以小型驴为好，促使选育向小型驴方向发展，逐渐形成现在的地方品种。

（二）群体数量

2006年末河北省存栏太行驴3.4万头，其中基础母驴17 600头、种用公驴1 056头。

（三）变化情况

1.数量变化 河北省的太行驴1982年存栏近100万头，至2006年末仅存栏3.4万头。20多年来逐年急剧下降。下降的主要原因是随着农业机械化的提高及普及，驴的役用功能日渐减小，只有深山区的农民，由于受地理条件的限制仍将其作为主要的生产运输工具，丘陵、平原地区的驴主要作为肉用，但太行驴个体较小、生长速度缓慢，不是理想的肉用品种，故河北省太行驴存栏数量逐年下降，且邻近省市也呈类似趋势。

2.品质变化 太行驴在2006年测定与1982年的体重和体尺对比，各项指标均有所提高（表1）。提高的原因可能是注重了公驴选育。

表1 1982、2006年成年太行驴体重和体尺变化

年份	性别	头数	体重（kg）	体高（cm）	体长（cm）	胸围（cm）	管围（cm）
1982	公	40	126.40	102.36 ± 5.21	101.66 ± 6.55	115.88 ± 4.92	13.86 ± 1.00
2006		10	152.66	114.70 ± 8.64	106.20 ± 8.80	124.60 ± 5.24	17.40 ± 1.85
1982	母	103	121.03	102.47 ± 5.12	101.06 ± 7.02	113.73 ± 7.84	13.70 ± 0.81
2006		50	139.49	104.22 ± 7.26	106.10 ± 9.59	119.16 ± 7.92	14.82 ± 1.60

三、品种特征和性能

（一）体型外貌特征

1.外貌特征 太行驴属小型驴。体型小，多呈高方形，体质结实。头大、大多为直头，耳长，额宽而突，眼大。多为直颈，肌肉发育，头颈结合和颈肩结合良好。鬐甲低、厚、窄。胸深而窄，前躯发育良好，腹部大小适中，背腰平直。大多斜尻。四肢粗壮，关节结实，蹄小而圆，质地坚实。尾毛长。

毛色以灰色居多，粉黑色和乌头黑色次之，其他毛色较少。

2.体重和体尺 2006年10月在易县对成年太行驴进行了体重和体尺测量，结果见表2。

表2 成年太行驴体重、体尺和体尺指数

性别	头数	体重（kg）	体高（cm）	体长（cm）	体长指数（%）	胸围（cm）	胸围指数（%）	管围（cm）	管围指数（%）
公	10	152.66	114.70 ± 8.64	106.20 ± 8.80	92.59	124.60 ± 5.24	108.63	17.40 ± 1.85	15.17
母	50	139.49	104.22 ± 7.26	106.10 ± 9.59	101.80	119.16 ± 7.92	114.34	14.82 ± 1.60	14.22

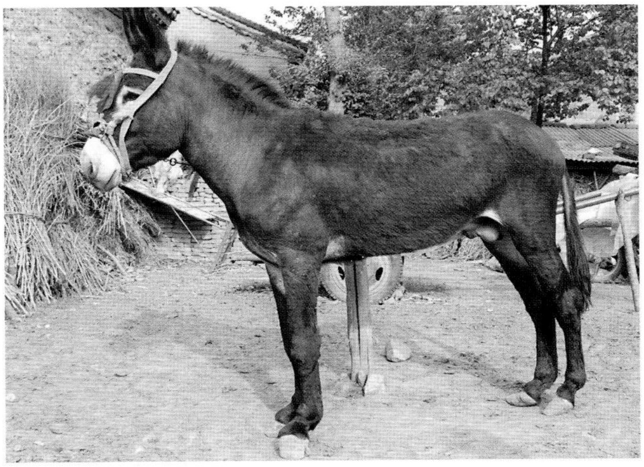

太行驴公驴

太行驴母驴

（二）生产性能

1.役用性能 太行驴能够胜任驮挽等多种琐碎杂活。长途驮运75kg可日行70km，短距离驮运最大驮重可达100 ~ 125kg。成年公驴最大挽力192.7kg，成年母驴最大挽力173.2kg。单驴一天可磨面50 ~ 90kg，碾米100kg。

2.繁殖性能 太行驴公驴性成熟期为14个月，初配年龄为2.5岁，一般可使用8 ~ 9年。采用人工授精技术，每年每头公驴可配235头母驴。母驴12月龄即达到性成熟，初配年龄为2.5 ~ 3岁，使用年限为15 ~ 20年；一般为季节性发情，4 ~ 9月份为发情季节，5 ~ 6月份为发情旺季；发情周期20 ~ 23天，发情持续期5 ~ 7天，妊娠期约360天；年平均受胎率89.6%，采用人工授精时母驴受胎率82%，年产驹率52%。幼驹初生重公驹24.3kg，母驹21.6kg；幼驹断奶重公驹42.3kg，母驹39.5kg。

四、饲养管理

在山区太行驴的饲养主要采取半放牧、半舍饲方式，无农活时一般散放于野外，任其自由采食。需要役用时随时赶回，傍晚驴会自动回村进圈。太行驴能有效地利用山区营养价值低的劣质粗饲料，枯草期一般要补饲一些秸秆，主要是小麦秸秆和玉米秸秆，还有少量谷草和甘薯秧，很少补饲精料。

五、品种保护和研究利用

尚未建立太行驴保护区和保护场，未进行系统选育，处于农户自繁自养状态。在一些交通不便的地区，太行驴仍作为山区农民的役畜，担任各种使役工作。近些年，随着人们生活水平的提高，驴肉以其鲜美的风味、上乘的肉质以及极高的药用价值，越来越受到人们的青睐。

六、品种评价

太行驴具有体型小、体质结实、肢体矫健、食量少、耐粗饲、抗病力强、温驯的特点，易管理，适于驮挽，非常适应山区的地理环境、贫瘠的饲料条件及粗放的管理方式。近年来受社会发展、生态变化的影响，品种数量急剧下降。今后应以本品种选育为主，在此基础上向早熟和适当增大体尺的方向选育，往肉用、药用方向发展。

阳原驴

阳原驴（Yangyuan donkey）又称桑洋驴，属中型兼用地方品种。

一、一般情况

（一）中心产区及分布

阳原驴主产于河北省西北部的桑干河流域和洋河流域，中心产区为阳原县，分布于阳原、尉县、宣化、涿鹿、怀安等县。

（二）产区自然生态条件

中心产区阳原县位于北纬39° 55′ ~ 40° 22′、东经113° 54′ ~ 114° 44′，地处河北省西北部，黄土高原、内蒙古高原与华北平原的过渡地带，境内南北环山，桑干河由西向东横贯全境，属于半山半川的浅山丘陵地区，总面积1 834km^2。地貌有山地、山前丘陵平原、河川，总的特点是西南高、东北低，南山高、北山低，呈两山夹一川的狭长盆地。海拔490 ~ 2 800m，平均海拔1 100m。属东亚大陆性季风气候，四季分明。年平均气温7.7℃，最高气温34℃，最低气温－26.1℃；无霜期136 ~ 150天。年降水量380mm，主要集中在7 ~ 8月份。光照充足，年平均日照时数2 886h。境内河流属海河流域永定河水系，主要有桑干河和壶流河，此外，南北山有许多季节性干沙河。土壤类型桑干河两岸为洪积冲积淡栗钙土和潮土，土层较厚、自然肥力高；中部盆地为黄沙土，土层薄、砂砾石多、有机质少。2006年农作物耕种面积4.21万hm^2，粮食作物以高粱、玉米为主，其次是谷子、黍子、马铃薯、小麦、豆类等，经济作物主要是白麻。全县有天然草场4.53万hm^2，主要牧草有紫花苜蓿、沙打旺、青玉米等。林业面积2.85万hm^2。

（三）品种畜牧学特性

阳原驴具有体质强健、耐粗饲、易饲养、适应性强、抗病力强的特点和体质结实、肌肉紧实、结构匀称、气质温驯、富于持久力的特性。不仅能很好地适应较寒冷的地区，也能适应气温较高的地区。

二、品种来源与变化

（一）品种形成

阳原驴的确切来源已难查考。据《阳原县志》记载，明初阳原县为游牧民族的牧马地。清时，阳原县东城和揣骨町为两大粮食集散地，南山出现煤窑，粮、煤主要靠驮运，故促进了养驴业的迅速发展。当地有种植苜蓿的悠久历史，并种植谷子、高粱等饲料作物，此外，还种植饲用黑豆作精料，保证了驴的正常生长发育和繁殖驴骡需要的营养物质。

新中国成立以后，党和政府采取有效措施，帮助专业配种户更新种公驴，学习和钻研繁殖技术，建立了驴骡繁殖场，不断提高阳原驴和驴骡的品质。20世纪60年代，阳原县被定为军骡繁殖基地，并向华北各地输送驴骡，成为河北省驴、骡繁殖基地。20世纪80年代全面机械化后，繁育工作受到影响。

（二）群体数量

2006年末阳原驴存栏1.5万头，其中基础母驴8 200头、种用公驴110头。

（三）变化情况

1.数量变化 1982年共存栏阳原驴3.431万头，随着农业机械化程度的提高，阳原驴数量逐年减少，2006年末共存栏1.5万头。由于目前驴肉较受市场青睐，存栏量趋于稳定。

2.品质变化 阳原驴在2006年测定与1982年的体重和体尺对比，公驴体高、管围均有所下降，其他指标有所提高，见表1。

表1　1982、2006年成年阳原驴体重和体尺变化

年份	性别	头数	体重（kg）	体高（cm）	体长（cm）	胸围（cm）	管围（cm）
1982	公	77	280.54	135.81	136.53	148.97	17.42
2006		10	300.37	133.60 ± 5.06	137.50 ± 5.82	153.60 ± 6.14	16.40 ± 0.80
1982	母	368	209.02	119.62	120.61	136.81	14.74
2006		50	228.41	123.10 ± 8.44	125.86 ± 5.46	140.00 ± 11.25	14.76 ± 0.71

三、品种特征和性能

（一）体型外貌特征

1.外貌特征 阳原驴属中型驴。体质结实，全身结构匀称，耐劳苦，富于持久力。头较大，眼大有神，鼻孔圆大，耳长灵活，额广稍突。颈长适中，颈部肌肉发育良好，头颈和颈肩背结合良好。前胸略窄，肋长、开张良好，腹部胀圆，背腰平直，尻部宽而斜。四肢紧凑结实，关节发育良好，肢势正常，系短而微斜，管部短，蹄小结实。被毛粗短、有光泽，鬃毛短而少。

毛色有黑色、青色、灰色、铜色四种，以黑色为主，有“三白”特征。

2.体重和体尺 2006年10月在阳原县对成年阳原驴的体重和体尺进行了测量，结果见表2。

表2　成年阳原驴体重、体尺和体尺指数

性别	头数	体重（kg）	体高（cm）	体长（cm）	体长指数（%）	胸围（cm）	胸围指数（%）	管围（cm）	管围指数（%）
公	10	300.37	133.60 ± 5.06	137.50 ± 5.82	102.92	153.60 ± 6.14	114.97	16.40 ± 0.80	12.28
母	50	228.41	123.10 ± 8.44	125.86 ± 5.46	102.24	140.00 ± 11.25	113.73	14.76 ± 0.71	11.99

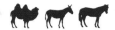

阳原驴公驴

阳原驴母驴

（二）生产性能

1.役用性能 阳原驴最大挽力公驴213kg，母驴192kg。1979年夏进行测验，单驴拉小胶轮车，车重60kg，在平坦的砂石公路运输，载重500kg，行程6km，乘坐1人，共运输3次，每日往返1次，单程载重约需1h，卸车时有微汗。1980年春用一对驴配套拉犁，进行耕地测验，耕地0.13hm^{2}用时2.4h，劳役后30min内恢复正常呼吸、脉搏、体温。

2.产肉性能 对1.5～2.5岁阳原驴进行了屠宰性能测定，屠宰率56.05%，净肉率39.05%。肌肉颜色呈浅红色、有光泽，无脂肪间层，肌束比较粗，断面呈较大颗粒状，大理石状不明显，肉质稍干燥。味香，无腥味和腻感，具有独特风味。

3.繁殖性能 阳原驴性成熟期通常在1岁左右，公驴3岁初配，采用人工授精技术，每头公驴可配母驴200头，繁殖利用年限7～8年。母驴初配年龄2岁左右，发情多集中在3～5月份，发情周期20～26天，发情持续期5～6天，妊娠期360天；年平均受胎率80%～90%，年产驹率62%，采用人工授精时母驴受胎率87.5%；母驴利用年限一般为11～13年。幼驹初生重公驹25.8kg，母驹22.5kg；幼驹断奶重公驹55kg，母驹49kg。

四、饲养管理

阳原驴的适应性较强，即使饲养条件不太好，也能保住膘；膘不太好也能使役，很少得病。一般饲养方式为半舍饲、半放牧，通常只要供给清洁饮水和充足的饲草即可，使役时补饲玉米、高粱等精料。

五、品种保护和研究利用

尚未建立阳原驴保护区和保种场，处于农户自繁自养状态。在交通不便的地区，阳原驴仍是重要的驮运、农用畜力。

六、品种评价

阳原驴的适应性较强，具有体质强健、吃苦耐劳、耐粗饲、容易饲养、抗病力强的特性。今后应恢复建立种驴场，加强种驴的选择和培育，进一步提高其品质。根据阳原驴成熟早、耐粗饲，并且有良好的肉用性能的特点以及市场需求，应进一步向肉用方向选育。

广灵驴

广灵驴（Guangling donkey）俗名广灵画眉驴，属大型兼用地方品种。

一、一般情况

（一）中心产区及分布

广灵驴产于山西省广灵、灵丘两县，中心产区为广灵县南村镇、壶泉镇、加斗乡。分布于广灵、灵丘两县周围各县的边缘地区，但为数很少。

（二）产区自然生态条件

广灵、灵丘两县位于北纬39° 31′ ~ 39° 55′、东经113° 51′ ~ 114° 33′，地处山西省东北部，太行山北端、恒山东麓、山西省东北门户，总面积4 015km^2，全境大部山岳起伏，小部为河谷盆地，属于雁北高原，海拔700 ~ 2 300m。属温带大陆性气候，一年四季分明，年平均气温7℃，最高气温38℃，最低气温–34℃；初霜在9月下旬，终霜在5月中旬，无霜期130 ~ 160天。年降水量200 ~ 600mm，平均降水量420mm；相对湿度54%。年平均日照时数2 507 ~ 3 012h。风大沙多、气候差异大，寒冷多变的气候条件，锻炼和培养了广灵驴适应性强的特性。壶流河横贯广灵全境，进河北入桑干河；唐河流经灵丘入河北省海河。沿河两岸的盆地、河谷，多年淤积形成肥沃土壤。土壤属于褐土向栗褐土过渡带，褐土、栗褐土和栗钙土地带性土壤交错分布。

产区为塞外的主要杂粮产地，2006年两县有耕地面积6.86万hm^2，种植作物有玉米、谷子、黍子、莜麦、葵花、菜籽、胡麻、薯类等，种植的饲料作物主要有饲用玉米、草高粱、谷草、紫花苜蓿等。草地面积13.27万hm^2。由于秸草丰富、豆类充足，群众常年以谷草、黑豆、豌豆、苜蓿草喂驴，为形成体型高大、骨骼粗壮的广灵驴，提供了优厚的物质条件。

产区均为传统的农业县，生态环境条件优越，尤其是近几年退耕还林、退耕还草力度加大，生态环境得到进一步改善，牧坡植被良好、牧草繁茂。

（三）品种畜牧学特性

广灵驴体大力强，粗壮结实，性情温驯，合群性好，耐粗饲，遗传性好。当地地势较高，冬季漫长、寒冷风大，春季干旱、少雨多风沙，夏季多雨、炎热，一年气候差异大，寒冷多变，这样的环境条件锻炼和培养了广灵驴适应性强的特性。广灵驴的抗病能力强，全年很少发病。

二、品种来源与变化

（一）品种形成

广灵驴的饲养历史悠久，经长期选择培育不断发展，成为优良驴种。据《广灵县志》记载，早在200多年以前，驴已列为优良畜种，广为农家饲养。据1965年调查，驴占大牲畜42.6%，不少年份占到50%以上，养驴数多于养牛数。可见广灵驴与当地农业生产和农民生活世代相关。

根据当地社会生产发展历史和所处地理条件分析，广灵所养的驴，最早可能是经汾水、太原而来，长期在雁北的高寒自然环境中逐渐形成抗寒的广灵驴品种。

广灵山多、川原少，过去耕地、拉车、驮运、拉碾磨等都要靠驴，养驴也作为副业经营，由于生产和生活的需要，当地群众非常重视养驴。当地盛产谷子、豆类并有种植苜蓿的习惯。冬春多用谷草及黑豆、豌豆、或其他豆类喂驴，夏季搭配苜蓿，这是广灵驴形成的物质基础。当地群众在养驴过程中积累了丰富的饲养管理经验，重视种驴的选择，且有传统的培育幼驹习惯。在配种上不仅对体格大小、体型结构要求严格，甚至对毛色都很重视，在整个繁殖过程中始终坚持严格的选种选配，配种时实行人工辅助交配。

由于上述原因，经过长期的选择培育形成了体格高大、体躯粗壮、肌肉丰满、毛色整齐的广灵驴。

1963年经原山西农学院朱先煌教授等调查评价为地方良种后，确定以选育大型良种驴为方向，并成立育种组织，在广灵建立种驴场1处、基地队51个，实行场队结合，进行选种选配，建立良种登记。广灵种驴场经过不断选育，据1983年测定，30头成年母驴平均体高138cm，比建场时平均提高12.7cm，并育出一头体高160cm的种公驴。

（二）群体数量

2006年末广灵驴共存栏4 808头，其中基础母驴1 700头、种用公驴220头。广灵驴处于维持状态，近年来数量迅速减少。

（三）变化情况

1.数量变化 20世纪60—90年代是广灵驴大发展阶段，养殖数量不断增加，1960年建起了广灵驴优种驴场，开展驴的纯繁工作，1983年有广灵驴1.3万头。从20世纪90年代后期开始，随着农业机械化的发展，驴役用功能减弱，广灵驴的养殖数量逐年减少，近几年减少的幅度更大，至2006年末降至4 808头。

2.品质变化 广灵驴在2008年测定时与1981年测定时的体重和体尺对比，体重、体尺都有所增加（表1）。品质变化的原因可能是群众加强了选育和饲养条件改善。

表1　1981、2008年成年广灵驴体重和体尺变化

年份	性别	头数	体重（kg）	体高（cm）	体长（cm）	胸围（cm）	管围（cm）
1981	公	50	267.20	133.9	133.0	147.3	17.8
2008		10	335.20	141.4 ± 2.5	144.1 ± 2.3	158.5 ± 4.6	18.9 ± 0.7
1981	母	200	230.37	127.6	125.5	140.8	15.7
2008		40	331.67	139.3 ± 3.8	144.4 ± 5.1	157.5 ± 5.7	17.7 ± 0.7

三、品种特征和性能

（一）体型外貌特征

1.外貌特征 广灵驴属大型驴。体格高大，体躯较短，骨骼粗壮，体质结实，结构匀称，肌肉丰满。头较大，额宽，鼻梁平直，眼大微突，耳长、两耳竖立而灵活，头颈高昂。颈肌发达、粗壮，头颈、颈肩结合良好。鬐甲宽厚、微隆。前胸开阔，胸廓深宽，腹部充实、大小适中，背腰宽广、平直、结合良好。尻宽而短斜。四肢粗壮结实，肌腱明显，前肢端正，后肢多呈刀状肢势，关节发育良好，管较长，系长短适中。蹄较大而圆，蹄质坚硬，步态稳健。尾粗长、尾毛稀疏。全身被毛短而粗密。

毛色以“黑五白”为主，当地又叫“黑画眉”，即全身被毛呈黑色，唯眼圈、嘴头、肚皮、裆口和耳内侧的毛为粉白色。全身被毛黑白混生，并具有五白特征的，称“青画眉”。这两种毛色的驴，深受当地群众喜爱。还有灰色、乌头黑。据毛色统计，黑画眉占59%、青画眉占15%、灰色占13%、乌头黑占4%、其他毛色占9%。

广灵驴公驴

广灵驴母驴

2.体重和体尺 2008年4月在广灵县南村镇南土村、作町乡宋窖村、加斗乡西留疃村和新科农牧公司成年广灵驴进行了体重和体尺的测量，结果见表2。

表2 成年广灵驴体重、体尺和体尺指数

性别	头数	体重（kg）	体高（cm）	体长（cm）	体长指数（%）	胸围（cm）	胸围指数（%）	管围（cm）	管围指数（%）
公	10	335.20	141.4 ± 2.5	144.1 ± 2.3	101.9	158.5 ± 4.6	112.1	18.9 ± 0.7	13.4
母	40	331.67	139.3 ± 3.8	144.4 ± 5.1	103.7	157.5 ± 5.7	113.1	17.7 ± 0.7	12.7

（二）生产性能

1.役用性能 广灵驴力大持久，能挽善驮。单套在土路上拉车，一般可载重400 ~ 500kg，日行25 ~ 30km。以小型胶轮车按平时载重量加倍负重，挽重公驴1 101kg、母驴1 044kg；在较为吃力的情况下挽行1km距离，公驴需时16min12s、母驴需时13min10s。呼吸、脉搏恢复时间，公驴为18min、母驴为20min。据测定，最大挽力公驴为260kg，相当于体重的80%；母驴为225kg，相当于体重的70%。在一般土路上，可驮重100kg左右，最高达163kg，日行40 ~ 50km，可连续工作6 ~ 7天。长途骑乘每天可行50km。

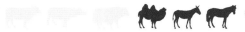

经屠宰测定广灵驴平均屠宰率45.15%，净肉率30.6%。

2.繁殖性能 广灵驴一般在15月龄左右达到性成熟，母驴2.5岁、公驴3岁以后开始配种。在饲养管理好、利用合理的情况下，公驴可使用13 ~ 15年。在气候正常、饲养条件好的情况下，母驴可常年发情，一般发情季节多在2 ~ 9月份，其中以3 ~ 5月份为发情旺季，也是最适宜的配种时期。母驴发情周期21天，发情持续期5 ~ 8天，妊娠期365天左右；年平均受胎率80%，年产驹率70%；采用人工授精时母驴受胎率85%，每头公驴可配母驴150头。一般繁殖年限15年左右，一生可产驹10头以上。幼驹初生重公驹37.6kg，母驹36.3kg；幼驹断奶重公驹67.6kg，母驹66.3kg。

四、饲养管理

广灵驴产区农副产品丰富、草料充足，饲养方式以舍饲为主，农闲时进行一些野外放牧。一般分槽喂养，定时定量，饲喂时间充足，每日不少于6 ~ 7h，喂前饲草要铡短，精料要破碎，有的把精料炒熟或加盐煮熟喂，农闲喂2次，每日喂精料0.5 ~ 1kg、饲草5kg左右；农忙喂3次，每日喂精料1.5 ~ 2kg。群众很重视夜间饲喂，每晚喂夜草2 ~ 3次，每日饮水3次，冬春季饮温水，一般下槽饮水。

因目的不同，日饲喂量亦有所区别，对种公驴饲养比较精细，非配种季节日喂黑豆1.5 ~ 2kg、谷草5 ~ 6.5kg，每年12月份开始增加料量，到3月底配种旺季日喂黑豆2.5 ~ 3kg、谷草3.5 ~ 4kg，并喂食盐40g，有条件的从春季开始日加喂胡萝卜1kg、大麦芽0.25kg，夏季喂水拌麸皮0.25kg，11月底配种结束后即行减料。妊娠6个月后的母驴减轻使役强度，加强饲养，日喂精料1.5 ~ 2kg、谷草5 ~ 6kg，分娩12天内，喂加盐小米汤。幼驹生后10天内跟随母驴生活，半月左右开始认草认料，2月龄时补料0.25 ~ 0.5kg，6月龄断奶，断奶后喂给好草好料，自由饮水。冬季喂谷草、青莜麦和干草，夏季喂苜蓿、谷草、青草等，精料以黑豆煮熟加盐喂给。

当地群众对驴的管理很重视，一般饲养场地较大，厩舍宽敞、阳光充足，在日常管理中，能做到圈干、槽净、体净。种公驴每日刷拭并运动1 ~ 2h，配种季节过后，适当参加使役；妊娠母驴除随群放牧自由运动外，每日牵遛2 ~ 3h。驴驹从1.5岁开始调教，2岁后使役，无种用价值的驴驹，2岁去势后使役。

广灵驴群体

五、品种保护和研究利用

1960年建立了广灵驴种驴场，提出过保种和利用计划，并负责在全县各乡镇及饲养密集的村建立保种育种基地，并建立了品种登记制度。

自1958年以来，向全国各省、自治区、直辖市及部队输运种驴近万头。曾向越南输出10头。近年来主要用于山区的挽驮等役用，也有些作肉用。

广灵驴1986年收录于《中国马驴品种志》，2006年列入《国家畜禽遗传资源保护名录》。我国2010年6月发布了《广灵驴》国家标准（GB/T 25245—2010）。

六、品种评价

广灵驴体大力强、结构匀称、骨骼粗壮、肌肉丰满、耐粗饲、抗病力强、持久力好，能适应寒冷条件，是繁殖大型骡的优良驴种。随着社会的发展，广灵驴主要用途由役用向多用途转变。今后应进一步加强品种保护，充分发挥广灵驴种驴场和养驴专业户的作用，加强群众性选育工作，改善饲养管理，主要发展方向是进一步提高肉、皮等品质，提高产肉率，提高增重速度，满足市场新的需求。

晋南驴

晋南驴（Jinnan donkey）属大型兼用型地方品种。

一、一般情况

（一）中心产区及分布

晋南驴产于山西省南部的夏县、闻喜、盐湖、临猗、永济等县市区，以夏县、闻喜两县为中心产区。

（二）产区自然生态条件

产区位于北纬35°～35.6°、东经110°～112°，地处运城盆地，东依中条山，西有稷王山，峨嵋岭横贯其中。地势东北高、西南低，境内有山区、丘陵和平川，海拔400～1 500m。属暖温带大陆性半湿润季风气候。气候温和，年平均气温12～14℃，无霜期180～210天，年降水量500mm左右。平均风速2.1m/s，每年除6～8月份多东南风，其余月份多为西北风。地表水丰富，地下水紧缺，涑水河纵贯境内。土壤肥沃，土壤类型主要是褐土、草甸土等。农业发达，为山西省的主要麦、棉产区。2006年闻喜县有耕地面积5.28万hm^2，夏县有耕地面积4.27万hm^2，农作物以小麦、玉米、棉花、花生为主，其次为谷子、豆类，普遍栽种紫花苜蓿。农副产品丰富，草料条件优越，是形成晋南驴的物质基础。

（三）品种畜牧学特性

产区农民喜爱养驴，重视选种选配和驴驹培育。长期的选育和风土驯化形成了晋南驴体格高大、外貌清秀细致、适应性强、挽力大、肉用性能好的特性。

二、品种来源与变化

（一）品种形成

晋南驴产区地处我国古代文化发达的黄河流域，是我国农业开发较早的地区。从夏县当地的文物古迹考证，当地为夏禹王的故乡。由于晋南和陕西关中地区仅一河之隔，故从汉朝向关中一带引入驴时，必将通过黄河扩散到这一地区。由于产区有悠久的农牧业发展史，又有著名的运城盐池和许多大小煤矿，农业耕作、粮棉和煤盐的运输，历来靠驴、骡驮运。这种客观的经济需要，促使农民对役畜精心喂养和选种选配。历史上形成的在庙会上展示各饲养种驴户所饲养的种驴质量，借以争取选配母驴的群选方式，一直持续到20世纪初期。当地人民喜爱驴，视驴为不可缺少的家畜。产区农民习惯种植苜蓿，有利用鲜苜蓿与麦秸碾青的调制方法，使驴等家畜全年都能得到青饲草。在管理上，做到保持畜圈清洁，每天刷拭驴体，饱不加鞭、饿不急喂、热不急饮、孕不拉磨和三分喂、七分使的经验，促进了驴的正常发育和健康，使其体格、结构得到不断提高和改善。1949年后，夏县建立种驴场，承担晋南驴的选育工作。各县又组建多处改良站，实行人工授精，选用优良种驴进行配种，进一步提高了晋南驴的品质，并向外地输出大量优质种驴。

（二）群体数量

2006年晋南驴共存栏1 000余头，已处于濒危状态。

（三）变化情况

1.数量变化 产区晋南驴1983年共存栏12万头，其中中心产区两县有1.5万头，2006年仅存栏1 000余头。20余年来数量逐年大幅下降，主要原因是20世纪80年代开始，随着改革开放不断深入，工业不断发展，晋南驴农用及交通运输功能下降，加之其肉用性能没有得到很好的开发，导致数量持续下降。

2.品质变化 晋南驴在2006年测定时与1983年的体重和体尺对比，公驴的体高体长、母驴的体长有所下降，其他指标均有所提高，见表1。

表1 1983、2006年晋南驴体重和体尺变化

年份	性别	头数	体重（kg）	体高（cm）	体长（cm）	胸围（cm）	管围（cm）
1983	公	142	249.50	134.30	132.70	142.50	16.20
2006		10	276.34	133.22 ± 3.73	130.72 ± 3.65	151.10 ± 3.60	16.35 ± 0.44
1983	母	1 057	250.38	130.70	131.50	143.40	14.90
2006		50	276.56	133.16 ± 3.50	130.15 ± 3.42	151.49 ± 2.53	16.30 ± 0.31

品质变化的主要原因可能是饲养水平提高，但公驴未开展有效选种。

三、品种特征和性能

（一）体型外貌特征

1.外貌特征 晋南驴属大型驴。体质紧凑、细致，皮薄毛细。体格高大，体质结实，结构匀称，体形近似正方形，性情温驯。头部清秀、中等大，耳大且长。颈部宽厚而高昂。鬐甲高而明显，胸部宽深，背腰平直，尻略高而稍斜。四肢端正，关节明显，附蝉呈典型口袋状。蹄较小而坚实。尾细而长，尾毛长、垂于飞节以下。

毛色以黑色有“三白”（粉鼻、粉眼、白肚皮）特征为主，占90%以上，少数为灰色、栗色。

2. 体重和体尺 2006年对夏县瑶峰镇、胡张乡、祁家河乡，闻喜县河底、礼元乡，平陆县张店驴场的成年晋南驴的体重和体尺进行了测量，结果见表2。

表2 成年晋南驴体重、体尺和体尺指数

性别	头数	体重（kg）	体高（cm）	体长（cm）	体长指数（%）	胸围（cm）	胸围指数（%）	管围（cm）	管围指数（%）
公	10	276.34	133.22 ± 3.73	130.72 ± 3.65	98.12	151.10 ± 3.60	113.42	16.35 ± 0.44	12.27
母	50	276.56	133.16 ± 3.50	130.15 ± 3.42	97.74	151.49 ± 2.53	113.77	16.30 ± 0.31	12.24

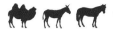

晋南驴公驴

晋南驴母驴

（二）生产性能

1.役用性能　晋南驴平原地区多用于挽车，进行少量耕作。最大挽力成年公驴238kg，成年母驴221kg。单驴拉小胶轮车，一般载重700 ~ 900kg，日行30 ~ 40km。挽行1 000m，公驴2头平均载重1 294kg，需时9min；母驴4头平均载重1 125kg，需时14min。经28min呼吸脉搏恢复正常。在山区、沟壑地区行车不便，短途运输常用驴驮，也用于骑乘。一般驮重80 ~ 100kg，日行50 ~ 60km。在普通土路上进行1 000m驮重测验，公驴驮重136kg，需16min；母驴驮重120kg，需14.8min。

2.产肉性能　晋南驴产肉性能较好，据1982年对3头（平均体重239kg）营养水平不同的驴进行屠宰性能测定，平均胴体重125.9kg，屠宰率为52.7%，净肉率为40.4%。

3.繁殖性能　晋南驴公驴3岁开始配种，以4 ~ 10岁为配种最佳年龄，一般10岁以上改为役用。种公驴采用本交配种，配种母驴30 ~ 50头，人工授精配种母驴150 ~ 200头，种公驴的精液品质较好。母驴8 ~ 12月龄性成熟，有发情表现，适宜的初配年龄是2.5 ~ 3岁；发情周期22天。妊娠期360天左右，怀骡时妊娠期348 ~ 368天；以3 ~ 10岁生育能力最强，多数在14岁以后停配，少数可到15岁以上，终生产驹10头左右。

四、饲养管理

晋南驴常年舍饲，饲养管理比较精细，草料多样搭配，做到草短料细。饲喂方法为分槽饲养，农闲喂2次，农忙喂3次，定时定量饲喂。饲喂时采取先草后料和勤添少给的原则，并注意夜间投草。

公驴单槽饲养，非配种季节每日喂料3kg，玉米、麸皮各半，饲草5kg左右。每年一入春即逐渐加料，进入配种旺季每日加喂2kg玉米、3kg麸皮，饲草4kg左右。

繁殖母驴在空怀时期维持中等营养水平，每日喂料0.5 ~ 1kg。妊娠和哺乳期母驴分槽喂养，增加精料，日喂料1.5 ~ 2 kg。

五、品种保护和研究利用

尚未建立晋南驴保护区和保种场，处于农户自繁自养状态。主要用于产区人民生产、生活中挽用运输，近年来也销往外地作肉用。晋南驴1987年收录于《中国马驴品种志》。

六、品种评价

晋南曾是我国良种驴的重要产地之一，多年来向各地输出大量的驴。晋南驴属大型驴，外形较美、结构匀称、细致结实、性情温驯，为我国著名的地方良种之一。20世纪80年代以来，由于产区社会经济条件迅速转变，驴的挽驮功能被机械动力所取代，其他用途未能及时开发，致使数量急剧下降，已处于濒危状态。今后应开展本品种保护工作，在中心产区建立保种场和保护区，实行良种登记；加强对晋南驴生长发育、肉用性能的研究，强化本品种选育，制定选种选配计划，进一步提高其肉用性能和综合利用的能力。

临县驴

临县驴（Linxian donkey）属中型兼用地方品种。

一、一般情况

（一）中心产区及其分布

临县驴主产于山西省临县，中心产区在西部沿黄河一带的丛罗峪、刘家会、小甲头、曲峪、克虎、第八堡、开化、兔板、水槽沟、雷家碛、曹峪坪等乡镇。

（二）产区自然生态条件

临县位于北纬37° 36′ ~ 38° 14′、东经110° 29′ ~ 111° 18′，地处吕梁山区西部、晋西北黄土丘陵地带，东靠方山，西临黄河，隔岸与陕西省佳县相对。境内长期受流水切割，地形破碎，沟壑纵横，水土流失严重。地势由东北向西南倾斜，总面积2 979km^2，一般海拔1 000 ~ 1 200m。属温带大陆性气候，春季干旱多风，夏季炎热少雨，秋季降雨集中，冬季寒冷少雪。年平均气温8.8℃，1月份最低气温-24.7℃，7月份最高气温36.4℃；无霜期170天左右，霜冻期为9月中旬至次年4月下旬。年降水量521mm，其中7 ~ 9月份降水占全年总降水量的70%以上，但蒸发量大，十年九旱。干旱、冰雹、霜冻、暴雨、大风等自然灾害频繁。境内河流属黄河水系，主要河流有湫水河、月镜河、青凉寺河、曲峪河、兔板河、八堡河等，年径流量8 839万m^3，水资源相对缺乏。土层薄，土壤类型主要有灰褐土、山地棕壤土、褐土和山地草甸土，以灰褐土居多，土壤pH8.3 ~ 8.6，属碱性土壤。

2006年临县有耕地面积10.87万hm^2，粮食作物有小麦、谷子、高粱、玉米、豆类、薯类、莜麦等，经济作物有棉花、油料等，栽培牧草有苜蓿等。产区虽属丘陵山区，但作物种类多，以杂粮为主，饲草饲料条件较好。林地面积2.92万hm^2。

（三）品种畜牧学特性

临县驴体格中等、强健，体质结实，性情温驯，长年用于耕地、拉车、驮载，是当地农民重要的生产资料。长期的风土驯化造就了临县驴抗病力强、适应性强的特点。

二、品种来源与变化

（一）品种形成

临县养驴的历史相当久远，临县驴系由陕北引入，与佳米驴有一定的血缘关系。产区历来有种植苜蓿的习惯。农作物以杂粮为主，谷子、豆类居多。冬春喂谷草、豆料，夏秋时喂青草苜蓿。这种优越的草料条件，是临县驴形成的根本原因。在中心产区小甲头乡有个正觉寺，历来就有“正觉寺前后有三宝，苜蓿、毛驴、大红枣”的说法。

产区土地瘠薄，群众生活贫苦，无力饲养骡马；毛驴温驯易使、用途广泛、便于饲养，因而得到了发展。多数农家喜养母驴，既可用于自耕自种，还能骑、驮、运输、拉磨，生产、生活都很方便；母驴每年生头幼驹，出售后的经济收入有助于改善生活。大部分村庄都有饲养种公驴的专业户，每年配种季节赶集串村，专为母驴配种。群众十分重视选种，长期的选择培育促进了本品种的形成。

当地群众对驴的饲养管理十分精细，不仅喂的草料足、质量高，在喂法上也很细致。经过产区群众长期选择培育逐渐形成了适应当地生态与社会经济条件的地方品种。

（二）群体数量

2008年临县驴共有1 261头。已处于濒危状态。

（三）变化情况

1.数量变化 临县驴1979年存栏4 227头，2006年存栏1 261头。近30年来数量逐年下降。主要原因是20世纪80年代以后，机械化发展，临县驴役用功能下降，而其肉用性能没有得到很好的开发利用。

2.品质变化 临县驴在2006年测定时与1979年的体尺和体重对比，各项指标均有提高（表1）。品质变化的主要原因可能是产区群众注意了选种。

表1 1979、2006年临县驴体重和体尺变化

年份	性别	头数	体重（kg）	体高（cm）	体长（cm）	胸围（cm）	管围（cm）
1979	公	161	181.17	117.7 ± 6.4	119.8 ± 9.8	127.8 ± 8.3	15.1 ± 1.2
2006		2	262.65	124.0	129.5	148.0	17.5
1979	母	831	180.53	117.3 ± 5.0	119.0 ± 6.7	128.0 ± 7.4	14.3 ± 1.1
2006		12	252.63	123.6 ± 3.0	128.0 ± 3.9	146.0 ± 7.1	16.0 ± 0.9

三、品种特征和性能

（一）体型外貌特征

1.外貌特征 临县驴属中型驴。体质强健结实，结构匀称。头中等大，眼大有神，两耳直立，嘴短而齐，鼻孔大，头颈粗壮、高昂，鬣毛密。鬐甲较高，肩斜，胸宽，背腰平直，腹部充实。四肢结实，关节发育良好，前肢短直，管围较粗，系长短适中，蹄大而圆，蹄质坚硬。尾根粗壮，尾毛稀疏。

毛色主要为黑毛，灰毛次之。黑毛中以粉黑毛最多，当地叫“黑雁青”，最受欢迎；也有乌头黑，当地叫“墨绽黑”。

2.体重和体尺 2006年对成年临县驴进行了体重和体尺测量，结果见表2。

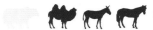

表2　成年临县驴体重、体尺和体尺指数

性别	头数	体重（kg）	体高（cm）	体长（cm）	体长指数（%）	胸围（cm）	胸围指数（%）	管围（cm）	管围指数（%）
公	2	262.65	124.0	129.5	104.4	148.0	119.4	17.5	14.1
母	12	252.63	123.6 ± 3.0	128.0 ± 3.9	103.6	146.0 ± 7.1	118.1	16.0 ± 0.9	12.9

临县驴公驴

临县驴母驴

（二）生产性能

1.役用性能　临县地处吕梁山区黄土丘陵地带，驴是农业生产以及农民生活的主要役力，承担耕地、拉车、驮载、骑乘、拉磨、碾场等劳役。根据对7头临县驴的测定，公驴平均体重190.2kg，最大挽力162kg，相当于体重的85.1%；母驴平均体重216.4kg，最大挽力161kg，相当于体重的74.4%。见表3。在临县丘陵山区的土路上，只适宜小车运输，故驴拉小车很普遍，一般每头驴拉小平车可载重300～350kg，日行30km左右。驮载运输是山区经常且普遍的工作。一般每头驴驮重80～90kg，日行30～35km。驮力测验测定结果如表3。

表3　临县驴驮载性能

性别	年龄(岁)	营养状况	头数	体重（kg）	驮重（kg）	驮行1 000m需用时间（min）	恢复正常需要时间（min）
公	12	中	1	178.8	90.1	13.4	21
母	7	中	3	216.8	102.6	14.1	21

2.繁殖性能　临县驴公驴一般4岁开始配种，7～8岁为配种最佳时期，当地都采用本交，全年可配种母驴50～60头，使用年限为10～12年。母驴一般15月龄左右开始发情，适宜配种年龄为3岁以后；发情旺季在3～4月份，发情周期21天，发情持续期4～7天，妊娠期360天左右；繁殖年限至15岁左右，终生产驹10～12头。

四、饲养管理

农民养驴采取半舍饲、半放牧的方式，放牧时以杂草和收获后的作物秸秆为主，舍饲时补饲部分干草和谷物精料。饲养管理较为粗放。

临县驴群体

五、品种保护和研究利用

尚未建立临县驴保护区和保种场，未进行系统选育，处于农户自繁自养状态。在当地特殊的地理环境下，临县驴是重要的驮载、运输工具。

六、品种评价

临县驴是山西省丘陵山区重要役用品种，耐粗饲、适应性强，善于山区作业。一般多在20°左右坡地上耕地、驮运，有些在30°以上的坡度也能作业，是适合山区的优良品种。今后应加强本品种保护和选育，恢复并办好种驴场，做好选种选配工作，在保持品种原有优良特性的基础上，进一步提高其体尺和性能。同时注意改善草料条件，有计划地发展苜蓿和其他牧草，加强饲养管理，提高饲养水平。

库伦驴

库伦驴（Kulun donkey）属小型兼用型地方品种。

一、一般情况

（一）中心产区及分布

库伦驴产于内蒙古自治区通辽市库伦旗和奈曼旗的沟谷地区，其中库伦旗西北部的六家子镇、哈日稿苏木、三道洼乡是库伦驴的中心产区。

（二）产区自然生态条件

库伦旗位于北纬42° 21′ ~ 43° 14′、东经121° 09′ ~ 122° 21′，地处通辽市西南部、辽西山区的边缘，总面积4 650km^2。地势西南高、东北低，多为黄土丘陵和浅山区，沟谷交错，低山连绵，海拔500m以上的山峰有十几座，平均海拔284m。属温带大陆季风气候，四季分明。春季干旱少雨，夏季温热、雨量稍多，秋季凉爽干燥，冬季漫长寒冷。年平均气温6.2 ~ 6.8℃，极端最低气温-30.3℃，极端最高气温39.8℃；无霜期143 ~ 156天。年平均降水量445mm，最高年降水量为595mm，最低年降水量为204mm；降水主要集中在6 ~ 8月份，占年降水量的70%以上；湿度30% ~ 50%。常见的灾害有风沙、干旱、水土流失、雪灾等，局部曾有过龙卷风灾害。境内河流均属辽河水系的柳河流域。流域面积为2 860km^2，年径流量为2.22亿m^3。

2005年有耕地面积10万hm^2，粮食总产量达2.7亿kg。农作物一年一熟，主要有谷子、荞麦、玉米、高粱、大豆、水稻、小麦、马铃薯等。草原面积19.87万hm^2，可利用草原面积19.33万hm^2，植物种类繁多，有木本植物32科60属111种，野生草本植物55科183属270种，其中饲用植物有261种。林地面积15.47万hm^2，森林覆盖率34.1%，活立木蓄积量251万hm^3。

（三）品种畜牧学特性

库伦驴适应性强、耐粗饲，并具有较强的抗病能力，在库伦驴的中心产区，至今未发现有马、驴传染病发生。

二、品种来源与变化

（一）品种形成

有关库伦驴形成的历史资料很少。早在300多年以前，库伦旗境内地势平缓、人烟稀少、鸟兽遍野，被划为猎场和牧场，并引进一些驴种，供骑乘及观赏。随着农牧业生产的发展，为适应当地的小农经济和山区特点，通过农牧民碾拽、拉磨、骑乘、驮运货物、拉车、耕地等使役，选留具有一定体型、抗病力强、耐粗饲、役用性能好的留作种用，在本品种内进行不断选育提高，逐渐形成了适应山地自然条件和粗放饲养管理的地方良种。1949年后库伦驴曾多次出口到日本和朝鲜，供旅游骑乘用。

库伦驴是在原有地方良种的基础上，以纯繁为主，通过提纯复壮，进行长期选育提高形成的兼用型地方品种。

（二）群体数量

2005年12月末存栏库伦驴18 236头，其中基础母驴8 256头，种用公驴409头。

（三）变化情况

1.数量变化 库伦驴1985年存栏2.2万匹，2005年12月末存栏18 236匹。在20年间库伦驴的数量有所下降。主要原因是当地机械化发展，库伦驴的役用功能弱化，近年来向肉用方向发展，所以数量下降并不明显。

2.品质变化 库伦驴在2006年测定与1985年体重和体尺对比，体重稍降低，体尺变化不大，见表1。

表1 1985、2006年库伦驴体重和体尺变化

年份	性别	体重（kg）	体高（cm）	体长（cm）	胸围（cm）	管围（cm）
1985	公	187.16	120.00	118.60	130.55	16.75
2006		184.59	121.20	117.44	130.29	16.33
1985	母	161.00	110.42	111.16	125.07	14.89
2006		150.54	110.12	109.11	122.07	14.92

三、品种特征和性能

（一）体型外貌特征

1.外貌特征 库伦驴属小型驴。结构匀称，体躯近似正方形，体质紧凑结实，性情温驯，易于调教。头略大，眼大有神，耳长、宽厚。腹大而充实，公驴前躯发达，母驴后躯及乳房发育良好。四肢干燥、强壮有力，蹄质坚实。全身被毛短，尾毛稀少。

毛色有黑色、灰色。黑色驴毛梢多有红褐色；大多数灰驴有一条较细的背线，以及鹰膀和虎斑。基本都有“三白”特征。

2.体重和体尺 2006年8月内蒙古自治区家畜改良工作站、通辽市家畜繁育指导站、库伦旗家畜改良工作站，在库伦旗六家子镇测量了成年库伦驴的体重和体尺，结果见表2。

表2 成年库伦驴体重、体尺和体尺指数

性别	头数	体重（kg）	体高（cm）	体长（cm）	体长指数（%）	胸围（cm）	胸围指数（%）	管围（cm）	管围指数（%）
公	10	184.59	121.20 ± 1.93	117.44 ± 1.76	96.90	130.29 ± 2.33	107.50	16.33 ± 0.55	13.47
母	50	150.54	110.12 ± 2.36	109.11 ± 2.29	99.08	122.07 ± 2.95	110.85	14.92 ± 0.31	13.55

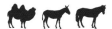

库伦驴公驴

库伦驴母驴

（二）生产性能

1.役用性能 1998年9月库伦旗家畜改良工作站测定了库伦驴的生产性能。在产区的沟谷地带，骑乘速力为10km/h；最大挽力为146.5kg，占体重的76.98%；驮重为100kg；单驾小胶轮车可载重200～250kg；双套犁每天耕地0.4～0.47hm^2。未经育肥，净肉率高于34%。

2.繁殖性能 2006年4月至2007年5月，库伦旗畜牧工作站在六家子镇对5匹公驴和10匹母驴的繁殖性能进行了观察及测定。库伦驴性成熟年龄公驴为18.4月龄，母驴为17.6月龄；初配年龄公驴为4岁，母驴为3.3岁。公驴利用年限为10～12年，年配种母驴15～20匹。母驴发情季节多在4～6月份，发情周期21.7天，妊娠期358～365天；年平均受胎率89%，年产驹率55.5%，利用年限为12～15年。幼驹初生重公驹35～40kg，母驹32～35kg。

四、饲养管理

库伦旗是以农业为主的旗，库伦驴饲草主要是农作物秸秆、羊草，夏、秋季多以青草为主，精料以玉米、高粱为主。在非农季节，库伦驴白天大部分时间在外自由采食，晚上在棚圈里饲喂，对8头驴的采食结构测定见表3。

表3 库伦驴采食结构

性别	头数	平均体重（kg）	一昼夜				
			饮水（kg）	草（kg）	精料（kg）	排尿（kg）	排粪（kg）
公	5	190.08	20.00	4.00	1.50	1.28	1.20
母	3	183.77	18.80	6.00	1.00	1.36	1.40

五、品种保护和研究利用

尚未建立库伦驴保护区和保种场，处于农户自繁自养状态。库伦驴役用性能良好，富持久力，能胜任驮运、骑乘、拉车等多种役用，称为“万能驴”，是产区生产、生活中的重要畜力。

六、品种评价

库伦驴具有善走山路、食量小、耐粗饲、乘挽驮兼用的特点，是适合丘陵山区多种需要的一个地方品种。但近些年由于缺乏系统的管理和选育，优良种公驴外流，公、母驴比例失调，繁殖率下降，使库伦驴原有的品种优良特性退化，体质逐年下降。为保持和提高库伦驴的优良特性，一要进行本品种的选育提高工作；二要引进优良品种驴进行导血，提高库伦驴品种质量；三要改进饲养管理方法，提高库伦驴的质量、数量及其使用效率。

泌阳驴

泌阳驴（Biyang donkey）俗称三白驴，因主产于泌阳县而得名，属役肉兼用型地方品种。

一、一般情况

（一）中心产区及分布

泌阳驴中心产区位于河南省驻马店市的泌阳县，相邻的唐河、社旗、方城、舞钢、遂平、确山、桐柏等县市也有分布。

（二）产区自然生态条件

泌阳县位于北纬32° 34′～33° 9′、东经113° 06′～113° 48′，地处河南省西南部，西邻南阳盆地，东接淮北平原，总面积2 682km^2，海拔83～983m。境内属浅山丘陵区，山区面积1 123km^2，占全县总面积的41.87%；丘陵区1 115km^2，占41.57%；平原区444km^2，占16.56%。南北山地环绕，中部山脉贯穿，东西平原敞开。为北亚热带与暖温带的过渡地带，属大陆性季风气候。四季分明，气候湿润，年平均气温14.6℃，最高气温41℃，最低气温-17.8℃；无霜期221天。年降水量933mm，雨量充沛，多集中在6～8月份；相对湿度81%。光照充足，日照时数长，年平均日照时数2 010h。全年多东北风，一般风速1～2级，最高4～8级。桐柏山余脉由县境中部逶迤向北，与自西北延伸而来的伏牛山余脉在境内交会，山势大致呈S形，成为汉水流域的泌阳河与淮河流域的汝河之间的分水岭。以汝河、泌阳河为干流，分成东、西两个流向，有“一山源二水，流向分东西”和“泌水倒流”之称。丘陵岗地，多为黄壤和红壤土，质地坚硬。

泌阳县是典型的山区农业县，2005年耕地面积9.33万hm^2，农作物主要有小麦、大麦、谷子、水稻、大豆、玉米、甘薯、花生等，农副产品丰富，如谷草、麦麸、豆角、玉米叶、花生秧、甘薯秧等，年产可饲用农作物秸秆4亿kg。草山草坡面积780.04万hm^2，牧草资源丰富，年产可利用牧草12亿kg，野草丛生，可放牧驴群。林地面积8.67万hm^2，主要以乔木、灌木为主。产区良好的自然环境条件和较丰富的各种农副产品，为泌阳驴品种的形成提供了有利条件。

（三）品种畜牧学特性

泌阳驴体质结实，结构紧凑、匀称，适应性强，耐粗饲，抗病力强。性伶俐，较易调教，喜干燥，耐热。公驴性欲旺盛，母驴性情温驯，繁殖性能好，遗传性能稳定。

二、品种来源与变化

（一）品种形成

产区历来有养驴的习惯。据成书于康熙三十四年（1695）的《泌阳县志·风土类·兽类·驴》记载，“长颊广额、长耳、修尾、夜鸣更，性善驮负，有褐黑白斑数色，驴胪也，胪腹前也。马力在膊，驴力在胪也。其肉清香鲜美无异味。”由此可知当地养驴历史已久。

1949年以前就有许多农户专门饲养种公驴，以配种作为主要经济收入来源。群众对种公驴的选种要求严格，如被毛要求缎子黑、“三白”明显，要个大匀称、头方、颈高昂、耳大小适中、竖立似竹签、嘶鸣洪亮而富悍威等。养种公驴户每逢集市、庙会等都会牵驴进行展示，以博得母驴饲养户的挑选进行配种。

新中国成立初期，南阳地区畜牧工作站在产区进行了调查，将泌阳县产的驴定名为泌阳驴。1956年河南省农业厅在泌阳县建立了泌阳驴场，并划定了泌阳驴选育区。全县各乡镇都有配种站，经常举行泌阳种公驴比赛会。这对泌阳驴的发展起了很大的促进作用。

至2005年产区共向国内外输出泌阳驴种公驴万余头。泌阳驴1950年输出至越南4头，1971年和1972年输出至朝鲜104头，并先后输往北京、广东、湖南、湖北、云南、贵州、甘肃、青海、内蒙古、河北、吉林、黑龙江、安徽、山西、辽宁、福建等地及原部队军马场。

（二）群体数量

2005年末存栏泌阳驴8 958头，其中基础母驴5 880头、种用公驴32头。泌阳驴处于维持状态。

（三）变化情况

1. 数量变化 泌阳驴1986年存栏9 033头，2005年存栏8 958头，近20年来数量变化不大。

2. 品质变化 泌阳驴在2006年测定时与1980年的体重和体尺对比，各项指标均有大幅提高，见表1。

表1 1980、2006年成年泌阳驴体重和体尺变化

年份	性别	头数	体重（kg）	体高（cm）	体长（cm）	胸围（cm）	管围（cm）
1980	公	31	183.88	119.48 ± 8.97	117.96 ± 8.77	129.75 ± 9.26	15.01 ± 1.42
2006		10	285.77	138.70 ± 5.40	140.90 ± 10.50	148.00 ± 6.90	17.00 ± 1.20
1980	母	139	186.31	119.20 ± 9.20	119.80 ± 9.40	129.60 ± 10.70	14.30 ± 1.30
2006		40	263.04	131.40 ± 5.20	139.90 ± 7.80	142.50 ± 7.80	16.20 ± 1.20

变化的主要原因是自20世纪90年代开始，随着农业机械化程度的提高，泌阳驴作为农区役力已逐渐被淘汰。进入21世纪，由于城乡居民膳食结构的改变，高蛋白、低脂肪和具有保健功能的泌阳驴肉备受青睐，泌阳驴的肉用、药用等利用开发价值不断提高。2001年，泌阳县实施了“泌阳驴保种扩繁”项目，泌阳驴的选种选育开始向肉用方向转化，品种质量有了较大提高。

三、品种特征和性能

（一）体型外貌特征

1. 外貌特征 泌阳驴公驴富有悍威，母驴性温驯。体质结实，体形近似方形。头部干燥、清秀、

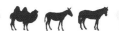

为直头，额微拱起，眼大，口方。耳长大、直立，耳内多有一簇白毛。颈长适中，颈肩结合良好，肩较直，肋骨开张良好。背长而直，多呈双脊背，公驴腹部紧凑充实，母驴腹大而不下垂。尻宽而略斜。四肢细长，关节干燥，肌腱明显，系短有力。蹄大而圆，蹄质坚实。被毛细密，尾毛上紧下松，似炊帚样。

毛色为黑色，有“三白”特征，黑白界限明显。

泌阳驴公驴

泌阳驴母驴

2.体重和体尺 2006年泌阳县畜牧局与郑州牧业工程高等专科学校对成年泌阳驴的体重和体尺进行了测量，结果见表2。

表2 成年泌阳驴体重、体尺和体尺指数

性别	头数	体重（kg）	体高（cm）	体长（cm）	体长指数（%）	胸围（cm）	胸围指数（%）	管围（cm）	管围指数（%）
公	10	285.8	138.7 ± 5.4	140.9 ± 10.5	101.6	148.0 ± 6.9	106.7	17.0 ± 1.2	12.3
母	40	263.0	131.4 ± 5.2	139.9 ± 7.8	106.5	142.5 ± 7.8	108.4	16.2 ± 1.2	12.3

（二）生产性能

1.役用性能 泌阳驴役用性能好。最大挽力泌阳驴公驴为205kg，母驴为185.1kg，公、母驴最大挽力分别占体重的104.4%和77.83%。用单驴挽小胶轮车拉货，一般公路载重500kg左右，日行8 ~ 10h，可行40 ~ 50km。中耕除草每天两套，每套3 ~ 4h，日完成0.53 ~ 0.67km^2。拉磨每天使役两套，每套2 ~ 3h，可磨粮30 ~ 50kg。驮运负重100 ~ 150kg，日行30 ~ 40km。长途骑乘每天行走50km以上。

2.繁殖性能 泌阳驴较早熟，公驴1 ~ 1.5岁性成熟，初配年龄通常为2.5 ~ 3岁，直到4岁才正式作种用；一个配种季节可配80 ~ 100头母驴，一次受胎率80%以上，繁殖年龄达13岁以上；成年种公驴每天可采精（或本交）一次，每次射精量为（64.9 ± 24.6）mL，精子密度中等，活力0.8以上。母驴性成熟期为10 ~ 12月龄，初配年龄为2 ~ 2.5岁；全年均有发情，多集中在3 ~ 9月份；发情周期18 ~ 21天，发情持续期4 ~ 7天；妊娠期357.4天，产后8 ~ 16天第一次发情；年平均受胎率在70%以上，一般三年产二胎或一年产一胎；繁殖年限17 ~ 19岁，终生可产驹12 ~ 14头。幼驹初生重公驹23.3kg，母驹21.8kg。

四、饲养管理

泌阳驴在早春即可放牧，每年牧草旺盛期采取半日或全日放牧，并于夜间补以2.5～3kg的青草。精料根据季节给予不同的种类，有豌豆、大豆及其饼渣、大麦、谷子、麦麸、玉米、甘薯干等，以豌豆最好。粗饲料有谷草、麦秸、麦糠、甘薯秧、花生秧、豆角皮等。冬春季多喂有热性的大豆，夏季喂有凉性的豌豆和麦麸，在粗饲料以麦秸为主的地区，为防止驴便秘，饲草内常加麦麸，且多加水拌后喂给。

一般情况下，种公驴日喂谷草3.5～4kg，精料2～2.5kg，配种任务较重时增至3～4kg。母驴日喂谷草5～6kg，精料1～1.5kg。一般日饮3次，夏饮5次，冬饮温井水，夏饮日晒热水，平时不放露水草。

五、品种保护和研究利用

采取保种场保护。2000—2004年实施了“泌阳驴保种扩繁”项目。全县划定了泌阳驴保护区和繁育区，以泌阳驴的提纯复壮为主，先后选育一级以上标准泌阳驴种公驴10头、基础母驴300头，开展选种、选配，同时还开展了泌阳驴冻精颗粒制作试验研究和肉驴育肥饲养试验研究。

在机械耕作尚不发达的年代，泌阳驴主要用于半山丘陵区小块田地耕作，还用于农业生产的犁、耙、播、碾、磨、水车等多种工作，驮运和乘骑均可胜任。目前已多向肉用、驴皮药用方向发展。

泌阳驴1987年收录于《中国马驴品种志》，2006年列入《国家畜禽遗传资源保护名录》。

六、品种评价

泌阳驴以其体格较大、结构紧凑、外貌秀丽、性情活泼、役用性能好、耐粗饲、繁殖性能好、抗病力和适应性强等特点而著称，毛色黑白界限明显，在被引入地区能很好地适应当地环境条件。今后应搞好泌阳驴保护区和繁育区，进行良种登记，开发利用应由役用向肉用、驴皮药用方向转变。在保护区内通过本品种选育培育出肉率较高的泌阳驴新品系；在保护区外适当通过导入外血杂交，培育生长速度快、产肉多的肉用驴。

庆阳驴

庆阳驴（Qingyang donkey）属中型地方品种。

一、一般情况

（一）中心产区及分布

庆阳驴中心产区原为甘肃省庆阳市的庆阳县（现分为庆城县和西峰区）的前塬地区，全市各县（区）都有分布。现中心产区为庆阳市镇原县的三岔、方山、马渠、殷家城和庆城县的太白良、冰林岔等乡镇。甘肃省平凉、定西、天水等地也有分布。

（二）产区自然生态条件

主产区庆阳市位于北纬35° 10′ ~ 37° 20′、东经106° 45′ ~ 108° 45′，地处甘肃省东部、黄土高原的西端，属黄河中游内陆地区。地势南低北高，长期以来覆积厚度达百余米的黄土地表，被洪水、河流剥蚀和切割，形成现存的高原、沟壑、梁峁、河谷、平川、山峦、斜坡兼有的地形地貌。北部为黄土丘陵沟壑区，东部为黄土低山丘陵区，中南部为黄土高原沟壑区，总面积2.71万km^2，海拔885 ~ 2 082m。属内陆性季风气候，冬寒较短，夏少酷暑，秋季多雨。年平均气温7 ~ 10℃，无霜期140 ~ 180天。年降水量480 ~ 660mm，由南向北逐渐减少，降水多集中在7 ~ 9月份；年蒸发量为520mm。光照充足，年平均日照时数2 250 ~ 2 600h。主要河流有马莲河、蒲河、洪河、四郎河、葫芦河等。土壤肥沃，主要为黄绵土、黑垆土，土层深厚，土质良好。

2006年有耕地面积65.52万hm^2，素有“陇东粮仓”之称。农作物以小麦为主，其次是玉米、高粱、糜、谷和马铃薯等，农副产品丰富。草地面积68.96万hm^2，牧草主要有紫花苜蓿、鹅绒委陵菜、车前子、早熟禾及莎草等，饲料条件较好。林地面积44.46万hm^2。良好的自然条件是庆阳驴形成的重要因素之一。

（三）品种畜牧学特性

庆阳驴由于受陇东沟壑纵横的地理条件、气候以及长期粗饲的影响，具有结构匀称、性情温驯、耐粗饲、食量小、体大力强、用途广、易于管理、抗病力和适应性强等特点。

二、品种来源与变化

（一）品种形成

甘肃省北部与新疆维吾尔自治区、内蒙古自治区连接的一带，各处都有小型驴。过去，庆阳市由于交通不便，驴是当地的主要役畜。

庆阳市紧接陕西关中，其自然环境条件与关中渭北黄土高原一带大致相同。由于关中驴的使役性能优于当地的小型驴，因此群众多年来不断引进关中驴和当地的小型驴杂交。这种情况一直持续至今。经过长期级进杂交和自群繁育，使原当地小型驴的外貌逐渐改变，表现出和关中驴相似而又不同的外形。1980年经甘肃省“庆阳驴品种鉴定会议”鉴定认为庆阳驴是小型驴和大型驴在血缘上互相混合的产物。

产区群众历史上很早就重视养驴、用驴，管理精细，加之环境适宜，饲料条件较好，杂种驴经过长期的自然繁殖、人工选育，形成了现在的庆阳驴品种。

（二）群体数量

2006年6月共存栏庆阳驴7.88万头，主要分布在庆阳、平凉、定西、天水等地，其中庆阳市有2.55万头。

（三）变化情况

1. 数量变化 近年来，随着社会经济的发展，现代化交通工具逐渐取代了驴的挽驮功能，庆阳驴的役用价值逐渐丧失。养驴经济效益不理想、封山禁牧等影响了群众养驴的积极性。20世纪80年代初作为主产区的马莲河、环江两岸的董志塬、早胜塬等地形平坦、交通便利的前塬地区，至2006年庆阳驴已趋于绝迹。现主要产于镇原、庆城等山区县。庆阳市1986年存栏13.04万头，2000年存栏10.78万头，2003年存栏8.04万头，2006年存栏2.55万头。近20年来庆阳驴数量呈逐年大幅下降趋势。

2. 品质变化 庆阳驴在2007年测定与1980年的体重和体尺对比，各项指标均有所提高（表1）。品质提高的主要原因可能是产地群众重视选育工作。

表1 1980、2007年成年庆阳驴体重和体尺变化

年份	性别	头数	体重（kg）	体高（cm）	体长（cm）	胸围（cm）	管围（cm）
1980	公		214.47	127.00	129.00	134.00	15.50
2007		10	273.55	129.41 ± 2.52	130.00 ± 3.45	150.75 ± 5.62	17.60 ± 0.68
1980	母		189.34	122.00	121.00	130.00	14.50
2007		50	242.65	124.93 ± 2.78	125.63 ± 3.70	144.43 ± 6.34	16.36 ± 0.73

三、品种特征和性能

（一）体型外貌特征

1. 外貌特征 庆阳驴属中型驴。体格粗壮结实，体形接近正方形，结构匀称。头中等大小，眼大圆亮，耳不过长，颈肌厚，鬃毛短稀。胸发育良好，肋骨较拱圆，背腰平直，腹部充实，尻稍斜而不尖，肌肉发育良好。四肢肢势端正，骨量中等，关节明显，蹄大小适中，蹄质坚实。群众以“四蹄两行双板颈，罐罐蹄子圆眼睛”，形容其体躯结构和体质特点。

毛色以黑毛为主，还有少量青毛和灰毛。黑毛驴的嘴周围、眼圈和腹下、四肢上部内侧，多为灰白色或淡灰色。

2. 体重和体尺 2007年9月26日甘肃省畜牧技术推广总站和庆阳市畜牧工作站联合在庆阳市测量了成年庆阳驴的体重和体尺，结果见表2。

表2　成年庆阳驴体重、体尺和体尺指数

性别	头数	体重（kg）	体高（cm）	体长（cm）	体长指数（%）	胸围（cm）	胸围指数（%）	管围（cm）	管围指数（%）
公	10	273.55	129.41 ± 2.52	130.00 ± 3.45	100.46	150.75 ± 5.62	116.49	17.60 ± 0.68	13.60
母	50	242.65	124.93 ± 2.78	125.63 ± 3.70	100.56	144.43 ± 6.34	115.61	16.36 ± 0.73	13.10

庆阳驴公驴

庆阳驴母驴

（二）生产性能

1.役用性能　庆阳驴体质紧凑壮实，性情温驯，行动灵敏，耐劳持久，使役性能好。日工作7h，一对驴可耕地0.33km^{2}左右。驮载能力强，据庆阳市畜牧兽医站调查，庆阳前塬地区，公驴驮90kg左右，母驴驮75kg左右，一天可行30km；庆阳西川地区，公驴驮100 ~ 120kg，母驴驮80 ~ 90kg，一天可行40km。

2.繁殖性能　庆阳驴性成熟较早，公驴初配年龄约为1.5岁，但一般2.5 ~ 3岁作种用；母驴初情期约为1岁，2岁即可产驹，但农村多在2岁以上才开始配种繁殖。在饲养条件较好时，母驴一生可产驹12 ~ 13头，一般7 ~ 9头。

四、饲养管理

庆阳驴饲养方式以舍饲为主，较少放牧。夏秋喂禾草、青苜蓿和少量的麦秸；冬春喂麦秸，并搭配少量谷草及干苜蓿。农忙时每天补饲精料1.5 ~ 2kg，主要有高粱、豆类、麸皮等；农闲时少喂精料。

五、品种保护和研究利用

尚未建立庆阳驴保护区和保种场，未进行系统选育，处于农户自繁自养状态。在一些交通不便的地区，庆阳驴仍作为山区农民的役畜使用，并已逐步向肉用、皮用方向转变。

李红梅等（2005）利用血清蛋白标记分析了包括庆阳驴在内的6个驴品种的遗传结构和种间相互关系。

六、品种评价

庆阳驴是在山区沟壑等复杂自然环境下经长期选育形成的地方品种，体力强大、耐粗饲、疾病少、好使役，很受欢迎。近年来，随着交通条件改善和农业机械化的发展，庆阳驴已经失去了原有的役用价值，数量急剧下降。今后应加强本品种保护与选育，扩大优秀种驴的作用，限制外来品种驴杂交，向肉用、皮用方向发展，建立专门化品系，进一步提高其品质。

苏北毛驴

苏北毛驴（Subei donkey）属小型兼用型地方品种，1974年全国畜禽品种资源调查时命名。

一、一般情况

（一）中心产区及分布

中心产区在江苏省连云港市、徐州市、宿迁市，主要分布于淮北平原，即苏北灌溉总渠以北的地区。

（二）产区自然生态条件

产区位于北纬33° 8′ ~ 35° 07′、东经116° 22′ ~ 119° 48′，地处江苏省北部。地势西北高、东南低，境内平原、海洋、高山、河湖、丘陵、滩涂俱有，总体上仍以平原为主，地势低平。最高海拔625m，丘陵海拔一般100 ~ 200m，平原海拔3 ~ 50m。属暖温带湿润、半湿润季风气候区。年平均气温14℃，最高气温38℃，最低气温-11℃；全年无霜期200 ~ 220天，3月底或4月初至10月底或11月初。年降水量800 ~ 930mm，主要集中在夏季；相对湿度72%左右。年平均风力2 ~ 4级，平均风速2.8m/s。河道纵横、湖泊众多，京杭大运河南接骆马湖、北连微山湖，贯穿全产区，大小水库近300个，水源充足。土壤以潮土、砂土、黏土、中性土为主。土地总面积2.73万km^2，2005年有耕地面积141.21万hm^2，产区农业发达，粮食作物主要有小麦、稻谷、玉米、薯类等，经济作物主要有棉花、花生、大豆、油菜等，农副产品丰富，为养驴提供了充分的饲料来源。草山草坡面积7.00万hm^2，人工草地面积3.00万hm^2。林地面积45.66万hm^2，森林覆盖率23%以上。

（三）品种畜牧学特性

苏北毛驴性情温驯，易于管理，对产区的气候条件、饲养管理方式非常适应，形成抗逆性强、耐粗饲、劳役能力较强等特征，抗病力强、很少发生疾病，深受当地群众喜爱。

二、品种来源与变化

（一）品种形成

苏北毛驴在产区养殖历史悠久，江苏地区的驴主要由西北一带扩散而来，最早进入历史已难以查考，至迟应在宋代。另据明代《隆庆海州志》记载，苏北地区的东海县等地当时已养驴、用驴。在苏北一些地形起伏的丘陵地区，交通相对不便，农耕、运输、拉磨、骑乘，小型驴更为适用。群众对种公驴要求比较严格，所留公驴质量较好，基本用于配种；其余公驴大多在性成熟之前就被淘汰作为肉用。这些是产区小型驴得以长期繁育的主要原因。通过产区群众长期的繁育、选择，形成了本品种。

近年来，受市场需求影响，东海县等地引进关中驴等大中型驴种与苏北毛驴杂交，对苏北毛驴品种纯正性产生影响。

（二）群体数量

2005年末产区存栏苏北毛驴23 487头，其中基础母驴10 728头、种用驴1 961头。

（三）变化情况

1.数量变化 1980年苏北毛驴存栏77 368头，其中徐州市铜山、邳州、新沂三县市占总数的1/3以上，苏北灌溉总渠以南的扬州、南京等地农村也有分布。2005年末苏北毛驴存栏23 487头，数量呈大幅下降趋势，近年来尤为严重，品种分布区域已缩小至苏北有丘陵分布的县市，且配种公驴数量严重减少。主要原因是随着机械化的发展，苏北毛驴的役用功能明显下降，需求量降低。近年来，苏北毛驴多向肉用方向转变，但其体型较小、生长速度慢，经济效益相对较低，受外来品种杂交影响很大。

2.品质变化 苏北毛驴2005年测定与1980年的体重和体尺对比，体尺、体重有所提高（表1）。体尺提高的主要原因是，社会经济水平提高，饲养条件改善。

表1 1980、2005年苏北毛驴体重和体尺变化

年份	性别	头 数	体重（kg）	体高（cm）	体长（cm）	胸围（cm）	管围（cm）
1980	公	60	153.79	106.45 ± 9.30	109.00 ± 10.30	123.44 ± 9.60	13.63 ± 1.10
2005		51	196.98	122.60 ± 7.10	115.70 ± 8.40	135.60 ± 9.10	15.80 ± 1.70
1980	母	140	150.20	105.80 ± 8.20	108.01 ± 8.70	122.55 ± 10.60	12.36 ± 1.40
2005		164	184.23	118.40 ± 6.00	109.50 ± 10.10	134.80 ± 8.20	14.80 ± 1.40

三、品种特征和性能

（一）体型外貌特征

1.外貌特征 苏北毛驴属小型驴。体质较结实，结构匀称、紧凑，性情温驯。头较清秀，面部平直，额宽、稍突，眼中等大，耳大、宽厚。颈部发育较差，薄而多呈水平，头颈、颈肩结合一般。鬐甲较高，胸多宽深不足，腹部紧凑、充实，背腰多平直、较窄。尻高、短而斜。肩短而立，四肢端正、细致干燥，关节明显，后肢股部肌肉欠发达，多呈外弧肢势，系短而立。蹄质坚实。尾础较高，尾毛长度中等。

毛色主要为灰色、黑色，约占85.5%，其他还有青色、白色、栗色等。灰毛大多有背线与鹰膀，兼有粉鼻、亮眼、白肚等特征。另据新沂市58头驴调查，黑色占47.5%，青色、灰色占32.1%，栗色占20.3%。

2.体重和体尺 2005年对产区成年苏北驴进行了体重和体尺测量，结果见表2。

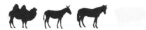

表2　成年苏北毛驴体重、体尺和体尺指数

性别	头数	体重（kg）	体高（cm）	体长（cm）	体长指数（%）	胸围（cm）	胸围指数（%）	管围（cm）	管围指数（%）
公	51	196.98	122.6 ± 7.1	115.7 ± 8.4	94.4	135.6 ± 9.1	110.6	15.8 ± 1.7	12.9
母	164	184.23	118.4 ± 6.0	109.5 ± 10.1	92.5	134.8 ± 8.2	113.9	14.8 ± 1.4	12.5

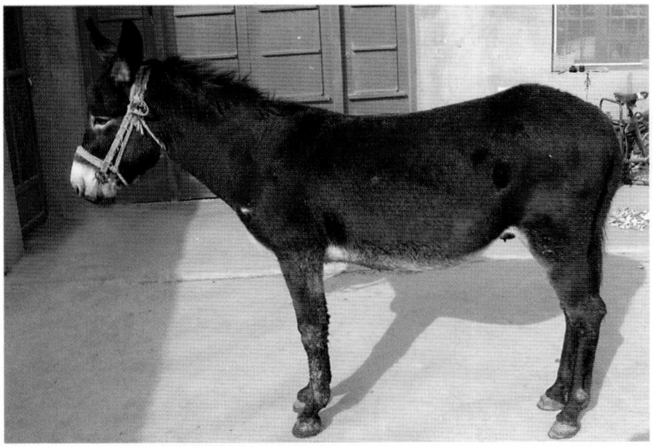

苏北毛驴公驴

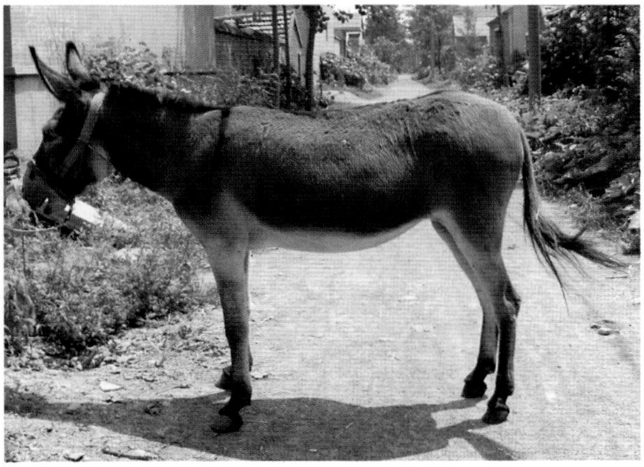

苏北毛驴母驴

（二）生产性能

1.役用性能　苏北毛驴的役用性能较强，速度虽慢，但持久力较好，以前主要用于辅助耕地、拉车、打场、驮运、拉磨、骑乘等，现在多用于拉平车，短途运输。一般从2岁开始劳役，利用期16～18年，4～10岁为主要利用期。苏北毛驴最大瞬间挽力为156.32kg，是其自身体重的73%～80.2%。拉平车可载重200kg，时速5～6km，日行40～50km，连续行走5～7天。中等膘情的毛驴，每头每天劳役8h，耕地0.2～0.27km^2；磨小麦面10～15kg/h，磨玉米面8～12kg/h；驮重50～75kg。至20世纪80年代苏北一带仍有专业户专养骑乘驴，日行达50km；农民养骑乘驴专用作交通工具。机械化发展后苏北毛驴已基本不再用作骑乘。

2.产肉性能　据丰县畜牧水产局调查，苏北毛驴成年驴屠宰前活重175kg，屠宰率43%，净肉率34%。

3.繁殖性能　苏北毛驴公驴18月龄性成熟，3岁开始配种，一般可利用至15～20岁。母驴初情期为8～12月龄，12～18月龄性成熟，2.5岁开始配种，可利用至16～20岁。母驴常年发情，春秋季最为明显，发情周期21～25天，发情持续期3～9天、平均6天，妊娠期331～380天、平均360天。公驴以自然交配为主，每年每头可配母驴10～20头；个别乡镇开展了人工授精，每年每头公驴可配母驴20～50头。幼驹初生重公驹22～26kg，母驹19～25kg，180日龄断奶重公驹50kg，母驹45kg。

四、饲养管理

苏北毛驴多以舍饲为主、放牧为辅，夏季割草饲喂，大多每户养1头驴，建有棚圈。白天挽车使役，夜间舍饲，幼驴一般跟着母驴生活。饲养管理较为粗放，自配饲料以精料加秸秆为主，常用的粗料有麦秸、花生秸、豆秸、玉米秸等，平均日饲喂秸秆7.5 ~ 9.5kg，精料1 ~ 1.5kg。母驴分娩比较顺利，很少出现难产。

苏北毛驴群体

五、品种保护和研究利用

尚未建立苏北毛驴保护区和保种场，未进行系统选育，处于农户自繁自养状态。现在苏北农村，苏北毛驴除在地形起伏的丘陵山区用于短途运输外，有很大一部分运至山东临沂等地作肉用。

六、品种评价

苏北毛驴体格较小、性情温驯、易管理、耐粗饲、抗病力强、适应性广、运步灵活，具有一定的役用能力，是经长期自然选择与人工选择形成的适应于江苏省北部地区环境条件的地方良种。近年来，苏北毛驴的使役功能已逐渐被农机和其他机械所替代，但在地形复杂、道路较为崎岖的丘陵地区仍发挥一定的短途运输作用，尤其是中老年群众认为使用毛驴要比使用农机更安全、方便、简单。随着其向肉用方向开发，苏北毛驴受外来大中型驴种杂交的影响很大，种驴缺乏，品种数量下降严重。今后应加强品种保护，可在中心产区建立保种场，进行本品种选育，尤其应重视种公驴的选择，同时改进繁殖技术，扩大优良种驴的利用范围。在非中心产区可引入大型良种公驴进行经济杂交，建立肉用型与皮用型新品系，满足周边市场的需求。

淮北灰驴

淮北灰驴（Huaibei Gray donkey）属小型兼用型地方品种。

一、一般情况

（一）中心产区及分布

淮北灰驴中心产区在安徽省淮北市，主要分布于安徽省淮河以北，包括宿州市、亳州市和阜阳市等地区。

（二）产区自然生态条件

中心产区位于北纬33° 16′ ~ 34° 14′、东经116° 23′ ~ 117° 23′，地处安徽省北部、华东地区腹地，在安徽、江苏、山东、河南四省交界处，总面积2 741km^2。地势由西北向东南倾斜，为平原地区，平原面积占土地总面积的95.3%，海拔15 ~ 40m。属于暖温带半湿润季风气候，气候温和，四季分明，春秋季明显短于冬夏季，冬季寒冷干燥、夏季炎热多雨。年平均气温14.8℃，最高气温41℃，最低气温 -13℃；无霜期203天左右。年降水量830mm，雨季多集中在5 ~ 9月份，降水量占全年的50%左右；相对湿度68% ~ 70%；降雪主要集中在12月份和1月份。日照充足，年平均日照时数2 316h。年平均风速3.2m/s。水资源较为丰富，河流有十多条，主要河流有濉河、南沱河、闸河、龙岱河等自然和人工河流，还有大面积因采煤导致土地塌陷形成的永久性与季节性水面，生产、生活用水源为河水和地下井水。土壤以砂姜黑土和潮土为主，石灰岩残丘地带有面积较小的黑色石灰土、红色石灰土和棕壤分布。2006年中心产区有耕地面积13.60万hm^2，林地面积2.33万hm^2，没有天然草场，只有零星的人工牧草种植。农作物有小麦、大豆、水稻、玉米、花生等，饲料作物有玉米、甘薯等。一年两熟或两年三熟。

（三）品种畜牧学特性

淮北灰驴具有体质结实、性情温驯、吃苦耐劳、使役方便和繁殖性能好等特点。该品种对产区自然生态条件适应性较强，耐粗饲、抗病力强、易管理。

二、品种来源与变化

（一）品种形成

淮北灰驴的形成已有1 000多年的历史。在此漫长的历史时期中，淮北灰驴的发展和品种形成与产区的自然条件和社会政治经济因素密切相关。产区气候温暖、干燥，农业发达，农副产品比较丰富，环境条件很适宜淮北灰驴的生存繁衍。

（二）群体数量和变化情况

淮北灰驴1981年存栏31.73万头，1985年存栏29.4万头，1990年存栏21.8万头，1995年存栏14万头，2000年存栏3.7万头。2006年存栏2 363头，其中种用公驴128头、基础母驴936头。淮北灰驴已处于濒危—维持状态。近25年来，淮北灰驴呈现逐年大幅递减趋势，主要原因是农业机械化的发展逐渐替代了淮北灰驴的役用功能，驴的需求量显著减少；对淮北灰驴其他用途的利用未及时重视开发，品种资源受到严重冲击。近年来，淮北灰驴正在由役用逐步向肉役兼用和肉用方向发展。

三、品种特征和性能

（一）体型外貌特征

1.外貌特征 淮北灰驴属小型驴。体质紧凑，皮薄毛细，轮廓明显，体长略大于体高，尻高略高于体高。头较清秀，面部平直，额宽稍突。颈薄、呈水平状，鬐甲窄、低，胸宽深不足，肋拱圆。背腰结合良好、平直。尻高、短而斜，肌肉欠丰满。四肢细而干燥，关节坚实、明显，肩短而立，前膊直立、较长，后肢多呈刀状肢势，系短立，蹄小圆、质坚。尾毛稀疏而短。

毛色以灰色为主，具有背线和鹰膀。

2.体重和体尺 2007年4月安徽省淮北市畜牧兽医水产局、亳州市畜牧局在安徽省淮北市五沟镇、四铺乡、南坪镇和亳州市魏岗镇对6匹成年公驴和23匹成年母驴的体重和体尺进行了测量，结果见表1。

表1 成年淮北灰驴体重、体尺和体尺指数

性别	头数	体重（kg）	体高（cm）	体长（cm）	体长指数（%）	胸围（cm）	胸围指数（%）	管围（cm）	管围指数（%）
公	6	172.94	116.12 ± 3.45	120.17 ± 5.60	103.49	124.67 ± 5.32	107.36	13.05 ± 0.48	11.24
母	23	148.87	109.30 ± 4.89	115.39 ± 2.98	105.57	118.04 ± 3.15	108.00	12.73 ± 0.41	11.65

（二）生产性能

1.役用性能 淮北灰驴成年驴的最大挽力，公驴（151.83 ± 11.32）kg，母驴（130.26 ± 17.41）kg。公驴挽重车150kg左右，慢步1 000m时速为（5.45 ± 0.17）km，3 000m时速为（5.25 ± 0.19）km。母驴挽重车100kg左右，慢步1 000m时速为（5.14 ± 0.28）km，3 000m时速为（4.91 ± 0.30）km。成年驴驮载75 ~ 95kg，可日行25 ~ 35km。

2.产肉性能 2009年2月在亳州市魏岗镇对2岁左右的公驴和母驴进行了屠宰性能测定，结果见表2。

表2 淮北灰驴屠宰性能

性别	头数	屠宰重（kg）	胴体重（kg）	屠宰率（%）	净肉重（kg）	净肉率（%）	眼肌面积（cm^2）	肉骨比
公	5	162.5 ± 13.2	79.0 ± 6.6	48.6 ± 2.9	65.2 ± 6.4	40.1 ± 2.2	39.06 ± 9.16	4.72
母	5	143.3 ± 15.6	56.7 ± 4.5	39.6 ± 2.7	46.0 ± 5.2	32.1 ± 1.9	35.39 ± 8.25	4.30

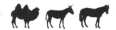

淮北灰驴公驴

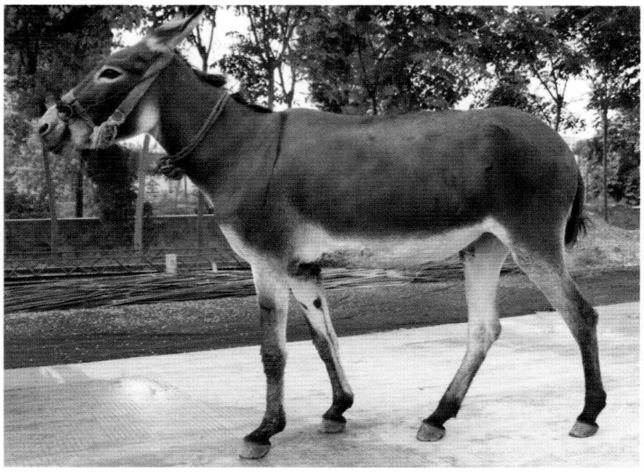

淮北灰驴母驴

3.繁殖性能 淮北灰驴公驴1～1.5岁性成熟，4岁开始配种；母驴1～2岁性成熟，2.5～3岁开始配种。母驴发情季节多集中于春、秋两季，发情周期21～28天，发情持续期5～6天，妊娠期361～367天，平均364天。公、母驴繁殖年限一般为13～15年。母驴年平均受胎率为49.3%，年产驹率为39.4%，终生产驹8～10头，幼驹成活率为98.5%。幼驹初生重（25.7±0.73）kg，幼驹断奶重（55.45±1.17）kg。

四、饲养管理

淮北灰驴主要为舍饲或半舍饲。成年驴日采食干物质约3.4kg。精料以豆粕、玉米、麸皮、棉粕等为主，粗饲料以小麦秸、稻草、玉米秸（或青贮）、大豆秸、甘薯秧和部分牧草等为主。

淮北灰驴群体

五、品种保护和研究利用

尚未建立淮北灰驴保护区和保种场，未进行系统选育，处于农户自繁自养状态。淮北灰驴主要用于短途挽车，也作肉用。安徽省1988年1月发布了《淮北灰驴》地方标准（皖D/XM 04—87）。

六、品种评价

淮北灰驴是安徽省一个历史悠久、分布较广的优良小型驴种，具有耐粗饲、适应性好、抗病力强和易管理等特点。该品种放牧及舍饲均可，适合农区饲养，但随着农业机械化程度的提高，饲养量大幅下降，已处于濒危状态，亟待加以保护。今后应开展品种保护与登记管理工作，建立保种场，增加群体规模，加强本品种选育，积极引导农户改变选育方向，使之由役用逐步向肉役兼用或肉用方向转变，进一步提高品质。

德州驴

德州驴（Dezhou donkey）因产区曾以德州为集散地而得名，亦称渤海驴或无棣驴，属大型兼用型地方品种。

一、一般情况

（一）中心产区及分布

德州驴主产于鲁北平原沿渤海各县，以山东省滨州市的无棣县、沾化县、阳信县，德州市的庆云县，河北省沧州市的沧县、黄骅、盐山等县市为中心产区，周边各县区也有分布。

（二）产区自然生态条件

产区位于北纬37° 36′ ~ 38° 07′、东经116° 29′ ~ 118° 14′，地处黄河、海河下游的鲁北冲积平原，总面积9 445.14km^2。地势较低，土地平坦。地势南高北低，由西南向东北倾斜，渐次过渡到大海，海拔8 ~ 800m。属温带东亚季风大陆性半湿润气候。年平均气温12.1 ~ 13.1℃，最高气温26.8℃，最低气温–4.5℃；无霜期185 ~ 194天。年降水量579 ~ 633mm，雨热同季，一般集中在6 ~ 9月份，年蒸发量1 806mm。光照充足，年平均日照时数2 772h。风向冬季以偏北风为主，夏季以偏南风为主，年平均风速2.7m/s。黄河河床高于平地，徒骇河、马颊河穿行其间，流入渤海，水利条件较好。产区土壤分褐土、潮土、盐土、砂姜黑土、风沙土5个类型。

2006年有耕地面积4 378.75km^2，土壤肥沃，自古以来农业发达，农作物主要有小麦、玉米、棉花、花生、甘薯、谷子、高粱、大豆等。随着退海地逐渐增多，近海处形成了大面积的天然草原，便于放牧。牧草地面积68.94km^2，主要牧草种类有芦苇、羽茅、草木樨、苜蓿、早熟禾等。产区农民素有种植苜蓿的习惯，既能改良盐碱地，又提供了优质饲料。林地面积2 014.34km^2，主要树种有槐树、榆树、杨树等。地多人少，广种薄收，繁殖驴、骡，以牧补歉，曾是该区农村作物种植和农业经济的主要特点。

（三）品种畜牧学特性

德州驴形成历史悠久，对本地的生态环境适应性良好，抗病性强、耐粗饲，可舍饲也可放牧。

由于近些年来农业机械化水平的提高，德州驴的役用价值下降。随着人民生活水平的快速提高，对驴肉、阿胶这些风味优美、具有保健作用的产品需求越来越大，德州驴的价值开始攀升，特别是乌头驴，是阿胶极品的原料。

二、品种来源与变化

（一）品种形成

据北魏《齐民要术》关于养驴技术的记述，证明山东省养驴至少有1 500多年的历史。宋代曾向该区大量引入驴。在长期的个体小农经济条件下，农民经济基础薄弱，养驴使役、繁殖、出售，均甚适宜。早年因农业产量不稳定，在精饲料比较缺乏的情况下，当地农民习惯以苜蓿草喂驴，保证了驴正常发育和繁殖所需要的营养物质，且群众长期养驴积累了丰富的选育经验，重视选育和培育驴驹。这些是形成德州驴的重要因素。

1962—1963年先后在无棣和庆云建立种驴场，组建育种群，进行系统选育、提纯复壮，并加强驴驹的培育，建立育种档案，注意选种选配，从而不断提高德州驴的质量。经过产区广大人民群众的选种选配、选优去劣，逐渐形成了具有挽力大、耐粗饲、抗病力强等特点的优良大型挽驮兼用品种。历史上，由于当地群众有用该驴驮盐到德州贩卖的习惯，使德州成了该驴的集散地，故有“德州驴”之称。

（二）群体数量

2006年末德州驴共存栏4.41万头，其中山东省滨州市存栏3.68万头、德州市存栏0.63万头、河北省存栏968头。德州驴无濒危危险，但数量呈快速下降趋势。

（三）变化情况

1.数量变化 近20年来，德州驴数量、质量呈迅速下降趋势。20世纪80年代末，德州驴存栏数量曾达到20余万头，但随着农业机械化水平的提高，德州驴的役用价值降低，再加上繁殖周期长、经济效益低，群众养殖积极性不高，保种工作减弱，造成数量迅速下降。滨州市德州驴1994年存栏11.06万头，1999年存栏6.02万头，2000年存栏4.82万头，2001年存栏5.77万头，2004年存栏4.13万头，2005年存栏4.15万头，2006年存栏3.68万头，总体趋势为逐年递减。

2.品质变化 德州驴在2006年测定时与1975年的体重和体尺对比，除公驴胸围外，其他各项指标均有所增加（表1），增加的主要原因可能是选育与饲养水平提高。

表1　1975、2006年成年德州驴体重和体尺变化

年份	性别	头　数	体重（kg）	体高（cm）	体长（cm）	胸围（cm）	管围（cm）
1975	公	123	281.14	136.40	136.40	149.20	16.50
2006		6	285.93	140.22	138.78	149.17	17.41
1975	母	677	249.05	130.10	130.80	143.40	16.20
2006		6	261.31	135.03	134.21	145.01	16.20

三、品种特征和性能

（一）体型外貌特征

1.外貌特征 德州驴体格高大，结构匀称，体质紧凑、结实、方正。头颈、躯干结合良好，头颈高扬，眼大嘴齐，耳立。有悍威，背腰平直，腹部充实，尻稍斜，肋拱圆，四肢有力，关节明显，蹄

圆而质坚。

毛色分“粉黑”（鼻周围粉白，眼周围粉白，腹下粉白，其余毛为黑色）和“乌头”（全身毛为黑色）两种，这表现出不同的体质和遗传类型。前者体质结实干燥，头清秀，四肢较细，肌腱明显，体重较轻，动作灵敏。后者全身毛色乌黑，无任何白章，全身各部位均显粗重，头较重，颈粗厚，鬐甲宽厚，四肢较粗壮，关节较大，体型偏重，动作较迟钝。

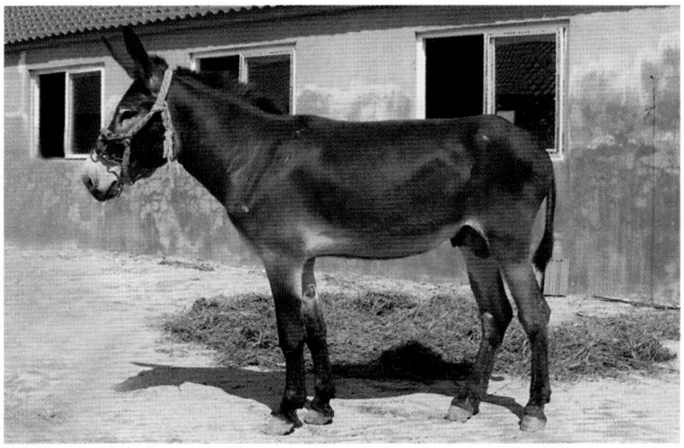

德州驴公驴

德州驴母驴

2. 体重和体尺　2006年对成年德州驴进行了体重和体尺测量，结果见表2。

表2　成年德州驴体重、体尺和体尺指数

性别	头数	体重（kg）	体高（cm）	体长（cm）	体长指数（%）	胸围（cm）	胸围指数（%）	管围（cm）	管围指数（%）
公	6	285.93	140.22 ± 3.80	138.78 ± 3.77	98.97	149.17 ± 4.45	106.38	17.41 ± 0.85	12.42
母	6	261.31	135.03 ± 4.76	134.21 ± 5.32	99.39	145.01 ± 8.15	107.39	16.20 ± 0.92	12.00

（二）生产性能

1. 役用性能　据德州驴调查组1975年对4头驴进行的挽力测定，其最大挽力占体重75% ~ 78%；单套七寸步犁，沙壤地耕深15cm，日耕田0.13 ~ 0.17hm^2；单驾胶轮车载重1 000kg或驮重100 ~ 125kg，平均日行30 ~ 40km。

2. 产肉性能　德州驴在未经育肥的条件下，屠宰率为40% ~ 46%，净肉率为35% ~ 40%，经过育肥后屠宰率可达50%以上。

3. 繁殖性能　德州驴性成熟较早，12 ~ 15月龄开始性成熟，2.5岁开始配种。种公驴性欲旺盛、精液品质优良，平均每毫升精液含精子约2亿个，精子活率0.8，常温下可存活72h，在体内保持受精能力持续时间长。据掖县土山牧场观察，德州驴精子在母体内有受精能力的持续时间高达135h。母驴发情无季节性，发情周期21 ~ 23天、平均22.9天，妊娠期360天；年平均受胎率84.11%，一般终生产驹10头左右。

四、饲养管理

德州驴以农户舍饲为主，多拴养、固定槽位，公、母驴分槽饲养，春、夏、秋季舍饲和放牧饲养，冬天全舍饲。饲喂以青、粗饲料为主，辅以混合精料。喂料少给、勤添，坚持喂夜草，供给充足、卫生的饮水及少量食盐。每天定时清理厩舍，保持舍内干燥、清洁和通风。幼驹出生后2周左右自行采食嫩草，补喂少量精料，由少至多。6月龄断奶。

德州驴群体

五、品种保护和研究利用

采取保种场保护。为保护和开发利用好这一优良的地方品种，1956年建立无棣种驴场，2005年改名为德州驴种质资源场，2006年经山东省畜牧办公室批准更名为山东省德州驴原种场。1998年无棣县畜牧局在无棣境内划定碣石山镇的大吴、小吴、坡宋、张家，埕口镇的孙眨河、宋王以及马山子镇的大梁王、高井等8个行政村为德州驴保护区，根据其分布情况又划分为3个保护群，保护群规模为935头，其中公驴31头、母驴904头。2003年7月无棣县与东阿阿胶集团、山东省畜牧兽医总站合作投资建立了无棣天龙科技开发公司，旨在开展德州驴保种选育工作的同时，进一步开发利用这一优良的种质资源。山东省德州驴原种场自2006年开始进行良种登记。

杨东英（2008）对两种不同遗传类型的德州驴（粉黑驴和乌头驴）的线粒体DNA D-loop区进行PCR扩增并测序，证明了乌头驴和粉黑驴可能来自不同母系起源。

德州驴1987年收录于《中国马驴品种志》，2006年列入《国家畜禽遗传资源保护名录》，我国2010年6月发布了《德州驴》国家标准（GB/T 24877—2010）。

六、品种评价

德州驴是著名的役用家畜，以耐粗饲、抗病力强、饲料消耗较少和行动灵活、善于运输而著称，是我国大型驴种之一。随着经济和社会的发展，德州驴的役用价值逐渐丧失，但其肉用、皮张制阿胶、奶用价值逐渐凸显，被人们所接受，颇具开发利用价值。今后应在建立保种场和保护区的基础上，进行本品种选育，控制特级种驴外流，开展品系繁育，向肉用、驴皮药用及乳用方向发展，并注意保护和发展乌头类型的驴群。

长垣驴

长垣驴（Changyuan donkey）为大型兼用型地方品种，于1990年5月经原全国马匹育种委员会组织鉴定，正式定名。

一、一般情况

（一）中心产区及分布

长垣驴产于豫北黄河由东西转向南北的大转弯处，中心产区为河南省长垣县，周边的封丘、延津、原阳、滑县、林州、濮阳等县和山东省东明县的部分地区有少量分布。

（二）产区自然生态条件

产区位于北纬34° 59′ ~ 35° 23′、东经114° 29′ ~ 114° 59′，东、南临黄河，地势平坦，属平原地貌，海拔57 ~ 69.1m。总面积4 000多km^2。属暖温带大陆性季风气候，全年四季分明。年平均气温13.6℃，极端最高气温41.5℃，极端最低气温-18.3℃；无霜期213天。年降水量603.5mm，雨季时间约为70天，相对湿度70%。年平均日照时数2 183.9h，热量条件基本满足一年两熟的需要。年平均风速2.4m/s。产区为黄河水系交织区，水资源比较丰富，地下水位较高，储量较大。土层为黄河淤积土质，呈碱性。土壤有滩沙土、两合土、淤土、盐碱土、风沙土、灌淤土等类型。耕地面积70 239hm^2，草场面积530hm^2，林地面积800hm^2。黄河滩区植被茂盛，饲草资源丰富。产区都是农业县，主要农作物有小麦、玉米、大麦、大豆、谷子、高粱、花生、甘薯等，能够为长垣驴提供丰富的饲料。

近10年来生态环境有所变化，地下水位下降，土壤pH降低，多数盐碱地变为粮田，可耕地面积增加。其他方面未有显著变化。

（三）品种畜牧学特性

长垣驴适应于产区生态条件，役用性能好，耐粗饲，食性广，适应性强，抗病能力强。

二、品种来源与变化

（一）品种形成

长垣驴饲养历史悠久，形成在宋朝以前，明朝时大发展。宋朝长垣属开封府辖，“清明上河图”中，有以驴驮物者多处，可见当时养驴业很繁荣。据《长垣县志》记载：“富人外出多骑马、驾车；穷人远出多雇驴代步。”由于相对封闭的地理环境，少与外界交流，经历代劳动人民的精心培育，逐渐形成了独具特征的长垣驴地方品种。

新中国成立后，当地政府非常重视长垣驴的发展，每年举行一次种驴评比大会。1958年农历二月十九“斗宝大会”上，开展种驴评比活动，由当时县领导亲自牵种驴配种，省农牧厅领导专程参加牲畜评比大会。1959年10月长垣曾选送种公驴作为地方良种赴北京参加“建国十周年农业成果展览”，对长垣驴扩大分布范围起了很大作用，很快便输往东北三省、河北、山西、山东和河南北部地区。由于长垣种驴外流严重，为了保持长垣驴的良好性能，1960年县政府在恼里乡沙窝村与武占村之间建立了畜牧场，饲养种驴400多头。1964年又将恼里乡的油坊占村、张占乡的部坡村等10个大队，作为长垣驴选育基地。1974年针对外地客户对种驴需求不断增加的实际情况，在县畜牧场组建了种驴分场，集中体高140cm以上的种公驴和133cm以上的母驴，专门培育优质种驴，到1980年长垣驴存栏量达到1.4万头，品种质量得到显著巩固和提高。1990年原全国马匹育种委员会对长垣驴进行现场鉴定，命名为“长垣驴”。

（二）群体数量和变化情况

1986—1996年长垣驴数量稳定在4万头左右，中间有小幅度的增长，其中1989年有4.32万头，中心产区长垣县有1.52万头，占总数的1/3。1996年以后呈逐年下降的趋势，到2002年锐减至1万头左右。近年来，随着农业机械化程度的提高和农村生活条件的改善，长垣驴的数量进一步急剧减少，至2006年存栏总数为1 363头，其中基础母驴855头、种用公驴8头。长垣驴已处于濒危状态。

三、品种特征和性能

（一）体型外貌特征

1.外貌特征 长垣驴体质结实干燥，结构紧凑，体形近似正方形。头大小适中，眼大，颌凹宽，口方正，耳大而直立。颈长中等，头颈紧凑。鬐甲低、短，略有隆起。前胸发育良好，胸较宽而深。腹部紧凑，背腰平直，尻宽长而稍斜，中躯略短。四肢强健，蹄质坚实。尾根低，尾毛长而浓密。

毛色多为黑色，眼圈、嘴鼻及下腹部为粉白色，黑白界限分明，部分为皂角黑（毛尖略带褐色，占群体数量的15%左右）。其他毛色极少。当地流传着“大黑驴儿，小黑驴儿，粉鼻子粉眼儿白肚皮儿”的民谣。

2.体重和体尺 2006年4月新乡市畜牧局、长垣县畜牧局、延津县畜牧局联合对长垣县和延津县的成年长垣驴进行了体重和体尺测量，见表1。

长垣驴公驴

长垣驴母驴

表1　长垣驴成年体重、体尺和体尺指数

性别	头数	体重（kg）	体高（cm）	体长（cm）	体长指数（%）	胸围（cm）	胸围指数（%）	管围（cm）	管围指数（%）
公	15	251.8	136.0 ± 3.4	133.0 ± 4.2	97.8	143.0 ± 3.71	105.1	16.0 ± 1.0	11.8
母	150	235.1	129.4 ± 4.7	129.2 ± 5.9	99.8	140.2 ± 5.5	108.3	15.2 ± 1.0	11.7

（二）生产性能

1.运动性能　1986年10月徐庆良、户守良等对3头种公驴、3头公驴、3头母驴进行了速力测定：1 000m用时7.5min；3 000m用时32.7min；最大挽力种公驴326kg，母驴218kg。

2.产肉性能　2006年12月郑州牧业工程高等专科学校刘太宇对膘情中等的5头长垣驴（3头公驴、2头母驴）进行了屠宰性能测定。屠宰率为52.7%，净肉率为41.6%。肌肉纤维细密、质嫩，色泽红润、稍暗。结果见表2。

表2　长垣驴屠宰性能

头数	屠宰率（%）	净肉率（%）	胴体产肉率（%）	眼肌面积（cm^2）	肌肉厚度（cm）		脂肪厚度（cm）		肉骨比
					腰部	大腿	背部	腰部	
5	52.7	41.6	78.8	48.1	4.74	12.3	0.16	0.18	3.8

3.繁殖性能　长垣驴公驴25月龄性成熟，2.5 ~ 3岁开始配种；母驴20月龄性成熟，2 ~ 2.5岁开始配种。母驴发情季节3 ~ 5月份居多，发情周期21天；怀驴驹妊娠期355天左右，怀骡驹妊娠期338天左右，一般可利用15 ~ 20年；年产驹率75%。幼驹初生重公驹35kg，母驹27kg；幼驹断奶重（85 ~ 100日龄）公驹50kg，母驹46kg。

长垣驴繁殖以本交为主，种公驴本交时每2天可交配母驴1头，每年可配种70 ~ 90头，母驴受胎率为90%；采用人工授精时，公驴射精量一般60 ~ 90mL，全年可负担140 ~ 280头母驴的配种任务，母驴的受胎率为93%。

四、饲养管理

长垣驴主要为舍饲，饲草要铡短，根据季节、气候淘草或者加水拌料。成年驴每天喂精料0.5 ~ 1kg、粗料3 ~ 5kg，农忙季节精料加倍。长垣驴对饲养管理条件要求不高、耐粗饲，但掉膘后不易复膘。

五、品种保护和研究利用

长垣驴2009年3月通过国家畜禽遗传资源委员会鉴定。长垣县“长垣驴育种委员会”在1986年对长垣驴进行了生化测定，见表3。

1986年成立了长垣县“长垣驴育种委员会”，制定了“长垣驴保护条例（草案）”，2009年3月制定了河南省长垣驴地方标准（草案）。

产区经济社会条件改善，长垣驴主要在一些经济条件稍差的农户家中用于挽驮等役用。

表3 成年长垣驴生理指标（1986）

性　　别		公	母
头数		5	5
体温（℃）		37.0	36.5
脉搏（次/min）		43	45
呼吸（次/min）		18	16
红细胞计数（百万个/mm^3）		5.8	5.4
白细胞计数（千个/mm^3）		8.3	7.7
血红蛋白含量（g）		11.4	11.4
白细胞分类(%)	嗜碱性粒细胞	0.6	0.6
	嗜酸性粒细胞	3.4	3.2
	中性粒细胞	58.4	55.2
	淋巴细胞	35.4	38.8
	单核细胞	2.2	2.2

六、品种评价

长垣驴饲养历史悠久，体格较大，体质结实，结构匀称，毛色纯正，行动敏捷，繁殖性能好，耐粗饲、易饲养，役肉兼用。今后应大力加强保种工作，建立品种登记体系，通过本品种选育提高其肉用性能，综合开发药用等其他用途，以适应市场需求，提高经济效益。

川驴

川驴（Sichuan donkey）1978—1983年第一次全国畜禽品种资源调查时命名，根据产地不同有阿坝驴、会理驴等名称，属役肉小型兼用型地方品种。

一、一般情况

（一）中心产区及分布

川驴主产于四川省甘孜藏族自治州的巴塘县，阿坝藏族羌族自治州的阿坝县和凉山彝族自治州的会理县。甘孜藏族自治州的乡城、得荣等县，凉山彝族自治州的会东、盐源等县，广元市的部分县及产区周边县市也有分布。

（二）产区自然生态条件

主产区位于北纬26° 5′ ~ 33° 37′、东经98° 58′ ~ 102° 38′，地处四川省西北部、西部和西南部，为青藏高原东南缘，总面积2.306万km^2。多属丘陵、高原和高山峡谷地区，海拔1 300 ~ 4 000m。巴塘县地势西北高、东南低，平均海拔3 300m以上；阿坝县地势由西北向东南逐渐倾斜，平均海拔3 300m；会理县地处西南横断山脉东北部，地势北高南低，平均海拔1 900m。因各地海拔不一，气候差别较大。年平均气温3.3 ~ 16℃，极端最低气温-33.9℃，极端最高气温36℃；无霜期0 ~ 241天。干湿季分明，年降水量517 ~ 1 158mm，降水集中在5 ~ 9月份，相对湿度47% ~ 68%。年平均日照时数2 400h左右。年平均风速1.1 ~ 1.3m/s。河流主要属于长江水系，有金沙江、大渡河及其支流等，溪沟径流繁多，水资源丰富。土壤主要有红壤、棕壤等类型，且随着地形和地貌的变化，具有垂直分布的特点。

2006年主产区可利用草场面积128.47万hm^2，主要有禾本科、豆科、莎草科、菊科等牧草。耕地面积9.36万hm^2，主要农作物有水稻、小麦、玉米、黄豆、蚕豆、豌豆等。林地面积32.61万hm^2，有乔木林、灌木林、经济林等，主要树种有落叶松、马尾松、湿地松、油松、云杉、白杨、桦木等。

（三）品种畜牧学特性

川驴体小灵活、耐粗饲、适应性强、耐寒、抗暑、吃苦耐劳、抗病力较强，特别能在山地、高原的生态环境下从事驮、乘、挽等多种工作。

二、品种来源与变化

（一）品种形成

产区养驴历史悠久。据《倮情述论》和《西昌县志》记载，南诏时代（距今约1 000余年），有“段氏女赶驴驮米送寺斋僧诵经”的记载。《会理州志》记载“驴：别名长耳公，曰汉骊、曰蹇驴，似马而长颊，广额，磔耳，修尾，低小，不甚骏，善驮，有褐、黑、白三色”。《广元县重修县志》也记述有“驴乳之成分与人乳相近，可育婴儿，县产形小不敌秦产，可骑乘载物”。这些记载形象而生动地描述了川驴的由来、发展、外貌特点与利用情况。

当地群众十分重视公驴的选育，常在优秀的种公驴后代中选择初生体重较大、生长发育快、体质健壮、结构匀称、生殖器官发育正常的公驴作后备种驴，并精心饲养管理。对母驹的选择不太严格，成年后基本均留作繁殖。

川驴与产区群众日常生产、生活密切相关，经过长期的选育和饲养，在特定的自然条件与经济条件下形成。

（二）群体数量

2005年末川驴共存栏7.35万头，其中种用公驴0.30万头、基础母驴2.37万头。

（三）变化情况

1.数量变化 川驴1983年存栏3.4万头，1995年存栏4.7万头，2005年末存栏7.35万头，近20年来呈现大幅上升趋势。主要原因是产区交通不便、机械化水平尚不高，养驴从事生产生活成本低、方便，受到群众喜爱。

2.品质变化 川驴在2006年测定时与1981年的体重和体尺对比，体重、体尺有所增加（表1）。增加的主要原因是近20年来产区群众一直坚持种驴的选育和肉用方向转型的需要。

表1 1981、2006年成年川驴体重和体尺变化

年份	性别	头数	体重（kg）	体高（cm）	体长（cm）	胸围（cm）	管围（cm）
1981	公	268	82.59	89.50 ± 0.29	92.50 ± 0.34	98.20 ± 0.34	11.80 ± 0.05
2006		30	124.78	98.73 ± 5.32	103.57 ± 5.62	114.07 ± 6.75	13.33 ± 0.64
1981	母	273	99.33	94.40 ± 0.36	97.30 ± 0.33	105.00 ± 0.41	12.00 ± 0.06
2006		153	104.61	95.44 ± 4.28	97.60 ± 5.73	107.59 ± 6.64	12.51 ± 0.75

三、品种特征和性能

（一）体型外貌特征

1.外貌特征 川驴属小型驴。体质粗糙结实。头长、额宽，略显粗重。颈长中等，颈肩结合良好。鬐甲稍低，胸窄、较深，腹部稍大，背腰平直，多斜尻。四肢强健干燥，关节明显。蹄较小，蹄质坚实。被毛厚密。

毛色以灰毛为主，黑毛、栗毛次之，其他毛色较少。一般灰驴均具有背线、鹰膀、虎斑，黑驴多有粉鼻、粉眼、白肚皮等特征。

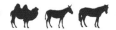

川驴公驴

川驴母驴

2.体重和体尺 2006年分别测量了巴塘县、会理县、盐源县和阿坝县牧户饲养的成年川驴的体重和体尺，结果见表2。

表2 成年川驴体重、体尺和体尺指数

性别	头数	体重（kg）	体高（cm）	体长（cm）	体长指数（%）	胸围（cm）	胸围指数（%）	管围（cm）	管围指数（%）
公	30	124.78	98.73 ± 5.32	103.57 ± 5.62	104.90	114.07 ± 6.75	115.54	13.33 ± 0.64	13.50
母	153	104.61	95.44 ± 4.28	97.60 ± 5.73	102.26	107.59 ± 6.64	112.73	12.51 ± 0.75	13.11

（二）生产性能

1.役用性能 川驴主要用于驮及挽。1.5岁开始调教使役，成年驴短途驮载120 ~ 160kg，长途驮载50 ~ 70kg，日行15 ~ 20km。单驴驾胶轮板车载300 ~ 500kg货物，在有起伏的路上日行30km左右。每年使役280天左右，使役年限达20年。

2.繁殖性能 川驴公驴1.5 ~ 2岁性成熟，3岁左右开始配种，5 ~ 10岁配种能力最强，一般利用年限5 ~ 12年。母驴1.5岁左右性成熟，2.5 ~ 3岁开始配种；发情季节3 ~ 10月份，配种旺季4 ~ 6月份，发情周期20 ~ 30天，发情持续期4 ~ 7天，妊娠期345 ~ 365天；三年产两胎或一年产一胎，繁殖利用年限达20岁左右，终生产驹8 ~ 12头；年平均受胎率75%，年产驹率72%。自然交配条件下每头公驴的配种母驴25 ~ 50头。幼驹初生重公驹16kg，母驹13.7kg；幼驴断奶重公驹48.2kg，母驹45.3kg。

四、饲养管理

川驴主要采取放牧和舍饲相结合的饲养管理方式。夏秋季牧草生长期间集中在离居民点较远的草场、轮休地上自由放牧；冬春季放养于离居民点较近的草场或农耕地上，主要饲喂农作物秸秆，夜间各户舍饲。使役期间，各地根据当地条件适当补饲少量青干草、莞根、茶叶、青稞或燕麦等。阿坝县的种公驴在配种期实行系牧，公驴配种期和产驹后母驴补喂少量青稞糠或糌粑面。

川驴群体

五、品种保护和研究利用

尚未建立川驴保护区和保种场，未进行系统选育，处于农户自繁自养状态。1980—2007年川驴存栏量一直增加，从2.9万头增加到10.3万头，说明驴在偏僻山区有不可替代的重要作用，主要用于驮运和拉载货物。

六、品种评价

川驴体小精悍，体质粗糙结实，结构良好，性情温驯，耐粗饲，易管理，役用性能好，遗传性能稳定，繁殖力、抗病力强，具有良好的适应性和多种用途，是山地重要役畜，群众多喜饲养。今后应加强本品种选育，在注意对优良种公驴选择和培育的基础上，做好繁殖母驴的选育，不断提高本品种质量。在做好品种资源保护的前提下，可在非中心产区适当引入大、中型驴进行杂交，提高川驴的肉用性能，以满足市场需要。

云南驴

云南驴（Yunnan donkey）为云南省各地所产小型驴的统称。属于小型役肉兼用型地方品种。

一、一般情况

（一）中心产区及分布

云南驴主产于云南省西部的大理白族自治州的祥云、宾川、弥渡、巍山、鹤庆、洱源，楚雄彝族自治州的牟定、元谋、大姚，丽江市的永胜以及云南省南部的红河哈尼族彝族自治州的石屏、建水等县市。在云南省许多干热地区均有分布。

（二）产区自然生态条件

中心产区位于北纬22°～27°、东经100°～104°，地处云南省西部以及南部，总面积约11万km^2，海拔高差大，平均海拔1 950m左右。境内山峦密布、地形复杂，高原比较平缓，间有较大的坝子以及山地、丘陵、河谷等地貌。属亚热带季风气候区，气候立体多样，垂直变化大，低纬高原气候特征明显，雨热同季，冬春干燥，干湿季分明。年平均气温14.9～16.3℃，气温多在0℃以上；无霜期244～365天。由于水、热的时空分布不均，产区具有干湿季明显的气候特点，年降水量875mm，6～10月份降水量占全年总量的85%；相对湿度68%。产区地处金沙江、红河流域的分水岭上，地高山旷、河短流急，泉源河流极少，多为时令河。水量来源主要是降水补给和水利工程蓄水，地下水利用较少，属水资源较为贫乏地区。土壤主要为红壤、紫色壤和黄壤，土质大部分为酸性，pH 4.5～6.5。

中心产区的宽谷地带、湖盆和坝子是云南省较发达的农区之一，主要农作物有水稻、玉米、小麦、豆类、油菜、薯类等，经济作物有烤烟、水果、油料作物、亚麻、辣椒、茶等。农副产品主要有农作物秸秆、糠壳、藤蔓和各类糟、粕、渣等。丰富的农副产品，为发展养驴业提供了有利条件。产区草丛草场和灌丛草场的自然生产力因光、水、热条件不同呈现季节性的不平衡，草场植被群落以旱中生禾草为主，豆科牧草较少，且产量较低、质量不佳。其中楚雄彝族自治州总面积的65%为草山草坡，可饲用的野生牧草种类较为丰富，主要有禾本科、豆科、菊科、莎草科等，1983年以来该州在海拔1 800m以上的地区开展了人工种草和草场改良，2002年以后又推广农作物套种饲料作物和利用冬闲农田开展农田种草工作，主要种植黑麦草、黄花苜蓿等，为驴的舍饲提供了一定的饲草基础。

（三）品种畜牧学特性

云南驴的适应性较强，生长在炎热干燥、土地瘠薄、草被稀疏的生态环境中，在海拔300～3 200m的地区皆能正常生长繁殖。云南驴不择食、耐粗饲、能吃苦耐劳、耐高温和高湿、耐饥渴、性情温驯、合群性好、抗病力强，能较好地适应云南的立体气候。

二、品种来源与变化

（一）品种形成

产区养驴历史悠久。驴传入云南的最早年代及路线难以考证，但据史料记载，楚雄彝族自治州元谋县在1 700多年前已“户养驴骡”。红河哈尼族彝族自治州石屏县关于驴的文字记载也已有1 250多年（始于公元752年）。据《永胜县志》记载：“元代时内地居民携牛马驴骡竞相入境。”清康熙《广西府志·弥勒州物产志》也有“兽之属：牛、马、驴、骡、羊……”的记载。就云南驴的体型、外貌和性能进行研究，它与现今新疆的小型驴极为相似，因此，云南驴由西北和内地传入有一定根据。历史上，驴在红河哈尼族彝族自治州除作为役畜外，也是财富的象征，俗话说“彝族有钱一群驴”，多余的驴作为商品出售以换回必需的生活用品。产区山高坡陡、地势偏僻、交通不便，生产、生活资料等都靠驴进行驮运。

云南驴与产区各族群众生产、生活息息相关，是重要的农业生产和交通运输工具，是在当地自然环境和社会经济条件下，经过劳动人民长期选育形成的一个地方小型驴种。产区部分县市曾于20世纪50—60年代引进佳米驴、关中驴等良种公驴进行改良，但多利用其经济杂交优势，并无系统性的选育。

（二）群体数量

云南驴2005年末共存栏23.2万头，其中大理白族自治州有4.38万头，楚雄彝族自治州有6.77万头，红河哈尼族彝族自治州有1.1万头。种用公驴3 500头，基础母驴7.06万头。

（三）变化情况

1.数量变化 产区云南驴1983年末存栏17.6万头，2005年为23.2万头，近20年来数量上升并保持基本平稳。主要原因是：产区山高坡陡、交通不便，云南驴数百年来一直被当地群众当作交通和劳役工具，是旱地农业区的主要役畜和交通不便地区的重要运输工具。随着农业机械化的发展和交通运输条件的改善，驴作为役畜的使用价值越来越低。然而，由于云南驴肉质细嫩、味道鲜美，且当地多有食驴肉的习惯，云南驴已由单一的役用型逐渐转变为役肉兼用型，数量虽有波动，但存栏数并未减少，这与云南驴肉用途径的及时开发有重要的关系。

2.品质变化 云南驴在2006年测定与1980年的体重和体尺对比，体尺、体重有所提高（表1）。品质提高的主要原因是农作物产量提高、饲料充足，以及农户养驴技术不断改善。

表1　1980、2006年云南驴体重和体尺变化

年份	性别	头数	体重（kg）	体高（cm）	体长（cm）	胸围（cm）	管围（cm）
1980	公	36	92.88	93.61 ± 4.18	92.19 ± 4.48	104.31 ± 4.86	12.22 ± 0.68
2006		34	127.27 ± 18.35	102.30 ± 5.72	104.86 ± 4.96	114.49 ± 5.62	13.61 ± 0.75
1980	母	76	100.78	92.46 ± 4.02	93.68 ± 3.79	107.79 ± 6.14	11.98 ± 0.78
2006		221	119.39 ± 15.52	98.89 ± 4.42	102.68 ± 3.95	112.06 ± 4.30	12.84 ± 0.50

三、品种特征和性能

（一）体型外貌特征

1.外貌特征 云南驴属小型驴。体质干燥结实，结构紧凑。头较粗重，额宽且隆，眼大，耳长且

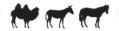

大。颈较短而粗，头颈结合良好。鬐甲低而短，附着肌肉欠丰满。胸部较窄，背腰短直、结合良好，腹部充实而紧凑，尻短斜、肌肉欠丰满。四肢细长，前肢端正，后肢多外向，关节发育良好，蹄小、质坚。尾毛较稀，尾础较高。被毛厚密。

毛色以灰色为主，黑色次之。多数驴均具有背线、鹰膀、虎斑及粉鼻、亮眼、白肚等特征。

云南驴公驴

云南驴母驴

2.体重和体尺 2006年云南省大理白族自治州家畜繁育指导站、祥云县家畜改良站、楚雄彝族自治州畜牧兽医局、牟定县畜牧兽医局和红河哈尼族彝族自治州畜牧兽医站和石屏县畜牧局在祥云县、牟定县和石屏县测量了成年云南驴的体重和体尺，结果见表2。

表2 成年云南驴体重、体尺和体尺指数

性别	头数	体重（kg）	体高（cm）	体长（cm）	体长指数（%）	胸围（cm）	胸围指数（%）	管围（cm）	管围指数（%）
公	34	127.27 ± 18.35	102.30 ± 5.72	104.86 ± 4.96	102.50	114.49 ± 5.62	111.92	13.61 ± 0.75	13.30
母	221	119.39 ± 15.52	98.89 ± 4.42	102.68 ± 3.95	103.83	112.06 ± 4.30	113.32	12.84 ± 0.50	12.98

（二）生产性能

1.役用性能 云南驴以驮用、挽用为主，富于持久力。据调查，成年驴一般驮重50 ~ 70kg，可日行30 ~ 40km。一驴驾挽小胶轮车，在一般农村普通土路载重量达300 ~ 500kg，日行30 ~ 40km。使役年限达20年左右。

2.产肉性能 云南驴的产肉性能较好。2006年大理白族自治州家畜繁育指导站和祥云县家畜改良站选择成年云南驴公驴2头、母驴3头进行了屠宰性能测定，其产肉性能和肌肉化学成分见表3、表4。

表3 云南驴屠宰性能

头数	体重（kg）	胴体重（kg）	屠宰率（%）	净肉重（kg）	净肉率（%）
5	107.06	58.70	54.83	39.84	37.21

表4 云南驴肌肉主要化学成分

头数	水分（%）	干物质（%）	灰分（%）	粗蛋白质（%）	粗脂肪（%）
5	63.36	36.64	1.24	32.90	6.60

3.繁殖性能 2006年云南省大理白族自治州家畜繁育指导站、楚雄彝族自治州畜牧兽医局和红河哈尼族彝族自治州畜牧兽医站根据历年资料统计，云南驴性成熟年龄公驴18 ~ 24月龄，母驴18 ~ 20月龄；初配年龄公、母驴都在30 ~ 36月龄。母驴发情多在2 ~ 7月份，4 ~ 5月份为母驴配种旺季，发情周期20 ~ 30天，发情持续期3 ~ 8天；妊娠期355 ~ 390天，一般三年产二胎；年平均受胎率90%，年产驹率92%；在一般饲养管理条件下，母驴可以繁殖至18 ~ 20岁，个别可达30岁，繁殖盛期为5 ~ 15岁，一头母驴终生可产驹10 ~ 15头；采用人工授精时母驴受胎率76%，每头公驴的年配种母驴330头左右。幼驹初生重公驹10 ~ 13kg，母驹12 ~ 15kg；幼驹断奶重公驹40 ~ 42kg，母驹38 ~ 40kg（生后6月龄断奶）。幼驹成活率90%。

四、饲养管理

产区群众有丰富的饲养管理经验，“养驴相似马，马无夜草不肥，驴无夜草不壮”。饲养方式多为终年半放牧、半舍饲，白天放牧于田野，夜间舍饲，喂5 ~ 6kg干稻草或粉碎后的农作物秸秆，根据生产情况适当补饲精料0.5 ~ 1kg。母驴哺乳期，每日至少喂一次盐水浸泡过的胡皮豆（约0.5kg），帮助开胃并防止拉稀，幼驹哺乳一般不少于6个月，断奶时喂给健胃药。

云南驴群体

五、品种保护和研究利用

尚未建立云南驴保护区和保种场，未进行系统选育，处于农户自繁自养状态。云南驴曾经是产区群众的主要役畜之一，近年来已经开始向肉用型方向逐渐转变，目前驴肉市场良好，当地养驴多作肉用。

曹景峰等（2001）检测了云南驴的前白蛋白（Pre）、白蛋白（Alb）、运铁蛋白（Tf）3个血液蛋白质位点多态性，结果表明云南驴平均有效等位基因数较多，可见该品种受人工选择影响较小、遗传多样性好。高雪（2003）等研究认为云南驴与新疆驴和凉州驴具有较近的亲缘关系，在品种形成过程中可能受到东南亚、南亚地区驴种的影响，这一结果与品种历史、生态地理分布以及驴种的传播路径相吻合。雷初朝等（2005）研究认为云南驴线粒体D-loop区序列多态性比较丰富，遗传多样性较好。

六、品种评价

云南驴体小精悍，体质粗糙结实，具有适应性强、不择食、耐粗饲、持久力好、吃苦耐劳、性情温驯、易于调教管理、善走山路、繁殖性能好、遗传性稳定等特点，在山区炎热干燥、贫瘠的环境中有特殊的役用价值。随着产区农业和交通运输业的不断发展，人民生活水平的逐步提高，云南驴的肉用性能得以开发。云南驴饲料报酬率高，肉质鲜美、细嫩，驴皮还可制“阿胶”。但其前胸较窄，需要通过选育逐步克服。云南驴是我国特有的山地小型驴种，也是我国体格最小的驴种之一，有体高仅65 cm的个体。

今后应加强本品种保护和选育工作，特别要注意公驴的选择和培育，防止无序交配和近亲交配，不断提高质量；有计划地对该遗传资源进行利用，一方面选择少量体格最小的公、母驴，建立矮驴繁育品系，以逐步形成世界上体格最小、结构良好的矮驴品种，以开拓供观赏和儿童骑乘的新利用途径；另一方面，在有条件的地区可引入大中型公驴进行经济杂交，从而提高其产肉性能，满足市场的需求。

西藏驴

西藏驴（Tibetan donkey）亦称藏驴、白朗驴，1998年西南部分省、自治区畜禽遗传资源补充调查时命名，属小型兼用型地方品种。

一、一般情况

（一）中心产区及分布

西藏驴主产于西藏自治区的粮食主产区，如日喀则地区的白朗、定日等县，山南地区的贡嘎、乃东、桑日等县，昌都地区怒江、金沙江流域的八宿、芒康等县，周边地区亦有散在分布。中心产区为白朗、贡嘎、乃东三县。

（二）产区自然生态条件

主产区位于北纬27° 31′ ~ 32° 6′、东经82° ~ 99° 2′，地处雅鲁藏布江中上游，高山河谷和高原性山地相间分布。北靠冈底斯山脉，南依喜马拉雅山脉，雅鲁藏布江自西向东贯穿其中。海拔3 500 ~ 5 300m，海拔5 000m以上的山峰11座，最高海拔6 647m的雅拉香波山是天然的雪山冰川。属高原温带半干旱季风气候区，年温差较小，昼夜温差大。年平均气温6.3℃。干湿季分明，夏季雨水较充沛，年降水量350 ~ 410mm左右，多集中在6 ~ 9月份。日照充足，太阳辐射强烈，年平均日照时数3 200h。年平均风速3m/s左右。境内河流属雅鲁藏布江水系和怒江、澜沧江、金沙江水系。土壤主要有高山草原土、高山草甸土、灌丛草原土、潮土、亚高山草原土、亚高山草甸土等。

中心产区均是西藏的农业区，白朗、贡嘎、乃东三县是西藏的商品粮基地县。三县总面积近7 000km^2，2005年有耕地1.55万hm^2、草场38万hm^2、林地面积2.55万hm^2。农业生产历史悠久，主要农作物有青稞、冬小麦、豌豆、油菜、马铃薯、莞根等。牧草产量低，利用不够合理。

（三）品种畜牧学特性

西藏驴在当地农业生产中是主要役畜之一，体格较小，体质结实，性情温驯，行动灵活，耐粗饲，耐寒，善走山区小道，役力强，承担驮运种子、秸秆、畜粪的工作，在传统的农业生产中发挥了重要作用。长期恶劣环境的磨炼，造就了西藏驴较强的抗逆性能。

二、品种来源与变化

（一）品种形成

家驴由野驴驯化而来。家驴的野生祖先有亚洲野驴和非洲野驴。亚洲野驴有几个地方类型，西藏野驴又称康驴（*Equss hemionus kiang*），是这几种地方类型之一，目前在西藏驴产区仍有大量群息。西藏驴的起源，一是由非洲野驴的亚种驯化家养，经中亚、黄河流域逐渐播迁至西藏广大地区，二是由亚洲野驴亚种之一骞驴直接驯化而来，目前捕获的西藏野驴与西藏驴有较相似的外形特征；藏民仍有捕幼小野驴驯化家养的习惯。因此，西藏驴仍是以上两种来源的混合类型，经过长期的自然选择和人工选育形成的地方品种。当地群众认为，西藏驴和农业生产关系非常密切，其驯化与青稞的起源处于一个时期，至少已有4 000年的历史。据考证，畜牧业起源于农业之前，西藏驴的历史比青稞种植起源早若干世纪。

根据《敦煌古藏文》记载：公元6世纪初，在日喀则的东部，山南地区琼结县一带，当地群众利用马和驴、牦牛和黄牛杂交，繁殖骡和犏牛，夏秋季节贮备牲畜的冬春饲草。由此可见，1 400多年前，西藏驴主产区已具备一定的舍饲条件和繁殖、饲养、利用驴的技术水平。

（二）群体数量

2006年末西藏驴总存栏8.58万头，其中基础母驴3.04万头。

（三）发展变化

1.数量变化 近年来西藏驴的数量逐渐减少，1981年末存栏9.97万头，1999年末存栏9万头，2007年末存栏8.58万头。主要原因是西藏自治区各级政府提倡利用小型机械代替畜力，且产区群众没有食用驴肉的习惯，驴产品多用途开发未能有效开展。

2.品质变化 西藏驴在2008年测定时与1998年的体重和体尺对比，公驴体高下降明显，母驴体高有所增加，其他体尺变化不大，见表1。

表1 1998、2008年成年西藏驴体重和体尺变化

年份	性别	头数	体重（kg）	体高（cm）	体长（cm）	胸围（cm）	管围（cm）
1998	公	21	128.47	106.13 ± 8.57	103.43 ± 8.09	115.82 ± 7.80	13.86 ± 1.05
2008		10	128.39	102.86 ± 4.5	103.30 ± 6.30	115.86 ± 6.9	13.46 ± 1.50
1998	母	102	128.48	102.86 ± 4.51	103.37 ± 6.33	115.86 ± 6.97	13.46 ± 1.58
2008		50	128.47	106.13 ± 8.50	103.43 ± 8.00	115.82 ± 7.70	13.86 ± 1.00

三、品种特征和性能

（一）体型外貌特征

1.外貌特征 西藏驴体格小而精悍，体质结实干燥，结构紧凑，性情温驯。头大小适中，耳长中等。头颈结合良好，鬐甲平而厚实。肋骨拱圆，背腰平直，腹较圆，尻短、稍斜。四肢端正，部分后肢呈刀状姿势，关节明显，蹄质坚实。

毛色主要为灰毛、黑毛，另有少量栗毛。黑毛中粉黑毛较多。灰毛驴多具有背线、鹰膀、虎斑等特点，是西藏驴的正色，被当地群众誉为“一等”。

“江嘎”和“加乌”是藏语对西藏驴中特别优秀者的称呼。这部分驴体格高大、体质结实、役力强，“江嘎”藏语有野驴之意，毛色为黄褐色，有背线和鹰膀。“加乌”基础毛色是黑色或灰黑色，有粉鼻、粉眼、白肚皮等特征。20世纪80年代中期存栏较多，并大量出口印度和尼泊尔，20世纪90年代中期后存栏数很少。

西藏驴公驴

西藏驴母驴

2.体重和体尺 2008年7月西藏自治区畜牧总站对日喀则地区白朗县的成年西藏驴进行了体重体尺测量，见表2。

表2 成年西藏驴体重、体尺和体尺指数

性别	头数	体重（kg）	体高（cm）	体长（cm）	体长指数（%）	胸围（cm）	胸围指数（%）	管围（cm）	管围指数（%）
公	10	128.39	102.86 ± 4.50	103.30 ± 6.30	100.43	115.86 ± 6.90	112.64	13.46 ± 1.50	13.09
母	50	128.47	106.13 ± 8.50	103.43 ± 8.00	97.46	115.82 ± 7.70	109.13	13.86 ± 1.00	13.06

（二）生产性能

1.役用性能 西藏驴以驮挽为主，兼可骑乘。驮载100kg货物，每小时行3 ~ 4km；拉载500kg货物，每小时行1 ~ 1.5km。成年母驴短距离运输每次驮重30kg，每天工作8 ~ 9h，每隔15天休息1天，可连续工作数月。成年公驴长途骑乘，骑手体重65kg、每天行20km，可连续骑乘15天，休息1天后返回，可重复行程。

2.繁殖性能 西藏驴公驴3岁性成熟，母驴3.5 ~ 4岁开始配种，发情配种无明显季节性，夏季配种较多，均采取自然交配。母驴发情周期14 ~ 36天、平均22天，发情持续期5 ~ 8 天，妊娠期350天左右；一般两年产一胎，在气候条件好的地方一年产一胎；终生产驹8头，最多可产15头。产区因习惯将初生母驹淘汰，所以繁殖成活率仅40% ~ 50%。

四、饲养管理

西藏驴以放牧为主，青草季节放牧于山坡、林间、田头。在山区放牧时，主要采食青稞草、麦草和一些杂草，食性广泛。多上午9点出牧，晚上8点归牧。冬春季节或劳役强度较重时补饲少量青稞、豌豆及菜类。一般无单独圈舍，拴于院内或院外，刮风、下雪也几乎是露天过夜。长期恶劣环境的风土驯化，造就了西藏驴较强的抗逆性能。

西藏驴为农牧户分散饲养，多年来没有传染病发生，抗病力很强，临床疾病主要为消化道疾病。

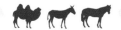

西藏驴群体

五、品种保护和研究利用

尚未建立西藏驴保护区和保种场，未进行系统选育，处于农牧户自繁自养状态。西藏驴在半农半牧区作为短途运输的得力工具，颇受农牧民喜爱。因产区群众不食驴肉，西藏驴中有一半由外地商人收购并运至其他省、自治区销售，多作肉用。

1992年由原西藏农牧学院对西藏驴血细胞进行观察分析，结果显示红细胞、白细胞含量，红细胞直径均比低海拔地区驴高，淋巴细胞和杆状核中性粒细胞含量均比平原地区驴高。

六、品种评价

西藏驴与产区自然及农牧业生态环境高度协调，对高海拔、低氧、干燥、贫瘠的环境适应良好，耐粗饲、性情温驯、易管理、役力强，作为西藏农区与半农半牧区特定地理条件下短途运输工具，有较好的利用价值。今后应加强本品种选育，选择质量较高的公驴留作种用，防止近亲交配。改变重公驹轻母驹的饲养繁殖方式，提高基础母驴的品质。在本品种选育中，注意保护并发展“江嘎”和“加乌”类型，可建立保种场。同时应拓宽品种利用途径，开发驴皮药用或生物激素生产功能。

关中驴

关中驴（Guanzhong donkey）属大型兼用型地方品种。

一、一般情况

（一）中心产区及分布

关中驴产于陕西省关中地区，主产于关中地区的陇县、陈仓、凤翔、千阳、合阳、蒲城、大荔、白水等县区。延安市南部几个县、汉中市亦有少量分布。

（二）产区自然生态条件

主产区位于北纬34° 09 ~ 35° 52′、东经106° 48′ ~ 110° 38′，东起潼关，西至宝鸡，南倚秦岭，北抵陕北高原。海拔360 ~ 1 300m，平均海拔500m。属暖温带半湿润气候，年平均气温13℃，无霜期210天。年降水量540 ~ 750mm，平均降水量660mm，其中夏、秋季占85%。年平均日照时数1 980 ~ 2 400h。河流主要有渭河、千河、泾河、北洛河、黑河等，其中渭河是黄河最大支流，横贯关中平原，年平均径流量102亿m^3。地势平坦，土壤肥沃，多为栗钙土，质地黏重，水利灌溉条件好。

2006年有耕地面积约152万hm^2，草场面积约74万hm^2，粮食产量816万t，粮食产量高，是我国重要粮棉产区之一。农作物以小麦、玉米、油菜、棉花为主。关中地区素有种植苜蓿、豌豆、黑豆等优质饲料作物的传统，饲料条件好，是培育和形成关中驴良种的物质基础。

（三）品种畜牧学特性

关中驴体格高大，体形略呈长方形，被毛细短。喜干燥温暖的气候环境，耐饥渴，饮水量小，食量小，性成熟较早，性格温驯，鸣声长而洪亮。耐粗饲，抗病力强。遗传性能稳定，适应性强，作为父本改良小型驴或与马杂交繁殖大型骡都有良好的效果，作为种驴不但输往云南、贵州、四川、甘肃和东北三省等地，还曾出口到朝鲜、越南和泰国。

二、品种来源与变化

（一）品种形成

早在先秦时代，关中地区就有驴，但非常罕见，《李斯谏逐客书》中有“而骏马駃騠不实外厩”，既有駃騠，就有驴，然而当时仅用于玩乐。自西汉张骞通西域后，始有大批驴、骡东来，此后陕西农民养驴日益增多，并成为重要役畜。《陕西省志》有北魏“太武帝将北征，发民驴以运粮”的记载；

《旧唐书·宪宗纪》道：在长安以东，“牛皆馈军，民户多已驴耕”，这些史料说明陕西关中地区养驴已有2 000多年的历史，并将驴作为重要役畜。

陕西关中是周、秦、汉、唐等11个王朝的古都所在地，作为全国政治、经济和文化中心长达1 000多年，国内外交往和物资运输频繁，农耕发达。当时的交通运输全靠马、骡、驴担负，特别是通往西南和丝绸之路的西北路途山高坡陡、道路艰险，长途运输多依赖体大力强、富有持久力和耐劳苦的大骡；加之关中平原土壤黏性大，耕种费力，亦需要体大力强的役畜，从而促使关中驴的体躯向大型挽用方向发展。

在汉武帝时代，关中即已种植苜蓿。关中驴自幼得到这种优质饲草，促进其正常发育，加上农民对牲畜饲养管理较精心，做到产前给母驴加料，产后适时补饲富含蛋白质且易于消化的优质草料，驴驹生后1个月左右，即单独补饲，冬季放于田野，任其活动，使役后终年舍饲。这些条件有助于本品种的形成。

产区农民很重视驴的选种选配，对种公驴选择尤为严格，向来重视其外形和毛色，要求体格高大、结构匀称、睾丸对称且发育良好、四肢端正、毛色黑白界线分明、鸣声洪亮、富有悍威。通过举办赛畜会、“亮桩”（种公畜评比会）等促进品种质量不断提高。经过长期的选育，形成了关中驴这一良种。

1935—1936年原西北农学院对关中驴的形成、体尺和外形作过第一次调查，提出“关中驴”之名，沿用至今。1956年西北畜牧兽医研究所和原西北农学院又作了系统调查，初步摸清了品种资源。此后，相继在关中驴产区，确定良种繁殖基地县，1963年于扶风建立了种驴繁殖场，在咸阳、渭南两地区设立良种辅导站，制定《关中驴企业标准》和选育方案，并开展群众性选育工作，对关中驴的进一步提高，具有重要作用。

（二）群体数量

2006年末关中驴总存栏6 733头，其中基础母驴2 620头。存栏驴中宝鸡市3 838头，咸阳市469头，西安市97头，渭南市1 838头，铜川市34头，延安市374头，汉中市83头。关中驴处于维持状态，近年来数量迅速减少。

（三）变化情况

1.数量变化 关中驴1981年末存栏106 308头，2001年存栏9 633头，2006年存栏仅6 733头，存栏数量近20年来急剧减少，且呈继续减少趋势。1981年13个中心产区县市中的兴平、礼泉、乾县、武功、临潼、富平、岐山和扶风等8个县市存栏量大幅下降，均不足百头。数量下降的原因是这些中心产区多为平原区，随着农业机械化水平的提高，驴的役用需求大为减少，驴的养殖由平原区转向半山区、丘陵沟壑区。此外，驴产品开发相对其他畜产品滞后，驴的商品价值尚未充分发掘。

2.品质变化 2007年与1981年比较，成年公驴体尺和体重均无明显变化；母驴体高、胸围、管围和体重有不同程度下降，分别下降1.5%、3.9% 、5.9%和7.6%，见表1。变化的原因是人们对关中驴的需求大为减少，不再重视选育。关中驴的生产方向、役用性能、繁殖性能等无明显变化。

表1　1981、2007年成年关中驴体重和体尺变化 .

年份	性别	头数	体重（kg）	体高（cm）	体长（cm）	胸围（cm）	管围（cm）
1981	公	130	263.63	133.21 ± 6.64	135.40 ± 7.16	145.01 ± 8.67	17.04 ± 1.54
2007		10	254.77	133.45 ± 2.11	135.50 ± 3.37	142.50 ± 3.37	16.70 ± 0.35
1981	母	413	247.46	130.04 ± 5.93	130.31 ± 6.54	143.21 ± 8.11	16.51 ± 1.34
2007		50	228.37	128.12 ± 4.82	130.34 ± 3.09	137.56 ± 3.60	15.53 ± 0.75

三、品种特征和性能

（一）体型外貌特征

1.外貌特征 关中驴属大型驴，体格高大，结构匀称，略呈长方形，体质结实。头大小适中，眼大有神，鼻孔大，口方，齿齐，耳竖立，头颈高昂，颈较长而宽厚。前胸较宽广，肋骨开张，背腰平直，腹部充实、呈筒状，尻斜偏短。四肢端正，肌腱明显，关节干燥，韧带发达，蹄质坚实、形正。全身被毛短而细致、有光泽，尾毛较短。

毛色以黑色有三白（粉鼻、粉眼、白肚皮）特征为主，占85%以上。少数为栗色和青色。

关中驴公驴

关中驴母驴

2.体重和体尺 2007年3月由宝鸡市畜牧兽医中心组织，在陇县河北乡东坡村、凤翔县城关镇周家门前村、陕西省关中驴场对成年关中驴进行了体重和体尺测量，见表2。

表2 成年关中驴体重、体尺和体尺指数

性别	头数	体重（kg）	体高（cm）	体长（cm）	体长指数（%）	胸围（cm）	胸围指数（%）	管围（cm）	管围指数（%）
公	10	254.77	133.45 ± 2.11	135.50 ± 3.37	101.54	142.50 ± 3.37	106.78	16.70 ± 0.35	12.51
母	50	228.37	128.12 ± 4.82	130.34 ± 3.09	101.73	137.56 ± 3.60	107.37	15.53 ± 0.75	12.12

（二）生产性能

关中驴适宜挽、驮和产肉。2007年10月由宝鸡市畜牧兽医中心组织在陇县对关中驴的生产性能进行了测定。

1.役用性能 用公、母驴分别挽曳载重600kg的胶轮架子车，在平缓的柏油公路上行走1 000m、3 000m所需时间，公驴为10min 30s和35min 20s，母驴为11min 25s和38min 50s。骑乘时人体重60kg、在平缓半山区土石路骑行30km，公驴用时3h 30min，母驴用时3h 50min。用农民饲养的成年关中驴在平坦的地面拉爬犁进行测试，最大挽力公驴241.5kg，母驴183.4kg。用农民饲养的成年驴测试，驮重150kg、在平路上行走1 000m，公驴用时13min 36s，母驴用时14min 10s。

2.产肉性能 通过对凤翔县华宇食品有限公司7头驴（2头公驴、5头母驴）的调查，关中驴的屠宰率为39.0% ±1.84%。

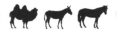

3.繁殖性能　关中驴在一般舍饲条件下，1 ~ 1.5岁母驴开始发情、公驴有性欲表现。公驴2.5岁开始配种，可利用至18岁，4 ~ 12岁配种能力最强，目前关中驴全部采用本交。母驴2.5岁开始配种，发情的季节性较明显，3 ~ 6月份为发情旺季；发情周期17 ~ 26天、平均21天，发情持续期5 ~ 8天，妊娠期365天；3 ~ 10岁时繁殖力最高，一般利用至14 ~ 15岁，终生产驹5 ~ 8头。公驹初生重26kg，断奶重95kg；母驹初生重23kg，断奶重85kg。

四、饲养管理

关中驴多舍饲饲养，一般日喂4次，定时定量。其日粮组成及喂量驴场和农户稍有不同，陕西省关中驴保种场的成年母驴日喂麦秸5.0kg、精料2.0kg；种公驴配种期日喂精料3.0kg，非配种期每天2.5kg。精料组成有玉米、麸皮、豆粕、骨粉和食盐等。农户饲养的成年母驴一般日喂精料1.5kg左右，精料组成为玉米、麸皮和自产的菜籽粕、醋糟及谷物皮等。粗饲料多为麦秸或玉米秸，夏秋季有些农户给驴补饲一定量的苜蓿青草。

陕西省关中驴保种场现存栏关中驴90头，凤翔县华宇关中驴基地存栏26头，其余为农户分散饲养，每户存栏1 ~ 2头。

由于关中驴多为农户分散饲养，规模化养殖很少，因此，多年来没有传染病发生。常见的疾病有肠便秘、胃肠炎、幼驹拉稀、怀骡驹有时难产等。

关中驴群体

五、品种保护和研究利用

采取保种场保护。1963年建立陕西省关中驴场，承担关中驴品种的繁育和资源保护。2006年存栏关中驴90头，其中基础母驴15头、配种公驴7头，育成驴及哺乳公、母驹68头。制定有《关中驴保种方案》。

1981年陕西省农牧厅组织有关单位对关中驴进行了一次普查鉴定，符合《关中驴企业标准》的良种驴有45 717头，占关中驴存栏量的43%。之后再未进行过鉴定登记。

2003年高雪等应用聚丙烯酰胺凝胶电泳（PAGE）检测了关中驴等8个驴品种2个血液蛋白质位点，结果显示关中驴等5个大、中型驴平均位点纯合度较高，受人工选育影响较大。用最小距离法对8个驴种进行聚类的结果显示，关中驴与晋南驴最先聚到一起。这一结果与品种历史、生态地理分布以及驴种的传播路径相吻合。2004年雷初朝等对6头关中驴线粒体DNA D-loop区399 bp的核苷酸序列进行了分析。说明关中驴mtDNA遗传多样性正逐步丧失，需要加强驴种质资源保护。以欧洲驴D-loop序列为对照，发现关中驴可能有两种不同的母系起源。2005年李红梅等采用垂直板聚丙烯凝胶电泳法，对关中驴等6个著名驴品种的多种血清蛋白的多态性进行了研究。结果表明，6个品种中的7个酶座位中，5个血清蛋白表现出丰富的多态性。2006年朱文进等对中国8 个地方驴种进行了遗传多样性和系统发生关系的微卫星分析，结果表明基因多态性和遗传多样性相对较高；大型品种关中驴与晋南驴、广灵驴、德州驴和中型品种庆阳驴聚为一类，各驴种的分子系统发生关系与其育成史和地理分布基本一致。

关中驴1987年收录于《中国马驴品种志》，2000年列入《国家畜禽品种保护名录》，2006年列入《国家畜禽遗传资源保护名录》。我国1986年发布《关中驴》国家标准（GB/T 6940 — 1986）。2008年2月发布了修订的《关中驴》国家标准（GB 6940 — 2008）。

目前陕西省关中驴保种场以保种为目的，凤翔华宇关中驴基地以繁殖育肥肉用驴为目的，农户多以役用为主。

六、品种评价

关中驴形成历史悠久，是我国优良的地方品种。体格高大，结构匀称，体质结实，耐粗饲，抗病力强，对干燥较温和的气候适应性很好，且遗传性能稳定，作为父本改良小型驴或与马杂交繁殖大型骡有良好效果。其缺点是尻短斜、耐严寒性较差。今后应加强保种工作，做好选种选配和幼驹培育。应继续坚持役肉兼用型方向，山区以役用为主、川原以肉用为主。通过本品种选育，在保持体质结实的同时进一步增大其体格，增强产肉性能，以满足人们对驴肉等驴产品的需求。

佳米驴

佳米驴（Jiami donkey）曾用名绥米驴、葭米驴，属中型兼用型地方品种。

一、一般情况

（一）中心产区及分布

佳米驴中心产区位于陕西省北部的佳县、米脂、绥德三县的毗连地带，以佳县乌镇、米脂桃镇所产最佳。主要分布于佳县、米脂、绥德三县及周边的榆阳、横山、子洲、清涧、吴堡、神木等县区。20世纪80年代至今曾先后引种到山西、内蒙古、宁夏、甘肃、贵州等20多个省、自治区，约5 000余头。

（二）产区自然生态条件

佳米驴主产区位于北纬36° 57′ ~ 39° 34′、东经107° 28′ ~ 111° 15′，为典型的黄土高原丘陵沟壑区地貌。地面崎岖不平，沟壑纵横，梁峁交错，海拔715 ~ 1 350m。为温带半干旱大陆性季风气候，冬季低温寒冷、降水少；夏季降水增多，易产生暴风雨和冰雹天气；春季易出现寒潮、大风、扬沙和沙尘暴天气；秋季降温明显。年平均气温10℃，极端最高气温40.8℃，极端最低气温-32.7℃；产区无霜期较短，平均134 ~ 169天，早霜一般出现在10月上旬，晚霜在5月上旬。年平均降水量316 ~ 513mm，主要集中在7 ~ 9月份，约占总降水量的65%；蒸发量大，比较干燥，相对湿度为63%。年平均日照时数2 600 ~ 3 000h。水资源贫乏。黄河沿产区东界南下，流经神木、佳县、绥德、清涧等县。境内有53条河流汇入黄河，较大的河流有黄甫川、清水川、孤山川、石马川、窟野河、秃尾河、佳芦河、无定河。河流多年平均地表径流总量为35.1亿m^3，其中自产径流量26.79亿m^3，入境客水8.3亿m^3。产区土质以黄绵土类为主，包括沙黑垆土、黑垆土、绵沙土、黄绵土等，为适宜种植苜蓿、沙打旺为主的豆科牧草草场和柠条为主的灌丛草场。

2006年产区有耕地面积54.2万hm^2，农作物年播种面积48.2万hm^2，适宜种植以谷子、糜子、绿豆、黑豆等为主的杂粮和玉米、高粱、马铃薯等农作物。至2006年区域内有人工草场49.3万hm^2，柠条为主的灌丛草场20余万hm^2，天然草地163.7万hm^2。除农作物秸秆外，苜蓿是主要饲料作物。

自1999年以来，产区开始实行退耕还林还草、封山禁牧、舍饲养畜等生态建设，生态环境发生了很大变化。2006年产区林木覆盖率达30.2%，草地植被盖度恢复到60%左右，林草覆盖率由20世纪50年代的1.8%提高到现在的39.8%，生态环境明显好转。

（三）品种畜牧学特性

佳米驴体型中等，适宜舍饲或放牧，合群性强；具有较强的适应性，耐粗饲，抗逆性强，耐严寒、干旱和高温，具有较强的抗应激能力；耐劳苦，适宜于驮挽使役；抗病能力强，发病率低。

二、品种来源与变化

（一）品种形成

陕西省历史博物馆展出的陕北东汉画像石拓片中已有驴的图像，证明产区养驴历史悠久。隋唐时期，陕西、甘肃地区就设立了繁殖驴、骡的牧场。据康熙二十年编的《米脂县志》记载："县民耕地多用驴，故民间甚伙，其佳者名黑四眉驴。"以后，该县志又有"驴性最驯易养，农民几无家不畜者，最佳者谓之黑四眉"的记载，确证远在清朝以前，该品种就已形成。1939年11月在陕西、甘肃、宁夏边区农业展览会上，佳米驴作为良种进行展览。

陕北地区历史上长期居住着少数民族，多以游牧为主。413年，匈奴在今靖边县北兴建了夏国国都——统万城。其后500多年间，这里成为内蒙古西部、甘肃东部、宁夏、陕西北部一带的政治经济中心。驴也源源不断由新疆扩散至宁夏、陕北落户。在当时以牧为主的社会经济条件下，驴不可能有大的变化。东汉至唐，陕北几经农牧交替，特别自唐代"安史之乱"后，农民被繁重的赋税所逼，以垦辟"荒闲坡泽、山原"为生，使陕北一带农耕地进一步迅速扩大，同时原有的生态植被被严重破坏。到宋代时，绥德、米脂、佳县一带已基本过渡到以农耕为主，驴种开始发生变化。丘陵起伏、沟壑密布的复杂地形，山地耕种、广种薄收的历史习惯，要求体质结实、体格较大、能力较强的驴，以适应繁重的驮挽劳役；农耕的发展，粮食等农产品的增多，饲养条件的改善，又为这种变化提供了可能。

产区群众对驴喂养精细，终年舍饲，合理使役，对孕畜和幼畜的管护更为精心。精饲料以黑豆、高粱、玉米及其糠麸为主，拌以铡短的谷草，搭配少量糜草和麦草。苜蓿在这里种植有千年之久，是驴的主要青饲料。苜蓿、谷草和黑豆是佳米驴形成的重要物质基础。群众对驴有严格的选种选配习惯。要求种公驴体质结实、结构匀称、耳门紧、槽口宽、双梁双背、四肢端正、睾丸发育好、毛色为黑燕皮，并从幼龄期开始培育；对母驴要求腰部及后躯发育良好。在这些因素的综合作用下，逐步选育出体格中等、驮挽兼用、善行山路的佳米驴。

产区一直坚持对佳米驴的本品种选育。20世纪60—70年代，曾全面开展佳米驴的选育，使佳米驴的种质特征和生产性能得到明显的巩固提高。首先，佳米驴选育一直坚持驮挽兼用方向，坚持开展普查鉴定，对达到《佳米驴企业标准》的个体建档立卡登记。据2001年佳县、米脂县两县对1 464头佳米驴的鉴定，特级占14.64%、一级占18.75%、二级占26.9%、三级占20.42%、等外占19.2%。其次，产地积极开展了驴的人工授精，并对优秀种公驴给予饲草料补贴，1989年以后这项工作停止。第三，建立佳米驴良种繁育基地，先后建立了佳县乌镇、佳芦镇、米脂桃镇、印斗乡和沙家店乡佳米驴基地乡镇。第四，导入关中驴血液，改良提高佳米驴体格。在20世纪70年代末、80年代初曾有计划地对产区体格较小的佳米驴用关中驴进行改良，取得较好的效果。

（二）群体数量

2006年榆林市12县区共存栏佳米驴32 560头，共有基础母驴12 560头、种用公驴66头（不完全统计）。其中主产区佳县、米脂、绥德三县存栏10 010头，占佳米驴总数的30.7%；横山县4 950头，榆阳区3 660头，清涧县2 955头，子洲县3 015头，靖边县2 965头，定边县2 863头，其他县2 502头。佳米驴无濒危危险，但近年来数量呈不断下降趋势。

（三）变化情况

1.数量变化 佳米驴在中心产区佳县、米脂、绥德三县呈明显下降趋势，1987年存栏3.05万头，2006年降到存栏10 010头，2007年又降到8 650头，较1987年下降71.6%。其主要原因：一是农业机械化进程加快，佳米驴的役用作用逐渐减弱；二是佳米驴中心产区农村人口流动加快，大量农村人口转移，不再以农为主，佳米驴饲养量减少；三是由于牛既可使役，又具有很好的肉用性，加之牛较驴饲养粗放、易管理，农民以养牛代替养驴。如佳县2007年牛饲养规模达1.3万头，较1987年增长441.6%，占大家畜比重达到72.2%，较1987年增长了59%；而佳米驴饲养规模为5 093头，较1987年下降58.3%。

2.品质变化 佳米驴在2007年测定时与1981年测定时的体重和体尺对比，体尺体重略有增加，见表1。

表1 1981、2007年佳米驴体重和体尺变化

年份	性别	头数	体重（kg）	体高（cm）	体长（cm）	胸围（cm）	管围（cm）
1981	公	31	217.9	125.8±4.7	127.2±6.6	136.0±19.7	16.7±0.9
2007		13	245.3	126.8±3.7	127.4±4.6	144.2±4.1	16.8±0.7
1981	母	283	205.8	120.9±4.5	122.7±8.2	134.6±10.7	14.8±1.1
2007		50	238.9	124.1±3.7	126.9±6.2	142.6±6.4	14.9±0.9

随着社会经济的发展，佳米驴的生产方向正在由驮挽兼用向肉役兼用方向转变。20世纪70年代，产区引入关中驴进行导血试验，使佳米驴体格有增大的趋势。2007年对骟驴进行了屠宰性能测定，屠宰率和净肉率达到58.99%和50.1%。

三、品种特征和性能

（一）体型外貌特征

1.外貌特征 佳米驴属中型驴。体质多属干燥结实型，次为细致紧凑型，少量为粗糙结实型。体格中等，体躯略呈方形，有悍威。头大小适中，额宽，眼大、有神，耳薄、竖立，鼻孔大，口方，齿齐，颌凹宽净。颈长而宽厚，韧带坚实有力，适当高举，颈肩结合良好，公驴颈粗壮。鬐甲宽厚，胸部宽深，背腰宽直，腹部充实，尻部长宽而不过斜；母驴腹部稍大，后躯发育良好。四肢端正，关节强大，肌腱明显，蹄质坚实。被毛短而致密，有光泽。

毛色有黑燕皮、黑四眉和白四眉。2007年调查统计，黑燕皮占89.7%，黑四眉占10.3%。黑燕皮驴的体质多为干燥结实型或细致紧凑型；黑四眉驴的“四白”面积更大，骨骼粗壮，体质多偏于粗糙结实型。

2.体重和体尺 2007年3月由榆林市佳米驴保种场，对佳米驴保种场及米脂县石沟乡罗家洼村、米脂县张家峁底村、佳县通镇高家塌村和大洼村农户饲养的成年佳米驴进行了体重和体尺测量，结果见表2。

表2 成年佳米驴体重、体尺和体尺指数

性别	头数	体重（kg）	体高（cm）	体长（cm）	体长指数（%）	胸围（cm）	胸围指数（%）	管围（cm）	管围指数（%）
公	13	245.3	126.80±3.70	127.40±4.60	100.47	144.20±4.10	113.72	16.80±0.66	13.25
母	50	238.9	124.10±3.70	126.90±6.20	102.26	142.60±6.40	114.91	14.90±0.93	12.01

佳米驴公驴

佳米驴母驴

（二）生产性能

1.役用性能 佳米驴性情温驯，行动灵活，适于驮、挽、骑等用途，为丘陵山区的理想役畜。速力、挽力与驮力测定结果见表3。

表3 成年佳米驴速度、挽力和驮力

项 目	头数	测试结果	测试条件
1 000m用时	9	（10.3±2.34）min	驮重60～70kg，丘陵区硬化沙石公路
3 000m用时	9	（32 ± 7.6）min	
长途骑乘35km	9	7.5h	
最大挽力	3	（180.8±17.3）kg	耕地
耕地	3	（0.109±0.01）hm^2/h	山坡地
拉车	5	（375±24.4）kg，2.5h	沙石硬化公路10km
驮力	9	（65±9.7）kg	丘陵区山坡路

注：2007年5月由榆林市畜牧局组织在佳县通镇高家焉村测定。

2.产肉性能 2007年由榆林市畜牧局组织在米脂县屠宰点对3头 3～4岁骟驴进行了屠宰性能测定，屠宰率为58.99%，净肉率为50.1%。

3.繁殖性能 佳米驴1.5～2岁性成熟，公驴一般3岁开始配种，全部采用本交，多采用拴桩人工辅助配种法，目前一头公驴全年能配母驴60～150头。母驴2.5～3岁开始配种，4～12岁繁殖力最强，多三年产两胎；发情季节3～9月份，5～7月份为配种旺季，发情周期（22.3±1.2）天，发情持续期（5.3±1.8）天，最长7天；妊娠期（342.7±10.9）天；年平均受胎率为70.1%，幼驹繁殖成活率88.2%。幼驹初生重公驹25.7kg，母驹22.5kg。

四、饲养管理

佳米驴以农户饲养使役为主，一般每户1～2头，喂养精细，终年舍饲，合理使役，对孕畜和幼畜的管护精心。一般按用途或使役、性别、个体情况不同分槽饲喂。苜蓿、谷草、黑豆是佳米驴重要的饲草饲料。冬春季节以谷草为主，辅以糜草或苜蓿干草等，并补喂黑豆、玉米等精料；夏秋季节以青苜蓿为主，辅以其他青草。佳米驴以自由运动为主，即在每次饲喂结束后，将其拴系在运动场、自由活动，群众俗称“吊驴”。

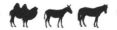

佳米驴群体

五、品种保护和研究利用

采取保护区和保种场保种。2003年建立了榆林市佳米驴保种场，采取保种场与保护区相结合的保种机制。至2007年已建成佳米驴保护区3个，即佳县通镇高家墕村保种区、米脂县罗家洼保种区、米脂县乔河岔乡张家峁底村保种区。榆林市佳米驴保种场2007年存栏繁殖母驴30头、配种公驴5头。佳米驴保种采取闭锁繁育、家系等数留种、延长世代间隔、提纯复壮、防止品种退化和杂合化等技术措施。

2002年高雪等应用聚丙烯酰胺凝胶电泳（PAGE）检测了佳米驴的2个血液蛋白质位点。结果显示，佳米驴等5个大、中型驴平均位点纯合度较高，且聚类结果与品种历史、生态地理分布及驴种的传播路径相吻合。2004年朱文进等利用24对微卫星标记对佳米驴遗传多样性进行了检测，结果表明包括佳米驴在内的8个驴品种中的遗传多样性丰富，且各驴种的分子系统发生关系与其育成史和地理分布基本一致。2005年雷初朝等利用Custaluw软件对佳米驴的mtDNA D–loop区399bP序列进行同源序列对比，以欧洲驴D–loop作对照，佳米驴的平均核苷酸变异率为2.2%。

佳米驴20世纪80年代初被列为陕西省地方畜禽品种的保护品种，1987年收录于《中国马驴品种志》，现有标准为陕西省企业标准《种驴标准　佳米驴》（陕QB1584—76）。

佳米驴主要用途以使役为主，适于驮、挽、乘等，近年逐渐转向肉用。

六、品种评价

佳米驴是我国优良的地方驴种，遗传性能稳定，体质结实，结构匀称，适应性强，抗逆性强，抗病力强，耐粗饲，耐严寒，耐干旱高温，耐劳苦，具有较好的役用性能和肉用性能。随着经济社会的快速发展，佳米驴以役用性能为主的生产方向已不能满足人民群众生产生活的需要。今后应根据社会发展的需要，对佳米驴的肉用性能进行系统全面研究与开发，宜在佳米驴主产区建立驴肉生产基地。为了保种，进一步提高质量和发展数量，加强本品种选育，改善饲养管理。

陕北毛驴

陕北毛驴（Shanbei donkey）是分布在延安、榆林两市小型驴的总称，属小型兼用型地方品种。在风沙区人们以其善走沙路而称作“滚沙驴”，为沙地型；在丘陵沟壑区多叫小毛驴，为山地型。

一、一般情况

（一）中心产区及分布

陕北毛驴主要分布在陕西省榆林市北部长城沿线风沙区和延安市北部丘陵沟壑区。1981年中心产区在榆林市的榆林（现为榆阳区）、神木、定边、府谷、横山、靖边等6个县，和延安市的吴旗、志丹、安塞、子长、延长、延安（现为宝塔区）、延川等7个县。2006年榆林市中心产区减少为定边、靖边、横山、子洲等4个县，延安市中心产区减少为吴起（原吴旗）、志丹、甘泉等3个县，中心产区由13个县减少为7个县。榆阳、横山、神木、府谷、子长、宜川、安塞、延川等县区亦有少量分布。

（二）产区自然生态条件

主产区位于北纬 36° 16′ ~ 39° 34′、东经107° 28′ ~ 110° 15′，地处陕西省的北部，在陕西、甘肃、宁夏、内蒙古、山西五省、自治区的接壤地带、黄土高原和毛乌素沙漠的交界处。地势由西北向东南倾斜，以长城为界，北部为风沙草滩区，南部为黄土丘陵沟壑区。海拔996.6 ~ 1 635.6m，平均海拔1 100m。属暖温带和温带干旱半干旱大陆性季风气候，四季分明，昼夜温差大。年平均气温8.5℃，最高气温39.9℃，最低气温−32.7℃；无霜期162 天左右。年降水量408mm，多集中在6 ~ 8月份；相对湿度56%。年平均风力2级，年平均沙尘暴2.18次。地处黄河中游地区，黄河沿东界纵贯产区。境内有洛河、延河、清涧河、仕望河、汾川河、窟野河、秃尾河、佳芦河、无定河等主要河流及其支流。产区土地面积宽广，境内土壤以古长城为界，北部以风沙土为主；南部以黄绵土为主，草场也以该类土壤为主，缺乏有机质和氮，磷储量较丰富。

土地总面积80 290km^2，其中耕地总面积74.3万hm^2。粮食作物主要有小麦、玉米、谷子、糜子、荞麦、豆类、薯类等。饲料作物有黑豆、苜蓿、沙打旺、柠条、饲用玉米、饲用高粱等，以玉米和紫花苜蓿为主。天然草场可利用面积224.7万hm^2，年产鲜草总量826.91万t；人工种草保留面积43万hm^2，总产鲜草量约1 000万t。2006年榆林市林草面积99.3万hm^2。

自1998年以来，产区实行退耕还林还草、封山禁牧、舍饲养畜等生态建设，水土流失治理程度、林草覆盖率明显提高，草场改良、沙区初步治理均取得成效，生态环境发生了很大改善。

（三）品种畜牧学特性

陕北毛驴体格小，体质结实，骨粗力强，行动灵活。食量小，耐粗饲。放牧性强，温驯合群，易管理。吃苦耐劳，适于骑乘、驮运、耕种等多种劳役。抗病力强，无特异性疾病。被毛粗长，冬季着生厚绒毛，可耐风沙和严寒。在39.9℃高温和-32.7℃低温环境下能正常使役、繁殖，特别适应陕北丘陵沟壑区和沙漠地带干旱、风暴、高温等极端气候，善走山路与沙路，驮运骑乘性能良好，适应性广。

二、品种来源与变化

（一）品种形成

陕北毛驴是陕北地区的古老品种，据史书记载大约从西汉张骞出使西域之后，大批驴、骡便由西域而来。如《盐铁论》记载："骡、驴、骆驼，衔尾入塞"，由此，新疆的小型驴，源源不断地扩散到甘肃、宁夏、陕北一带。隋唐时期，陕北还设有专门繁殖驴骡的牧场。据此推断，陕北毛驴的远祖可能是新疆小型驴。

陕北在秦汉以前曾是森林密布、水草丰美的地方。由于西汉推行"募民徙塞下"的移民戍边政策和唐朝后期鼓励农民垦辟荒地的做法，使耕地迅速扩展，人口激增，陕北由游牧逐步转向农耕，林草被毁，土地沙化，水土流失日益严重，致使牧草生长不良，农作物产量低而不稳。据《府谷县志》记载，乾隆四十八年，此驴种已采取半放牧、半舍饲的方式饲养。受自然条件和草料条件的影响，以及长期混群放牧配种，未进行过有计划的系统选育，最终逐步形成体格小、耐艰苦的小型驴种。

近年实行禁牧舍饲后，大多数农户牵母驴去养种公驴户配种，也有少数农户有意识地选用佳米驴进行杂交以增大其体尺。

（二）群体数量

根据榆林市和延安市各县区的实地调查统计，2006年两市陕北毛驴共存栏11.65万头，其中基础母驴3.34万头、种用公驴1.21万头。

（三）变化情况

1.数量变化 据统计，陕北毛驴1981年存栏13.27万头，2006年末存栏11.65万头，较1981年下降12.21%。其中榆林市仅下降1.8%，延安市下降69.42%，延安市南部各县几乎绝迹。主要原因是延安市南部产业以苹果为主，中部以设施农业为主，北部山地全面退耕还林还草，耕地减少，加之农村磨面、碾米、运输大多实现了机械化，毛驴使役减少。

2.品质变化 2007年与1981年比较，陕北毛驴体尺、体重均有明显变化。除母驴管围略变细外，公、母驴各项体尺和体重指标均有不同程度提高，特别是体高和体重增长幅度较大，见表1。说明退耕以后，陕北毛驴劳役强度减轻、营养状况改善、个体变大，但当地对陕北毛驴的总体重视程度仍较低。

表1　1981、2007年成年陕北毛驴体重和体尺变化

年份	性别	头数	体重（kg）	体高（cm）	体长（cm）	胸围（cm）	管围（cm）
1981	公	29	125.61	104.14	104.33	114.03	13.26
2006		10	155.29	115.65	113.05	121.80	13.50
1981	母	213	138.09	105.10	107.31	117.89	13.00
2006		50	145.88	110.81	110.98	119.15	12.83

三、品种特征和性能

（一）体型外貌特征

1.外貌特征 陕北毛驴属小型驴。体格小，沙地型体质结实、偏粗糙，山地型体质结实、较紧凑。结构匀称，体形呈方形。头稍大，眼较小，耳长中等，颈低平。前胸窄，背腰平直或稍凹，尻短斜，腹大小适中，但母驴和老龄驴多为草腹。四肢干燥结实，关节明显，蹄质坚硬。被毛长而密、缺乏光泽，皮厚骨粗。尾毛浓密，尾础低，尾长过飞节。

毛色以黑毛为主，其次为灰毛，另有部分其他毛色。眼圈、嘴头、腹下多为白色，部分仅眼圈、嘴头为白色，也有少量四肢内侧为白色。浅色者均有黑色背线和鹰膀。黑毛色者冬春体侧被毛为红褐色、无光泽，夏秋脱换后恢复为黑色、有光泽。

陕北毛驴公驴

陕北毛驴母驴

2.体重和体尺 2007年4月延安市畜牧技术推广站在吴起、志丹县对成年陕北毛驴的体重和体尺进行了测量，结果见表2。

表2 成年陕北毛驴体重、体尺和体尺指数

性别	头数	体重（kg）	体高（cm）	体长（cm）	体长指数（%）	胸围（cm）	胸围指数（%）	管围（cm）	管围指数（%）
公	10	155.29	115.65 ± 5.40	113.05 ± 5.76	97.75	121.80 ± 6.78	105.32	13.50 ± 0.58	11.67
母	50	145.88	110.81 ± 5.69	110.98 ± 8.19	100.15	119.15 ± 8.36	107.53	12.83 ± 0.87	11.58

（二）生产性能

1.役用性能 陕北毛驴性情温驯，吃苦耐劳，适于骑乘、驮运、拉车、碾磨、耕地等多种劳役。因其体小灵活，可在崎岖的羊肠小道上行走，能在40°以上山坡地劳役放牧。据对10头中等体况的成年骟驴测定，平均驮重77.94kg，最高驮重达100kg以上，占自身体重的60%以上。在平坦的柏油路上行走1 000m需时12min 6s，3 000m需时37min 12s。67.7kg体重的成年人骑乘成年骟驴行土路50km，3头平均用时10h 20min。对5头成年骟驴测定，平均最大挽力151.0kg，占体重的96.7%。一对驴耕地0.2hm^{2}用时6.5h。役用性能骟驴好于母驴，且骟驴温驯、耐粗饲，这也是群众喜欢养骟驴的原因。

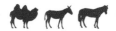

2.产肉性能　陕北毛驴肉质细嫩、味美可口，在当地市场占有一定份额。一般14～15岁以上老年驴多作为肉畜屠宰，也有少量收购幼驴作为肉用。

3.繁殖性能　陕北毛驴公驴2～3岁开始配种，配种全部采用本交，使用年限约4年。不作种用的公驴一般在2岁阉割后役用。母驴1～1.5岁达到性成熟，多在2～3岁开始配种，一般利用至13～14岁，终生产驹8～9头。母驴在1997年以前有繁殖驴骡者，现在只用于繁殖驴。发情季节多集中在4～9月份，也有常年发情者，发情周期21天左右，发情持续期6～7天，妊娠期356.92天；年平均受胎率85%以上，幼驹繁殖成活率60%～70%。幼驹初生重公驹14.8kg，母驹13.8kg；幼驹7～8月龄断奶，幼驹断奶重公驹61.6kg，母驹60.0kg。

四、饲养管理

陕北毛驴的饲养较为粗放，多数为半放牧、半舍饲，少数为舍饲。一般白天放牧、夜间补饲，上午使役、下午放牧，夏秋季全天放牧。随着退耕还林还草工作力度的加大，饲养方式有由半放牧、半舍饲转向舍饲的趋势。精饲料主要为玉米、黑豆，粗饲料主要为谷草、糜草、玉米秸秆等，多铡短饲喂。舍饲日喂干草4～5kg，精饲料1～2kg。

没有特异性疾病，主要以消化道疾病和寄生虫病防治为主。

陕北毛驴群体

五、品种保护和研究利用

尚未建立陕北毛驴保护区和保种场，未进行系统选育，处于农户自繁自养状态。绝大多数农户饲养1～2头成年驴，主要用于拉车、拉磨、驮水、耕地、繁殖等，多数是将淘汰的老年驴作肉用。除耕地、驮运减少支出外，主要靠母驴繁殖幼驴获得收入。

1982年对23头母驴测定，各项生理生化指标见表3、表4。陕北毛驴血红蛋白含量较高、血氧结合能力较强，这也是陕北毛驴相对挽力大、适应性强的原因之一。

表3 陕北毛驴生理生化指标（1）

项目	体温（℃）	呼吸（次/min）	脉搏（次/min）	血沉（mm）			
				15min	30min	45min	60min
结果	37.5 ± 0.52	20.1 ± 6.72	43.2 ± 3.88	34.38 ± 17.6	67.0 ± 30.73	88.08 ± 32.39	98.92 ± 32.54

表4 陕北毛驴生理指标（2）

项目	红细胞（万个/mm3）	白细胞（个/mm^3）	血红蛋白（g/d）	白细胞分类（%）			
				嗜酸性	中性	淋巴细胞	单核细胞
结果	700.5 ± 67.9	9 394.7 ± 1 840.7	11.2 ± 0.9	0.2	68.5	29.7	1.6

六、品种评价

陕北毛驴是在陕北地区特定的自然环境下，长期受自然选择和人工选择形成的一个历史悠久的小型驴种。具有体小灵活、体质结实、善驮运、耐粗饲、抗逆性好、适应性强等优点，但由于未进行人为选育，存在野交乱配和饲养管理粗放现象，因而质量参差不齐。近年来，由于山地大量退耕、经济发展、生产力提高、生产活动减少、缺乏有效保护措施，且因其自身体格较小、生长较慢、劳役能力相对较差，导致数量迅速减少。有些地区引入佳米驴等大中型驴种与陕北毛驴杂交，影响较大。多种因素致使陕北毛驴的中心产区日益缩小。

今后应建立保种场和保种扩繁区，增加后备种驴数量，改善饲养管理条件，有计划地开展本品种选育，提高肉用性能，使其向肉役兼用方向发展，以适应市场需要。在非保种区，可引进相近生态环境的佳米驴进行杂交改良，以增大体型，提高品质。

凉州驴

凉州驴（Liangzhou donkey）因古时盛产于凉州而得名，属小型兼用型地方品种。

一、一般情况

（一）中心产区及分布

凉州驴中心产区位于河西走廊的甘肃省武威市凉州区，分布于酒泉、张掖市。

（二）产区自然生态条件

武威市位于北纬36° 29′ ~ 39° 27′、东经98° 18′ ~ 104° 16′，地处甘肃省西部河西走廊东端，南依祁连山，东北临腾格里沙漠，中部走廊平原东连要冲山的古浪峡，西与永昌县东大河洪积扇戈壁滩相接，正北为北沙河，总面积33 238km^2。地势南高北低，依次形成南部祁连山地、中部绿洲灌区、北部干旱区三个地理带，海拔2 000 ~ 4 872m。属温带干旱大陆性气候，日照充足，干燥少雨，春季多风沙，夏季有干热风。日温差较大，年平均气温7.8℃，极端最高气温40.8℃，极端最低气温−32℃；无霜期85 ~ 156天。年降水量52 ~ 522mm，年蒸发量1 400 ~ 3 010mm，气候干燥，相对湿度小。年平均日照时数2 200 ~ 3 030h。年平均大风日数12天，年平均沙尘暴日数为9 ~ 34天，风向多为西北。主要气象灾害有高温干旱、大风沙尘暴、暴雨山洪和雷雨冰雹。河流分布以乌鞘岭为分水岭，分属石羊河和黄河两大水系，水资源总量14.9亿m^3，其中地表水14.3亿m^3、地下水0.64亿m^3。土壤多属灰钙土、栗钙土。

2006年全市耕地播种面积25.93万hm^2，可利用天然草地面积138.07万hm^2。农作物主要有小麦、玉米、谷子、大麦、青稞、胡麻、油菜及瓜果、蔬菜等。2006年全市各类秸秆产量约180万t。林地面积35万hm^{2}左右。

（三）品种畜牧学特性

凉州驴长期受当地自然环境和饲养管理条件的影响，非常适应河西走廊的自然、社会条件，性情温驯、持久耐劳、耐粗饲、抗病能力强，易于饲养管理。

二、品种来源与变化

（一）品种形成

凉州驴是从西域输入驴经不断繁育和风土驯化形成。驴较多地输入甘肃，约始自西汉时期，距今约有2 000多年的历史。从西域输入的驴首先养在河西一带，这里气候干旱，自然条件与新疆等地相近，农民生产、生活需要这种适宜于贫瘠地区饲养的驴，对驴的选育起了重要作用。

甘肃河西一带除灌溉农田之外，植被稀疏、饲草缺乏。农民养驴以秸秆为主，少有精料，使役多，饲养粗放。在当地这种特定的自然环境和饲养管理条件下经过长期的自然选择和人工选择，形成了凉州驴地方品种。

近年来产区多引入关中驴、庆阳驴等大型驴种与本地母驴杂交，以提高其产肉、产皮性能，致使凉州驴受外种影响较大。

（二）群体数量

2006年末共存栏凉州驴22.38万头。

（三）变化情况

1.数量变化 凉州驴1980年共存栏10.5万头，2006年共存栏22.38万头，近30年来数量呈逐渐增加趋势。但武威市存栏数已明显下降，1985年存栏91 300头，2006年末存栏39 299头，年均递减4.13%。

2.品质变化 凉州驴在2007年测定时与1980年的体重和体尺对比，各项指标均有提高，见表1。

表1 1980、2007年成年凉州驴体重和体尺变化

年份	性别	头数	体重（kg）	体高（cm）	体长（cm）	胸围（cm）	管围（cm）
1980	公	17	115.86	101.60	103.60	109.90	13.30
2007		10	154.72	108.90 ± 6.39	109.20 ± 8.29	123.70 ± 7.06	14.65 ± 0.91
1980	母	132	109.86	99.50	100.60	108.60	12.90
2007		50	141.20	109.93 ± 8.63	105.53 ± 9.20	120.21 ± 10.52	13.94 ± 1.14

变化的主要原因，一是导入了庆阳驴等外来驴血液；二是农业生产不断发展，饲草饲料资源丰富，饲养条件改善；三是因凉州驴体格较小，皮张和肉产量较低，且饲养周期长，养驴户更愿意饲养体格较大的驴种，促使驴种向体格较大的方向改良和发展，体型较小的凉州驴饲养量越来越少。

三、品种特征和性能

（一）体型外貌特征

1.外貌特征 凉州驴属小型驴。头大小适中，眼大有神，鼻孔大，嘴钝而圆，耳略显大、转动灵活。颈薄、中等长，鬣毛少，头颈、颈肩结合良好。鬐甲低而宽、长短适中。母驴胸深，肋开张良好，腹大、略下垂；公驴胸深而窄，腹充实而不下垂。背平直，体躯稍长，背腰结合紧凑。尻稍斜，肌肉厚实。四肢端正有力，骨细，关节明显。蹄小而圆，蹄质坚实。尾础中等，尾短小，尾毛较稀。

毛色以灰毛、黑毛为主。多数有背线、鹰膀及虎斑，个别灰驴尻部腰角处有一条黑线，与背线成十字形。

2.体重和体尺 2007年甘肃省畜牧技术推广总站和武威市畜牧兽医局、凉州区畜牧中心联合，在武威市测量了成年凉州驴的体重和体尺，结果见表2。

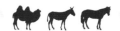

表2　成年凉州驴体重、体尺和体尺指数

性别	头数	体重（kg）	体高（cm）	体长（cm）	体长指数（%）	胸围（cm）	胸围指数（%）	管围（cm）	管围指数（%）
公	10	154.72	108.90 ± 6.39	109.20 ± 8.29	100.28	123.70 ± 7.06	113.59	14.65 ± 0.91	13.45
母	50	141.20	109.93 ± 8.63	105.53 ± 9.20	96.00	120.21 ± 10.52	109.35	13.94 ± 1.14	12.68

凉州驴公驴

凉州驴母驴

（二）生产性能

1.役用性能　凉州驴性情温驯，持久耐劳，使役能力强。驮载可负重50 ~ 70kg，翻越45°坡路，往返走30km；在平坦路上独套拉架子车，载重250 ~ 300kg，可日行30 ~ 50km，载重少些可日行50 ~ 60km。无论拉车或驮载，工作中间稍事休息、吃草和饮水，即可日夜持续行走不停。

2.产肉性能　凉州驴在以新鲜牧草为主要饲料的情况下，平均屠宰率为48.20%，净肉率为31.20%。其胴体脂肪占净肉重的8.91%，体内沉积脂肪的能力较强。肌肉呈红白相间的典型大理石纹结构，肌间脂肪占净肉的8.91%，肉多汁性好、具有特殊风味。

3.繁殖性能　凉州驴发情季节一般从夏初开始到秋末，性成熟期公、母驴均为3岁。母驴发情周期19 ~ 22 天，发情持续期3 ~ 4 天，妊娠期360 天，前后相差不超过5 天，营养好的母驴产后7天开始发情。繁殖公驴可利用到12岁，母驴16岁还有繁殖能力。

四、饲养管理

凉州驴对饲料不苛求，能适应粗放的饲养管理条件，具有较强的抗病力和良好的使役性能。不使役时，普通农户多以放牧为主，基本不喂精料。从春播开始到秋收结束，一般三五户的驴组群放牧，晚上牵回，也有个别农户喂适量干草、豆秸等。冬季，早晨放驴出牧，晚上补给一些麦秸、豆秸、谷糠或其他农作物秸秆。冬春每日饮水两次，夏秋自由饮水。2006年个别地区开始建立专门养殖场，多以舍饲散养为主，开始实行粗、精料搭配饲喂。

五、品种保护和研究利用

尚未建立凉州驴保护区和保种场，处于农户自繁自养状态。随着农村机械化程度不断提高，凉州驴作为役畜的作用日趋弱化，目前主要用于产皮和产肉。

高雪等（2003）进行了凉州驴的遗传标记研究。雷初朝等（2005）进行了凉州驴的线粒体DNA D-loop多态性研究，证明其多态性丰富。葛庆兰等（2007）进行了凉州驴的母系起源研究。

六、品种评价

凉州驴是我国甘肃河西地区的优良地方品种，饲养历史悠久，在中国驴的起源进化中有重要的地位。凉州驴耐粗饲、耐劳苦、体小力大、运步灵活、持久力强、用途广，适应当地生态条件，经长期自然与人工选育形成。近年来由于产区机械化进程加快，驴的役用功能被逐渐替代，且大量售往外省区市作肉用及少量役用，当地为提高经济效益多引入大型驴种进行杂交，导致凉州驴存栏量急剧下降，亟待保护。今后应开展本品种保护，加强选育提高工作，尤其注意母驴基础群的建立和优秀种公驴的培育，保证凉州驴遗传资源得以保存，并尽可能提高其品质。

青海毛驴

青海毛驴（Qinghai donkey）俗名尕驴，省内各地的驴有冠以县名的习惯，比如共和驴、湟源驴、贵德驴、化隆驴等，属小型兼用型地方品种。

一、一般情况

（一）中心产区及分布

主要分布于青海省海东地区、海南藏族自治州、海北藏族自治州、黄南藏族自治州以及西宁市的湟中、大通、湟源三县等的农区和半农半牧区。中心产区为黄河、湟水流域，包括循化、化隆、共和、贵德和湟源、平安、民和等县。海西蒙古族藏族自治州和玉树藏族自治州通天河两岸也有少量分布。

（二）产区自然生态条件

产区位于北纬35° 20′ ~ 38° 20′、东经100° ~ 103°，地处青海省的东部，海拔1 800 ~ 3 000m。地形复杂，山脉绵亘，河流纵横，多峡谷和山间盆地。地势由西向东倾斜，拉脊山、达板山等横穿而过，黄河、湟水和大通河等流经其间。属于高原大陆性气候，冬季较寒冷，夏季尚温暖，气温变化比较剧烈，年平均气温0 ~ 8.7℃，最高气温35.1℃，最低气温–31.5℃；无霜期32 ~ 208天。年降水量253 ~ 595mm，相对湿度50% ~ 67%。日照时间长，太阳辐射强，年平均日照时数2 557.2 ~ 2 985h。产区寒冷多变的气候条件，为青海毛驴适应性的提高创造了有利条件。水源丰富，黄河、湟水河、大通河是境内主要水系。土壤肥沃，自然土壤从低到高垂直分布，有灰钙土、栗钙土、黑钙土和亚高山草原土等，有机质含量丰富，有利于牧草和农作物的生长。

产区总面积12万km^2左右，由于地形、气候、土壤、植被和农业生产特点的不同，多按习惯分为川水（河谷灌溉地）、浅山（丘陵干旱草原）和脑山（海拔2 500m以上的山地草原）。产区为青海省重要的农业垦殖区，耕地面积占全省耕地面积的60%以上。农作物以小麦、青稞、大麦、豆类、玉米、马铃薯等为主。很少种植专用饲料，牧草种类较多，有赖草、早熟禾、针茅等。产区森林面积为115万hm^2左右，森林覆盖率达10%。主要分布在脑山地区，树种有白杨、桦树、松柏等乔木以及沙棘、金露梅、忍冬等灌木。

近10年来，产区的生态环境发生了一定变化，由于受到全球气温升高等因素的影响，青海省农区和半农半牧区的脑山地区和牧区的生态环境恶化，干旱增强，草场退化、产草量降低。随着国家退耕还林还草工程的深入实施和人们环境保护意识的不断增强，该区草场和林地面积有所增加，生态环境逐步好转。

（三）品种畜牧学特性

青海毛驴适应性好、耐粗饲、抗逆性强，对青海农区、半农半牧区的生态条件有良好的适应性，耐高山缺氧、寒冷环境，抗寄生虫和抗传染病能力强，合群性好。

二、品种来源与变化

（一）品种形成

最早生活在青海的古代居民是羌人，他们以游牧为生，活动范围广。在公元前476年前后，羌人逐渐开始了原始的农业生产，居留在湟水流域。从20世纪80年代的调查结果来看，青海省毛驴的主要分布区域是汉、回等族人口较密集的农区和半农半牧区，以及藏族定居从事农业生产较早的地区。

青海省与甘肃省相邻，古代两省多属统一管辖区，牲畜交易极为平常。青海毛驴的分布和青海省东部农业生产的发展，以及藏、汉、回等民族人民的定居和迁入有着密切关系；青海毛驴由甘肃、中原等地引进的可能性较大，引入时间多在明、清时期。经过产区劳动人民长期选育逐渐形成地方良种。

从1952年起，曾陆续引入关中驴、佳米驴等驴种，与青海湟源地区的毛驴进行杂交，杂种驴体高公驴平均增加13.8cm、母驴平均增加18.7cm，取得了一定的杂交利用效果。但青海毛驴主要仍以自繁自育为主，没有经过系统选育。

在机械化不发达的时期，因驴食量小、耐粗饲、易饲养、善走山路，用途广，乘、挽、驮皆宜，秉性温驯，老幼妇孺均可使用，深得产区各族群众喜爱。近年来，驴的肉用功能逐步开发，群众对驴的重视程度增加。社会经济条件促进了本品种的进一步发展。

（二）群体数量

2005年末青海毛驴共存栏7.21万头，其中海东地区存栏4.55万头，海南藏族自治州存栏6 400头，海北藏族自治州存栏3 000头，黄南藏族自治州存栏1.34万头，西宁市存栏3 800头。基础母驴存栏2.45万头，种用公驴600头。青海毛驴尚无濒危危险，但数量、质量下降幅度均较大。

（三）变化情况

1.数量变化 1980年末产区青海毛驴存栏14.65万头，2005年末降至7.21万头，25年来青海毛驴的数量呈现逐年大幅下降的趋势。数量下降的主要原因是随着机械化水平的提高，驴的役用范围变窄。另外，近年来驴的肉用价值升高，外省对青海毛驴的收购量不断加大，青海省毛驴主产区基础母驴较多出售，数量大幅下降，致使青海毛驴种群数量减少。

2.品质变化 青海毛驴在2006年测定时与1981年的体重和体尺对比，除公驴胸围值略增加外，其他指标略有下降（表1）。品质下降的主要原因可能是青海毛驴受重视程度较低，饲养管理粗放，未进行系统选育。

表1　1981、2006年青海毛驴体重和体尺变化

年份	性别	头　数	体重（kg）	体高（cm）	体长（cm）	胸围（cm）	管围（cm）
1981	公	17	126.76	104.95 ± 5.67	105.88 ± 6.90	113.71 ± 8.07	13.15 ± 0.99
2006		10	123.02	101.90 ± 9.43	101.70 ± 8.75	114.30 ± 9.26	13.05 ± 0.93
1981	母	225	119.24	101.60 ± 4.73	102.55 ± 5.32	112.06 ± 5.29	12.21 ± 0.67
2006		74	110.91	99.76 ± 7.51	99.72 ± 8.77	109.60 ± 9.89	12.03 ± 1.09

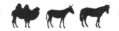

三、品种特征和性能

（一）体型外貌特征

1.外貌特征 青海毛驴属小型驴。其外形和体质特点有地区差别，除共和县外，其他地区所产的毛驴体质外形基本一致。体质多为粗糙型，体格较小，体躯方正、较单薄，全身肌肉欠丰满，腱和韧带结实，皮厚毛粗，整体轮廓有弱感，性情温驯，气质迟钝。头稍大、略重，耳长大，耳缘厚，耳内有较多浅色绒毛。额宽，眼中等大小，嘴小，口方。颈薄、稍短，多水平颈，颈础低，头颈、颈肩结合良好。鬐甲低平，短而瘦窄。胸部发育欠佳，宽深不足，肋骨扁平。腹部大小适中。背腰平直而宽厚不足，结合良好。尻宽长，为斜尻，腰尻结合较好。四肢较短，骨细，关节明显，后肢多呈轻微刀状肢势。蹄小质坚。尾础较高，尾毛长达飞节下部，较为稀疏。毛色以灰毛最多，黑毛、栗毛次之，青毛较少。

共和县所产毛驴体质多紧凑、干燥、结实，体格较大，气质较活泼，头大小适中，眼大有神，四肢较长，体躯和骨骼壮实，关节较强大，肌腱明显，皮肤不显厚，被毛细密。

青海毛驴公驴

青海毛驴母驴

2.体重和体尺 2006年青海省畜牧总站测量了成年青海毛驴的体重和体尺，结果见表2。

表2 成年青海毛驴体重、体尺和体尺指数

性别	头数	体重（kg）	体高（cm）	体长（cm）	体长指数（%）	胸围（cm）	胸围指数（%）	管围（cm）	管围指数（%）
公	10	123.02	101.90 ± 9.43	101.70 ± 8.75	99.80	114.30 ± 9.26	112.17	13.05 ± 0.93	12.81
母	74	110.91	99.76 ± 7.51	99.72 ± 8.77	99.96	109.60 ± 9.89	109.86	12.03 ± 1.09	12.06

（二）生产性能

1.役用性能 青海毛驴在沙石路上骑乘，负重69kg，快步行走500m用时1min 24s；在柏油路上骑乘，负重54kg，行程16km用时2h 25min。用山地步犁在沙质土上翻地，1h 22min 30s完成254.42m^2。在柏油路上单套拉架子车，载重236kg，行程16km用时2h 59min 5s。驮重60kg，行程18km需3h 40min。选取青海毛驴1头成年公驴和1头成年骟驴进行了最大驮重测定，见表3。

表3 青海毛驴体尺和最大驮重测定

性别	体高（cm）	体长（cm）	胸围（cm）	管围（cm）	营养	测定结果	
						最大驮重（kg）	行走距离（m）
公	115.3	110.2	128	13	中	279	20
骟	103	102	116	13	上	299	20

注：1. 采用边行走边加驮，至行走摇摆时止。2. 2006年由青海省畜牧总站测定。

2. 屠宰性能 选取5头（平均体重123kg）成年公驴进行了屠宰性能测定，平均胴体重57.9kg，屠宰率47.1%，净肉率34.0%。

3. 繁殖性能 青海毛驴一般2岁左右性成熟（公驴较母驴晚），母驴初配年龄为3岁。母驴发情季节为4～8月份，旺季为5～6月份；发情周期20 天左右，发情持续期5～6 天，妊娠期330～350天；隔年产驹者约占90%，一生产驹5～6头。公、母驴利用年限可至18岁左右。

四、饲养管理

青海毛驴的饲养水平较低，饲养方式主要为舍饲和半舍饲两种。

舍饲多见于城镇和农业区的川水地区，缺乏放牧场所，一般以粗饲料为主，如小麦、青稞秸秆等，每日投喂2～3kg，夏季多拴系到田边地角采食青草。农闲或劳动量小时不补精料，条件较好的农户和城镇作坊在农忙或劳动量大时补喂0.25～0.5kg精料（麸皮、豌豆等），有的农户在冬春期间每日补喂青燕麦干草0. 5kg。管理粗放，很少刷拭，一般不修蹄。

半舍饲多见于半农半牧区及农业区的脑山、浅山地区，饲养管理粗放。一般有棚圈设施或在院内系养，几乎全年不补饲精料，以放牧为主，有条件的农户补喂少量青干草。

五、品种保护和研究利用

青海毛驴以役用为主，在化隆、共和县等条件艰苦的地区常用来驮运、拉磨、打碾、耕地等。

尚未建立青海毛驴保护区和保种场，处于农户自繁自养状态。近年来，由于人们对驴肉的独特风味逐步接受，对其营养价值的认识不断提高，驴肉的消费量逐年加大，青海毛驴逐渐向肉用方向发展，主产区毛驴外销增加，价格不断上涨。2005年黄南藏族自治州销售驴1 500头、皮1 400张。

六、品种评价

青海毛驴能适应产区海拔2 000m左右的自然生态条件，耐粗饲，对饲养管理条件要求不高，食量小、耐劳苦、抗严寒，适应高原山地气候。但其个体小，役用、产肉性能不高，近年来数量下降严重。今后应加强本品种保护与选育，特别要加强对共和县所产毛驴品种资源的重视，可建立保护区与保种场。在保护区外可引入大中型驴种进行肉用方向的杂交利用，以适应新形势下群众生活的需要，提高经济效益。

西吉驴

西吉驴（Xiji donkey）属兼用型地方品种。

一、一般情况

（一）中心产区及分布

西吉驴中心产区位于宁夏回族自治区西吉县西部山区的苏堡、田坪、马建、新营、红耀等乡镇。分布于宁夏回族自治区的西吉县其他乡镇、原州区、海原县、隆德县及与甘肃省静宁、会宁等接壤地区。回族、汉族均有饲养。

（二）产区自然生态条件

西吉县位于北纬35° 35′ ~ 36° 14′、东经105° 20′ ~ 106° 04′，地处我国西北黄土高原的中心带，位于宁夏南部六盘山西北麓，全县总面积3 986km^2，其中，山地、丘陵面积占2/3以上。地势东北高、西南低，地形起伏，沟壑纵横交错。地貌类型中黄土丘陵沟壑地占83.48%，河谷川道地占6.07%，土石山地占10.45%，海拔1 795 ~ 2 274m。为典型的大陆性季风气候，属中温带半湿润到半干旱过渡类型。年平均气温5.3℃，1月份最冷平均气温-9.2℃，极端最低气温-27.9℃；7月份最热，平均气温17.8℃，极端最高气温32.6℃。无霜期100 ~ 150天。年降水量428mm，但降水不均，主要集中在7 ~ 9月份；年蒸发量1 490mm。年平均日照时数2 322h。全县地下水储量7 564万m^3，储量甚少，且分布不均，部分乡村人畜饮水困难。土壤为侵蚀黑垆土、浅黑垆土，土层深厚。

西吉县为回、汉民族杂居地区，以经营农业为主，2005年有可利用耕地18.8万hm^2，其中水浇地1.04万hm^2、旱地17.76万hm^2。天然草原面积为5.91万hm^2，草原面积小，全属干草原，覆盖度35% ~ 70%，可利用率40% ~ 75%，平均每公顷可利用青草产量675 ~ 1 455kg。牧草主要以紫花苜蓿为主，年平均种植一年生禾本科牧草0.8万hm^2以上。农作物以小麦、马铃薯为主，其次为豌豆、糜子、谷子、荞麦等。饲料作物主要有苜蓿、高粱、燕麦，其次有少量的红豆草、沙打旺、冰草等，农作物秸秆和饲草资源充足，年产牧草及作物秸秆8.8亿kg。林地面积8.82万hm^2，森林覆盖率7.5%。

（三）品种畜牧学特性

通过多年的饲养和培育，西吉驴已适应了当地的自然生态条件，严冬和盛夏只需简单的棚舍挡风遮阳即可。西吉驴耐粗饲，性情温驯，行动敏捷，善于攀登山路，役用性能较强，抗病力较强，有记录以来没有发生过大规模传染病。

二、品种来源与变化

(一)品种形成

西吉县于1942年正式设县，之前分属海原、固原、隆德、静宁、庄浪等五县边境。根据海原、固原、隆德等县志记载，过去本地是封建诸侯、贵族的牧地，至今新营等地尚有过去的马圈遗迹。大约200年前，即清雍正中叶（1727）才“听民开荒”，开始种植五谷，随着迁入人口的增长、农田面积的扩大，驴的饲养逐渐增加。20世纪20—30年代，当地的牲畜每年向外出售，其中驴多流向甘肃天水、平凉一带，这时出售大牲畜（驴、牛、骡）已成为农民的主要副业收入。

西吉县境内山大沟深、交通不便，农业生产必须使用驴来驮粪、驮粮，农民生活也需要驴作为拉磨、骑乘的动力和工具。经济需要促使农民对驴的饲养十分精心。当地有“一年失了龙（指驴），十年不如人”的说法，足以说明群众对驴的重视，对驴的饲养管理、畜舍建筑、饲喂方法等均较精细。当地草山广阔，有良好的放牧条件，群众素有种植苜蓿、青燕麦、草谷子等人工牧草的习惯。除喂给驴专门种植的燕麦外，还喂以豌豆、麸皮等，当地地多人少，在正常年景下，粮食及饲草料丰富，给驴的生长发育提供了极为有利的条件。

当地人民一直非常重视种公驴的选择。20世纪50年代中期，有专门从事选育饲养种公驴的配种户（当地俗称“放公子户”）。也有些富裕农家选养种公驴，除给自养母驴配种外，也为其他农民饲养的母驴配种收取报酬。为了选优扶壮，种公驴从幼年即开始培育，一般多采用“一岁选、二岁定”的办法，体型较大质优的公驴深受欢迎。如此长期严格选育，促进了本品种的形成。

长期以来西吉驴主要依靠当地群众自选自育，曾于1960年在白崖上圈建成种驴场，收购良种驴40头；1964年迁址刘家山头，收购驴32头（公驴2头，母驴30头）；1967年驴场撤销，115头驴全部出售给甘肃省镇原县。1964年曾引进关中驴与西吉本地母驴杂交，影响面较小，此后再未引入外种。

(二)群体数量

2006年末西吉驴存栏4.4万头，其中基础母驴1.2万头、种用公驴326头。

(三)变化情况

1.数量变化 西吉驴1985年存栏33 178头，2006年末存栏4.4万头。长期以来，西吉驴一直以本品种选育为主，促进了其生产性能的提高。该品种驴在当地仍有较大役用价值，近20年来种群数量稳中有升，现处于稳定状态。

2.品质变化 西吉驴在2006年测定时与1982年的体重和体尺对比，各项指标均有提高（表1）。体尺提高的主要原因是群众加强了选育。另外，产区生产生活的需要和市场较好也是一个因素。

表1 1982、2006年成年西吉驴体重和体尺变化

年份	性别	头数	体重（kg）	体高（cm）	体长（cm）	胸围（cm）	管围（cm）
1982	公	17	149.33	110.76	109.52	121.35	15.02
2006		11	211.78	124.30 ± 4.60	125.50 ± 8.40	135.00 ± 8.50	15.50 ± 1.10
1982	母	132	147.52	109.48	110.00	120.35	14.13
2006		50	215.67	123.30 ± 6.10	123.20 ± 7.90	137.50 ± 6.40	14.50 ± 1.10

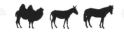

三、品种特征和性能

（一）体型外貌特征

1.外貌特征 西吉驴体形较方正，体质干燥、结实，结构匀称。头稍大、略重、为直头，眼中等大，耳大翼厚，嘴较方。颈部肌肉发育良好，头颈、颈肩结合良好，鬐甲较短。胸宽深适中，背腰平直，腹部充实。尻略斜。前肢肢势端正，后肢多呈轻微刀状肢势，运步轻快，系为正系。尾础较高，尾毛长而浓密。全身被毛短密。

毛色主要为黑色、灰色、青色，黑色约占85.83%，灰色8.34%，青色5.83%。多有“三白”特征。

西吉驴公驴

西吉驴母驴

2.体重和体尺 2006年西吉驴遗传资源调查组，在西吉驴中心产区的5个乡镇测量了成年西吉驴的体重和体尺，结果见表2。

表2 成年西吉驴体重、体尺和体尺指数

性别	头数	体重（kg）	体高（cm）	体长（cm）	体长指数（%）	胸围（cm）	胸围指数（%）	管围（cm）	管围指数（%）
公	11	211.78	124.30 ± 4.60	125.50 ± 8.40	100.97	135.00 ± 8.50	108.61	15.50 ± 1.10	12.47
母	50	215.67	123.30 ± 6.10	123.20 ± 7.90	99.92	137.50 ± 6.402	111.52	14.50 ± 1.10	11.76

（二）生产性能

1.役用性能 西吉驴是当地农业生产和农村生活不可缺少的役畜，主要用来驮载运输，也用于挽车、耕地、骑乘。幼驹2周岁开始调教使役，终年几无闲暇。1963年宁夏畜牧局、宁夏大学畜牧系、宁夏畜牧兽医学会和西吉县畜牧站测定：山地驮运，公驴、骟驴可驮70 ~ 80kg，母驴可驮60 ~ 70kg。耕地能力，一对拉单驾山地步犁可耕地0.1 ~ 0.13km^2。最大载重（架子车）为450kg，一般拉架子车载重300kg左右。

2.产肉性能 2007年1月在西吉县苏堡乡和马建乡进行了屠宰性能测定，屠宰测定成年骟驴5头，平均年龄8.4岁，结果见表3。

表3　西吉驴屠宰性能

宰前活重（kg）	胴体重（kg）	屠宰率（%）	净肉重（kg）	净肉率（%）	骨重（kg）	肉骨比
210.8 ± 22.56	102.24 ± 13.56	48.50 ± 2.59	79.37 ± 11.12	37.65 ± 1.96	22.88 ± 3.17	3.48 ± 0.35

眼肌面积（cm^2）	背最长肌长（cm）	背最长肌重（kg）	大腿肌肉厚度（cm）	腰部肌肉厚度（cm）	皮面积（m^2）
32.63 ± 5.80	71.40 ± 7.30	2.46 ± 0.58	11.56 ± 1.38	4.54 ± 0.86	1.86 ± 0.28

3. 繁殖性能　西吉驴公驴性成熟年龄平均为28月龄，初配年龄为3岁左右，使用年限一般为16～19年。母驴性成熟年龄平均为23月龄，初配年龄为2.5～3岁；发情季节多集中在4～6月份，发情周期20.4～21.4天，发情持续期5～8天。妊娠期360～370天；体况较好的母驴产后7～8天即发情，一般多在产后14～18天第1次发情。在正常饲养使役情况下，西吉驴的繁殖率较高，配种母驴的年平均受胎率80%～90%，流产率5%～10%，多数两年产一胎或三年产两胎，一般可利用至16～18岁。

四、饲养管理

西吉驴的饲养水平不高，以粗料为主，饲草主要是农作物秸秆，夏季适当补饲青草。补精料时间约5个月，即从农历腊月至次年4月份。以舍饲为主，驴舍简单，多为窑洞及棚舍。日饲喂10kg干草，以当地所产小麦、豌豆等农作物秸秆为主；补精料期每头驴一般日补精料0.5～0.75kg，全期补精料75～112kg，以燕麦、糜、谷等秋杂粮为主。

五、品种保护和研究利用

尚未建立西吉驴保护区和保种场，处于农户自繁自养状态。西吉驴2009年10月通过国家畜禽遗传资源委员会鉴定。其中心产区多数乡镇的耕地都在山坡上（台地），加之沟壑纵横、道路崎岖，田间一般不能通行车辆，因此农业生产中如运粪、收获作物等都靠驴来驮运，并承担犁地、耱地、播种等农活，还兼作骑乘用。随着小型农机具的不断普及，轻便交通工具逐步进入普通农家，西吉驴作为驮、乘、挽等役用功能降低，部分西吉驴已育肥销往甘肃等地作肉用、皮用。

六、品种评价

西吉驴适应性强，能够适应山大沟深、交通不便、气温较低且自然灾害发生较为频繁等恶劣的自然条件。其食量小，耐粗饲、耐劳役，用途广，骑、耕、挽、驮、磨皆能胜任，役用能力强；行动敏捷，善于攀登山路，体质强健，性情温驯。但生长发育较为缓慢，体成熟晚，繁殖率较低，后肢发育较差。今后应有组织地加强本品种选育，向肉用、皮用方向发展，进一步提高其品质。

和田青驴

和田青驴（Hetian Gray donkey）原名果洛驴、果拉驴，2006年遗传资源普查时在新疆维吾尔自治区皮山县果拉村新发现，属兼用型地方品种。

一、一般情况

（一）中心产区及分布

和田青驴中心产区在新疆维吾尔自治区最南端的和田地区皮山县乔达乡，主要分布于皮山县的木吉、木奎拉、藏桂、皮亚勒曼、桑珠和科克铁热克等六个乡镇，皮山县周边区域也有少量分布。

（二）产区自然生态条件

皮山县位于北纬34° 20′ ~ 39° 38′、东经77° 24′ ~ 84° 55′，地处新疆维吾尔自治区南部和田地区、塔克拉玛干大沙漠南缘、喀喇昆仑山北麓，北邻塔里木盆地，东与和田县、墨玉县毗邻，西同叶城县相连，南与印度、巴基斯坦在克什米尔的实际控制区交界，北与麦盖提县、巴楚县接壤。地势南高北低，并由西向东缓倾。海拔由北部的1 090m上升到南部的7 167m，平原区海拔高度平均为1 368m。属大陆性干旱气候，呈地域性气候特征，与其所处的地理位置密切相关，年平均气温11.9℃，最高气温43.2℃，最低气温-15℃；无霜期208 ~ 224 天，无霜期内热量资源非常丰富，适于喜温农作物和牧草生长。年降水量48.2mm，年蒸发量2 450mm。蒸发量过大，严重影响了植被生长。境内地表径流大都属冰川融雪补给型河流，主要有杜瓦河及和田河的主要支流——喀拉喀什河，均发源于喀喇昆仑山北坡，河水补给以融雪水为主、大气降水为辅。地下水径流缓慢，水质较差，30m深度内含水层矿化度大于2 g/L，水质为半咸水类型。主要补给水源为渠道引水入渗、田间灌溉水入渗和地下径流侧进。土壤类型多，耕地土壤以灌淤土为主，土壤肥力较高。其他有棕漠土，有机质含量低、沙性重，普遍有盐渍化现象；风沙土，质地轻、沙性重、黏粒少、养分贫乏；草甸土，含盐量高、盐渍化严重；沼泽土，地下水位很高，生长芦苇可成为积水草滩，普遍盐渍化较为严重。

皮山县属农业县，全县土地面积3.98万km^2，2008年有耕地面积2.7万hm^2，主要农作物为小麦、玉米等，有丰富的秸秆等副产品。天然草场面积53万hm^2，牧草主要有疏叶骆驼刺、驼绒藜、沙蓬、赖草、香蒲等。主产区7个乡镇苜蓿种植面积1 980hm^2，年产苜蓿干草223万 t。全县林地面积1.74万hm^2，森林覆盖率1.6%。

（三）品种畜牧学特性

和田青驴体质结实、性情温驯，能够很好地适应当地自然生态条件，遗传性能稳定，耐粗饲。以当地主产的小麦、玉米秸秆为主要饲草饲料，农忙季节补饲少量玉米，就可保持较好体况及较高生产性能。和田青驴抗逆性强，在沙漠干旱恶劣的自然条件下很少发生疾病。

二、品种来源与变化

（一）品种形成

和田古称于阗，汉代为皮山、于阗、杆弥、渠勒、精绝、戎卢诸国地，西汉以前于阗与中原地区已有往来，汉武帝建元二年（前139），张骞通西域后，这种联系得到加强。汉宣帝神爵二年（前60），在乌垒设置了西域都护府，于阗正式归入西汉版图。1759年蒙古宗王封地，即征用皮山所产的驴作为运输军事物资的交通工具，可见当地早在250年前就已盛产优良驴种。

和田青驴体格大，适应性强，耐粗饲，抗逆性好，遗传性能稳定。据当地反映，青色驴的繁殖性能和产乳性能较好，深得当地维吾尔族百姓的青睐，通过群众长期倾向性选育形成了和田青驴，距今已有200多年历史，一直作为当地农民重要的役用工具。

（二）群体数量和变化情况

2008年末和田青驴共存栏3 652头，其中公驴1 069头，占总头数的29.27%；母驴2 583头，占总头数的70.73%。和田青驴处于维持状态，群体数量变化不大。

三、品种特征和性能

（一）体型外貌特征

1.外貌特征 和田青驴体格高大，结构匀称，反应灵敏。头部紧凑，耳大直立。颈较短，颈部肌肉发育良好，颈肩结合良好。鬐甲大小适中。胸宽、深适中，腹部紧凑、微下垂，背腰平直，斜尻。四肢健壮，关节明显，肌腱分明，系长中等，蹄质坚硬。

毛色均为青色，包括铁青、红青、菊花青、白青等。

和田青驴公驴

和田青驴母驴

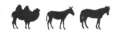

2.体重和体尺　2009年8—9月在乔达乡对成年和田青驴的体重和体尺进行了测量，结果见表1。

表1　成年和田青驴体重、体尺和体尺指数

性别	头数	体重（kg）	体高（cm）	体长（cm）	体长指数（%）	胸围（cm）	胸围指数（%）	管围（cm）	管围指数（%）
公	50	255.65	132.00 ± 1.70	135.40 ± 4.70	102.58	142.80 ± 5.09	108.18	16.60 ± 0.55	12.58
母	50	246.49	130.10 ± 3.33	133.90 ± 4.25	102.92	141.00 ± 6.93	108.38	16.10 ± 0.60	12.38

（二）生产性能

1.役用性能　和田青驴是当地农牧民生产、生活的主要交通运输工具之一，以挽用为主，兼有骑乘、驮重能力。常年使役的驴在沙漠型土路上，单套拉运1 000kg重物，行进1km用时10min。一头成年驴骑乘3人（约负重150kg），连续行走6h以上，负重性能优良。

2.产肉性能　据2007年对5头成年公、母驴进行的屠宰性能测定，平均屠宰率51%。

3.繁殖性能　和田青驴公驴初配年龄为20月龄，可利用年限约15年。母驴18月龄性成熟，初配年龄28月龄；发情季节一般在3 ~ 9月份，5 ~ 6月份为发情旺季，发情周期平均21天（17 ~ 23天），妊娠期平均360天，自然交配情况下，年平均受胎率90%左右，三年可产二胎，终生产驹12头左右；可利用年限约20年。幼驹初生重公驹18kg，母驹16.5kg。

四、饲养管理

和田青驴主要以农户在自家庭院舍饲为主，极少部分驴在不参加使役时牵系放牧。耐粗饲，常年以粉碎的小麦、玉米秸秆为主要饲草，夏季饲喂少量田间杂草，在农忙季节使役的母驴需日补0.5kg玉米精料，公驴在配种期间补饲0.5 ~ 1.5kg玉米精料。

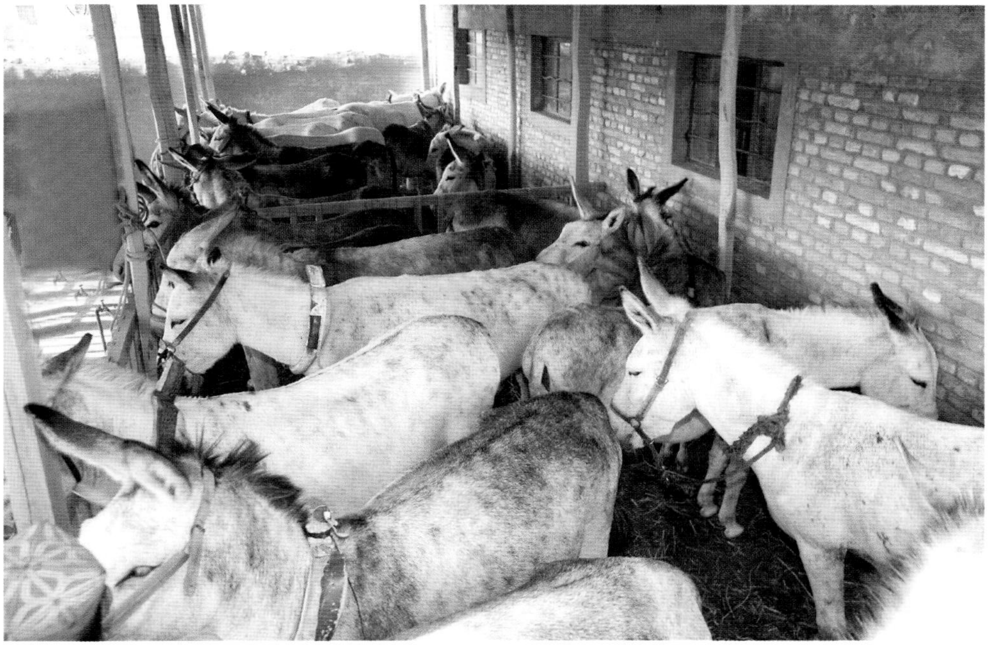

和田青驴群体

五、品种保护和研究利用

尚未建立和田青驴保护区和保种场，未进行系统选育，处于农户自繁自养状态。和田青驴2009年10月通过国家畜禽遗传资源委员会鉴定。为当地农牧民生产、生活的交通运输工具，以挽车为主，兼用于骑乘、驮物。

六、品种评价

和田青驴是我国优良的地方驴种，体格高大，毛色为青色，耐粗饲、耐干旱，具有一定的抗逆性，抗病力强，在较为恶劣的自然生态条件下，仍能保持良好的役用性能，肉用性能也较好。今后应加强本品种选育，保护其遗传资源，并做好综合开发利用。

吐鲁番驴

吐鲁番驴（Turfan donkey）属大型兼用型驴种。

一、一般情况

（一）中心产区及分布

吐鲁番驴主产于新疆维吾尔自治区吐鲁番地区的吐鲁番市，中心产区在吐鲁番市的艾丁湖、恰特卡勒、二堡、三堡等乡镇。吐鲁番市毗邻的托克逊县、鄯善县有少量分布，哈密地区也有零星分布。

（二）产区自然生态条件

吐鲁番市位于北纬42° 15′ ~ 43° 35′、东经88° 29′ ~ 89° 54′，地处新疆维吾尔自治区中东部、新疆天山支脉博格达峰南麓、吐鲁番盆地中部，全市总面积6.96万km^2。地势北高、南低、中间凹，火焰山自西而东横贯盆地中部，山前是戈壁，中部是低洼平原，南部兼有山丘、戈壁、荒漠三种类型。市区海拔34m，北部的博格达峰一般海拔3 500 ~ 4 000m，最高海拔5 445m；南部的艾丁湖洼地海拔-154m，是全国陆地最低的地方。属暖温带干旱荒漠性气候，四面高山环抱，地势低洼闭塞，有云难以形成雨雪，所以气候干燥、日照长、无霜期长。北部山区气候凉爽、雨量稍多，中部聚热干燥、雨水少、阳光足，南部多荒漠、干燥、近乎无雨、气温更高。吐鲁番素有“火洲”之称，开春早、升温快，夏季漫长，有5个多月。年平均气温15.9℃，夏季最高气温有过49.6℃的记录，6 ~ 8月份平均最高气温在38℃以上；无霜期270 天左右。年降水量17mm，降水稀少，年蒸发量高达3 003mm。年平均日照时数3 200h。由于盆地气压低，吸引气流流入，成为“陆地风库”，风害频繁。年河流来水总量为4.49亿m^3，水源主要来自天山北部山区地表水、地下水，由北向南流入艾丁湖。北部山区雨水较多，博格达峰海拔4 000m以上高山有终年消融不尽的积雪带，水源丰富，是牧业生产基地。土壤以砂壤和黄色黏土为主，微碱性、有机质少。

吐鲁番市以种植葡萄、哈密瓜等历史悠久而闻名，2008年有耕地面积1.1万hm^2，主要农作物有小麦、大麦、玉米、油料、棉花等。草场面积21.07万hm^2，境内的博格达峰南坡是该市主要天然草场，火焰山南为洪积—冲积平原，和盆地中心的艾丁湖发育为大面积的盆地绿洲和低地盐化草甸草场。但由于干旱，饲草料匮乏，饲料作物有苜蓿、高粱等，农作物秸秆是主要的饲料来源。森林面积0.70万hm^2，森林覆盖率0.44%。

（三）品种畜牧学特性

吐鲁番驴适应性很强，能够忍耐吐鲁番盆地夏季40℃酷暑炎热，对常年干旱气候适应性良好；极耐粗放饲养，日常仅喂给粗劣的饲草秸秆，视情况补充少量精料；对各种疾病抵抗力强。

二、品种来源与变化

（一）品种形成

吐鲁番市养驴历史悠久。据《后汉书・耿恭传》记载，“建初元年（76）正月，会柳中击车师，攻交河城，斩首三千八百级，获生口三千余人，驼驴马牛羊三万七千头，北虏惊走，车师复降。”交河城即现在吐鲁番市国家级文物保护单位“交河故城”，由此可见吐鲁番市养驴的历史至少可以追溯到东汉时期。

吐鲁番市作为丝绸古道重镇，自古农业、商业发达，不仅养驴、用驴，还不断销往内地，阿斯塔那228号墓出土的《唐年某往京兆府过所》就载有“贩马、驴往京兆府”。根据《吐鲁番市志》记载的部分年份牲畜存栏数中，1922年吐鲁番市共存栏驴7 919头，1941年吐鲁番市共存栏驴9 431头，1944年吐鲁番市共存栏驴达到13 361头，1949年由于战乱吐鲁番市驴的存栏数减少到6 300头。另据史料记载，民国时期“畜力运输是吐鲁番运输的主要方式……吐鲁番的运输大户在民国的最后几年，看透了形势，将运输的大畜基本变卖。故民国三十七年（1948），全县只有250峰骆驼在运输，运输驴近4 000头，而且都在疆内作短途承运土产货物。”由此可见，驴在新中国成立前作为吐鲁番市的短途交通运输工具已经具有一定规模。

吐鲁番市原产小型新疆驴，为适应农业役用和商旅驮运需要，1911—1925年吐鲁番市引进关中驴，以本地新疆驴为母本进行杂交改良，培育出了一批体型较大的杂种驴，1949年以后进一步扩繁培育，经过几十年自然选择和人工选择，逐步形成了这一良种。

（二）群体数量和变化情况

2008年末吐鲁番驴存栏8 500头，其中种用公驴400头、基础母驴4 300头。吐鲁番驴处于维持状态。

吐鲁番驴主要在农区和半农区饲养，20世纪80年代吐鲁番驴是当地农牧民的主要短途交通运输工具之一，1980年杂交改良驴得到大力推广，当年吐鲁番市驴的存栏量为2.09万头，2000年驴的存栏量为2.24万头。近年来农业机械化、交通运输现代化发展迅速，对驴的需求急剧下降，至2008年末吐鲁番驴存栏8 500头。

三、品种特征和性能

（一）体型外貌特征

1.外貌特征 吐鲁番驴属大型驴。体格大，体躯发育良好，体质多干燥、结实，性情温驯，有悍威。头大小适中，额宽，眼大明亮，耳较短，鼻孔大。颈长适中，肌肉结实，颈肩结合良好，鬐甲宽厚。胸深且宽，胸廓发达，腹部充实而紧凑，背腰平直，腰稍长，尻宽长中等、稍斜。四肢干燥，关节发育良好，肌腱明显，肢势端正，蹄质坚实，运步轻快。尾毛短稀，末梢部较密而长。

毛色主要以粉黑色居多，皂角黑色次之。

2.体重和体尺 2007年在吐鲁番市艾丁湖、恰特卡勒、三堡等乡镇对成年吐鲁番驴进行了体重和体尺测量，结果见表1。

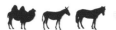

表1　成年吐鲁番驴体重、体尺和体尺指数

性别	头数	体重（kg）	体高（cm）	体长（cm）	体长指数（%）	胸围（cm）	胸围指数（%）	管围（cm）	管围指数（%）
公	10	316.73	141.20 ± 5.65	144.05 ± 5.37	102.02	154.10 ± 2.85	109.14	17.78 ± 1.13	12.59
母	52	302.46	135.54 ± 4.82	137.90 ± 5.40	101.74	153.91 ± 4.54	113.55	17.12 ± 0.75	12.63

吐鲁番驴公驴

吐鲁番驴母驴

（二）生产性能

1.役用性能　2007年在吐鲁番市艾丁湖乡团结四队对4头吐鲁番驴生产性能测验数据见表2。

表2　吐鲁番驴役用性能

编号	性别	年龄	气候条件	1 000m	3 000m	长途骑乘（km／天）	驮重（kg）
1	公	2	炎热	4min 8s	13min 15s	60	180
2	母	3.5	炎热	4min 21s	13min 40s	60	145
3	母	7.5	炎热	4min 30s	14min 1s	60	150
4	母	2	炎热	4min 25s	13min 45s	60	140

注：速度测验由单套驴拉胶轮车，乘坐2人，总重140 ~ 180kg，快速在沥青路上行走。

另据测定，常年使役的吐鲁番驴在沙石路上能单套拉运600kg重的货物；在土质路面上拉运200 ~ 300块砖，重560 ~ 700kg，单程6km，日工作10 ~ 12h。

2.产肉性能　2008年在吐鲁番市的艾丁湖乡、亚尔乡、恰特卡勒乡对5头成年吐鲁番驴进行了屠宰性能测定，结果见表3。

表3　吐鲁番驴成年驴屠宰性能

性别	宰前活重（kg）	胴体重（kg）	屠宰率（%）	内脏重（kg）	肉重（kg）	骨重（kg）	头重（kg）	肉骨比	皮重（kg）	净产肉（kg）	眼肌面积（cm^2）
公	358	201	56.1	56	148.5	52.3	26.8	2.84	20.1	41.2	58.4
	350	194	55.4	52	146.5	48.5	26.5	3.02	19.4	41.8	59.5
母	301	144	47.8	41	116	43.5	25.4	2.67	15.7	38.5	65.7
	285	138	48.4	37	110.5	42	23.7	2.63	16.8	38.7	64.67
	319	152	47.6	43	121	40.3	24.1	3.00	14.3	37.9	63.4

3. 繁殖性能 吐鲁番驴公驴性欲旺盛，约24月龄性成熟，30月龄开始配种，在粗放饲养条件下自然交配，能够保持比较强的配种能力。母驴约18月龄性成熟，24月龄开始配种，一般在春季发情；发情周期21～25天，发情持续期5天，妊娠期约360天；年平均受胎率92%；一般可以利用15～17年，终生产驹8～10头；在粗放饲养条件下，幼驹成活率90%以上。幼驹初生重公驹40kg左右，母驹35kg左右；幼驹断奶重公驹110kg左右，母驹100kg左右。

四、饲养管理

吐鲁番驴主要产于农区和半农半牧区。农区以农户一家一户圈舍饲养为主，一般日饲喂10kg左右粗饲料，主要是棉花秸、高粱秸等农作物秸秆以及杂草等。半农半牧区以放牧为主，有时适当补饲农作物秸秆及少量精料。

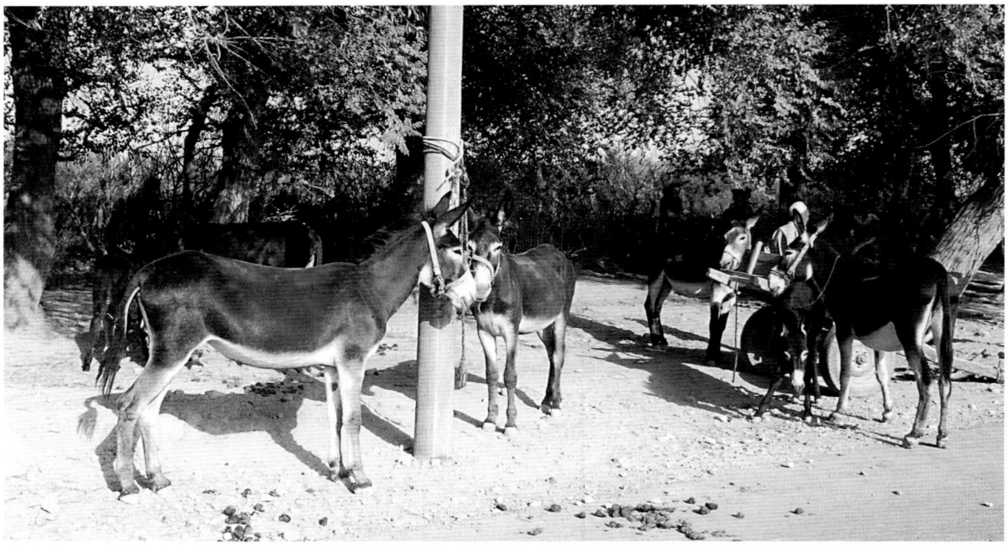

吐鲁番驴群体

五、品种保护和研究利用

尚未建立吐番番驴保护区和保种场，处于农牧户自繁自养状态。吐鲁番驴2009年10月通过国家畜禽遗传资源委员会鉴定。主要用作产区群众中短途交通工具，以挽为主，兼用于乘、驮，近年来多向肉用、皮用方向发展。

六、品种评价

吐鲁番驴是在吐鲁番市特定的生态环境条件下，经过长期的自然选择和当地农牧民选育形成的大型驴种，具有体格高大、耐干旱和炎热、耐粗放饲养、适应性强、抗病力强、挽驮与肉用性能好等特点。但因选育历史尚短，个体间仍存在一定差异与不足。近年来由于产区机械化程度提高，吐鲁番驴的役用功能下降，数量减少。今后应结合当地旅游业的发展，通过本品种选育等手段，进一步提高其品质，向挽乘兼用型和役肉兼用型方向发展。

新疆驴

新疆驴（Xinjiang donkey）属小型兼用型地方品种。

一、一般情况

（一）中心产区及分布

新疆驴主产于新疆维吾尔自治区南部塔里木周围绿洲区域的和田、喀什和阿克苏地区及吐鲁番和哈密等地，其中和田地区最多。全疆各地都有分布，北疆较少，主要分布在农区和半农半牧区。

（二）产区自然生态条件

新疆驴产区范围广，主要在南疆和东疆，位于北纬37° 12′ ~ 42° 91′、东经75° 94′ ~ 89° 19′，自然条件复杂。产区塔里木盆地是新疆最大的平原，中部形成广阔的塔克拉玛干沙漠，也是我国最大的内陆沙漠，周围为洪积、冲积平原，上部为砂石荒漠，下部为古老冲积平原，或大河所形成的三角洲，为农垦绿洲区。绿洲以西部较广而密，为主要农业区，畜牧业利用的面积较小。海拔700 ~ 1 400m。随着地理位置和地形地势的不同，气候条件差异很大。如喀什地区处在中亚腹部，受地理环境的制约，属暖温带大陆性干旱气候，平原地区气候温热干燥，年平均气温11.4 ~ 11.7℃，无霜期215天，年降水量约65mm，年平均日照时数2 822h；山区年平均气温5℃，无霜期仅70 ~ 100天。年降水量70mm以上。和田地区地处内陆，远距海洋，四周高山（天山、昆仑山、帕米尔高原）环绕，属于暖温带极端干旱荒漠气候，平原地区年平均气温11.0 ~ 12.1℃；无霜期182 ~ 226天，多数在200天以上，沙漠初霜期比平原绿洲区、山区初霜期晚。年降水量29 ~ 47mm，年蒸发量2 198 ~ 2 790mm。水源主要来自冰川，相对不足。东疆坎儿井密布，南疆有塔里木河、孔雀河、开都河、阿克苏河、和田河、多浪河、叶尔羌河、盖孜河等。土壤以盐碱化程度不一的荒漠土为主。

据和田、喀什、阿克苏、哈密、吐鲁番、巴州等6个地州不完全统计，2006年有耕地面积101.39万hm^2，草地面积1 182.16万hm^2，林地面积172.44万hm^2。南疆和东疆饲草料匮乏，主要以农作物秸秆为饲料来源，适播的主要农作物有小麦、玉米、大麦、油料、豆类和薯类等。

新疆地理气候特殊，生态环境极为脆弱。随着绿洲扩大，沙漠扩展，土地次生盐渍化仍在增加，森林功能下降，草地严重退化，河道断流，湖泊萎缩，污染加重。近10年来新疆进行了塔里木河生态治理，退耕还林、退耕还草，“三北”防护林建设及“牧民定居”多项工程，使新疆自然生态环境有所改善。

（三）品种畜牧学特性

新疆驴长期在极端粗放的饲养管理条件下，经受当地寒暑风雪等艰苦自然条件的影响，适应性很强，既能忍耐吐鲁番盆地夏季的酷暑炎热，也能适应高寒牧区冬季–40℃的严寒。即便在暴风雪袭击的条件下，仍然能生存、繁殖和从事正常劳役。在农区和牧区简陋的棚圈中，喂给粗质的饲草和少量精料，能基本保持比较好的体况，对各种疾病有很好的抵抗力。

二、品种来源与变化

（一）品种形成

根据我国有关历史文献记载，早在3 500年前的殷商时代，新疆一带已养驴、用驴，并不断输入内地，是我国驴的主要发源地。新疆养驴历史悠久，当地人常说："吃肉靠羊，出门靠驴。"汉代时就有养驴记述，《汉书·西域传》记载："乌秅国（今塔什库尔干东南一带），出小步马，有驴无牛。"以及丝绸之路的小国"驴畜负粮，须诸国禀食，得以自赡"。公元3—9世纪的拜城克孜尔千佛洞第十三窟东壁壁画中，已画有赶驴驮运的《商旅负贩图》，可见驴很早就在新疆的交通运输中起着重要作用。

根据新疆驴外形、毛色特征及其分布的地理位置推测，新疆驴可能源自骞驴。《汉书·西域传》记载："骞种分散，往往为数国。自疏勒（今喀什一带）以西北，休循、捐毒之属，皆故骞种也。"公元前170年前后，月氏人西迁到伊犁河谷和天山以北等地，骞人被迫南迁，后乌孙西迁攻打月氏，又迫使月氏南迁，骞人远途。所以，骞驴很早就在西域繁衍是必然的。新疆驴可能来源于骞驴，是在当地自然和社会经济条件影响下，经历代群众驯化和选育形成的一个历史悠久的古老品种。

为加大新疆驴体格，适应农牧业生产与生活的需要，阿克苏地区库车县曾于1958年和1965年从陕西引进关中驴，对当地驴进行杂交改良，杂交后代体格增大，但适应性差、饲养条件要求高，因而改良终止，由农牧民自行进行本品种选育。

（二）群体数量

2007年11月存栏新疆驴77.88万头，其中种用公驴1.89万头、基础母驴约21.98万头。新疆驴无濒危危险，但数量处于下降趋势。

（三）变化情况

1.数量变化 新疆驴体格矮小，属小型驴种。1980年共有新疆驴108.88万头，1990年共有新疆驴101.24万头，2000年以后部分地区农牧民引入大中型驴种与新疆驴杂交，并且由于近年驴肉价格持续走高，大量新疆驴输入内地销售，造成存栏量迅速减少，截至2007年底新疆驴存栏77.88万头。

2.质量变化 新疆驴在喀什地区2007年测定时与1981年的体重和体尺对比，公、母驴各项指标均有所提高（表1）。提高的原因可能是群众加强了品种选育。

表1 新疆驴体重和体尺变化

年份	性别	头 数	体重（kg）	体高（cm）	体长（cm）	胸围（cm）	管围（cm）
1981	公	72	116.0	102.2	105.4	109.7	13.3
2007		12	181.3 ± 36.0	116.0 ± 9.4	120.1 ± 8.4	127.0 ± 7.8	14.9 ± 1.3
1981	母	317	111.3	99.8	102.5	108.3	12.8
2007		50	156.0 ± 31.1	107.7 ± 7.3	115.0 ± 7.7	120.3 ± 8.4	13.5 ± 1.0

三、品种特征和性能

（一）体型外貌特征

1.外貌特征 新疆驴属小型驴。体质结实，结构匀称。头大干燥，大小适中，头与颈长几乎相等。耳长且厚、内生密毛，眼大明亮，鼻孔微张，口小。颈长中等，肌肉充实，鬣毛短而立，颈肩结合良好。背腰平直，腰短，前胸不够宽广，胸深，肋骨开张，腹部充实而紧凑，尻较短斜。四肢结实，关节明显，后肢多呈外弧或刀状肢势。系短，蹄圆小、质坚。

毛色以灰毛为主，黑毛、青毛、栗毛次之，其他毛色较少。黑驴的眼圈、鼻端、腹下及四肢内侧为白色或近似白色。

2.体重和体尺 2007年在喀什地区疏勒县测量了新疆驴的体重和体尺，结果见表2。

表2 成年新疆驴体重、体尺和体尺指数

性别	头数	体重（kg）	体高（cm）	体长（cm）	体长指数（%）	胸围（cm）	胸围指数（%）	管围（cm）	管围指数（%）
公	12	181.30 ± 36.00	116.00 ± 9.40	120.10 ± 8.40	103.53	127.00 ± 7.80	109.48	14.90 ± 1.30	12.84
母	50	156.00 ± 31.10	107.70 ± 7.30	115.00 ± 7.70	106.78	120.30 ± 8.40	111.70	13.50 ± 1.00	12.53

新疆驴公驴

新疆驴母驴

（二）生产性能

1.役用性能 新疆驴有较好的挽力、驮力和速力，主要用于短途挽驮。2007年对喀什地区疏勒县塔孜洪乡2头成年母驴生产性能进行了测定，结果见表3。

表3 新疆驴役用性能

编号	性别	年龄	气候条件	1 000m	3 000m
1	母	3	炎热	4min 10s	13min 30s
2	母	5	炎热	4min 30s	13min 40s

注：速度测验由单套驴拉胶轮车，乘2人，总重140kg左右，快速在沥青路上行走。

成年母驴可驮重80kg，6h行程30km；短距离最大驮重达150kg。

2.产肉性能 2007年喀什地区疏勒县屠宰场对7头成年新疆驴（3头公驴、4头母驴）产肉性能进行了测定，结果见表4。

表4 成年新疆驴屠宰性能

性别	宰前活重（kg）	胴体重（kg）	屠宰率（%）	净肉重（kg）	净肉率（%）	皮厚（cm）	肌肉厚		脂肪厚度		眼肌面积（cm^2）	肉骨比
							大腿（cm）	腰部（cm）	背部（cm）	腰部（cm）		
公	141.00	69.85	49.54	52.19	37.01	0.74	12.35	6.45	0.53	0.90	23.11	3.05
母	137.17	77.33	56.38	62.46	45.53	0.74	11.87	4.03	0.55	0.67	27.92	4.25

新疆驴产奶期150～180天，全期产奶量225～270kg，日产奶量1.5kg左右。

3.繁殖性能 新疆驴公、母驴在1周岁左右开始有性行为，1.5岁达性成熟。公驴2～3岁参加配种，配种能力较强。一般母驴2周岁时开始配种，能正常生育驴驹。母驴的发情季节在3～9月份，发情持续期3～6天，妊娠期350～360天；可繁殖至12～15岁，终生产驹8～10胎。尽管在不良饲养条件下，妊娠母驴很少发生营养性流产，驴驹初生重虽轻，但成活率达90%以上。幼驹初生重12～15kg，幼驹断奶重45～60kg。公驴在粗放饲养条件下自然交配，能保持比较强的配种能力，受胎率达90%以上。

四、饲养管理

新疆驴长期在极端粗放的饲养管理条件下，经受寒暑风雪等艰苦自然条件的影响，抗病力强、耐粗饲，具有很强的适应性。在农区和半农半牧区，通常半舍饲、半放牧，饲养管理仍极其粗放，常年日饲喂3～5kg粗草料，主要是作物秸秆，很少补喂精料，只给参加配种用的种公驴补喂玉米、鸡蛋等精饲料。

新疆驴群体

五、品种保护和研究利用

尚未建立新疆驴保护区和保种场，处于农牧户自繁自养状态。产区农牧民饲养新疆驴主要作为畜力，挽、驮、乘皆可，近年来正逐渐向驴皮、乳肉生产方向转变。新疆驴1987年收录于《中国马驴品种志》，2006年列入《国家畜禽遗传资源保护名录》。新疆维吾尔自治区2007年11月发布了《新疆驴》地方标准（DB 65/T 2793—2007）。

2007年阿吉等利用8个微卫星标记检测了新疆3个地方驴品种的遗传多样性，计算了各群体的平均遗传杂合度（h）、多态信息含量（PIC）和群体间遗传距离。说明新疆地方驴遗传多样性丰富，群体遗传变异程度较高，育种潜力大。聚类分析表明和田驴先与喀什驴聚为一类，然后与吐鲁番驴聚类，与史料及地理分布一致。

六、品种评价

新疆驴具有乘、挽、驮多用的特点，个体较小，性情温驯，耐粗饲，适应性强，抗病力好，饲养数量多，分布地域广，是新疆广大农牧区重要的畜力，在农牧民生产和生活中占有一定地位，深受群众欢迎，且具有较好的肉、乳用性能，是我国较为优良的小型地方驴种之一，对内地养驴业和驴品种的发展曾起到历史性的作用。今后应建立保种场，开展保种工作，加强本品种选育，积极改善饲养和放牧条件，加强选种选配和幼驹培育，进一步提高品种质量。非主产区可引入大中型驴，进行杂交利用，提高经济效益。

三、骆驼

（一）地方品种

阿拉善双峰驼

阿拉善双峰驼（Alxa Bactrian camel）曾简称阿拉善驼。“阿拉善驼”一称最早见于清朝同治十三年（1874）袁保恒上报朝廷的奏折。民间和学术文献也多简称阿拉善驼。1990年6月在第六次全国骆驼育种委员会暨内蒙古自治区骆驼生产及阿拉善双峰驼验收命名会议上正式命名。

一、一般情况

（一）中心产区及分布

中心产区位于内蒙古自治区阿拉善盟巴丹吉林沙漠和腾格里沙漠及周边的阿拉善右旗、阿拉善左旗和额济纳旗；东至临河市、鄂尔多斯市，西至甘肃省肃北蒙古族自治县马鬃山地区、阿克塞哈萨克族自治县也有分布。

在阿拉善盟、临河市、鄂尔多斯市，双峰驼数量规模从东到西随土地荒漠化程度增多。2005年12月末阿拉善双峰驼共存栏7.19万峰，其中阿拉善盟6.4万峰，占三盟、市总存栏数的88.9%；临河市7 250峰，占10.1%；鄂尔多斯市675峰，占0.9%。

（二）产区自然生态条件

中心产区位于北纬37°～43°、东经97°～107°，从西部的阿拉善高原经乌兰布和沙漠与河套地区到东部鄂尔多斯高原，从北部中蒙边境的戈壁阿尔泰山南麓的戈壁滩到贺兰山西侧，中心产区和分布区域海拔高度100～1 700m。

中心产区在荒漠—半荒漠区域内，大部分被沙漠、戈壁覆盖，分布着许多湖盆、盐碱滩和麓河边绿洲。除东部贺兰山区和南部与甘肃交接的龙首山、合黎山等山脉之外，地形起伏平缓。属典型中温带干旱气候，年平均气温7.6～8.3℃，无霜期130～160天，年降水量37（额济纳旗）～400.2mm（鄂尔多斯市），多集中在7～9月份；年蒸发量3 000mm以上。年平均日照时数3 400h。最大风力10级，全年8级以上大风10～50天，多为西北风。年沙尘暴日数8～20天。

水源主要为黄河、额济纳河湖盆，黄河年入境流量3 150亿m^3；额济纳河是季节性内陆河流，在境内流程约250km；有大小不等的湖盆500多个，集水面积约400km^2。全盟共有可利用水资源121亿m^3，其中地表水56.3亿m^3，地下水64.9亿m^3。

土壤多为灰漠土及灰棕漠土，淡灰钙土较少，局部地区为灰棕荒漠土。乌力吉山沿北纬41°直达额济纳旗温图高勒，其南部的广大地区为灰漠土，主要植物为灌木及半灌木，覆盖度5%～20%，有机质含量低，仅0.2%～0.6%；含有一定盐分，酸碱度（pH）8. 2～9.6，有碱化现象。灰棕漠土分布于乌力吉山以北，年降水量仅50～60mm、干燥度达11.3，地面有砾带，习称为北戈壁，额济纳河以西为西戈壁，植被以球果白茨为主，覆盖度仅1%～2%，最高不超过10%，仅可放牧骆驼。

2005年有耕地面积约283km^2，农作物一年一熟。主要作物有小麦、玉米、谷子、胡麻、向日葵、马铃薯、西瓜、籽瓜和一些优质牧草。

草原总面积127万km^2，占土地总面积的47.1%。可利用草原面积91.5万km^2，全盟草场基本属荒漠、半荒漠类型，仅合黎山、龙首山、贺兰山一带为半荒漠草场。植被稀疏，草质优良，主要有梭梭、花棒、红柳、柠条、霸王柴、沙拐枣、珍珠、红砂、白茨、骆驼莎、茂茂、沙啊蒿、碱柴等。

有占全盟面积20%的起伏滩地草场，每公顷产可食牧草17.5～22.5kg；9%的沙漠湖盆草场，每公顷产可食牧草20～25kg；20%的山地丘陵草场，每公顷产可食牧草15～20kg；30%的戈壁草场，每公顷产可食牧草5kg。每平方千米载畜量除戈壁草场外均可达30～40只绵羊单位，是畜群较集中的主要放牧场。野生植物有发菜、麻黄、锁阳、肉苁蓉、黄茂、沙竹、芨芨草等。野生动物有狼、狐、鹿、獐、石羊、黄羊、盘羊、獾、野骆驼、野驴等。

（三）品种畜牧学特性

阿拉善驼主要特性有：①耐粗，对当地贫瘠的荒漠、半荒漠草原植被具有极强的适应力，产区多生长碱柴、白茨、茨盖、茨蓬、芦苇、芨芨、红柳、梭梭等植物，都带有硬刺和异味，其他牲畜不喜采食，却是骆驼的好饲草。②耐饥渴，一次可饮水50～70kg，在短期内能迅速长膘壮峰，贮备营养；喜静，不狂奔，不易掉膘。在不使役的情况下，一年抓满膘，可抵抗两年的旱灾。一般7～9天不喝水不影响其正常生理活动。骟驼耐饥渴性最强，带羔母驼次之，公驼较差。③对恶劣环境耐受力强，尤其对风沙、干燥抵抗力强，能抵御最低气温-33.6℃和地表温度-38.6℃及大风的侵袭，不致冻死；暖季最高气温33.9℃和地表温度71.1℃以下，能够行走和正常采食抓膘。④厌湿，要求有干燥的环境，对潮湿很敏感，在湿度大而炎热的地带饲养，易消瘦、发病增多。⑤嗜盐，对盐分的需要明显较其他家畜多。喜食灰分含量很高的藜科植物，常在缺乏盐生性草的牧场放牧，必须给骆驼补盐，否则会降低其食欲、易发病，甚至失去使役能力。⑥合群性低，合群性不如其他家畜强，在放牧员收拢或受到惊吓时，方可集结成群。骆驼有群居习性，也有自主性，出牧、归牧一般都是一条龙行走；除在宿营地外，放牧时3～5峰分散采食。母驼合群性比骟驼和幼驼强。⑦有留恋牧场的习惯，对长期生活、放牧采食的牧场顽固留恋，当移入新牧场后，往往会回到旧牧场上去采食。

二、品种来源与变化

（一）品种形成

阿拉善驼在公元前2600年以前已经家养。早期驯化地从伊朗高原、土库曼斯坦南部经过哈萨克斯坦南部直到现在的蒙古国西北部，及中国北部的广阔干旱地域。《史记·匈奴列传》记述匈奴“其畜之所多，则马牛羊，其奇畜，则橐駞、驴、骡、駃騠、騊駼、驒騱。”《汉书》西域传记载“鄯善国，本名楼兰。……地沙卤，少田。……多葭苇、柽柳、胡桐、白草。民随畜牧逐水草，有驴马，多橐驼。”这些记载说明，在纪元前汉通西域之初，被中原人视为“奇畜”的骆驼，早已被我国西北、北部各部族人民饲养。此后3 000余年间，各种历史原因造成的部族迁徙、交往、分合重组，在我国北方、西北各族人民生息活动疆域内，为骆驼种群间广泛的血统交融创造了机会。历经长期的生态环境适应和不同文化经济背景下的选种，中国骆驼逐渐形成了蒙古驼和塔里木驼两大生态类群。前者主要分布在天山以北、蒙古高原、河西走廊和柴达木盆地；后者分布区仅限于新疆塔里木盆地和库鲁塔格。

阿拉善驼属于蒙古驼，其血统来自我国西北厄鲁特蒙古族牧民自古以来所拥有的双峰驼群体。中心产区特定的生态条件，厄鲁特蒙古族悠久的历史，卓越的养驼文化以及当地交通、商旅运输等经济生活的需求是造就骆驼这一品种的基本原因。17世纪后期至18世纪初（清朝康熙时代），品种开始形成；至19世纪中期（清朝同治年间），品种基本定型。

阿拉善厄鲁特旗（现今阿拉善左旗、右旗的前身）最早建于清康熙二十五（1686）。部民原来世代驻牧于黄河西套，因受准格尔部噶尔丹台吉攻袭，清政府会同达赖喇嘛勘地安置于阿拉善厄鲁特旗。据《清史稿》记载：其辖地“东至宁夏府边外界，南至凉州、甘州二府边外界，西至古尔鼎（湖）接额济纳土尔扈特界，北足俞戈壁接扎萨克图汗部界”，与现在的阿拉善左旗、阿拉善右旗地域范围大致相当。额济纳旗始置于清康熙四十二年（1703），时称“额济纳旧土尔扈特部”。其部民是在1628年移牧伏尔加河中游流域的土尔扈特部的一部分，后定牧额济纳河，地跨昆都仑河，与今相同。阿拉善驼是两部族牧民先后定驻之后逐渐形成的。

17世纪以后，吉兰泰盐、哈布塔哈拉山金沙、哈勒津库察地方银矿开采、运输所需要的畜役和规模庞大的驼运，促进了产区驼数量的增加、选育技术的提高和品种的形成。当时吉兰泰盐池和阿拉善境内的大小盐池出产的盐，往西北运至新疆巴里坤销往天山南北，往南运至甘肃、宁夏、陕西以至汉江以南，往东销往山西、河北，主要依赖驼运。清嘉庆五年（1800）甘肃按察使姜开阳上疏称：“中卫边外有大小盐池，为阿拉善王所辖，其盐洁白坚好，内地之民皆喜食之。大约甘肃全省食阿拉善盐者十分之六，陕西一省亦居其三。闻阿拉善王但于两池置官收税，不论蒙古人、汉人，听其转运，故于民甚便，私贩甚多，骆驼牛骡什百成群……。”同治十一年（1872）“陕西、甘肃总督左宗棠奏准蒙盐仍只从一条山、五卡寺至皋兰、靖远、条城，经安定、会宁、陇西、秦州转运汉南一带销售”。同治十三年（1874）袁保恒奏称：“宁夏采运，须取道阿拉善、额济纳蒙古草地，以达巴里坤。而额济纳牧地近年……无可籍资，必以阿拉善驼只为主。”又报称“臣与（阿拉善）管旗章京玛呢阿尔得那筹拟，按程设立卅四台，专司带领道路。另雇蒙驼一千五百，民驼五百，各以五百任运一段，班传递运”。从17世纪到20世纪初“吉盐”驼运业的兴旺使阿拉善驼群体规模和品质都得到提高，同时使“阿拉善骆驼”的名称随吉盐驼队所到，远播西北各地。抗战期间陕西、甘肃、宁夏边区流行的“拉骆驼”等民歌也昭显出阿拉善驼当时在经济生活中的作用。在这种基础上，厄鲁特蒙古族的自然景观，“布日海任”（种驼山）建筑，“驼城、驼庙”地名，“银根苏木”（乡名），“查日布日嘎查”（村名）赛驼、沙漠旅游、驼舞、民歌、诗词、颂、谜语、谚语、民间故事、数来宝、礼赞等多种形式流传下来的悠久璀璨的养驼文化，在骆驼的选种、放牧、医疗、繁殖经验的传播和品种塑造方面发挥了巨大作用。

（二）群体数量和变化情况

1.群体规模和近50年选育概况 20世纪60年代初确立了本品种选育目标，向体大、粗壮、绒多、色浅的方向发展。选择体大粗壮、结构协调，毛色除选白毛外，以杏黄色为主，以毛色较浅的优秀公、母驼组成选育核心群，不断扩大选育范围和选育驼数。

种驼着重选择绒层厚、密度大和绒毛产量高者，重视后躯发育，向长而深宽的方向发展。阿拉善驼的选育：1959—1965年调查与制定育种方案。在多次调查研究的基础上，1964年首先由阿拉善右旗畜牧兽医工作站起草了“骆驼选育方案”，明确了绒用为主、兼顾肉役的选育方向。1965年阿拉善右旗旗委和人委发出了[（65）35号]《关于开展骆驼和山羊选育工作的通知》文件，并从塔木素苏木12个驼群（2 300峰骆驼）中按选育指标挑选出93峰理想型母驼和2峰公驼组成选育核心群。1966—1976年选择理想型公、母驼组群，在此期间将阿拉善左旗、阿拉善右旗、额济纳旗的马鬃山等25个苏木划作选育区，选出理想型种公驼231峰和母驼5 940峰，组建了57个核心群，统一了选育指标。1977—1989年深入开展阿拉善驼的选育工作。经过三个阶段的选育过程，1989年共组群536个，选育骆驼2.44万峰，其中核心群68个，不断扩大选育范围和选育驼数。阿拉善驼配种方式采取本交，曾进行过人工授精，取得了一些成绩，但由于条件限制未能持续开展下去。

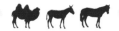

2.数量变化 阿拉善驼1981年12月末存栏达30.07万峰，创历史最高纪录。2006年12月末存栏7.19万峰。2005年12月末统计，阿拉善盟存栏基础母驼31 245峰，种用公驼1 839峰，母驼羔5 921峰，公驼羔5 876峰；巴彦淖尔市存栏基础母驼3 541峰，种用公驼237峰，母驼羔772峰，公驼羔725峰；鄂尔多斯市存栏基础母驼239峰，种用公驼27峰，母驼羔65峰，公驼羔68峰。

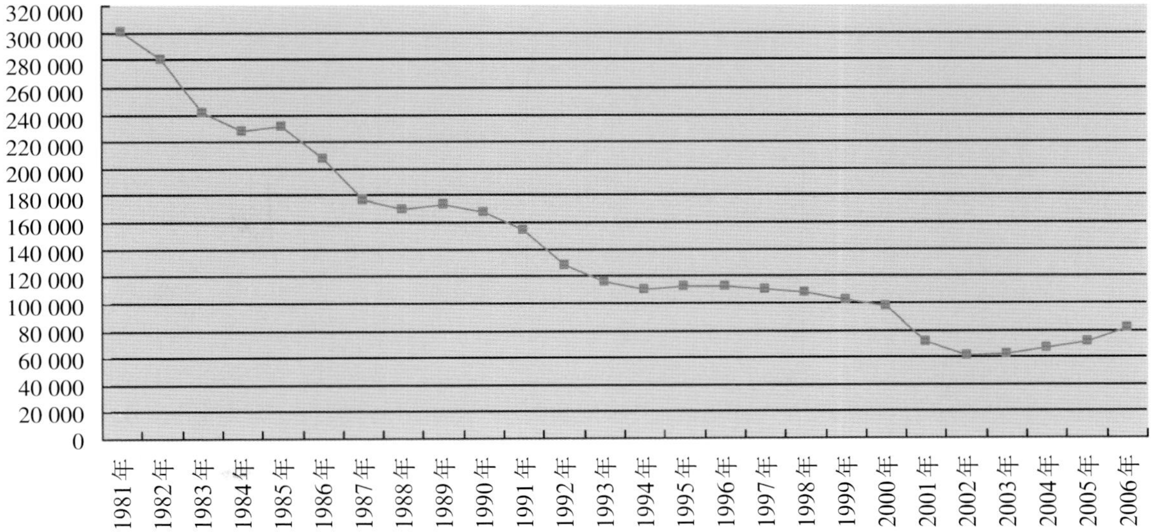

阿拉善双峰驼1981—2006年数量变化曲线图

骆驼数量下降的主要原因：一是人为破坏草原，人类活动对自然环境影响逐年加大，导致骆驼产区生态环境逐年恶化；其次是价格因素起了重要作用，养驼的经济效益明显低于养羊；其三是人口搬迁转移，骆驼饲养量减少；其四是骆驼属役用家畜，役用能力逐渐被迅速发展的机械化所取代。

3.品质变化 1989年6月末在阿拉善左旗、阿拉善右旗、额济纳旗、乌拉特后旗对2 613峰各类驼进行产毛量的测定，其中成年公驼196峰，平均产毛量6.97kg；成年母驼1 486峰，平均产毛量5.07kg。育成公驼57峰，平均产毛量5.27kg；育成母驼874峰，平均产毛量4.43kg。

2006年6月在阿拉善左旗、阿拉善右旗、乌拉特后旗、杭锦旗对201峰驼进行测定，成年公驼29峰，产毛量（5.7017 ± 1.4921）kg；成年母驼150峰，产毛量（4.7164 ± 0.8699）kg。育成公驼9峰，产毛量（5.422 ± 0.3529）kg；育成母驼13峰，产毛量（3.946 ± 0.2933）kg。

2006年与1989年相比阿拉善驼产毛量下降，其原因为多年来连续干旱，沙尘暴次数逐年增加，草场退化严重，自然环境遭到严重的破坏，同时对骆驼选育工作投入有限，导致阿拉善驼产毛量下降。

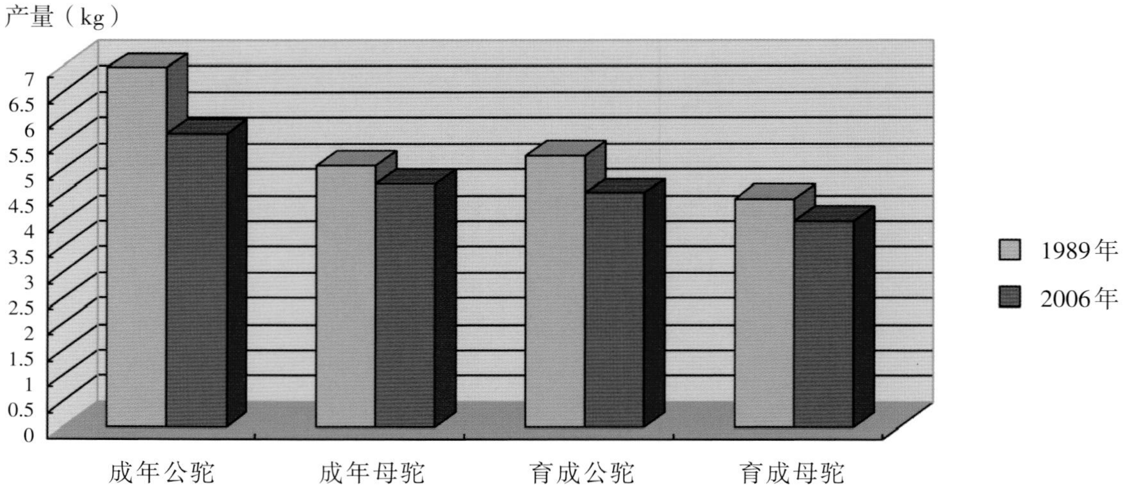

1989年与2006年阿拉善双峰驼产毛量比较柱形图

三、品种特征和性能

（一）体型外貌特征

1.外貌特征 阿拉善双峰驼体质结实、紧凑，骨骼坚实，肌肉发达，体躯呈高长方形，体高与体长之差公驼为19.83cm、母驼为25.79cm，整体结构匀称而紧凑，膘情好时双峰大而直立。母驼头清秀、短小，呈楔状；公驼头粗壮，高昂过体。额宽广，密生10～15cm长的脑毛。嘴唇裂似兔唇。耳小而立、呈椭圆形。鼻梁隆起、微拱，鼻翼内壁生有长约1cm的短毛，鼻孔斜开。眼呈菱形，眼球突出，明亮有神，上眼睑密生3～5cm长的睫毛。颈呈乙形弯曲，长短适中，两侧扁平，上薄下厚、前窄后宽，长90～100cm，颈沟短、颈础低，上缘生有10～15cm长的鬃毛，下缘生有40～52cm长的嗉毛，公驼鬃毛、嗉毛发达。

双峰大小适中，驼峰间距约35cm，高30～45cm，双峰挺立、呈圆锥状。峰顶端生有15～25cm的长毛，称峰顶毛。骆驼峰型除遗传因素影响外，多数由膘情决定。营养状况良好时，两峰蓄积的脂肪达极限，峰两侧的脂肪突出；中上营养水平时两峰挺立；中等营养水平时峰内脂肪只有容积的一半左右，峰缩小、并倾向一侧；中下等营养水平时双峰自由地向某一侧下垂；营养缺乏时两峰呈空囊状倒伏于背腰，骨骼棱角明显。根据骆驼营养及膘情，驼峰有双峰直、前直后倒、后直前倒、左右峰、前左后右、后左前右、双峰左倒、双峰右倒等类型。

肋骨宽大、扁平、间距小，胸深而宽，胸廓发育良好，腹大而圆、向后卷缩。背短腰长，腰荐结合部有明显凹陷，肷大，尻短、向下斜。尾短小，尾毛粗短，称尾尖毛。四肢干燥细长，关节强大，筋腱分明。前肢上膊部生有20～30cm的肘毛，后肢有轻度的刀状肢势。前蹄大而厚圆，后蹄小、呈菱形，蹄低厚而柔软、富有弹性。

全身有七块角质垫，分部于胸、肘、腕、膝，卧地时全部着地。公驼睾丸呈椭圆形，位于肛门下两股中央，龟头呈螺旋状，包头末端向后折转，排尿向后间歇射出。母驼阴户较小，会阴短，乳房小、呈四方形，位于鼠蹊部和大腿内侧三角区，乳头排列整齐、前大后小。

阿拉善双峰驼毛色以黄色为基础，由于深浅程度不同分为褐、红、黄、白四种颜色。长粗毛颜色较深，绒毛颜色较浅，刺毛的颜色变化较多。被毛中的绒毛、长粗毛、短粗毛、刺毛颜色基本一致，一般由前躯到后躯、由背部到体侧，颜色逐渐变浅，而腹下毛颜色较深。骆驼嘴唇、前膝、前管的绒毛以红色为多，个别呈白色或沙毛色。一般毛纤维由尖端到根部一色的较少，多数为两色，个别驼有3 ~ 5种颜色，形成多层次颜色特征。毛色多为杏黄色、深黄色、紫红色、黑褐色，少数为白色和灰白色，以杏黄色和棕红色为主。驼毛纤维分刺毛、绒毛、两型毛、短粗毛、长粗毛、胎毛六个类型。

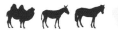

阿拉善双峰驼公驼

阿拉善双峰驼母驼

2.品种类型 因分布地区生态条件不同存在两种类型。

（1）沙漠型：体型偏轻，毛色以杏黄色为主，绒细而长、比率高，肌肉与骨骼发育适中。

（2）戈壁型：体型较重，毛色以棕红色为主，被毛粗而密，肌肉与骨骼发育良好。

3.体重和体尺 2006年6月阿拉善盟骆驼科学研究所、阿拉善盟畜牧兽医工作站、巴彦淖尔市和鄂尔多斯市的家畜改良工作站对辖区内的阿拉善双峰驼的体重和体尺进行了测量，结果见表1。

表1 成年阿拉善双峰驼体重和体尺

性别	峰数	体重（kg）	体高（cm）	体长（cm）	体长指数（%）	胸围（cm）	胸围指数（%）	管围（cm）	管围指数（%）
公	30	557.18 ± 80.56	172.50 ± 9.57	152.67 ± 11.27	88.50	222.70 ± 17.07	129.16	22.34 ± 2.21	12.95
母	151	491.52 ± 75.77	170.17 ± 9.82	144.35 ± 6.96	84.83	210.87 ± 22.10	123.92	19.27 ± 1.64	11.32

表2 1989、2006年阿拉善驼成年驼体重和体尺变化

年份	体重（kg）		体高（cm）		体长（cm）		胸围（cm）		管围（cm）	
	公	母	公	母	公	母	公	母	公	母
1989	501.80	395.80	171.90	168.10	148.80	145.70	218.70	214.00	20.70	18.80
2006	557.18	491.52	172.50	170.17	152.67	144.35	222.70	210.87	22.34	19.27

注：2006年体重估算公式：67.01+58.16×（胸围^2×体长）+45.69　单位：m

从表2可以看出，除母驼体长、胸围有所下降外，其他各项指标都略有提高。

（二）生产性能

1.役用性能 阿拉善双峰驼目前仍是荒漠地区冬春季节牧民的主要骑乘工具，可挽、驮、耕综合利用。其腿长、步幅大，行走敏捷，且持久力强，每天骑乘8 ~ 9h快慢步交替可行60 ~ 75km，短距离行走时速可达15km。1981年11月塔木素骆驼骑乘赛中，创纪录者跑完10km仅用24min。1983年阿拉善右旗种公驼评比会，骑乘赛中40min 4s跑完15km。每峰驮重量达150 ~ 200kg，产区盛产食盐、土碱、药材等物资，每年冬季均由骆驼运出。

2. 产毛性能 阿拉善驼年产毛量5～6kg，公驼最高达12.5kg。绒毛品质较好，成年驼绒细度公驼20.0～24.6μm，母驼16.2～17.0μm；强度为5.30～14.70g；绒层厚度平均5cm以上，伸度为37.5%～64.1%；净绒率66.61%～77.8%。纤维长、强度大、毛色浅、光泽好，有良好的成纱性，是高级毛纺织品的优质原料，素以"王府驼毛"驰名中外，成为自治区出口创汇的拳头产品之一。

2006年6月阿拉善盟骆驼科学研究所对阿拉善左旗的各类骆驼的产毛量进行测定，结果见表3。

表3 阿拉善驼产毛量

项 目	成年公驼	成年母驼	育成公驼	育成母驼
测定峰数	29	150	9	13
产毛量（kg）	5.7 017 ± 1.4 921	4.7 164 ± 0.8 699	4.5 422 ± 0.3 529	3.9 946 ± 0.2 933

表4 阿拉善驼绒毛品质

性别	绒毛比例（%）	细度（μm）	伸直长度（cm）	绒层厚度（μm）	净毛率（%）
种公驼	75	22	7.6	5.0	75
母 驼	80	18	8.3	5.5	71

3. 产肉性能 对阿拉善双峰驼驼肉所含营养成分分析，含脂肪4.04%，蛋白质17.33%。蛋白质中氨基酸总量占50.3%，在必需氨基酸总量中，人类必需的8种氨基酸占45.17%。净肉率成年骟驼为41.83%，母驼为37.45%。

2006年12月阿拉善盟骆驼科学研究所屠宰了平均年龄6.6岁的5峰阉驼，结果见表5。

表5 阿拉善驼屠宰性能

项目	宰前活重（kg）	胴体重（kg）	屠宰率（%）	净肉重（kg）	净肉率（%）	骨重（kg）	内脏重（kg）	头蹄重（kg）	皮毛重（kg）	板油重（kg）	肉脂重（kg）
平均数	526.06	284.98	54.17	204.46	38.87	63.50	64.44	35.36	37.66	14.82	221.02
标准差	141.57	62.48	2.44	62.47	1.88	2.30	10.94	3.09	4.31	1.15	60.98
变异系数(%)	26.91	21.92	4.47	30.55	4.87	3.62	16.97	8.73	11.44	7.73	27.59

4. 产乳性能 骆驼奶是牧民奶食品的重要来源之一。内蒙古畜牧科学院1985年对阿拉善双峰驼产乳量及乳脂率进行了测定，表明骆驼除哺育驼羔外，在15个泌乳月中，可产奶757.7kg，平均日产奶1.68kg，乳脂率5.17%。直径2.5μm以下的小脂肪球驼奶占58.81%，而牛奶中仅占26.56%，易被婴儿及幼畜消化吸收。

2007年4月阿拉善盟骆驼科学研究所测定了10峰母驼产奶量，除哺育驼羔外，平均产奶（645.8±68.24）kg，泌乳天数500天。

5. 繁殖性能 公驼初情期一般为4岁，膘情好的3岁可出现性欲。母驼3岁开始性成熟，有交配和妊娠的可能。骆驼初配年龄稍迟于性成熟年龄，一般公驼5～6岁、母驼4岁开始配种。公母驼的繁殖年龄都可达20岁以上。阿拉善驼母驼冬春两季发情旺盛。发情日期一般从12月下旬开始（民间俗称"冬疯"），到翌年3～4月份结束（俗称"春疯"）。

产区牧民群众说："母驼发情周期16～21天，发情持续期5～7天。"

妊娠期395～405天。一般两年产一羔，繁殖成活率在阿拉善北部为46.78%，南部为48%。驼羔16～18月龄自然断乳，1周岁驼羔体重，公驼羔（234.8±17.76）kg，母驼羔（239.8±1.92）kg，幼驼成活率98%左右。

2006年3月至2007年5月阿拉善盟骆驼科学研究所对50峰母驼和16峰公驼的繁殖性能进行测定，结果见表6。

表6 阿拉善双峰驼繁殖性能

性别	项目	性成熟年龄（岁）	初配年龄（岁）	利用年限（年）	发情季节（月）	发情周期（天）	妊娠期（天）	幼驼初生重（kg）	幼驼断奶重（kg）	幼公驼成活率（%）	幼公驼死亡率（%）	人工授精受胎率（%）
公	平均数	4.03	4.75	10～13	12–3	119.69	—	36.56	176.19	98	2	
	标准差	0.39	0.41	0	0	1.66	—	5.42	23.14	0	0	
	变异系数%	9.57	8.59	0	0	1.39	—	14.81	13.13	0	0	
母	平均数	3.22	4.46	20	12–3	18.84	400.18	35.63	171.28	98	2	63–70
	标准差	0.39	0.40	0	0	1.49	3.40	4.34	6.29	0	0	0
	变异系数%	12.22	9.01	0	0	7.91	0.85	12.17	3.67	0	0	0

注：①成活率=断奶时成活驼羔/出生幼驼羔 ×100%。②死亡率=断奶时死亡幼驼数/出生幼驼数 ×100%。

阿拉善驼进行人工授精起步较晚，目前仅在阿拉善左旗改良站试验骆驼群及少部分育种核心群内进行。情期受胎率达46.7%，总受胎率达76.7%。

四、饲养管理

阿拉善驼能够充分利用荒漠与半荒漠草原其他畜种不能采食的植被繁衍生息，适宜放牧管理。牧民群众一直沿用四季放牧管理方法，无严格的季节界限。

种公驼在配种期根据配种次数，补喂饲草饲料。母驼通常采取全放牧的饲养方式，不补或少补精料。旱年对怀孕、分娩及带羔哺乳期间的母驼，根据其体重，供给足量的精、粗饲料，以维持其健康。

驼羔生后及时喂给初乳，3月龄前的营养完全靠母乳供给，4～5月龄可转入放牧饲养，16～18月龄断奶之后白天放牧、晚上加补喂优良干草。

放牧驼群分母驼群和骟驼群，母驼群由繁殖母驼、3～4岁青年驼、1～2岁驼羔和公驼组成，通常每群中有繁殖母驼30～40峰、公驼1～2峰、骑乘和役用驼3～5峰、还有驼羔；骟驼群由成年骟驼、3～4岁公驼和淘汰母驼组成，每群100～120峰。

冬春季节选择牧草种类多、生长良好、水源近、能避风的北山南麓、低畦地作为冬春草场。冬季保证隔日饮水，春季应做到天天饮水。补盐时，把盐放入槽内或放在板上让骆驼自由舔食。

夏秋季节选择地势高燥、通风良好、2～3km内有水源，以骆驼喜食又易上膘的牧草和半灌木为主的草场放牧，保证天天饮水。

管理主要有驼羔的护理和培育、青年驼的调教、青年公驼的去势和剪毛抓绒等。

五、品种保护和研究利用

采取保护区和保种场保护。1990年在阿拉善左旗吉兰泰镇建立阿拉善双峰驼种驼场，1989年对

阿拉善盟3个旗18个苏木的180群骆驼进行了预备鉴定，在此基础上对2 885峰骆驼进行了生产性能测定和个体登记，从中选出特一级公、母驼954峰，进行良种登记，并汇编为《阿拉善双峰驼良种登

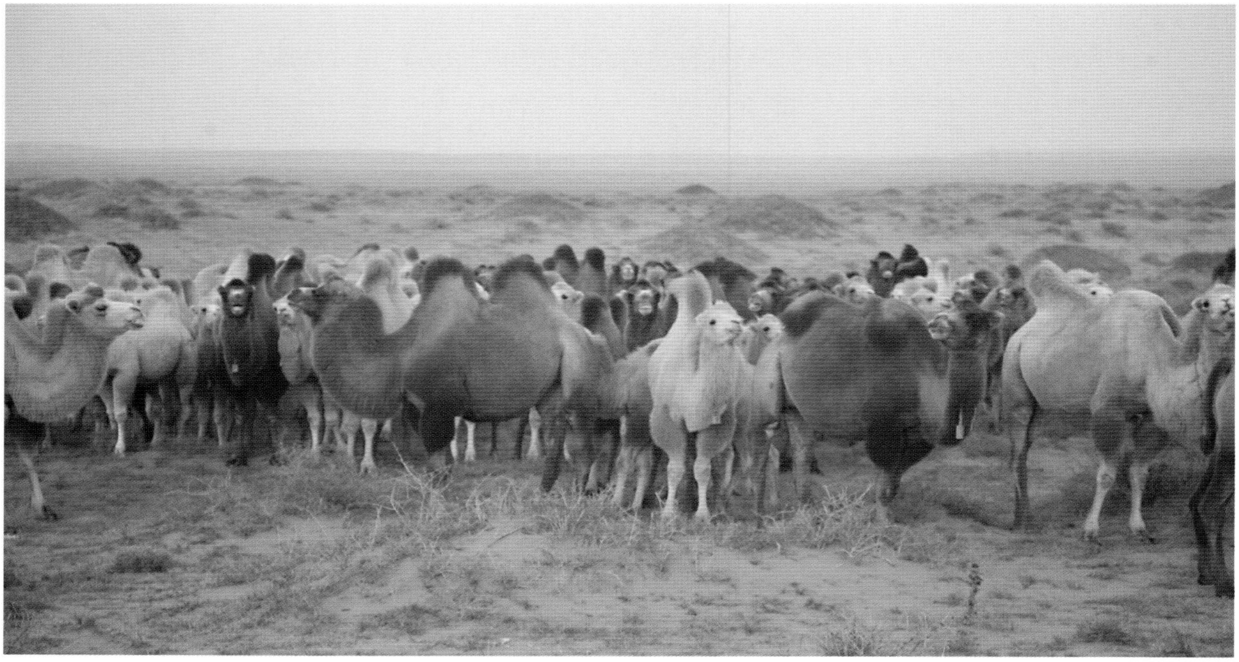

阿拉善双峰驼群体

记本》。于1991年开始，阿拉善盟改良站建立了品种登记制度。阿拉善双峰驼2000年列入《国家畜禽品种保护名录》，2006年列入《国家畜禽遗传资源保护名录》。

骆驼一身兼有绒、乳、毛、皮、肉、役等多种用途。骆驼全身是宝，驼内脏、驼骨、驼肉、驼绒毛和驼峰、驼掌、驼粪全都有用途。在产区放驼员加工驼乳制品有许多传统的民间做法，如酸奶、酸奶干、奶皮子、黄油、白油、奶酪、乳饮料等多种驼乳制品；驼掌或驼峰是宴会上的一道名菜，并冠之以“高山熊掌”之美名；驼骨压成板，可制作各种工艺品和家具；驼粪是牧民取暖的好燃料；驼皮的各种皮革制品有着独到之处，驼毛被套、驼毛裤又软又轻；驼绒品质佳、纤维长、强度大、毛色浅、光泽好，有良好的成纱性，是高级毛纺织品的优质原料，开发前景极其广阔。

六、品种评价

阿拉善驼性情温驯、易调教管理、耐粗饲、抗灾、抗病、抗旱能力强，能利用其他畜种不能利用的荒漠和半荒漠草场。体大、绒多、役力强，在沙漠和丘陵山区是不可替代的交通工具。开发利用骆驼绒、肉、乳等产品有着广阔的前景，其遗传性能非常稳定。但其繁殖率低、繁殖周期长。为了提高骆驼的个体和群体品质，可引进蒙古国南戈壁省双峰驼，进行血液更新。

阿拉善驼在长期进化过程中形成了独特的生理机能和抗逆性，是其他畜种所不具备的，这些性状的基因是生物工程中珍贵的遗传资源。今后应坚持本品种选育，向绒用为主、兼顾肉乳役方向发展，进一步提高其生产性能，开发利用驼绒毛、皮、肉、骨、乳及其副产品。研究生产环境与骆驼数量平衡点，建立保种的长效机制，依法保护和利用骆驼遗传资源，形成以保护促稳定，稳定促保护的良性循环。

苏尼特双峰驼

苏尼特双峰驼（Sonid Bactrian camel）属绒、肉、乳、役兼用型品种。

一、一般情况

（一）中心产区及分布

苏尼特双峰驼主产于内蒙古自治区锡林郭勒盟，中心产区在苏尼特左旗和苏尼特右旗，包头市、乌兰察布市、呼和浩特市、呼伦贝尔市、通辽市与赤峰市也有分布。

（二）产区自然生态条件

锡林郭勒盟位于北纬42° 32′ ~ 46° 41′、东经111° 59′ ~ 120° 10′，地处内蒙古自治区中部，北与蒙古国接壤。地势由西南向东北倾斜，东南部多低山丘陵，盆地错落；西北部多广阔平原盆地；东北部为乌珠穆沁盆地，河网密布、水源丰富；西南部为浑善达克沙地。海拔在1 000 ~ 1 500m之间。属中温带干旱、半干旱大陆性气候，具有寒冷、多风、少雨的气候特点。年平均气温0 ~ 3℃，且自西南向东北递减，极端最高气温41.5℃，极端最低气温-41℃；无霜期110 ~ 140天。年降水量200 ~ 350mm，主要集中于7 ~ 9月份；年蒸发量1 700 ~ 2 600mm。全年日照时数大部地区为2 900 ~ 3 000h。年平均风速5.3m/s。风沙天气主要集中于春季的4 ~ 5月份，此期沙尘暴占全年的60%以上。

锡林郭勒盟地表水主要分为三大水系，有滦河水系、呼尔查干诺尔水系和乌拉盖水系。全盟土壤种类多，主要土类有灰色森林土、黑钙土、栗钙土、棕钙土等。

苏尼特双峰驼中心产区主要是天然草场，几乎没有耕地。2005年草原面积1 920万hm^2，可利用草场面积1 760万hm^2。草原类型属于干旱草原向荒漠过渡的半荒漠草原带，有草甸草原、典型草原、荒漠草原、沙地草场、沼泽五种类型。主要植被有贝加尔针茅和秀线菊、大针茅、克氏针茅、冰草、羊草、冷蒿、小针茅、多根葱、小叶锦鸡儿、沙蒿、旱生丛生杂草等植物。灌木和半灌木成分由东向西逐渐增加。

森林资源贫乏，森林面积2.49万hm^2，天然林面积占有林地面积的64%。天然林主要分布在东部和东南部山地；人工林多分布在南部旗县，主要是农田防护林和用材林。由于地域辽阔，树种资源较为丰富，主要有杨树、榆树、白桦、蒙古栎、云杉、山杏、沙棘、枸杞、锦鸡儿等。

（三）品种畜牧学特性

骆驼因其组织结构和生理机能的特殊性，经长期的人工选择和自然选择，能够在极其贫瘠的荒漠草原上繁衍生息，喜欢采食荒漠草原其他畜种所不能采食的坚硬枝条、高大灌木、恶臭草类及带刺植物，所以不与其他畜种争草场。在5 ~ 7 天未进食任何饮水和饲草料的情况下仍能使役。在夏季气温高达47℃、地表温度高达65℃，冬季最低气温–36.4℃情况下，骆驼在无庇荫、无棚圈条件下仍能正常生活。眼、鼻、耳具有特殊结构和机能，使骆驼能在7～8级风沙天气照常行走采食。骆驼长期在其他畜种难以生存的恶劣草场上生活，疫病传染途径相对少，其体魄强壮，对各种疾病、特别是对传染病抵抗力较强，对恶劣的环境有顽强的适应性。

二、品种来源与变化

（一）品种形成

中国考古工作者和古生物学家考证，原驼于冰河时期越过白令海峡陆桥，到达中亚和蒙古高原满洲里的这一支，由于能适应荒漠的自然环境，故在这一带繁衍生息。

据《史记·匈奴列传》记载：远在“唐虞以上”居住在今新疆、内蒙古、甘肃和青海一带的“山戎、猃狁、薰鬻”等戎族和古羌族，早在原始社会时期就已把野生“橐驼”作为“奇畜”驯养起来，“随畜牧而转移”。近年在中国北方和西北出土的骆驼骨骼、骆驼粪便化石和岩画等文物，证明中国驯养的双峰驼是公元前5000—前3000年氏族公社的羌族、戎族在新疆、青海和内（外）蒙古以及甘肃河西等荒漠、半荒漠地带驯化的。

锡林郭勒盟、乌兰察布市及其邻近地区，自古就是盛养骆驼之地。据《史记》记载：公元前200年，冒顿单于以40万骑兵，围刘邦于平城（今山西省大同市北），曾动用大量骆驼、驴、骡供使役。又据宋代《契丹国志》所载：“过古北口（今北京市密云县北）即蕃境，时见畜牧牛马，骆驼尤多”。这说明远在宋代以前，本区就已大量牧养和使用骆驼。

清代在北方的对外交通贸易路线主要有三条，其中两条途经锡林郭勒盟和乌兰察布市（一条是北京—张家口—乌兰巴托—恰克图，一条是天津—北京—呼和浩特—科布多），主要以骆驼作为长途运输工具供驮载。在其他很多重要驿道上，也动用大量骆驼供传递信息和转运客货。

在全国家畜家禽品种区域规划中，骆驼选育方向是“体大、绒多、役力强”。遵循这一选育原则，长期以来，广大农牧民群众在各级业务部门的指导下，把提高骆驼的产绒量、毛色浅、体躯高大粗壮、适应性强作为多年来始终坚持的选育方向。

（二）群体数量

2005年12月末，产区存栏苏尼特双峰驼13 570峰，其中基础母驼6 099峰、种用公驼560峰。苏尼特双峰驼无濒危危险，但由于诸多因素影响，数量呈逐年急速下降的趋势。

（三）变化情况

1.数量变化 苏尼特双峰驼1981年12月末存栏7.89万峰，2006年12月末存栏1.44万峰。1981—2006年的25年间，平均每年下降3.27%。在土默特左旗、土默特右旗、托克托县沿黄河一带的农区，农民购进骆驼用作农耕、拉车。因为骆驼挽力大、耐粗饲、好管理等特点，且每年能收一身驼绒，与养耕牛相比效益较好，所以当地农民从阿拉善骆驼和苏尼特骆驼产区引进了母驼进行繁殖，骆驼数量发展较快。

骆驼数量下降的主要原因：其一是人类活动对自然环境影响逐年加大，干旱、风沙、草原退化以及各种自然灾害频繁发生，导致生态环境逐年恶化；其二是在骆驼分布较广的牧区，从草场和牲畜生产经营双承包责任制落实以来，由于牲畜和草场承包到户，将原有集中养驼的模式改变为各牧户分散饲养。骆驼是喜好游走的群居动物，分散饲养给管理带来了诸多不便，加之草场的局限性，牧民只好放弃饲养骆驼。其三是骆驼生长发育慢、繁殖率低（两年一胎），从其体型外貌看骆驼属役用家畜，其役用能力逐渐被迅速发展的电气化和机械化所取代，役用价值大大降低；多年来骆驼绒毛价值不高，养驼效益较差，且养驼地区也是养绒山羊的地区，由于羊绒价格飙升，相比之下牧民更愿意饲养山羊。其四是由于缺少经费，骆驼产品没有得到充分开发和利用等，诸多因素，导致骆驼数量急剧下降。

2.品质变化 苏尼特双峰驼在2006年测定时与1989年的体重和体尺对比，体重大幅度提高，体尺略有提高，见表1。

表1 2006、1989年成年驼体重和体尺变化

年份	性别	峰数	体重（kg）	体高（cm）	体长（cm）	胸围（cm）	管围（cm）
1989	公		501.80	171.90	148.80	218.70	20.70
2006		20	583.17	176.75	154.20	228.95	22.30
1989	母		395.80	168.10	145.70	214.00	18.80
2006		80	507.23	168.53	146.93	214.53	19.16

对苏尼特双峰驼产毛量多年来一直没有做过细致的测定，1980年5月下旬对苏尼特右旗白音敖拉嘎的518峰大小驼进行一次性剪毛，平均单产达到5.5kg。在2006年6月对6峰苏尼特双峰驼（公、母驼各3峰）进行了测定，平均产毛量4.04kg，比1989年减少1.46kg。产毛量下降的主要原因是由于产区多年来连续干旱，沙尘暴次数逐年增加，草场退化严重，自然环境遭到严重的破坏；同时对骆驼育种工作投入少，导致苏尼特双峰驼产毛量显著下降。

三、品种特征和性能

（一）体型外貌特征

1.外貌特征 苏尼特双峰驼体质粗壮结实，结构匀称而紧凑，骨骼坚实，肌肉发达，体形呈高长方形，胸深而宽，腹大而圆，后腹显著向上方收缩，公、母驼均背长腰短，结合良好，尻短而向下方斜。头呈楔形，头顶高昂过体，母驼头清秀，公驼头粗壮。眼眶弓隆，眼大、眼球突出。上唇有一天然纵裂，口角深。鼻孔斜开，鼻翼启闭自如。鼻梁微拱，与额界处微凹，额宽广。耳大小适中、呈椭圆形。枕骨脊显著向后突出。脑盖毛着生至两眼内角连线，长10～15cm。耳椭圆形、小而立。颈长而厚，两侧扁平，上薄下厚、前窄后宽，呈乙字形弯曲。颈础低，颈肩背结合良好。四肢粗壮，肢势前低后高，前肢直立如柱，关节大而明显，上膊部密生肘毛，公驼尤为发达。前蹄盘大而圆，后蹄盘较小，为不规则圆形，蹄掌厚而弹性良好。后肢较长，大腿肌肉丰满，多呈刀状肢势。

毛色以棕红色为主，杏黄色、白色、褐色毛占的比率不大。绒层厚，绒比率高，强度高、光泽好。

2.体重和体尺 2006年7月内蒙古家畜改良工作站与锡林郭勒盟家畜改良工作站和乌兰察布市家畜改良（畜牧）工作站对辖区内苏尼特双峰驼的体重和体尺进行了测量，结果见表2。

表2 成年苏尼特双峰驼体重、体尺和体尺指数

性别	峰数	体重（kg）	体高（cm）	体长（cm）	体长指数（%）	胸围（cm）	胸围指数（%）	管围（cm）	管围指数（%）
公	20	583.17 ± 31.40	176.75 ± 4.18	154.20 ± 6.32	87.24	228.95 ± 5.20	129.53	22.30 ± 1.34	12.62
母	80	507.23 ± 39.95	168.53 ± 6.08	146.93 ± 7.26	87.18	214.53 ± 7.53	127.29	19.16 ± 1.33	11.37

苏尼特双峰驼公驼

苏尼特双峰驼母驼

（二）生产性能

1.产毛和产肉性能　2007年6月苏尼特左旗畜牧工作站对12峰公驼和18峰母驼的产毛量进行了测定，公驼平均产毛量为（4.28 ± 0.13）kg，母驼平均产毛量为（3.88 ± 0.22）kg。2003年12月锡林郭勒盟畜牧工作站对平均年龄6.6岁的12峰公驼进行了屠宰性能测定，平均屠宰率53.68%，净肉率44.96%。

2.繁殖性能　2006年4月至2007年6月，锡林郭勒盟畜牧工作站在苏尼特左旗对10峰母驼和5峰公驼的繁殖性能进行了测定，公驼4岁有性活动，5岁开始配种，利用年限为12 ~ 15年；母驼初情期为3.5岁，初配年龄为4岁，利用年限约为20年。公、母驼均有明显的发情季节，一般为12月份至翌年3月份。母驼发情期19 ~ 21 天、平均20 天，妊娠期393 ~ 402天，幼驼成活率99%。初生重公驼羔41.5 ~ 48.5kg，母驼羔38 ~ 41kg；断奶重公驼165 ~ 213.5kg，母驼170 ~ 188kg。

苏尼特双峰驼群体

四、饲养管理

苏尼特双峰驼全年野外放牧，冬春不加补饲。一般多混群放牧，由成年公驼、母驼、骟驼、青年驼和驼羔组成，也有将青年驼和骟驼单独组群的。牧民群众虽然一直沿用四季放牧管理方法，但无严格的季节界限，主要根据骆驼喜食、膘情等情况，充分利用地形、气候、草原、饮水等不同条件自由采食，充分利用各种有利条件抓膘保膘。

骆驼放牧，整日跟群放牧的很少，一般只是定期饮水。在接羔和收毛时期工作较繁忙些。青年驼2～3岁秋季穿鼻，3岁起开始起卧调教，4岁左右进行去势，时间多在早春或秋末无蚊蝇季节进行。

五、品种保护与研究利用

尚未建立苏尼特双峰驼保护区和保种场，处于农牧户自繁自养状态。1984年4月发布了修订的《苏尼特双峰》内蒙古自治区企业标准蒙（Q5—84）。

苏尼特双峰驼是特定自然条件下的特有畜种，近年来数量下降较快，但仍是荒漠区牧民饲养的主要畜种，是当地少数民族不可缺少的生产和生活资料。苏尼特双峰驼具有绒、肉、役兼用型品种特征，驼绒、驼肉、驼峰、驼皮和驼掌的开发利用价值较大，目前驼奶被认为是最具营养和保健作用的产品，其开发前景更为广阔。

六、品种评价

苏尼特双峰驼性情温驯，易调教管理，耐粗饲，抗灾、抗病、抗旱能力强，能利用其他畜种不能利用的荒漠和半荒漠草场。体大、绒多、役力强，遗传性能非常稳定。但其繁殖率低、繁殖周期长。今后研究、开发和利用的主要方向：

骆驼是荒漠地区的主要畜种资源，是蒙古民族世世代代繁育的家畜，养驼业是典型的民族经济，应制定相关政策，扶持和发展养驼生产。扶持和建全养驼专业户，对达到100峰以上养驼户的驼群在放牧草场上给予保证，使其形成规模效益，促进养驼业健康有序的发展，提高养驼业经济效益。

深入研究苏尼特双峰驼在长期进化过程中形成的独特生理机能和抗逆性，比如体内水平衡的调节功能，以体温变化来适应酷暑或严寒恶劣环境的能力等。

改进驼皮加工制造工艺，提高驼皮利用价值。骟驼出售年龄不能太早，让其体成熟后出售，以提高效益。驼肉、驼奶、驼掌、驼胃、驼筋、驼峰是稀有的高档烹饪原料，应加强收购、流通、加工各个环节的工作，增加养驼收益。

青海骆驼

青海骆驼（Qinghai camel）因产于柴达木，又称柴达木双峰骆驼，属兼用型地方品种。

一、一般情况

（一）中心产区及分布

主产于青海省海西蒙古族藏族自治州的乌兰、都兰、格尔木三县（市）境内，毗邻的海南、贵南、兴海三县也有少量分布。

（二）产区自然生态条件

柴达木盆地位于北纬36° 00′ ~ 39° 20′、东经90° 30′ ~ 99° 30′，地处青海省西北部、青藏高原北部，总面积约为25万km^2。东起察汉寺山与青海湖毗连，南至昆仑山与玉树州相接，西缘阿尔金山与新疆维吾尔自治区接壤，北靠祁连山与甘肃省相邻。地势西北高、东南低，地形由边缘向中央为高山—戈壁—风蚀丘陵—平原—盐沼，海拔2 600 ~ 3 200m。属于干旱大陆性气候，风多。年平均气温2.3 ~ 4.4℃，无霜期88 ~ 234 天。年降水量15 ~ 210mm，降水稀少；蒸发量是降水量的10 ~ 14 倍；相对湿度33% ~ 43%。年平均日照时数2 971 ~ 3 310h。冬春季大风多，年平均风速2.6 ~ 3.8m/s。

产区河流较多，为内流水系，主要有柴达木河、格尔木河两大河流。土壤东部为灰钙土亚区、西部为荒漠土亚区，土壤类型垂直分布为灰钙土—荒漠土—盐碱土—草甸土—沼泽土。农作物主要有春小麦、青稞、豌豆、玉米、蔬菜等；盆地边缘地区种植果树和枸杞等。草场面积为1 043万hm^2，以荒漠草场为主，其次为草原草场型中的滩地芦苇草场，再次为沼泽草场型中的滩地芦苇、拂子茅草场和滩地芦苇草场。主要牧草有芦苇、赖草、白刺、猪毛草、锦鸡儿属植物、红沙盐爪爪、拂子茅属植物、柽柳、蒿属植物、碱蓬、骆驼蓬、糠粑等。

（三）品种畜牧学特性

青海骆驼抗寒、抗旱能力强，耐粗饲、耐饥渴，负重大、善游走，不怕风沙、不畏严寒，对贫瘠的荒漠、半荒漠草原具有极强的适应性，对恶劣的环境条件有顽强的适应力和抵抗力。柴达木地区的荒漠、半荒漠地带多生长碱柴（卡巴）、芨盖、芨蓬、芦苇、芨芨草、红柳、梭梭等植物，这些植物都带有硬刺和异味，马、牛、羊不喜采食，但却是骆驼的好饲草。对恶劣的气候环境条件具有很强的耐受能力，尤其对风沙、干燥抵抗力强，能抵御最低气温-33.6℃、地表温度-38.6℃与大风的侵袭而不致冻死；暖季在最高气温33.9℃、地表温度71.1℃之下，不影响行走。无风沙的好天气鼻孔全开，有风沙时鼻孔关闭。天热时迎雨而卧，前后膝肘分开，腹下有通风空隙；天冷时则缩紧膝肘，背风而卧，腹下无隙。

骆驼有一定的合群性，但没有其他家畜强。母驼合群性比骟驼和幼驼强。骆驼有留恋牧场的习性，对长期生活、放牧采食的牧场顽固留恋，当移入新牧场后，往往还会回到旧牧场上去采食。

二、品种来源与变化

（一）品种形成

青海骆驼的来源按民族变迁推断，大约在310年。据《青海省志》记载："吐谷浑人是东胡（辽宁西部和内蒙古东南部交界区）、鲜卑人一支，310年迁至青海东南部、甘肃西南部交界处，游牧范围甘南洮河以西、青海湖以西、以南……"。由此，考证吐谷浑人为蒙古族前身，骆驼可能由内蒙古进入青海；认为元代随军带眷、带驼畜等进入青海亦可能。双峰驼由内蒙古，再经甘肃河西走廊进入青海，新中国成立前哈萨克族由新疆带骆驼进入盆地。新中国成立初期，从甘肃购进数千峰骆驼，屯牧繁育于盆地，作为和平解放西藏的主要运输工具。20世纪80年代初，在盆地与甘肃省交界处还发现野生双峰驼（*Camelus bacfrianus*）或叫哈布特盖（蒙语）野生驼，依此推断，也不能排除蒙古族移入盆地后，继续捕获野骆驼驯化繁衍成目前的家驼。

（二）群体数量

2005年存栏青海骆驼5 366峰，其中基础母驼2 417峰、种公驼193峰。

表1　青海骆驼群体结构数量（峰）

年份	峰数	母驼数量		公驼数量		驼羔数量		骟驼
		繁殖	后备	种驼	后备	公羔	母羔	
2 005	5 366	1 767	650	193	602	386	390	1 378

（三）变化情况

1.数量变化　青海骆驼数量随着社会经济的发展和各个时期骆驼的用途及畜产品价格波动而增减，据海西州畜牧兽医科学研究所统计，青海骆驼1980年底存栏27 400峰，1992年为18 500峰，2005年为5 366峰。

骆驼数量减少的主要原因为：随着交通网络的日益完善、农村产业结构的调整、机械动力的发展，骆驼作为交通、役用工具不断弱化，骆驼数量逐年下降。其次是牧民出于对经济利益的追求，大量发展山羊，限制了骆驼的发展。

2.品质变化　1982年、1987年和2006年测量的成年公、母骆驼体重和体尺显示，青海骆驼在品质上没有退化的迹象，见表2。

表2　1982、1987、2006年青海骆驼体重和体尺变化

年份	性别	峰数	体重（kg）	体高（cm）	体长（cm）	胸围（cm）	管围（cm）
1982	公	7	444.34	173.04 ± 3.51	142.79 ± 6.03	213.00 ± 6.74	22.57 ± 5.63
1987		23	517.03	168.30 ± 4.71	156.83 ± 7.04	221.65 ± 6.27	20.74 ± 4.87
2006		12	535.23 ± 23.16	185.25 ± 9.78	165.50 ± 8.21	218.83 ± 14.30	22.67 ± 6.05

（续）

年份	性别	峰数	体重（kg）	体高（cm）	体长（cm）	胸围（cm）	管围（cm）
1982	母	77	438.20	166.95 ± 3.43	141.87 ± 4.69	211.65 ± 4.61	19.81 ± 4.69
1987		41	456.49	163.75 ± 5.23	148.70 ± 7.02	212.27 ± 4.98	20.44 ± 5.02
2006		15	453.67 ± 15.38	171.07 ± 7.13	149.00 ± 7.29	210.33 ± 5.86	20.07 ± 5.12

三、品种特征和性能

（一）体型外貌特征

1.外貌特征 青海骆驼体型以粗壮结实型居多，细致紧凑型或其他型较少。头短小，嘴尖细，唇裂。眼眶骨隆起，眼球外突。额宽广而略凹，耳小直立、贴于脑后。颈脊高而隆起，颈长，呈乙字形大弯。背着双峰，前峰高而窄，后峰低而广，峰直立丰满为贮积大量脂肪的表征。胸宽而深，肋拱圆良好，腹大而圆、向后卷缩。尻短斜，尾短细。前肢大多直立，个别呈X状，后肢多显刀状肢势。蹄为富弹性的角质物构成，前蹄大而厚、似圆形，后蹄小而薄、似卵圆形，每蹄分二叶，每叶前端有角质化的趾，适宜在松软泥泞地面行走。

被毛颜色分幼年（初生至1岁）、终生（1岁至成年）两类。幼年多为灰色，以后随日光照射演变成终生不变的颜色。终生毛色以淡褐色为主，红色次之，灰色、白色在10%以下。

青海骆驼公驼

青海骆驼母驼

毛色有杏黄色、紫红色、白色、黑褐色、灰色等。

2.体重和体尺 2006年6月在德令哈市克鲁克湖镇、克鲁克湖村、尕海镇泽令乡陶喻村、茶汉哈达村对成年青海骆驼进行了体重和体尺测量，结果见表3。

表3 成年青海骆驼体重、体尺和体尺指数

性别	峰数	体重（kg）	体高（cm）	体长（cm）	体长指数（%）	胸围（cm）	胸围指数（%）	管围（cm）	管围指数（%）
公	12	535.23 ± 23.16	185.25 ± 9.78	165.50 ± 8.21	89.34	218.83 ± 14.30	118.13	22.67 ± 6.05	12.24
母	15	453.67 ± 15.38	171.07 ± 7.13	149.00 ± 7.29	87.10	210.33 ± 5.86	122.95	20.07 ± 5.12	11.73

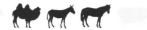

（二）生产性能

1.役用性能 青海骆驼役用能力约等于一匹中等挽马或2～3头黄牛、犏犍牛。驮运能力，每峰平均驮170kg，个别达250kg；行列行进速度3.7km/h，平均日行25km，速度快者可日行50km，连续16～20天不乏；短途可驮350kg，500kg时能起立行走，其驮重约等于体重。双套挽曳双轮双铧犁，日使役8～10h，可耕地0.33～0.47hm^2。

2.产毛性能 青海骆驼产毛量以4岁时为最高，达4.15kg。青年公驼的产毛量为2.27～4.20kg，青年母驼的产毛量为2.17～3.34kg；成年公驼的产毛量为3.99～5.16kg，成年母驼的产毛量为3.05～3.14kg。

3.产肉性能 屠宰率46.99%，净肉率35.68%，产肉率较低。

4.产乳性能 牧草返青初期日挤奶一次日产奶量0.5～0.7kg，青草盛期日产奶量1～2kg。

5.繁殖性能 青海骆驼性成熟年龄公驼一般4岁有性活动，5～6岁开始配种，繁殖年限在20岁以上。母驼初情期为3岁，适配年龄为4岁。公驼有明显的发情季节，一般12月上旬开始有交配欲，至翌年4月中旬结束。母驼一年四季发情，一般12月中旬至翌年元月下旬为发情旺期，15%的母驼延至4月份受配。母驼发情期为14～24天、平均19天，妊娠期为374～419天、平均402.22天，怀公驼比怀母驼长4.41天。幼驼成活率90%，幼驼死亡率10%。初生重公驼羔39.91kg，母驼羔39.99kg；6月龄体重公驼285kg，母驼255.73kg。

四、饲养管理

骆驼以群牧为主，夏秋放牧，冬春补饲。放牧不仅可使骆驼自由采食青绿饲草，降低饲养成本，还利于骆驼享受充足阳光、呼吸新鲜空气，并得到适当运动，对促进骆驼新陈代谢、增强体质和健康有益。放牧骆驼冬春季争取吃饱吃好，减少体脂的消耗，夏秋季能快速增重。

青海骆驼群体

骆驼的放牧比较简单粗放，投资少，是一种经济的畜牧业。一般管理项目主要有：驼群分母驼群和骟驼群，母驼群由繁殖母驼、青年驼、驼羔和公驼组成；骟驼群由成年骟驼、后备公驼和淘汰母驼组成；驼羔的护理和培育，青年驼的调教，青年公驼的去势和剪毛抓绒等。

五、品种保护和研究利用

尚未建立青海骆驼保护区和保种场，未进行系统选育，处于农牧户自繁自养状态。青海骆驼为特定自然条件下的特有畜种，现在仍是荒漠地区群众饲养的主要畜种，是当地少数民族不可缺少的生产和生活资料。

六、品种评价

青海骆驼抗寒、抗旱能力强，耐粗饲、耐饥渴，负重大、善游走，不怕风沙、不畏严寒，对贫瘠的荒漠、半荒漠草原具有极强的适应性，对恶劣的生活环境条件有顽强抵抗力。今后应加强骆驼品种资源的保护，将原海西州莫河驼场建为骆驼资源保种场，将传统的保种方法与现代育种技术相结合，开展骆驼品种资源的保护工作。

新疆塔里木双峰驼

新疆塔里木双峰驼（Xinjiang Tarim Bactrian camel）原为新疆双峰驼的南疆型，因其产地位于塔里木盆地周边而得名，属毛肉驮兼用型地方品种。

一、一般情况

（一）中心产区及分布

新疆塔里木双峰驼产区位于新疆维吾尔自治区塔里木盆地边缘以及天山南坡的荒漠草场、荒漠草原草场地带。主要分布于南疆的阿克苏、巴音郭楞蒙古自治州、喀什、和田等地区。阿克苏地区的柯坪县是新疆塔里木双峰驼的中心产区。

（二）产区自然生态条件

产区塔里木盆地地势由南向北缓斜并由西向东稍倾。边界受东西向和北西向深大断裂控制，成为不规则的菱形。中部是我国最大的流动性沙漠——塔克拉玛干沙漠。海拔4 000～6 000m，盆地中部海拔800～1 300m。属温带大陆性干旱气候，气候干燥，降水稀少。年平均气温10℃，最高气温25.5℃，最低气温-5℃；无霜期大都超过200天。近年年平均降水量不足90mm。

主要河流有塔里木河、阿克苏河、喀什噶尔河、喀拉喀什河、玉龙喀什河、提孜那甫河等。盆地沿天山南麓和昆仑山北麓，主要是棕色荒漠土、龟裂性土和残余盐土；昆仑山和阿尔金山北麓则以石膏盐盘棕色荒漠土为主；沿塔里木河和大河下游两岸的冲积平原主要是草甸土和胡杨林土，草甸土分布广。

中心产区柯坪县境内30%为平原盆地荒漠，70%为荒漠山地，2006年农田总面积约0.38万hm^2，主要农作物有小麦、玉米、谷子、水稻、棉花等。荒漠草场面积达13.91万hm^2，主要生长有麻黄、合头草、琵琶柴、骆驼刺、野麻、芦苇、甘草等。在未垦殖的干盐土荒地上，主要为琵琶柴、猪毛菜、芨芨草、骆驼刺、白蒿、白刺、芦苇等草质较低的牧草。平原南部的卡拉库勒胡杨林区，面积达3.66万hm^2，最长处48km、最宽处8km，林区洪水漫溢。境内的喀什噶尔河故道两侧，分布着大面积的沙丘、沙垄。

（三）品种畜牧学特性

新疆塔里木双峰驼在塔里木盆地极度干旱的自然环境下长期经历酷热、干旱、沙尘暴，高度适应当地自然环境。由于地理环境和维吾尔族饲养骆驼的习惯，新疆塔里木双峰驼常年在荒漠草场上自由采食，无人看管。在无棚圈、无固定水源、饲草极度单一匮乏的条件下，形成新疆塔里木双峰驼耐寒、耐旱、耐粗饲、抗病力强、合群性好等特点。

二、品种来源与变化

（一）品种形成

塔里木盆地养驼多且历史悠久，《汉书·西域传》记载：“鄯善国（罗布泊附近的楼兰）……有驴马，多橐驼（骆驼）。”《魏书·高祖纪》记载：“秋七月戊辰，龟兹国（今库车）遣使献名驼七十头。……九月龟兹国遣使献大马、名驼、珍宝甚众。”《魏书·西域列传》记载：于阗国（今和田南）“有驼、骡”。《梁书》记载：朅盘陀国（今帕米尔一带）“多牛、马、骆驼、羊等”。可知早在秦汉时期，养驼已经是塔里木盆地各部族、氏族的生活习惯。《新疆图志·实业志》对骆驼特性有明确的记述：“沙漠产明驼”，“以卧时前蹄拳曲而不着地者谓之明驼”，“戈壁中四五日程不得水草无害”。当地人很早就饲养骆驼，《晋书》卷一二二记载：吕光总兵七万讨西域，平龟兹后于385年东返时，“以驼二万余头致外国珍宝及奇伎异戏、殊禽怪兽千有余品，骏马万余匹”。巴音郭楞蒙古自治州且末县东南约180km处发现有关各种家畜的古代岩画，在《魏书》、《北史》等著作以及龟兹许多石窟壁画中，均有多种家禽、家畜的记载与图案。

在大海运打开之前，西域的“丝绸之路”一直是东西方的经济、文化通道。当时西域的东西通道有南北两条：南道是从敦煌西南出阳关、至楼兰（今若羌东北）沿昆仑山北麓西行，经于阗（和田）、莎车等地，翻过葱岭（今帕米尔），经大月氏至安息转运罗马。北道出玉门关，经车师前王庭（今吐鲁番西部），沿天山南麓向西南通过焉耆、乌垒（今轮台县附近）、龟兹（库车）、姑墨（阿克苏）、疏勒（今喀什一带），翻越帕米尔高原，直到地中海东岸地区。“丝绸之路”开通后，据《后汉书·西域传》表述“驰命走驿，不绝于时日；商胡贩客，日款于塞下”，西域和中原地区商品交易频繁，也促进了塔里木双峰驼的形成。塔里木盆地西部帕米尔地区柯尔克孜族、蒙古族及塔吉克族等民族长期在此游牧，在历史变迁中他们的家畜先后混入过乌兹别克斯坦、土库曼斯坦与吉尔吉斯斯斯坦等地区家畜的血统，同时也将中亚地区的骆驼传入西域。19世纪后半叶，英国、印度、阿富汗商人大量进入柯坪县境内经商。《柯坪县志》记述，清光绪二十九年（1903），柯坪镇的买合买提阿吉、哈孜米拉甫、铁木尔乡约等，用驼队往返于喀什、阿克苏、乌什等地经商。民国九年（1920），柯坪县唯一的大批发商买合买提阿吉，到苏联运货的驼队最多时达到400余峰。这些对塔里木双峰驼的形成有一定的影响。

塔里木盆地边缘绿洲上世代居住各少数民族，由于地处沙漠边缘，几百年来与恶劣的自然环境抗争成为他们保卫家园的必然选择，而骆驼成就了他们辉煌的历史。由于骆驼在恶劣自然环境抗争中的重要作用，故在当地可居六畜之首，是财富的象征。《旧唐书·西域列传》记载：唐贞观十三年，“阿史那社尔伐龟兹”，于阗王尉迟“伏阇信大惧，使其子以驼万三百匹馈军”。可见当时和田一带养驼较多。骆驼作为交通工具非常重要，《轮台杂记》记载：“骆驼足高，步辄二三尺，虽徐步从容，日行常一二百里，故追马须骡，追骡须骆驼，理所当然”，给予骆驼很高的评价。驼绒是当地人生活必需品，《轮台杂记》记载：骆驼“毛长尺许，最温厚，夏尽剪之，织毳为绒，匹六金，不足一袍，缺襟乃可。粗以絮褥，至冬仍毵毵尺许矣”，可见清代时，人们就用驼绒织布了。

至清代时，阿尔金山、昆仑山一带和罗布泊地区，已主要成为维吾尔人（在当地融合有羌人等）的游牧和定居游牧地区。在历史上，维吾尔人不食驼奶、驼肉，以表达对骆驼的敬意。维吾尔人待客主要宰羊，而用骆驼肉待客则是最高的礼遇；如在婚庆、寿宴时赠送成年体格高大的骆驼，表示对主人的无比尊敬。新中国成立前维吾尔人的交通工具主要是骆驼，同时也用骆驼进行耕地、驮运。

（二）群体数量

2007年末新疆塔里木双峰驼存栏约2.7万峰，其中阿克苏地区约1.10万峰，巴音郭楞蒙古自治州8 500峰，克孜勒苏柯尔克孜州6 500峰，和田地区1 000峰。

（三）发展变化

新疆塔里木双峰驼在2009年测定时与1981年时的体重和体尺对比，结果见表1。

表1 1981、2009年新疆塔里木双峰驼体重和体尺变化

年份	性别	峰数	体重（kg）	体高（cm）	体长（cm）	胸围（cm）	管围（cm）
1981	公			177.22	151.10	210.76	21.34
2009		12	506.00 ± 42.08	179.90 ± 4.60	157.00 ± 2.89	207.30 ± 10.12	19.80 ± 0.69
1981	母			179.50	151.77	209.97	19.43
2009		34	504.50 ± 56.04	176.70 ± 4.14	154.80 ± 5.59	207.90 ± 12.95	19.50 ± 0.65

三、品种特征和性能

（一）体型外貌特征

1.外貌特征 新疆塔里木双峰驼体质细致紧凑，体躯呈高方形。头短小、清秀、略呈楔形，嘴尖、、唇大而灵活，鼻梁平直，两鼻孔闭合成线形，额宽、稍凹，生有3～5 cm长的睫毛。颈长，肢高，胸较深而宽度不足，峰基扁宽，腹大而圆，后腹上收。背宽，腰短，结合良好，尻矮而斜。四肢粗壮，前肢直立，后肢呈刀状。尾毛短、稀。

被毛较短，多呈棕褐色、黄色，嗉毛色较深。毛色随年龄增长有变化，出生时羔毛多呈灰色或灰褐色，成年驼多为褐色、红褐色、草黄色、红色和少量的乳黄色、乳白色。

新疆塔里木双峰驼公驼

新疆塔里木双峰驼母驼

2.体重和体尺 2009年9月新疆维吾尔自治区畜禽繁育改良总站分别在柯坪县盖孜力克乡、阿恰乡和温宿县吐木秀克乡对新疆塔里木双峰驼进行了体重和体尺测量，结果见表2。

表2 成年新疆塔里木双峰驼体重、体尺和体尺指数

性别	峰数	体重（kg）	体高（cm）	体长（cm）	体长指数（%）	胸围（cm）	胸围指数（%）	管围（cm）	管围指数（%）
公	12	506.00 ± 42.08	179.90 ± 4.60	157.00 ± 2.89	87.27	207.30 ± 10.12	115.23	19.80 ± 0.69	11.01
母	34	504.50 ± 56.04	176.70 ± 4.14	154.80 ± 5.59	87.61	207.90 ± 12.95	117.66	19.50 ± 0.65	11.04

（二）生产性能

1.产毛性能　新疆塔里木双峰驼的绒毛密度较大，绒毛厚度以肩部最厚、体侧次之、股部较薄，4～5岁产绒毛量最高，6～8岁次之，8岁以上产绒毛量最低。2009年9月在柯坪县阿恰乡吐拉村对15峰成年骆驼（公驼2峰，母驼13峰）的产毛量进行了测定，成年公驼产毛4～7kg，绒毛含量60%～70%；成年母驼产毛3.5～5kg，绒毛含量65%左右。

2.产肉性能　2009年9月在阿克苏地区柯坪县对2峰成年新疆塔里木双峰驼进行了屠宰性能测定，结果见表3。

表3　新疆塔里木双峰驼屠宰性能

性别	峰数	年龄（岁）	宰前活重（kg）	胴体重（kg）	屠宰率（%）	净肉重（kg）	净肉率（%）	骨重（kg）	峰脂（kg）	其他（kg）
公	1	13	518	287.38	55.5	219.1	42.3	68.28	15.9	21.5
母	1	12	527	288.4	54.7	211.9	40.2	76.5	17.1	23.6

3.产乳性能　新疆塔里木双峰驼泌乳期为一年，牧民习惯于母驼产后3个月开始挤乳。在放牧条件下，通常每日挤奶一次，平均每天挤乳0.5～1kg（不包括驼羔自然哺乳量）。

4.役用性能　据2009年11月柯坪县畜牧兽医站测定，成年驼可驮载200kg，日行30～40km，短途驮运可负重250kg。慢步时速约6km，短途快步时速约30km。

5.繁殖性能　新疆塔里木双峰驼公驼约4岁性成熟，5岁就可用于配种，自然交配时公、母驼比例为1∶12～15。母驼3岁性成熟，约4岁开始参加配种；每年12月初至次年1月发情配种，发情持续期10天左右，发情周期20～25天；自然交配情况下，年平均受胎率75%左右，而人工牵引两次配种，可以提高受胎率。妊娠期约405天，繁殖成活率53.5%，驼羔成活率98.8%。

新疆塔里木双峰驼群体

四、饲养管理

新疆塔里木双峰驼群牧骆驼全年放牧，在正常年景下，一般不需补饲，可以安全过冬度春。在公驼配种期间，适当补饲棉籽、玉米和胡萝卜等，有条件时给种公驼每日加喂鸡蛋5～6枚。

五、品种保护和研究利用

尚未建立新疆塔里木双峰驼保护区和保种场，未进行系统选育，处于农牧户自繁自养状态。新疆塔里木双峰驼全身是宝，维吾尔族人因风俗习惯很少食驼肉、驼奶，但却是南疆其他少数民族的重要食物来源。驼肉主要以自食为主，部分贩运到驼肉需求量大的北疆地区。新疆塔里木双峰驼在戈壁荒漠放养，没有棚圈，抓捕不便，牧民很少在母驼产羔后挤奶，故在南疆驼奶生产量极少；只有在冬季、城市周边圈养的母骆驼才产奶供销售。驼绒轻盈、柔软、保暖，是南疆各民族都喜用的产品，即便是荒漠放养的骆驼，在春季4～5月份剪毛季节，牧民也会把骆驼驱赶数千米或更远距离，到有棚圈的地方集中剪毛。南疆地区的阿克苏地区、克孜勒苏柯尔克孜州有驼绒加工厂。

新疆塔里木双峰驼2009年10月通过国家畜禽遗传资源委员会鉴定。

六、品种评价

新疆塔里木双峰驼是体大，善驮、挽，耐寒、耐旱、耐粗饲，产毛、产乳、产肉性能较好的优良地方品种。骆驼仍是牧区生产不可缺少的重要驮载运输工具。柯坪县骆驼素以体型大、产绒多而闻名，和田地区、喀什地区养殖户主要由此地引进种公驼，柯坪县逐渐成为新疆塔里木双峰驼种公驼销售集散地。随着人们生活水平的提高，骆驼的功能也逐渐发生变化，旅游、休闲娱乐、竞技比赛及绒、乳、肉的开发利用成为促进养驼业发展的有效途径。

今后应加强本品种选育，提高驼绒、驼乳和驼肉等优质产品的商品率，改善放牧和补饲条件，以保证骆驼的正常生长发育，并加强驼羔培育，向旅游、休闲娱乐、竞技比赛方向发展。

新疆准噶尔双峰驼

新疆准噶尔双峰驼（Xinjiang Junggar Bactrian camel）原为新疆双峰驼的北疆型，因其主产地位于准噶尔盆地周边而得名，属毛乳驮兼用型地方品种。

一、一般情况

（一）中心产区及分布

新疆准噶尔双峰驼中心产区为新疆维吾尔自治区阿勒泰地区福蕴县、塔城地区塔城市以及昌吉回族自治州木垒县，广泛分布于天山北坡山地、伊犁河谷、准噶尔西部山地、阿勒泰南麓山地、准噶尔盆地和巴里坤—伊吾盆地。

（二）产区自然生态条件

准噶尔盆地位于北纬43°～49°、东经79° 53′～96° 23′，地处天山山脉和阿尔泰山脉之间，南宽北窄，东北与蒙古国接壤，西北与哈萨克斯坦共和国接壤，总面积约13万km^2。地势由北向南、由东向西倾斜，整个地形南北为高山，中间为低山丘陵区，盆地边缘为山麓绿洲，海拔500～1 000m（盆地西南部的艾比湖湖面海拔仅190m）。属冷温带大陆性气候。年平均气温3～7℃，1月份平均气温多在 -17℃以下，绝对最低气温-35℃以下；7月平均气温20～25℃。无霜期160天左右。盆地中部年降水量100～120mm，生长季蒸发量为1 000～1 200mm。

主要河流有乌鲁木齐河、玛纳斯河、奎屯河、四棵树河、额敏河、乌伦古河、额尔齐斯河等。土地主要为棕钙土、灰钙土，荒漠为灰钙土、灰棕色荒漠土，山地土质可分为高山草甸土、灰褐色森林土、黑钙土、山地栗钙土、棕钙土等。

盆地边缘为山麓绿洲，盛产棉花、小麦。盆地中部为广阔草原和沙漠。在盆地大面积的荒漠草原上，生长有抗寒、耐旱、耐盐碱的多种荒漠植物，主要有梭梭、琵琶柴、柽柳、假木贼、苦艾、地白蒿、沙蒿、碱蓬、麻黄、驼绒藜等，可供骆驼采食。

（三）品种畜牧学特性

新疆准噶尔双峰驼高度适应北疆地区荒漠半荒漠干旱生态环境，具有耐干渴、耐饥饿、耐粗饲、耐酷暑、耐严寒、嗜盐、耐风沙、厌湿、耐空气稀薄等特性，是善驮、挽，产毛、产肉性能较好的优良地方品种。

二、品种来源与变化

（一）品种形成

天山以北自古就是优良的牧场，养驼历史悠久。公元前3世纪乌孙国有驼的记述，如《常惠传》中载："乌孙贡驴、骡、骆驼。"唐朝时期"丝绸之路"从唐朝的长安城出发经敦煌、安西沿着天山北坡到伊犁并通往西方至中亚一带，在此过程中骆驼起着至关重要的作用。《伊吾县志》记载：1611年那孜买提、阿西木一行带600峰骆驼从巴里坤县、伊吾县等地启程，北往沙俄等地开展贸易。《塔城地区志》又记载：18世纪中期从今哈萨克斯坦、吉尔吉斯斯坦地区东迁的哈萨克牧民带入一些当地骆驼，以后游牧在阿勒泰地区的哈萨克牧民与蒙古牧民进行贸易来往也带入一部分当地骆驼。在贸易交往中骆驼成为当地人最密切的帮手，群众重视引入并培育骆驼，奠定了新疆准噶尔双峰驼的基础。清代北方对外贸易路线中有一条从安西县开始经蒙古地区、伊吾县、巴里坤县、吉木萨尔县、乌鲁木齐、伊犁、塔尔巴哈台通往吉尔吉斯坦、哈萨克斯坦、地中海等地，同西方国家进行商贸，当时交通不便、道路难行，且途径都是戈壁沙漠、水源匮乏，因此处在交通要道的巴里坤县和奇台县常年集中大量骆驼，为东来西往的商人驮运货物。据《新疆识略》记载：乾隆二十五年（1760）伊犁地区设立备差驼场，并陆续由乌里雅苏台运到幼驼，从备差驼场内挑出孳生驼1 511峰，于次年建孳生驼场。至嘉庆七年（1802）时，共养驼4 176峰。可见在清朝新疆已建有牧驼场，设有驼政机构，养驼业已有一定的规模。《奇台乡土志》记述，1920—1930年巴里坤县和奇台县是当时新疆有名的商业集散地，也是养骆驼最多的地区，仅巴里坤县有驼1 200峰。商人依靠骆驼东去蒙古草原，西北经塔尔巴哈台、伊犁到中亚国家，这些商贸活动促进了新疆准噶尔双峰驼的形成。

哈萨克牧民多游牧，骆驼是搬迁、转场的主要交通工具，因此，骆驼成为哈萨克族游牧文化不可分割的一部分。哈萨克文学中有许多关于骆驼的乐曲和故事。哈萨克族的节日中有"萨热阿覃早扎"，是为纪念因守护骆驼而牺牲的小女孩而设立的。白杨河上游有一座山叫"推也巴斯"，在哈萨克语中意为"骆驼头山"。每年水草丰美的季节，在塔城、巴里坤、木垒等哈萨克族聚集的牧区，哈萨克人都会举行大型集会，"阿肯弹唱会"上不仅举行弹唱、赛马等，还进行赛驼比赛。如今少数民族运动会也是当地重要的娱乐活动，除传统比赛项目，赛驼比赛最具特色。这些社会文化活动对新疆准噶尔双峰驼的形成有一定的促进作用。

（二）群体数量

2007年末共有新疆准噶尔双峰驼11.5万峰，主要分布在北疆塔城地区、阿勒泰地区、昌吉州、哈密地区，其中阿勒泰地区5.2万峰，塔城地区2.5万峰，昌吉州2.2万峰，北疆其他地区1.6万峰左右。

（三）变化情况

1.数量变化 新疆准噶尔双峰驼1984年存栏数9.8万峰，1996年存栏13.7万峰，2000年存栏12.7万峰，2007年存栏11.5万峰。

数量变化的主要原因：20世纪90年代初由于国际驼绒价格高涨，使养驼效益大增，牧民养驼积极性增加，故骆驼数量增加。近些年，传统牧区大力发展现代畜牧业，交通条件得到极大改善，提倡机械转场，骆驼转场作用减弱，加之驼绒价格长时间低迷，导致新疆准噶尔双峰驼数量逐年减少。

2.品质变化 新疆准噶尔双峰驼在2009年测定时与1981年的体重和体尺对比，除公驼管围外，其他各项指标均有所提高，见表1。

表1　1981、2009年新疆准噶尔双峰驼体重和体尺变化

年份	性别	峰数	体重（kg）	体高（cm）	体长（cm）	胸围（cm）	管围（cm）
1981	公	147		172.60 ± 0.62	150.70 ± 0.63	217.30 ± 0.73	21.30 ± 0.09
2009		24	484.27 ± 56.18	176.88 ± 5.45	159.50 ± 6.69	222.88 ± 9.72	21.08 ± 1.82
1981	母	514		167.80 ± 0.30	147.34 ± 0.36	207.60 ± 0.41	18.64 ± 0.05
2009		106	440.29 ± 43.39	170.44 ± 5.81	157.04 ± 8.12	213.89 ± 8.47	19.46 ± 1.24

三、品种特征和性能

（一）体型外貌特征

1.外貌特征　新疆准噶尔双峰驼体质结实有力，粗壮低矮，结构匀称。头粗重，头部短小，头后有突出的枕骨脊。额宽窄适中，嘴尖，兔唇，耳小、直立。眼大，眼眶拱隆，眼球凸出。颈粗，颈长适中，弯曲呈乙字形，肌肉发达有力，头颈、颈肩结合良好。鬐甲高长、宽厚。胸深、宽度适中。腹大而圆，有适度的拱圆。背宽，腰长，腰尻结合良好。背部有两个脂肪囊，前后相距25～35cm，两峰高度20～40cm，呈圆锥形，一般前峰高而窄、后峰低而广。尻部斜下方呈椭圆形，肌肉丰满。前肢肢势端正，后肢多呈刀状肢势。前掌大而圆，后掌稍小、呈卵圆形。被毛粗糙，绒厚，长毛发达，毛色较深。

新疆准噶尔双峰驼公驼

新疆准噶尔双峰驼母驼

毛色以褐色居多，黄色次之。

在新疆准噶尔双峰驼中有一特殊的类群——木垒长眉驼，因其额毛特别发达，主要分布在新疆木垒县而得名。其体格较普通新疆准噶尔双峰驼大，产毛量较高。

2.体重和体尺　2009年新疆维吾尔自治区畜禽繁育改良总站分别对乌鲁木齐、昌吉、阿勒泰和塔城地区的新疆准噶尔双峰驼的体重和体尺进行了测量，结果见表2。

表2　成年新疆准噶尔双峰驼体重、体尺和体尺指数

性别	峰数	体重（kg）	体高（cm）	体长（cm）	体长指数（%）	胸围（cm）	胸围指数（%）	管围（cm）	管围指数（%）
公	24	484.27 ± 56.18	176.88 ± 5.45	159.50 ± 6.69	90.17	222.88 ± 9.72	126.01	21.08 ± 1.82	11.92
母	106	440.29 ± 43.39	170.44 ± 5.81	157.04 ± 8.12	92.14	213.89 ± 8.47	125.49	19.46 ± 1.24	11.42

（二）生产性能

1. 役用性能 奇台县畜牧站曾测试1峰成年新疆准噶尔双峰驼，拉胶轮大车、载重约1t，能连续行走6 ~ 7h，行程约45km。2006年木垒县少数民族运动会上的比赛最好成绩，1 000m用时1min，3 000m用时4min 12s。2008年哈密地区巴里坤县哈萨克阿肯弹唱会上比赛最好成绩，1 000m用时1min 01s，3 000m用时4min 6s。长途运输每峰驼驮重150 ~ 200kg，日行60 ~ 70km；驮300kg重物品2h行程15km。一般在山路驮重100 ~ 150kg，一天能行40 ~ 50km。

2. 产毛性能 新疆准噶尔双峰驼年平均产毛量6.5kg，母驼4.0kg以上，公驼7.8kg左右，平均含绒量65%左右。幼驼、青年骆驼毛含绒量较高。

3. 产奶性能 新疆准噶尔双峰驼在一般草原上自由采食情况下，母驼每日平均产奶量2.4kg，补饲时达3.5 ~ 4kg。役用母驼一般在夏牧场挤奶2 ~ 3个月，每日平均产奶量1.5 ~ 2.2kg（不包括幼驼采食）。木垒长眉驼产奶量高，挤奶期50 ~ 60 天，日产奶量4 ~ 5kg，总产奶量比普通驼高，一个产奶期（420天）日平均产奶量约2.5kg。

4. 产肉性能 成年体重公驼450 ~ 500kg，屠宰率50%左右，净肉率38%左右；母驼350 ~ 400kg，屠宰率48%左右，净肉率36%左右。

2007年在昌吉市对青年新疆准噶尔双峰驼进行了屠宰性能测定，结果见表3。

表3 新疆准噶尔双峰驼屠宰性能

性别	月龄	宰前活重（kg）	胴体重（kg）	屠宰率（%）	净肉重（kg）	净肉率（%）
公	22	228	113.5	49.8	87.3	38.3
	18	269	138	51.3	110.3	41
	21	232	116.2	50.1	90.55	39
平均值		243.00	122.57	50.40	96.05	39.4
母	19	216	108	50	78.8	36.5
	20	225	104	46.2	80.1	35.6
平均值		220.50	106.00	48.10	79.45	36.1

5. 繁殖性能 新疆准噶尔双峰驼公驼一般4岁达到性成熟，适配年龄为5岁；公驼性欲有明显的季节性，一般12月中旬开始，次年1月份性欲明显，3月底性欲消失。公、母驼配种比例1 ： 25，公驼利用年限20 ~ 25岁或以上。母驼性成熟年龄一般为3岁，适配年龄为4岁。母驼发情季节为每年12月份至次年3月中旬，发情周期14 ~ 20 天，发情持续期4 ~ 7 天，妊娠期平均405 天，年平均受胎率为91.3%，利用年限20 ~ 25岁或以上，一生可产6 ~ 9个驼羔，个别可产12 ~ 13个驼羔。幼驼初生重平均35kg，幼驼断奶重平均145kg。

四、饲养管理

新疆准噶尔双峰驼合群性较好，多以母驼为中心，有不同年龄的后代跟随，形成家庭小群，散落在草场上采食。放牧驼群，大小根据养驼数量、草场大小及植被情况而定。一般驼群数量不大，大小驼混群，自群繁殖。群牧骆驼全年靠放牧，在正常年景下，一般不需补饲，可以安全过冬度春。

目前在乌鲁木齐和昌吉州周围的一些骆驼养殖大户，夏天放牧、冬天舍饲。为提高骆驼生产效率，夏天放牧期每天每峰驼补精料0.5 ~ 2kg；冬天舍饲期每天每峰驼喂饲精料2 ~ 4kg、青贮饲料6 ~ 15kg，同时补饲一些干草。

新疆准噶尔双峰驼群体

五、品种保护和研究利用

尚未建立新疆准噶尔双峰驼保护区和保种场，未进行系统选育，处于农牧户自繁自养状态。骆驼仍是牧区生产不可缺少的、重要的驮载工具。驼绒、驼乳和驼肉是牧民们重要的外贸产品和生活资料。新疆准噶尔双峰驼2009年10月通过国家畜禽遗传资源委员会鉴定。

六、品种评价

新疆准噶尔双峰驼是善驮、挽，耐寒、耐旱、耐粗饲，产毛、产乳、产肉性能较好的地方优良品种。长期以来由于对养驼生产重视不够，停滞在原始粗放的饲养管理水平，对进一步提高新疆准噶尔双峰驼的质量有一定影响。为了适应社会发展的需要，今后应以体格大、产乳多、产绒多为目标，并培育产肉、产乳、产绒等专门化品系，开展驼类餐饮、旅游、娱乐项目，提高养驼经济效益，通过开发利用，保护新疆准噶尔双峰驼遗传资源。

（二）引入品种

羊驼

羊驼（Alpaca）原产于南美洲，自然分布于南美洲秘鲁、玻利维亚和智利的安第斯山脉海拔4 400 ~ 4 800m的草地、牧场和沼泽地带。

一、一般情况

（一）品种来源

大约在6000年前，南美洲安第斯地区的牧民就开始了羊驼的驯化。当地的艾马拉人和盖丘亚族人是羊驼最原始的驯化者。印加帝国时期（1438—1532）是羊驼发展的鼎盛时期，这一时期以羊驼为中心的原始“贸易”模式形成，羊驼毛成为交换流通领域的“货币”，羊驼总数最高时发展到5 000万头。1533年西班牙的统治和欧洲文化的介入，摧毁了该地区的社会结构和宗教信仰，统治者限制羊驼养殖，引进其他动物，给羊驼产业的发展带来巨大影响。之后几百年的时间内，秘鲁羊驼产业一直处于下滑状态，到1972年秘鲁羊驼数量降为380万只。从20世纪80年代开始，羊驼毛纤维受到国际市场推崇，羊驼养殖业在世界范围得到重视，澳大利亚、英国、加拿大、新西兰、德国、法国、意大利等国从秘鲁、玻利维亚、智利相继引进了羊驼。经过近20余年的发展，羊驼开始在这些国家得到快速发展。至2009年末，世界羊驼数量约为400万头，其中秘鲁约300万头，玻利维亚约50万头，智利和阿根廷约5万头，澳大利亚约10万头，美国约1.7万余头。羊驼2002年开始引入我国，繁育在山西省、山东省、新疆维吾尔自治区等地。

（二）品种生物学特征

羊驼为草食动物，耐粗饲，食性广，适应性强，除了可在草原放牧，还能够适应沙漠、半沙漠地区环境。采食量较小，但能有效地转换成能量。胃不易发生臌胀；蹄有厚肉垫，不破坏草场。耐高寒，但怕炎热。因羊驼的发源地安第斯山脉的环境特点是低温高海拔，温度通常在-2 ~ 21℃，夜间温度更低，所以羊驼可抵抗-10℃的低温环境，但对热敏感。

二、品种特征和性能

（一）体型外貌特征

1.外貌特征 羊驼体形修长，呈高长方形，颈长等于体高的一半，体高与体长的差值约为颈长的1/3。结构匀称、紧凑，骨骼坚实，肌肉发达。皮肤和被毛浓密，皮下脂肪较少。头显清秀，头颈高昂，头有两种类型，一种短小呈楔状，另一种瘦长。眼呈椭圆形，眼球突出、明亮有神。嘴唇裂似兔唇。耳稍尖长、直立，转动灵活，耳廓两侧密生被毛。鼻梁微拱，鼻孔斜开。颈部瘦长，成年羊驼颈长约50 cm，因颈部肌肉多腱质而呈直立状。背部无驼峰，肋骨宽扁、肋间距小，胸廓紧凑。腹部紧凑，母羊驼妊娠期间，腹部变化不明显。背腰微弓，结构紧凑。尻部肌肉发达、微隆起、有质感。尾短小，活动灵活。四肢细长，与颈长大体相当。全身有7块角质垫，分布于胸、肘、腕、膝，卧地时全部着地。

羊驼毛纤维分为7种基础色调：白色、黑色、浅黄褐色、棕褐色、红色、褐色和灰色，这7种色调形成22种可稳定遗传的天然毛色。我国羊驼种群的毛色以白色为主，约占85%。

羊驼公驼

羊驼母驼

2.体重和体尺 2009年12月山西农业大学对羊驼的体重和体尺进行了测量，结果见表1。

表1 山西省成年羊驼体重和体尺

性别	头数	体重（kg）	体高（cm）	体长（cm）	胸围（cm）	管围（cm）
公	35	61.82 ± 2.82	90.42 ± 4.68	75.24 ± 3.25	90.25 ± 2.43	18.51 ± 0.65
母	75	55.35 ± 3.62	88.23 ± 4.73	76.12 ± 4.24	86.32 ± 1.87	16.65 ± 0.28

（二）生产性能

1.产毛性能 羊驼主要为毛用动物，兼有皮、肉、乳、伴侣动物等多种用途。羊驼毛纤维较细毛羊纤维细，接近于山羊绒，纤维长度7.8 ~ 16.8cm。山西农业大学跟踪测定68头羊驼2003—2007年的原毛产量，母羊驼年平均原毛产量为2.11kg，公羊驼年平均原毛产量为2.47kg，个别公羊驼年产毛最高可达4.06kg。68头羊驼的毛纤维细度（直径）为颈部（23.73 ± 6.02）μm，背部（22.32 ± 3.55）μm，臀部（22.57 ± 3.55）μm，公母羊驼差异不显著；68头羊驼的纤维长度，公羊驼颈部6.53cm、背部8.86cm、臀部9.02cm，母羊驼颈部5.24cm、背部7.46cm、臀部7.84cm。公羊驼纤维弯曲度（每厘米毛长中的弯曲个数）为颈部5.41、背部5.01、臀部4.93，母羊驼纤维弯曲度为颈部4.47、背部4.43、臀部4.34。纤维有髓率分别为颈部19%，背部15%，臀部19%，公母羊驼差异不显著。

山西农业大学对引进个体与本地出生个体的驼毛品质进行了研究，有一定差异。

2.产肉性能 羊驼肉瘦肉率高，脂肪和胆固醇含量较低，矿物质及维生素含量丰富，蛋白质含量为25.56%，富含17种氨基酸，其中谷氨酸含量占肌肉总量（干样）的13.12%，谷氨酸可增加肉的鲜味和香味。羊驼乳具有低脂、低盐及高钙、高磷等特点，但产量较低，日产乳量0.5kg，目前，只用于羊驼羔哺乳。

3.繁殖性能 公羊驼初情期一般从1.5岁开始，膘情好的1岁出现性欲，3岁开始配种。母羊驼一般1岁开始性成熟，初配年龄为1.5～2岁。公、母羊驼的繁殖年龄都可达到15岁以上。羊驼一年四季均可发情，属于交配诱导性排卵动物，其发情表现不明显。健康育龄母羊驼空怀状态的任意阶段均可能接受交配，发情持续期1～30天，直至妊娠受孕，妊娠期（346±4.3）天。繁殖成活率99.35%，幼羊驼成活率99%左右。羊驼羔4.5月龄左右自然断乳，1周岁体重公驼（41.23±3.25）kg，母驼（32.15±4.24）kg。国外羊驼人工授精的妊娠率为68%左右。

三、引入利用情况

山西农业大学于2002年6月首次从澳大利亚引进23头Huacaya型羊驼，繁育于山西省晋中市榆次区；2007年山西农业大学再次从澳大利亚引进种用羊驼30头；至2009年末山西省已建立羊驼核心种群300余头。2003年山东省即墨市从澳大利亚引进羊驼20头进行纯繁。2004年新疆维吾尔自治区青河县从澳大利亚引进24头羊驼，2006年新疆维吾尔自治区尼勒克县从澳大利亚引进羊驼9头。至2009年末我国各地羊驼存栏数达500余头。

羊驼引入中国以来，山西农业大学先后就羊驼染色体核型、种群内亲缘关系、基于线粒体细胞色素C基因的分子进化等开展了一系列研究。采用RAPD技术确立了适合于羊驼基因组RAPD分析的最佳反应体系和反应程序，并绘制出个体间亲缘关系树状聚类图。这将有利于羊驼种群的正常生长、

羊驼群体

发育、繁殖和快速扩群。采用PCR扩增结合序列分析技术，对中国羊驼线粒体DNA 细胞色素b 基因部分序列进行分析，并与骆驼科其他物种细胞色素b 基因进行同源序列比较，为传统分类学中的羊驼是原驼驯化以后的一种家养驼的提法提供了分子学依据。山西农业大学针对羊驼毛色性状分子遗传机制开展了系统的研究，构建了羊驼皮肤组织cDNA文库，并通过规模化测序，为国内外研究羊驼毛纤维经济性状构建了分子平台；建立羊驼皮肤组织黑色素细胞系及毛囊干细胞系，并在细胞系上开展了MicroRNA干扰色素合成的研究，为毛色发生分子机制研究开拓了新的研究思路和视角。

四、品种评价

引种风土驯化后，羊驼在我国环境下，产毛性能总体呈优化趋势，附加值高，优势比较明显。羊驼具有耐粗饲、饲料转化率高、单位面积草场载畜量高等特性。羊驼毛纤维品质好，且年均原毛产量达3.0kg左右，效益可观。

与我国传统毛用家畜绵羊、绒山羊相比，羊驼蹄有肉垫，不破坏草场，养殖的环境代价低。饲养实践表明，羊驼环境适应性强，我国中西部、北部大部分地区均适合养殖羊驼，羊驼有望成为我国畜牧业养殖结构调整的候选物种之一。由于引入时间尚短，羊驼在我国仍需继续进行风土驯化和放牧饲养实践，同时需根据国内外羊驼毛市场等状况决定进一步引种与扩繁数量。

参考文献

黑龙江省家畜家禽品种志编委会. 1985. 黑龙江省家畜家禽品种志[M]. 哈尔滨：黑龙江人民出版社.

湖北省家畜家禽品种志编辑委员会. 1985. 湖北省家畜家禽品种志[M]. 武汉：湖北科学技术出版社.

江苏省家畜家禽品种志编委会，江苏省农林厅畜牧局. 1987. 江苏省家畜家禽品种志[M]. 南京：江苏科学技术出版社.

秦巴山区家畜家禽及经济动物品种志编委会. 1990. 秦巴山区家畜家禽及经济动物品种志[M]. 北京：中国农业科技出版社.

四川家畜家禽品种志编委会. 1987. 四川家畜家禽品种志[M]. 成都：四川科学技术出版社.

新疆家畜家禽品种志编写委员会. 1988. 新疆家畜家禽品种志[M]. 乌鲁木齐：新疆人民出版社.

云南省家畜家禽品种志编写委员会. 1987. 云南省家畜家禽品种志[M]. 昆明：云南科技出版社.

中国家畜家禽品种志编委会，中国马驴品种志编写组. 1986. 中国马驴品种志[M]. 上海：上海科学技术出版社.

阿吉，王金富，路立里，等. 2007. 新疆驴地方类群微卫星标记与体尺性状的相关分析[J]. 石河子大学学报：自然科学版(4)：449–452.

敖日布，忠乃. 1988. 阿拉善双峰驼[M]. 赤峰：内蒙古科学技术出版社.

布仁毕力格. 2008. 马之韵[M]. 赤峰：内蒙古科学技术出版社.

曹景峰，高雪，侯文通. 2001. 云南驴血液蛋白遗传检测[J]. 云南畜牧兽医 (4)：5–6.

常洪. 1995. 家畜遗传资源学纲要[M]. 北京：中国农业出版社.

常洪. 1998. 中国家畜遗传资源研究[M]. 西安：陕西人民教育出版社.

常洪. 2009. 动物遗传资源学[M]. 北京：北京科学出版社：130–145，164–170.

陈伟生. 2005. 畜禽遗传资源调查技术手册[M]. 北京：中国农业出版社.

崔泰保，鄢珣，史兆国，等. 1993. 甘南河曲马肉用性能的研究[J]. 甘肃农业大学学报，28(4)：323–327.

崔堉溪，李振武. 1959. 甘肃优良马种——岔口驿马[J]. 甘肃农业大学学报 (2)：26–38.

崔堉溪，刘正全. 1964. 伊犁马的改良现状和今后的育种问题[J]. 甘肃农业大学学报，15(2)：59–73.

邓涛. 2000. 中国矮马与普氏野马的亲缘关系[J]. 畜牧兽医学报，31(1)：28–33.

杜丹，邓亮，赵春江，等. 2009. 利用微卫星标记对宁强矮马和蒙古马遗产多样性的研究[J]. 中国畜牧杂志，45(5)：10–13.

甘肃省畜牧厅. 1986. 甘肃省畜禽品种志[M]. 兰州：甘肃人民出版社.

高雪，史明艳，侯文通，等. 2003. 我国主要驴品种亲缘关系研究[J]. 西北农林科技大学学报，自然科学版，31(2)：33–35；40.

参考文献

葛庆兰，雷初朝，蒋永青，等. 2007. 中国家驴mt DNA D-loop遗传多样性与起源研究[J]. 畜牧兽医学报，38(7)：641-645.

广西家畜家禽品种志编辑委员会. 1987. 广西家畜家禽品种志[M]. 南宁：广西人民出版社.

郭永新，王振山. 2004. 山丹马运铁蛋白遗传多态性的研究[J]. 畜牧与饲料科学 (1)：9-11.

韩国才. 2009. 马术手册[M]. 北京：中国农业科学技术出版社.

浩门马调查队. 1964. 浩门马调查研究报告[J]. 甘肃农业大学学报 (14)：92-134.

河北省畜牧水产局. 1985. 河北省家畜家禽品种志[M]. 石家庄：[出版者不详].

河南省家畜家禽品种志编辑委员会. 1986. 河南省地方优良畜禽品种志[M]. 郑州：河南科学技术出版.

侯文通，樊凌翰. 1988. 关中马奶营养成分分析[J]. 西北农业大学学报，16(3)：75-79.

侯文通，孙超. 1995. 蒙古马东西两大类型群体遗传变异分析[J]. 畜牧兽医杂志 (2)：5-7.

侯文通. 2010. 中国西北重要地方畜禽遗传资源[M]. 北京：中国农业出版社.

侯文通. 1992. 宁强矮马和中型马血液蛋白质多态位点的遗传检测[J]. 养马杂志 (2)：2-6.

侯文通. 1996. 陕西马种血液蛋白遗传标记特征及聚类分析[J]. 畜牧兽医杂志，15(4)：1-3.

候文通，崔抗战. 1987. 关中母马泌乳性能的研究[J]. 畜牧兽医杂志(3)：3-5.

黄建康. 2010. 晋江马的形成与命名[J]. 中国畜禽种业 (2)：43.

黄建康. 2010. 晋江马原产地保护现状及对策[J]. 中国畜禽种业 (3)：58-61.

贾兰坡. 1954. 山顶洞人[M]. 上海：龙门联合书局.

雷初朝，陈宏，王德解，等. 2004. 关中驴线粒体DNA D-loop多态性分析[J]. 中国畜牧杂志，40(4)：10-12.

雷初朝，陈宏，杨公社，等. 2005. 中国驴种线粒体DNA D-loop多态性研究[J]. 遗传学报，32(5)：481-486.

李红，黄锡霞，姚新奎. 2008. 伊犁马在四个微卫星位点上的遗传多样性分析[J]. 新疆农业科学，45 (3) ：575 - 578.

李红梅. 2005. 以血清蛋白多态性分析六个驴品种的遗传结构和种间相互关系[J]. 当代畜牧(2)：32-34.

李金莲，芒来，石有斐. 2005. 利用微卫星标记对蒙古马和纯血马遗传多样性的研究[J]. 畜牧兽医学报，36(1)：6-9.

联合国粮食与农业组织. 2007. 世界粮食与农业动物遗传资源状况[M]. 杨红杰，张娜，贺纯佩，等译. 北京：中国农业出版社.

辽宁省家畜家禽品种志编辑委员会. 1986. 辽宁省家畜家禽品种志[M]. 沈阳：辽宁科学技术出版社.

凌英会. 2009. 应用微卫星标记分析23个中国地方马种的遗传多样性[J]. 生物多样性，17(3)：240-247.

刘生俊，赵春林，刘英，等. 2002. 实践使我们重新认识到“张北马”生产的重要性[J]. 河北畜牧兽医(4)：10.

刘一中，张万福. 1987. 山丹马的育种工作[J]. 中国畜牧杂志 (6)：46.

芒来，杨虹. 2008. 蒙古马遗传多样性研究进展[J]. 遗传，30(3)：269-276.

芒来. 2002. 蒙古人与马[M]. 赤峰：内蒙古科学技术出版社.

芒来. 2009. 马在中国 [M]. 香港：香港文化出版社/中国马业出版有限公司.

门正明，韩建林，王正成，等. 1986. 岔口驿马、凉州驴的染色体组型及其比较分析[J]. 甘肃畜牧兽医(1)：6-9.

孟和吉日格勒. 2006. 阿拉善骆驼文化(蒙文)[M]. 海拉尔：内蒙古文化出版社.

宁夏农学院，内蒙古农牧学院. 1983. 养驼学[M]. 北京：中国农业出版社.

青海省畜禽品种志图谱编辑委员会. 1983. 青海省畜禽品种志[M]. 西宁：青海人民出版社.

山东省畜牧局，山东省畜禽品种志编委会. 1999. 山东省畜禽品种志[M]. 深圳：海天出版社.

山西省家畜家禽品种志和图谱编辑委员会. 1984. 山西省家畜家禽品种志[M]. 上海：华东师范大学出版社.

陕西省家畜家禽品种志编辑委员会. 1988. 陕西省家畜家禽品种志[M]. 西安：三秦出版社.

石柏良. 1982. 伊犁马与哈萨克马产肉性能测定[J]. 中国畜牧杂志(4)：32-33.

石柏良. 1991. 试论培育“伊犁骑乘型马种”[J]. 新疆畜牧业(2)：14-16.

史宪伟，陈永久，刘爱华. 1998. 云南4个马品种的随机扩增多态DNA(RAPD)分析[J]. 畜牧兽医学报，29(3)：193–203.

税世荣，许永珍. 1984. 苏尼特双峰驼产乳性能的分析与探讨[J]. 中国畜牧杂志(2)：11–12.

税世荣. 1990. 略论骆驼的耐干渴能力[J]. 内蒙古农牧学院学报，11(1)：55–59.

孙玉江，闵令江. 2009. 中国西南马群体遗传资源特征分析[J]. 华北农学报，24(2)：94–98

塔什买买提. 1996. 克孜勒苏柯尔克孜自治州畜牧志[M]. 阿图什：新疆克孜勒苏柯尔克孜自治州柯文出版社.

汤灵姿，欧阳文，谭小海，等. 2007. 伊犁马主要体尺性状测定及分析[J]. 新疆农业科学，44 (5) ：691 – 695.

汤培文，王墨清. 1993. 凉州驴产肉性能及肉品质分析[J]. 甘肃农业大学学报，28(1)：5–9.

涂友仁. 1985. 内蒙古自治区家畜禽品种志[M]. 呼和浩特：内蒙古人民出版社.

王立铭，张玉笙，徐锡良. 2001. 山东家畜[M]. 济南：山东科学技术出版社.

王仁波，赵学谦. 1976. 生气勃勃的秦代养马业——初评临潼秦俑坑出土马俑[J]. 西北大学学报 (1)：84–89

王思侬. 2004. 伊犁马体尺与速力关系的研究[J]. 新疆畜牧业(4)：33–34.

王铁权. 1992. 中国的矮马[M]. 北京：北京农业大学出版社.

王铁权. 1996. 纯血马 汗血马 阿拉伯马[M]. 北京：中国农业科学技术出版社.

王振山，德江，宋仁德，等. 1997. 玉树藏马血清白蛋白多态性的研究[J]. 辽宁畜牧兽医(2)：4–5.

王振山，德江，宋仁德，等. 2000. 玉树藏马血清酯酶的遗传多态性[J]. 中国畜牧杂志，36(6)：21–22.

王振山，德江，宋仁德，等. 2000. 玉树藏马运铁蛋白的遗传多态性[J]. 内蒙古畜牧科学，21(3)：5–7.

吴华. 1998. 不同品种马血清酯酶(Es)位点遗传距离聚类分析[J]. 青海大学学报：自然科学版，16(1)：30–32.

西藏自治区畜牧局. 1999. 西藏家畜家禽图谱. 拉萨：[出版者不详].

肖国华. 1985. 遗传、选择和生态因素对伊犁马类型特征的影响[J]. 家畜生态学报(1)：44–49.

谢成侠，沙凤苞. 1961. 养马学[M]. 南京：江苏人民出版社.

谢成侠. 1991. 中国养马史[M]. 修订版. 北京：中国农业出版社.

谢庆英. 1996. 柴达木马血清脂酶多态性的研究[J]. Animal Biotechnology Bulletin (5)：91–94.

谢庆英. 1996. 柴达木马血清白蛋白多态性的研究[J]. 青海畜牧兽医杂志，26(5)：19–20.

薛正亚，刘克俭，石柏良，等. 1982. 哈萨克马、伊犁马、伊犁挽马屠宰测定[J]. 中国畜牧杂志(6)：29–32.

鄢珣，崔泰保. 2002. 河曲马某些性状与生态环境关系的探讨[J]. 草业科学，19(6)：71–74.

闫晚姝，韩莉峰. 2002. 蒙古马与锡林郭勒马的产肉性能及肉品质量的比较[J]. 中国畜牧兽医，29(6)：24–25.

燕朝刚，李志永，李春霞，等. 2005. 鄂伦春马品种的形成与保护[J]. 黑龙江动物繁殖，13(1)：42.

燕朝刚，齐国艳，王国江，等. 2004. 黑河市境内鄂伦春马的现状[J]. 黑龙江畜牧兽医(9)：30.

杨东英. 2008. 德州驴线粒体DNA D-loop多态性分析[J]. 广东农业科学(9)：108–109，112.

杨再，纪景仁，张正祥. 1987. 山丹马育成的主要因素分析[J]. 甘肃畜牧兽医(6)：1–4.

杨再，薛正亚，汤培文. 1987. 伊犁马育成的主要因素分析[J]. 畜牧兽医杂志 (1)：26–30.

姚新奎，韩国才. 2008. 马生产管理学[M]. 北京：中国农业大学出版社.

姚新奎，裴红罗. 2003. 体尺细分法在竞赛用伊犁马选择上的应用研究[J]. 畜牧与兽医，36(12)：8–10.

姚新奎，裴红罗. 2004. 伊犁马体尺年龄对其竞赛性能影响的研究[J]. 畜牧与兽医，36(2)：6–8.

姚新奎. 2003. 伊吾马年龄性别对产肉性能肉品质影响的研究[J]. 新疆农业大学学报，26 (1) ：40–43.

姚玉璧，张秀云，董觐华. 2004. 河曲马分布形成的生态气候条件及适宜气候区研究[J]. 中国畜牧杂志，40(2)：30–32.

叶再华，姚新奎，潘小东. 2008. 伊犁马屠宰性能测定及适宜屠宰年龄研究[J]. 新疆农业大学学报，31(3)：13–15.

尤珩. 1985. 福建省家畜家禽品种志和图谱[M]. 福州：福建科学技术出版社.

张才骏，王勇. 2001. 玉树马血清酯酶的多态性[J]. 青海畜牧兽医杂志，31(1) ：1–2.

张康柱. 1984. 浩门马本品种选育报告[J]. 中国畜牧杂志(2)：26-27.

张培业，达来，孟和. 1987. 双峰驼产乳性能的测定及驼奶成分的分析[J]. 中国畜牧杂志(3)：19-21.

张仲葛，朱先煌. 1996. 中国畜牧史料集[M]. 北京：科学出版社.

赵生国，焦婷. 2006. 庆阳驴的保种和利用[J]. 家畜生态学报，27(5)：104-106.

赵天佐. 1991. 伊犁马[J]. 新疆农业科学，28(6)：36-37.

赵天佐. 1992. 焉耆马[J]. 新疆农业科学，29(1). 35-36.

赵天佐. 1997. 马匹生产学[M]. 北京：中国农业出版社.

赵政，李旭. 1996. 新疆驴若干肉质性状的分析[J]. 畜牧兽医杂志(2)：13-14.

郑丕留. 1985. 中国家畜品种及其生态特征[M]. 北京：农业出版社.

中国农业年鉴编辑委员会. 1981；1998；1999. 中国农业年鉴[M]. 北京：中国农业出版社.

中国畜禽遗传资源状况编委会. 2004. 中国畜禽遗传资源状况[M]. 北京：中国农业出版社.

中华人民共和国国家统计局. 2007. 中国统计年鉴[M]. 北京：中国统计出版社.

朱文进，张美俊. 2006. 中国8个地方驴种遗传多样性和系统发生关系的微卫星分析[J]. 中国农业科学，39(2)：398-405.

朱远瞄. 1981. 晋江县马种调查报告[J]. 福建畜牧兽医(3)：21-25.

庄行良. 2006. 晋江马品种资源现状与保护对策[J]. 福建畜牧兽医，28(6)：69-70.

总后军需生产管理部军马生产处. 1984. 军马新品种山丹、伊吾马通过鉴定[J]. 农业科技通讯(12)：31.

邹嘉锜. 1993. 贵州省畜禽品种志[M]. 贵阳：贵州科技出版社.

Ishida N, Oyunsuren, T Mashima, et al. 1995. Mitochondrial DNA sequence of various species of the genus Equus with special reference to the phylogenetic relationship between Przewalskii' s wild horse and domestic horse [J]. J Mol Evol, 410: 180-188.

KiM K. -I, Yang Y. -H, Lee S-S et al. 1999. Phylogenetic relationships of Cheju horse to other horse breeds as determined by mt DNA D-loop sequence polymorphism [J]. Anim Genet, 30: 102-108.

Oakenfull E A and Ryder O A. 1998. Mitochondrial Control region and 12 S RNA Variation in Przewalski's horse (Equus przewalskii) [J]. Anim Genet, 29: 456-459.

致　谢

本卷志书是在国家畜禽遗传资源委员会的领导下编写完成的，国家畜禽遗传资源委员会委员对编写组给予了细心指导。

国家畜禽遗传资源委员会牛马驴驼专业委员会委员参与了书稿的讨论与修订。

吴常信、盛志廉、布和等参加了对初稿的复审。

本书的基础资料源自全国畜禽遗传资源调查。各地畜牧主管部门，技术推广机构，专家学者和从事畜禽保种、养殖的单位和个人，为本书提供了基础资料和照片。他们有（按姓名笔画排序）：

丁山河 七　叶 刁运华 于天明 于永利 才　海 才让南吉 寸彦明 万全书 久才仁
马　庆 马　敏 马文志 马世红 马良成 马建军 马骏驰 马绪融 王　芳 王　杰
王　科 王　恒 王　健 王　爱 王　春 王　辉 王　谦 王　瑜 王　煜 王万才
王小平 王开荣 王玉琴 王正清 王占红 王仕荣 王立克 王必然 王亚民 王成高
王自能 王会山 王兆平 王兴林 王军卫 王寿富 王志奎 王者勇 王英明 王建文
王昭伟 王思农 王银喜 王德祥 王骥豫 韦　伟 韦　骏 韦显熙 韦祖明 太　平
尤建东 牛　荣 牛成福 牛淑玲 毛红霞 毛新安 毛赞辉 乌力吉 乌尼尔 乌恩其
文　武 文进明 文杨奋 方福明 尹万林 尹钟恒 巴合提 巴哈古丽 孔凡勇 孔照荣
邓　月 邓　亮 邓生峰 邓成杰 邓延才 邓振才 邓绪友 艾尼木沙 艾尼瓦尔 艾德强
石　达 石广山 石满恒 布玛丽亚 龙彦蓉 平开俊 卢安平 叶洪斌 叶恩发 申　杰
申恒然 史海辉 付凤云 付远定 付虎周 付明善 付保国 付艳芳 付殿国 白乾云
白德庆 冯生青 冯丽明 冯利明 冯金水 冯彦君 宁全友 司凤竹 尼　玛 尼　满
尼玛群宗 加沙来提 边巴次仁 边巴卓玛 边会龙 邢一飞 邢亚茹 托　来 托　娅
托合塔森 巩俊明 芒　来 亚森江 达成箐 达吾然 毕力格 毕超英 早尔克 团　勇
吕　靖 吕建忠 吕皇胜 朱远瞄 朱陆远 朱明齐 朱展良 乔　勇 伍庆奎 伍丽仙
伍良智 任　力 任正文 任存义 任定强 任保荣 华金玲 向正益 向远清 向含忠
多吉次仁 庄行良 庄孝开 刘　刚 刘　军 刘　贤 刘　凌 刘卫成 刘元成 刘凤辉
刘以洪 刘汉玉 刘汉丽 刘永德 刘向军 刘庆华 刘远丰 刘孝德 刘志成 刘更新
刘应舟 刘春旺 刘济民 刘晓红 刘爱国 刘爱荣 刘家文 刘理宏 刘善斋 刘新宇
刘新春 刘静平 刘肇清 刘德玉 闫　昱 关云秀 江宵兵 汤忠和 安永福 祁生武
许　娟 许文坤 许典新 许煜泰 许福来 农定赞 那木吉拉 阮慧敏 孙　亮 孙　彧
孙　乾 孙　鹍 孙　煜 孙玉鹏 孙旭光 孙利民 孙晓峰 孙新惠 孙满吉 牟永娟
牟映辉 买买提吐尔干 严生庆 严秉莲 苏　雅 苏荣茂 苏晓倩 苏家联 苏德斯琴
杜云勇 杜玉川 杜志刚 杜金平 杜高唐 李　岚 李　林 李　挺 李　强 李　疆
李小兵 李文权 李正云 李平业 李永元 李永春 李光祥 李自成 李自萍 李向忠

致 谢

李会民 李合昌 李江帆 李丽红 李秀云 李宏图 李改兰 李国栋 李国锋 李易安
李咏铭 李学忠 李宗华 李建华 李建国 李函林 李春风 李春凤 李春来 李荣强
李树军 李保生 李洪汇 李振江 李根银 李海芬 李润武 李密林 李朝苍 李朝国
李智鹏 李勤荣 李福星 那木吉拉 杨飞 杨永 杨咏 杨浩 杨森 杨勤
杨子荣 杨子能 杨文科 杨正林 杨正德 杨永先 杨加用 杨共雄 杨伟义 杨全秀
杨兴茂 杨兴林 杨青山 杨明清 杨忠诚 杨学元 杨学昌 杨俊明 杨家发 杨培昌
杨跃光 杨膺白 更尕 吾买尔.牙合甫 吾特库尔.卡斯木 肖帅 肖以会 肖国亮
肖景阳 时晓寒 吴静 吴长江 吴成顺 吴明成 吴学明 吴战强 何从忠 谷卫群
邹知明 言旭光 冷春永 辛盛鹏 汪凤勇 沈雪鹰 宋玉贵 宋顺坤 迟俊杰 张力
张尧 张军 张余 张青 张坤 张凯 张波 张峰 张浩 张翔
张力圈 张大维 张万福 张长明 张正方 张永红 张永根 张吉猛 张亚君 张光能
张全有 张兴会 张安成 张红霞 张利民 张秀江 张秀坤 张武宏 张国良 张秉慧
张建海 张树敏 张贵权 张思聪 张选民 张秋良 张秋萍 张科方 张顺利 张前中
张洪波 张晋青 张爱民 张家永 张继川 张继远 张喜功 张惠萍 张景华 张瑞年
张碎祥 张福全 张嘉保 陆军 陆广涛 陆灵勇 陆建盘 阿荣 阿力普 阿不力米提
阿不拉江 阿布力米提 阿拉坦沙 阿迪力 阿迪力·马木提 阿宝地 陈军 陈亮
陈海 陈文芳 陈玉升 陈玉明 陈世祥 陈东富 陈必春 陈永玻 陈廷珠 陈兴平
陈红颂 陈明新 陈树录 努尔兰 邵怀峰 邵喜成 郇伟 武二斌 武士训 青巴图
苗玉涛 范家溢 林小伟 林丽红 林茂柱 欧阳文 明世清 易万勇 迪力夏提 罗华
罗成锋 罗自青 罗安治 罗晓林 罗锦勋 牧人 和瑾 和天秀 和志渊 和忠凤
和祖恩 岳中仁 岳都文 金花 周明 周立新 周永伦 周光明 周光瑞 周伯成
周国安 周典双 周顺成 周登高 周增禄 周默栋 郑鑫 郑买全 郑爱武 宝迪
宗朝亮 孟英福 孟昭君 封荣 项明义 赵光 赵华 赵利 赵辉 赵云登
赵化峰 赵正荣 赵东阳 赵立全 赵远崇 赵志刚 赵国琳 赵国然 赵树荣 赵思聪
赵维波 赵锐峰 郝成发 郝特拉 胡旭 胡小明 胡日查 胡双龙 胡兴林 胡格吉勒图
茹宝瑞 柏玛 柳江 哈斯巴根 段玉 段捷 段定然 段诚忠 保善科 侯华军
饶军 施运科 姜怀志 姜殿文 洪龙 洪斌斌 宫昌海 祝应良 姚革 姚新奎
骆俊 秦红林 秦建军 袁凯红 热依汗 热斯白克 聂海生 贾正武 贾社强 贾维秀
原积友 顾传学 党有德 党建国 党道伟 钱春燕 倪敏 倪俊娟 徐军 徐天茹
徐仁丁 徐东萍 徐兴旺 徐惊涛 高光 高明 高峰 高文刚 高丽天 高雪峰
高景舜 高腾云 郭世祥 郭全图 郭宗弟 郭树森 郭继军 郭维春 郭福宗 席永平
唐眉 唐世乾 唐良美 唐启云 涂小璐 陶兴周 桑吉热 桑学文 黄玉 黄伟
黄艺林 黄日辉 黄文学 黄永周 黄华康 黄旭福 黄明芳 黄京书 黄建康 黄贵祥
黄敦旺 黄静宇 黄霞丽 梅书棋 曹永林 曹满军 龚淑英 常峰 常玉婷 崔建平
脱征军 麻合木提 康建 梁云斌 梁先仁 梁全顺 梁学武 梁朝敏 逯来章 斑锦华
斯依提 斯琴巴特尔 葛茂柱 董淑霞 蒋运文 蒋思文 蒋朝龙 蒋辉旭 蒋慧梅 韩学平
韩春梅 韩新华 朝鲁 朝克图 覃兴合 喀尔肯 黑占全 程连 程敏 程宏远
程松峰 程海雁 程联超 傅昌秀 焦仁刚 储丽萍 鲁俊 敦伟涛 童子保 普阳
普布次仁 普华才让 普继银 道勒玛 曾仰双 曾孝元 温万 温万明 谢玉福 谢俊玲
谢维兵 强清芳 靳双星 蒙永刚 鲍守刚 满来 慎伟杰 福柱 蔡斌 蔡梅玉
蔡鹤峰 蔺文琪 管永平 廖岭腾 谭媛 谭向荣 熊跃 熊华彰 熊保良 撒义东

樊世忠　墨继光　德吉拉姆　颜寿东　颜亨铭　潘云祥　潘建文　额尔其木　额尔德木图
薛运波　霍成新　穆天龙　穆晓旭　戴国能　戴堂友　魏　华　魏　斌　魏玉东　魏加权
魏亚萍　魏海军　魏润元

编写组借此机会向上述单位和个人表示衷心感谢。

资源调查和志书编写时间跨度长、参与人员多，在编写过程中向我们提供过帮助的人员的姓名可能会被遗漏，对此，我们表示诚恳的歉意。

《中国畜禽遗传资源志·马驴驼志》编写组